水资源态势与虚拟水出路

支 援 著

科学出版社

北 京

内 容 简 介

  水资源问题是广受关注的世界性难题。本书对世界主要地区的水资源与社会、经济及环境的相互作用关系进行了梳理，并以合理高效用水、节约水资源为目标，把包含了直接和间接用水的"虚拟水"概念引入产业用水分析，为其提供了新的研究视角、研究方法和实证案例。本书对国民经济主要产业部门的直接和间接用水进行了准确的计算，挖掘了各种用水类型的产生机理，探索了节水型的产业用水结构调整路径，为全面建立科学合理的产业用水结构、实现水资源的高效使用提供了多角度的建议。

  本书可为从事水文水资源、资源管理、资源经济学领域的科研人员和实践工作人员提供科学指导，也可供环境科学、资源经济学相关方向的本科生及研究生学习使用。

图书在版编目(CIP)数据

水资源态势与虚拟水出路 / 支援著. — 北京：科学出版社，2020.5
ISBN 978-7-03-064759-7

Ⅰ. ①水…　Ⅱ. ①支…　Ⅲ. ①水资源利用-研究　Ⅳ. ①TV213.9

中国版本图书馆 CIP 数据核字 (2020) 第 054441 号

责任编辑：孟　锐 / 责任校对：彭　映
责任印制：罗　科 / 封面设计：墨创文化

科 学 出 版 社 出版

北京东黄城根北街16 号
邮政编码：100717
http://www.sciencep.com

成都锦瑞印刷有限责任公司印刷
科学出版社发行　各地新华书店经销

*

2020 年 5 月第 一 版　　开本：787×1092 1/16
2020 年 5 月第一次印刷　　印张：15.75
字数：373 000

定价：108.00 元
(如有印装质量问题,我社负责调换)

前　言

水资源的合理开发和充分利用，关系到人类发展的切身利益。随着人口增加、城市化进程加快、经济高速增长，以及随之而来的用水量增加和水环境破坏，使得水资源紧缺问题日益凸显，水资源短缺正成为制约区域经济社会发展的瓶颈。要在世界范围内实现可持续发展、在中国推进水利改革发展、开展国家节水行动、实行最严格水资源管理制度、加强资源节约和生态文明建设等，均需要在水资源及其相关的管理与服务上投入多方面的努力。

本书对世界主要地区的水资源与社会、经济及环境的作用关系进行了概述与梳理，认为对水资源进行合理、高效的使用是解决缺水问题的重要手段。产业用水是影响国家和区域水资源使用的重要因素，而实现产业用水结构的合理化是产业结构调整和水权改革的目标之一。对产业用水进行准确的计算、分析，在此基础上探索节水型的产业用水结构调整路径，有助于全面建立科学合理的产业用水结构，实现水资源的合理高效使用。

产业用水既包括各产业部门直接用水量，又包括各产业部门之间的间接用水关系，之前的研究主要关注前者，而对后者关注较少，不利于全面研究产业用水结构的性质与机理。为此，本书将包含了直接和间接用水的"虚拟水"（有时也称"水足迹"）概念引入产业用水分析，为其提供了新的视角。基于虚拟水的视角，本书以"现状评价—变化分析—路径选择"为总体研究思路，对产业用水结构进行了系列研究：首先对水足迹计算方法加以改进，以适应产业用水结构分析的需求，分别建立了适用于行政区域尺度和流域尺度的产业用水结构量化模型，计算了各尺度下的产业用水结构（现状评价）；在此基础上，根据水足迹相关指标进行了产业用水结构空间特征的标准化分析；随后在计算了不同年份产业用水结构的基础上，建立了产业用水结构时间变化因素分解分析模型，以探索其变化驱动机制（变化分析）；最后，根据所总结的产业用水结构变化机制，基于历史变化趋势及未来发展规划，对未来不同情景下的产业用水结构变化进行模拟预测，提出节水路径选择的建议（路径选择）。以上研究主要体现在以下几个方面：

各产业部门的直接用水并不完全用于生产该部门自身的最终产品或服务，而会有一部分用于生产提供给其他产业部门的中间产品或服务（即提供给其他部门的虚拟水）；各产业部门的产品虚拟水部分依赖于其他产业部门供给的中间产品或服务（即从其他部门取得的虚拟水）。从经济系统整体节水的角度来说，各部门不仅应当提高用水效率、节约自身直接用水量，还应考虑节约使用来自其他产业部门的原材料（中间产品），以实现整体节水。

在产业用水结构未来路径选择方面，本书在对产业用水结构时间变化驱动机制进行分析的基础上，利用情景预测法对未来产业用水结构的变化进行了预测，认为要实现未来用水与供水相协调的目标，提高用水效率和进行节水导向的产业结构调整都是可行的。而将提高用水效率和产业结构调整相结合，比仅用一种手段更加科学，效果更为显著。

在进行虚拟水机制分析与路径选择研究的基础上，本书还针对现实中关于虚拟水的实践应用问题，进行了虚拟水战略实施过程中的地区博弈、政企博弈分析，以解释目前虚拟水战略发展势头仍处于起步阶段的原因，指出水资源节约与保护需要从作为管理者的人类社会入手，并为虚拟水调度提供管理与调控建议。

本书作为 2017 年贵州大学贵州省农林经济管理国内一流学科建设项目（GNYL[2017]002）、教育部人文社会科学研究青年基金项目"虚拟水视角下的战略新兴产业水资源利用机制分析及节水调控研究"（16YJC790150）、贵州省科学技术基金计划项目"基于虚拟水的产业用水结构分析及节水路径研究"（黔科合基础 20161034）资助成果，以期为中国建立用水控制制度、调度虚拟水、推进水权改革、落实可持续发展等工作提供理论和实践建议，对世界其他国家和地区的水资源利用提供思路和方法以备参考。

目　录

1 水资源态势分析

1.1 世界水资源态势分析

水资源是一种基础性的自然资源，是生态环境的控制性因素之一，又是一种战略性的经济、社会资源，是国家和地区综合实力的有机组成部分(刘昌明和陈志恺，2001)。水资源与地球上各种生物息息相关。水维持着人类、动物和植物的生命，它为人类生存、健康、福祉提供至关重要的服务，并有助于维持生态系统的可持续性。

水资源问题是世界关注的焦点之一。联合国世界水资源评估计划指出，水问题将严重制约 21 世纪全球的经济与社会发展，并可能导致国家间的冲突(World Water Assessment Programme，WWAP，2015)。制定和探讨 21 世纪的水资源问题战略，已经成为有关各国政府和国际组织的重点议题之一。发达的社会和经济系统必须要有高效率和可持续的水资源支撑条件，在当今世界已成为共识。由于水在一切生命过程中的不可替代性和水资源对人类社会极其重要的基础地位，决定了水资源状况及其发展态势是一个国家综合国力的重要组成部分，水资源开发、利用与保护的程度标志着一个国家经济和社会的发展水平，而水资源供需失衡将会引发一个国家社会经济的动荡。

水资源是可持续发展的核心。水资源及其提供的服务功能，是消除贫困、保障经济增长和实现生态环境可持续的重要基础。水资源与改善社会福祉和促进各项进步都有关联，如食品和能源安全、人类健康和环境健康等，与全世界几十亿人的生活息息相关。

虚拟水是国家和地方经济的重要组成部分，它不仅与经济部门的运行相关，也和创造就业存在紧密联系。全球劳动力市场中，约有半数就业岗位来自 8 个与水资源和虚拟水存在密切关联的行业：农业(含林业、渔业)、能源、制造业、回收与再生产业、建筑业、运输业。全世界共有超过 10 亿人从事渔业、农业、林业等行业，而这些行业也是受水资源危机影响最大的(WWAP，2016)。

虚拟水的概念最早由 Allan(1993，1998)提出，其定义为在产品生产过程中消费的水资源量。虚拟水与真实意义上的水并不相同，它是指产品生产过程中消耗的水，以"虚拟"的形式包含在产品中，又称"体现水""嵌入水""看不见的水"(Allan，2003；Chapagain and Hoekstra，2003；Zhao et al.，2009；程国栋，2003)。"虚拟水"概念的提出，为解决水资源短缺问题、分配水资源使用权利提供了新的研究视角：①虚拟水丰富和拓展了传统水资源的概念，有利于在经济全球化、管理集中联合化的背景下评估水资源利用情况，破解水资源的制约问题；②虚拟水可以更好地把经济活动和水资源承载能力纳入统一的研究体系，对协调水资源配置格局与经济发展格局具有战略指导意义；③虚拟水依托于经济贸易中的产品和服务，更加强调市场在资源配置中的重要作用，有利于通过成本效益驱动改变传统的用水模式、用水习惯和用水理念，实现水资源利用效率的长远优化。

广义的可持续水资源管理包括生态保护与修复、水资源综合管理，以及与水资源相关的基础设施建设、运行和维护。世界上的淡水资源是通过连续的蒸发、降水和径流循环实现再生的，这种循环通常称为"水循环"，这决定了水资源在时间和空间上的分布和可利用性。可持续水资源管理与安全、稳定、经济的水资源供给相结合，有利于创造良好的就业机会环境，促进经济部门的发展和增长（International Labor Organization，ILO，2015）；可持续的水资源管理、供水设施和安全、可靠和经济的供水和卫生服务，有助于改善居民生活水平，提振区域经济，并创造较高质量的就业机会、提升社会包容性；可持续的水资源管理也是绿色发展、生态发展的重要驱动力。反之，忽视水资源和虚拟水问题，可能会对经济、生活和人体健康造成严重的负面影响，造成严重的经济和人身损失。现有的一些非可持续的水资源和虚拟水管理模式，可能对经济和社会造成损害，削弱扶贫、就业和其他来之不易的发展成果。因此，通过政策、投资等手段来协调水资源、虚拟水与国民经济之间的关系，对发达国家和发展中国家而言都是实现可持续发展的先决条件之一。对水资源管理进行资本投入，有利于促进经济增长、增加就业和减少不平等。而忽视对水资源管理的投入，不仅会错过经济增长和创造就业的机遇，还可能反过来阻碍经济和就业的发展。

水资源是经济系统的一个必不可少的组成部分，也是众多经济部门创造和维持就业所需的要素。例如，在第一产业：农业、畜牧业、水产养殖、淡水渔业，其他自然资源的开采和提取等；第二产业：重工业、加工业、电力和燃料生产业等；第三产业：如旅游业等。这些部门中大多数都在其生产价值链的某一个或多个阶段需要使用大量的水资源。

与水资源相关领域的产业大致可以分为三个大类：①水资源管理，包括水资源综合管理和水生态系统的保护和修复；②水利设施的建设、运行和维护；③与水资源供给有关的服务，包括供水、污水处理和相关卫生服务。这些产业又为农业（包括渔业和水产养殖）、能源和工业等部门的运行提供了基础，并创造了众多的就业机会，甚至可以视为"依托于虚拟水的经济"。这一点在安全饮用水和卫生设施产业方面尤为明显，在这些方面的投资已显示出促进经济增长的良好势头，且投资回报率较高。而对于人力资本这一重要的经济要素而言，在住宅和工作场所配置安全可靠的供水、排水、卫生服务，对维持劳动力的健康、教育和生产效率也是至关重要的。一些第三产业也依赖于水资源与虚拟水，其中包括公共管理、金融投资、房地产、批发和零售业等。

除了种植农业和制造业外，还存在一些其他高度依赖水资源的经济部门，包括林业、淡水渔业和水产养殖业、采矿业，以及大部分能源产业。此外包括医疗保健、旅游和生态管理等第三产业部门也高度依赖水资源或虚拟水，据研究这类第三产业提供了超过 14 亿个工作岗位，占世界总劳动力的 42%；而另外一些中度依赖水资源或虚拟水的部门提供了约 12 亿个工作岗位，占世界总劳动力的 36%，这些部门不太需要获得大量的水资源来维持其运转，但其价值链的上下游不可避免地需要使用虚拟水，这些中度依赖水资源或虚拟水的行业包括建筑业、娱乐业和运输业等（WWAP，2016）；换言之，全球劳动力市场的78%都高度或中度依赖于水资源或虚拟水。如果缺乏足量、安全可靠的水资源供应来支持那些高度依赖水资源的部门，就会造成就业岗位的缩减和经济的衰退。洪水、干旱和其他与水有关的灾害也可能造成经济和就业方面的影响，并且这种影响可能通过虚拟水传递到直接受灾地区之外。

因此，水资源和虚拟水共同为许多组织、机构、行业和系统的运行、活动和创造就业提供了有利的环境和必要的支持。通过核算、预测水资源保护、处理、供水和虚拟水输送等领域的投资潜力，政府可以制定相应的发展、投资和就业政策，以促进和改善整个国民经济系统的发展。

1.1.1 未来水资源情况预测

根据世界水资源评估计划的预测，在未来的可持续发展的世界里，水资源管理将成为发达的经济、人类健康和生态系统完整性的基础(WWAP，2015)。充足、安全的水资源能够满足全人类的基本需求，安全可靠、成本合适的供水和排水服务能够支持人们健康的生活方式，而这一切都离不开公平建设、高效管理的基础设施。

未来的水资源管理、基础设施的建立和服务提供在资金方面都是可持续的。对水资源的各种形态都进行了充分的价值评估，包括污水也被视为一种含有能量、营养物质和淡水的可再利用的资源。未来将会通过适当的措施减少水资源脆弱性、提高水资源恢复力，实现人类社会与自然水循环、水生态系统的协调发展。兼顾水资源开发、管理、使用和人类权益的综合措施将成为常态。未来的水资源管理将以全民参与的方式进行：充分发挥专家和普通公民的潜力，由具有能力和资质的组织提供指导，以公正和透明的体制框架作为制度保障。

世界需水量主要受人口增长、城市化、粮食和能源安全政策，以及贸易全球化、改变饮食和消费增长等宏观经济过程的影响。到 2050 年，全球水资源需求量预计将增加 55%，主要是制造业、火力发电和生活用水需求的不断增长造成的。

对水资源的需求竞争增加了水资源分配的难度，并且限制了对可持续发展至关重要的产业部门的发展，特别是粮食和能源的生产部门。水资源的不同用途和不同用水户之间的竞争，会增加局部冲突和不平等现象，将会对促进区域经济发展和改善社会福祉产生严重影响。

落后的经济发展模式中，对自然资源的利用缺乏合理的管理和控制，这种落后的资源开发和管理模式往往导致自然资源的过度开采。地下水资源正在枯竭，据估算，目前全世界 20%的地下含水层处于超采状态。各种破坏生态系统的行为，包括过度扩张的城市化、不适当的农业措施、滥砍滥伐和环境污染，正在破坏生态系统提供生态服务的能力，其中就包括提供清洁的水资源的能力。此外，持续的贫困、供水和卫生服务的不公平现象，资金不足，缺乏水资源的状态、使用和管理情况等信息，这些不利因素进一步阻碍了水资源管理的可持续发展目标的实现。

在过去的几十年中，人类社会对水资源的需求不断增长，滥用水资源的情况也在增加，使世界许多地区面临的水污染和严重缺水的风险持续上升。地区水资源危机的发生频率和严重程度都在不断增加，对公共卫生、环境可持续性、食品和能源安全、经济发展都造成了严重的影响。虽然人们已经日益认识到水资源在可持续发展的各个层面中的重要性和不可替代性，但水资源管理和水资源相关服务在公众认知和政府政策层面的重要级别仍然较低。因此，水资源往往成为社会福利、经济发展和生态系统健康的限制因素，而难以成为促进因素。

事实上，地球上的水资源完全有能力满足日益增长的用水需求，但需要对目前的水资源的使用、管理和分配的方式做出重大调整。全球水资源危机主要是由这些管理层面的问题造成的，而水资源的可用量方面的问题相对来说并不严重。为了保障世界水资源安全，应当重点解决水资源管理层面的问题。

联合国水机制工作组对水资源安全的定义为："水资源安全是指某一国家或地区的居民保障可持续地获得水量充足、水质达标的水资源，以维持日常生活、社会福祉、经济发展，防控水污染和水旱灾害，以及维护生态系统的气候与政治稳定的能力（WWAP，2012）。"据预测，到 2050 年，人类已经能够在世界范围内实现水资源安全，每个人类成员都能够从可持续的水源获得水量充足、水质达标的水资源，以满足其基本需求、福利需求并维持其发展（WWAP，2015）；人类能够免受水污染、疾病和其他与水有关的灾害的危害；有关水资源的性别歧视将被消除，男性和女性都能公平地获取水资源和服务，进一步促进了社会的包容性；气候环境会趋于温和、稳定，使水生态系统的稳定得到保障。未来在制定消除贫困和发展经济的长期规划时，会将水资源风险和不确定性纳入考虑，因此地区和国家经济将更加发达。随着教育的加强、制度的改进、科学技术知识的进步、经验教训和范例的推广、政策和立法的前瞻性发展，未来关于水资源的规范和公众态度都会得到良性的改变。

随着城市水资源基础设施的大规模建设，供水、排水和卫生的服务已经得到了普及，同时在偏远地区也建设了分散的小规模净水设施，使全民的健康状况得到了广泛的改善，提高了生活质量。科技的创新减少了水资源的消耗，例如通过节水处理设施，用垃圾制造能源和产品，同时也避免了垃圾可能造成的水资源污染。

未来人类的水资源取用量和排放回环境中的水量将达到一个平衡状态，以确保其长期可持续性。所有主要的人类用水活动产生的废水，都得被收集起来，经过适当的处理后，重复利用或排放回环境中，而水资源重复利用最大化也是实现用水普及化的主要驱动因素之一。

未来农业、制造业和能源行业的人均水资源需求量和单位产品耗水量将明显低于2015 年的水平，这使得水资源可以更公平地共享。减少这些主要的用水行业部门之间的竞争，也有助于提高其长期经济能力。例如：雨养农业（只依靠降雨）和灌溉农业的单位用水产出量都出现显著的提高，即提高了农业的水资源利用效率。随着先进的农业生产技术、高效的灌溉技术、可靠的废水回用技术和水土保护技术的应用，农业整体上将不太容易受到降水波动的影响。而日常生活用水的需求，则是通过有效的节水技术和公平合理的收费制度来满足。

未来的能源行业将越来越多地采用节水技术（如空气冷却技术），提高低耗水清洁能源的比例（例如，风能、太阳能光伏发电和地热）。而在撒哈拉以南的非洲和东南亚未来将要建设的可持续发展的水电设施，将使几亿人能够过上有电力供应的生活。未来随着用水规定的进一步规范和实施，以及高效用水工艺的开发和应用，将会控制工业用水需求，促进经济发展。

未来将广泛应用基于生态系统的管理方案和其他环境干预措施，来提高生态系统的稳定性。这些措施也会保护水源地、流域集水区和河道，以及促进农业和其他经济活动，提高用水效率。实现水资源相关的可持续的生产和消费模式，离不开将经济和环境中的水资源流动进行量化的水资源计量系统，水资源计量系统能够有效地将与用水相关的经济增长和负面的环境影响区分开来，对水资源的相关影响提供清晰明确的信息。

所有的产业部门都会通过产业链来利用水资源，因此为了改进供应和需求管理，需要把水资源作为一个重要的考虑因素。雨水收集和污水回用已经成为主流的改进用水效率的措施。未来的全球市场和贸易流动，将会通过一个全球的水资源敏感性检查机制进行监控，以确保水密集型产品是由水资源压力较小的地区出口的。水资源的经济价值已经得到了公认，所有形式的经济企业都要认真考虑其行为对水资源的影响。未来还将建立公平、公正、公开透明的水资源管理机制，以解决水资源开发、分配、使用和管理中的问题，杜绝发生腐败的可能性。

未来全球主要的跨国流域和地下含水层将会以国家之间的合作方式进行管理，从而改善水质和生态条件，也将改善邻国之间的国际关系、提高国际地位、促进互惠互利。未来将会广泛推行灵活的、多方合作的水资源治理框架，例如在地区、国家、区域和全球层面的协同协作、知识和技术转让，以及共同对话等。

在国家层面，政府可以使用水资源综合管理办法。水资源综合管理是基于对水资源的一个健全的、系统的了解，包括地表水和地下水资源量及其状态。水资源综合管理有助于在广泛的政策范围内制定符合实际、有效的决策，其范围包括农业和粮食安全、能源、制造业、金融，环境保护、公共卫生和公共安全等。

与水资源广泛相关的基础设施和服务的运行和维护的资金，将成为未来政府支出的一个核心要素。未来将会采用一种灵活的方法，以实现资金上的可持续发展，并不断探索替代融资方案。来源于非政府项目（包括自筹资金）和公平性关税的资金，将能够支持公共部门实现在水资源管理成本方面的财政平衡。这反过来又创造了一个环境，鼓励私人资本参与进来，因为这类投资的风险较低。在立法、指导方针、许可协议和合同等方面的改进，也将进一步支持与水资源有关的基础设施和服务在财政方面的可持续性。生命周期规划方法将会提高人们对水资源系统的发展、维护和更新换代过程中的短期、中期、长期成本的认识。这种灵活的融资方式也使中期调整成为可能。这种融资方式的投资计划是公开透明的，从而提升了利益相关者的责任感和参与度。财政可持续的理念，进一步巩固了水资源的综合管理方式。

未来在科学技术、管理方法和早期预警系统方面的进步，能够对水资源的可利用量和极端水事件的变化做出快速的响应。尽管全球温室气体减排已经取得了巨大的成果，但人类数十年以来引起的气候变化仍然导致极端气候事件的发生频率持续上升。地表和地下水资源的协同管理，是适应气候变化策略的一项核心内容，而蓄水工程容量的改进和扩充，也为气候变化造成的周期性的水资源短缺提供了缓冲。

未来人们对生态系统的重要性和价值，以及生态系统通过水资源提供的服务功能，将有更广泛的认可。未来的流域综合管理将会采取适当的措施，以保护关键水生态系统，确保人类取水行为与水文和环境的可持续性相协调，消除污染，恢复生态系统稳定提供淡水资源的能力。人工设施和自然环境能够达到相辅相成，对人工设施和自然环境的综合管理既增加了收益，又降低了管理成本。未来的城市将进行重新设计，使公众有机会在社区、公园中接触天然流域，使流域除了提供用水之外，还能提高人们的整体生活水平、培养公民的水资源意识。

以生态系统为基础的流域管理方法，包括生态系统服务的经济评估，可以量化生态系统为生活和就业带来的收益。其中，生态系统服务付费作为一种新兴市场，可以为居住于生态保护区的低收入人群创造新的就业机会，在实施生态系统保护或恢复的同时，增加居民收入。

在未来，"公平""消除歧视""参与和问责"将成为水资源管理的重要原则。国家法律将为获取水资源的基本权利提供保障，这有助于纠正潜在的不平衡，避免社会冲突。在 2015～2030 年，温室气体排放的可持续发展目标和专门致力于水资源的可持续发展目标，有助于凝聚政治意愿、引发公众支持和吸引投资。虽然只依靠这些方面还不足以完全保证水资源可持续，但能够使人们充分重视水资源对其他各种发展目标的机遇和限制，促进新的水资源保障行动和国际公约形成，增强跨领域、多主体的交叉协同作用。政策制定者、政治家、监管者、司法机关、教育工作者、资源分配者、学术界和民间社会组织的成员能够共同协作，在各自的专业领域内促进共同的水资源理解、规范和协议，以更好地利用和保护水资源。未来水资源在可持续发展的各个方面的作用已得到广泛认可。水是一种基本的自然资源，几乎所有的社会和经济活动，以及生态系统的功能都离不开水资源的理念将被广泛接受和理解。

尽管预测未来的水资源前景一片光明，但要实现所预测的未来目标，还有大量的艰巨任务需要完成。由于水资源的有限性，在未来几十年中，人类社会将面临多种形式的挑战。

1.1.2　水资源与社会、经济和环境可持续发展

不可持续的发展方式和不科学的水资源管理方式已经影响了水资源的质量和供给能力，损害了水资源的社会和经济效益。在对淡水的需求日益增长的背景下，如果无法恢复需求和有限的供给之间的平衡，世界将面临日益严重的全球水资源"赤字"。不可持续的发展途径和管理上的失败不仅会产生巨大的水资源压力，影响水质和水量，还会影响水资源产生社会和经济效益的能力。全世界的水资源维持人类日益增长的淡水需求的能力正在受到挑战，如果不能恢复需求和供应之间的平衡，就难以实现可持续发展。

1960～2012 年,全球每年平均国内生产总值(GDP)增长速度达到 3.5%(World Economics,2014)，而其中大部分的经济增长造成了显著的社会和环境成本。在这一时期，人口增长、城市化、迁徙和工业化，以及生产和消费的增加，使淡水资源需求不断增长。这些过程也增加了水污染，进一步降低了生态系统的水资源供给能力和水资源的自然循环能力，减弱了满足世界增长的水资源需求的能力。

全世界的水资源需求主要受人口增长、城市化、粮食和能源安全政策、贸易全球化，以及消费模式的变化等宏观经济过程的影响。在 20 世纪，随着人口的增长，人们对粮食、纺织品和能源的需求增加，中产阶级的人数、收入和生活水平不断增长，导致对水资源的需求急剧增加。这种水资源使用模式是不可持续的，特别是对于那些水资源稀缺或水生态

脆弱的地区,以及对水资源的分配、价格、使用缺乏有效管理的地区。不断变化的消费模式也增加了生产和使用环节的水资源消耗,例如肉类消费量的增加、建筑面积的增加、机动车、电器和其他耗能设备使用量的上升等。

据预测,各产业部门对水资源的需求都会上升(WWAP,2012)。如果世界经济按照目前趋势发展,到 2030 年,世界将面临一个 40%的水资源"缺口"(2030 Water Resources Group,2030 WRG,2009)。人口增长也是一个重要因素,但人口与水资源需求并不是简单的线性关系:在过去的几十年中,水资源需求的增长率比人口增长率高一倍。目前世界人口每年增长约 0.8 亿人,据预测,2050 年世界人口将达到 91 亿,其中有 24 亿人生活在撒哈拉以南的非洲等水资源分布不均匀的地区(United Nations Department of Economic and Social Affairs,UNDESA,2013)。

日益加速的城市化进程经常造成区域性的淡水资源供给压力问题,特别是在干旱频发地区。目前全世界超过 50%的人口居住在城市中,30%的城市居民居住在贫民窟。预计到 2050 年,世界人口将增加 33%,从目前的约 70 亿增长到约 93 亿,而对食品的需求将增长 60%;同一时期,世界城市人口将增长近一倍,从约 36 亿增加到 63 亿人。全球城市化进程的 93%发生在发展中国家,其中 40%是属于贫民窟的扩张。到 2030 年,非洲和亚洲的城市人口将增加一倍(UNDESA,2013)。

人口增长和全球生活水平日益提高,推动着产品和服务的生产和消费,以满足增长的人口需求。与水资源相关的产品(如粮食、肉类)的市场需求随着经济的发展而不断增加,从而极大地提高了农业的用水需求。作为另一项用水大户,能源需求的增长也将导致其需水量的增加。此外,人口的增长还将对生活用水、粮食、就业带来新的挑战,而这会对经济发展提出更高的要求(United Nations Environment Programme,UNEP,2012)

农业和能源行业的过度取水,将会进一步加剧水资源短缺。农业部门已经是水资源最大的用户,约占世界淡水取水总量的 70%,在大多数欠发达国家甚至超过取水总量的 90%。高效灌溉等技术手段,有助于显著减少对水资源的需求,尤其是在农村地区。能源生产部门的淡水取水量,目前占世界取水总量的 15%,预计到 2035 年这一比例将增加到 20%(WWAP,2015)。

影响水资源可持续性的许多压力都产生在地区和国家层面上,并且受这些地区和国家层面的规则的影响。然而,越来越多的全球经济规则和流程已经开始影响地区和国家的经济,进而影响区域的水资源需求量和流域的水资源可持续性,例如投资、贸易、金融市场,以及国际救助和发展援助等(UNDESA,2013)。

各种需求之间的竞争,将导致资源的分配越来越困难,并限制那些对可持续发展起关键作用的部门的扩张,特别是粮食和能源生产部门。在关于生物燃料的争论中,可以反映出部门间的竞争,以及能源和农业生产之间微妙的权衡。用粮食作物如玉米、小麦和棕榈油来生产生物燃料,在农业部门内部产生了额外的土地和水资源竞争(尤其是在水资源已经紧张的地区),也与食品价格的上涨有关。种植粮食作物来生产生物燃料,是否会影响未来的粮食安全以及现有的消除营养不良的工作,已经引发了伦理方面的思考与争论(High Level Panel of Experts on Food Security and Nutrition,HLPE,2013)。

工业制造业产量的提高也会增加水资源的使用以及对水质的潜在影响。在某些地区,工业生产用水缺乏有效的管理和强制管控，导致环境污染显著增加，在经济活动日益增长的同时造成了生态环境服务功能的退化。

水资源的各种使用项目和各类水资源的用户之间的竞争，增加了局部冲突和不平等待遇的风险。在这类水资源竞争中，人们往往忽视了保持水和生态系统的完整性才能维持人类生活和经济发展这一道理。在水资源的竞争中，自然环境，以及处于边缘化的弱势群体，是最大的受害者。

由于水资源短缺和管理不善，国家和地区间可能爆发冲突。值得注意的是，全世界263个跨国流域中，有158个没有任何类型的合作管理框架。在其余105个建立了水资源管理机构的流域中，约2/3的流域涉及了三个或更多的沿岸国家，但其中不到20%的流域管理协议是多边协议（WWAP，2015）。这表明了当前在双边/多边合作管理水资源、分享潜在利益方面，存在管理机制、政治意愿，以及资源方面的缺失。

水资源的竞争反映了处理"水—粮食—能源"关系的政策选择的困难性，要在这些部门之间取得平衡，难度是很大的。水、粮食和能源是社会运行的三大支柱，相互之间是密切关联的，对其中一个方面做出的决策都将影响其他两个方面（WWAP，2015）。

落后的自然资源的使用和管理模式中，在经济系统使用资源时缺乏合理的控制，往往造成自然资源的过度开采。不可持续的地表水和地下水的开采，可能严重影响生态系统的水资源量及其提供的生态服务，也损害了区域经济和人类福祉。不恰当的水资源评估，特别是地下水的评估，以及对水资源时间变化的忽视，已经造成了世界上许多地区的水资源管理的失败。如果不解决管理制度、行政手段，以及其他管理方法中存在的目标狭隘、具体任务缺乏体系等问题，水资源管理的失败还将继续发生。这种情况已经造成了一系列问题：对弱势和边缘的人群造成了负面影响；加速了生态系统的退化和自然资源的枯竭；阻碍了实现可持续发展、减少贫困和消除冲突的进程。

由于降水和径流的不确定性，淡水资源的分布和可利用性也是不稳定的，全世界各个地区每年获得的水资源量往往有所区别。干旱和湿润的气候，以及旱季和雨季的水资源量之间，也存在相当大的差异。综合来看，不同国家的年平均人均可利用水资源量之间存在显著的区别。

气候变化将会增加与水资源的分布和可利用性变化相关的风险。许多国家已经开始经历降水模式的变化，降水变化对水文循环造成了一系列直接和间接的影响，包括径流、地下含水层，以及水质的变化等。此外，由于气候变暖和废热排放的增加，造成了水温升高，预计将加剧多种形式的污染问题：包括沉积物、营养物、溶解有机碳、病原体、农药、盐类，以及热污染。这些问题将会损害生态系统和人类健康，并降低水生态系统的稳定性、增加其维护成本。

地下水资源在供水和维持生态系统功能中发挥着很大的作用。目前全世界约有25亿人维持基本生活需求的用水完全来自地下水资源，而数百万的农民依靠地下水来维持农业生产、保障粮食安全（WWAP，2012）。据统计，地下水供给了至少50%的全球人口的饮用水以及43%的灌溉用水（WWAP，2015）。地下水也对河流和重要水生态系统的基流有一定的维系作用。但地下水资源的可利用性及其补给率的不确定性，给地下水资源的管理及其调节地表水资源的周期性短缺的能力带来了严峻的挑战。

　　地下水资源的衰减，加之世界上约20%的地下水被过度开采，导致了诸如地面沉降、沿海地区海水倒灌等严重后果。世界上几个主要农业区和众多特大城市周边都出现了地下水水位下降的情况。在阿拉伯半岛，2011年的淡水取水量，甚至达到了该地区的可再生水资源的500%，而其中很大一部分地下水属于跨国水资源（UNDESA，2013），这又增加了自然和国际政治方面的双重风险。

　　环境影响、未考虑资源的稀缺性的水价方案、不符合公平可持续原则的水资源制度，都是导致地下水枯竭的原因。在全世界范围内，大约38%的农田灌溉水源来自地下水，这使得过去50年中农业灌溉地下水取水量增加了10倍。同时，世界上几乎一半的人口饮水来自地下水。未来制造业、电力和生活用水量的增长将对水资源产生更大的压力，并可能影响农业灌溉用水的配给额（Organisation for Economic Co-operation and Development，OECD，2012）。

　　水资源利用过程中的泄漏损失也是导致水资源匮乏的因素之一。据估计，全球约30%的取水量由于泄漏而损失（WWAP，2016）。随着城市化的发展和对水资源需求量的上升，需要提高水资源的利用效率，并维护和升级老化的供水基础设施、减少泄漏。而采取这些措施，能创造就业机会，但其中大部分岗位将需要技能熟练的员工。

　　水资源的可利用性也受到水污染的影响。多数影响水质的问题是由农业、制造业、采矿和未经处理的城市径流和废水引起的。农业机械化、农业工业化的扩张导致的肥料和农药应用的增加，以及其他工业污染物，造成了水环境污染和健康风险。氮和磷是世界淡水资源中最常见的化学污染物，氮磷过量促使淡水和沿海海洋生态系统的富营养化，造成水华、赤潮，以及对自然环境的侵蚀等问题。

　　人类对磷和氮的循环的干扰已经超过了安全阈值。据预计，全世界地表水体和沿海地区的富营养化现象到2030年之前都将持续增加。2030年之后，发达国家的情况可能有所稳定，但在发展中国家还可能继续恶化。在全世界范围内，到2050年，发生藻类水华的湖泊数量将在现有基础上至少增加20%。磷的排放增速将比氮更快，而随着水坝建设数量的增长，硅元素的排放也相应地快速增加（UNDESA，2013）。

　　持续的城市化、不适当的农业做法、滥砍滥伐、污染等问题破坏了生态系统，损害了其提供基本水资源的环境服务功能，如净水、储水等。生态系统的调节和恢复能力，即生态系统的弹性遭受破坏，进一步加速了水质和水资源可利用性的降低。

　　全球环境退化和气候变化，已经达到了一个临界点，主要的生态系统正面临接近崩溃的危险。这是过去在设计决策机制时的失误造成的，良好的决策机制应当在世界和国家层面上合理管理人民，并实现地球上天然资源的合理共享。尽管一些国家和地区在努力创造环境条约和协定等合作，但在环境政策的范围之外，仍然有国家和地区采取一些会直接造成环境问题的决策。目前很多地区的发展观念都过分注重经济方面的优势，而缺乏对社会和环境方面的考量，这意味着长期的环境目标可能会与短期的经济目标相脱节。

　　除此之外，想要改善水资源管理，还面临一些其他的约束条件。这些约束条件都是非常实际的问题，想要在可持续发展的背景下解决与水相关的问题，必须对其慎重考虑。

1) 长期贫困问题

长期贫困往往是有限的收入以及有限的获取资源的渠道形成的恶性循环所造成的结果。安全的水资源供给和排水设施是卫生保健、教育和就业的基础。2000～2015 年，消除极端贫穷和饥饿成为联合国千年发展目标的首要任务。然而，迄至 2012 年，全世界仍有 12 亿人处于极端贫困之中，其中大多数人生活在贫民窟中，往往缺乏足够的饮用水和卫生服务(WWAP，2012)。全世界的水资源取用量目前已经达到维持生态系统可持续的上限，在世界 1/3 的人口居住的地区，水资源取用量已经超过生态系统可持续的上限，并且到 2050 年，全世界 1/2 的人口居住的地区取水量都将超过上限(WWAP，2012)。世界上有 8.5 亿的农村贫困人口除了缺乏清洁的饮用水和卫生排水设施之外，还缺乏农业生产用水，而农业生产通常是其主要的收入来源。如果不改进这些地区的农业水资源管理，贫困状态就难以得到改善(WWAP，2015)。

妇女和儿童尤其容易受到水资源短缺的影响，这增加了消除贫困的难度。在制定水资源政策时，往往是从一般性的角度出发，缺乏对于地方特色和性别歧视等问题的考虑。由于在水资源管理和农业、城市供水、能源和制造业等行业部门中缺少对于性别差异的考虑，降低了女性对贫困问题和水资源问题做出贡献的可能性(WWAP，2012)。

2) 不平等和歧视问题

社会和经济的不平等，以及缺乏有效的政策来解决这些不平等问题，是联合国千年发展目标难以全面实现的主要障碍，也是普及公共卫生和饮用水安全的主要障碍。世界各地的许多人群，包括妇女、儿童、老年人、土著居民和残疾人等，都在获得安全饮用水、排水设施或卫生设施方面遭遇了不平等现象。虽然人们普遍认为获得安全饮水和卫生的权利是一项基本人权，但基于种族、宗教、经济阶层、社会地位、性别、年龄或身体情况的歧视往往会限制部分人群获取土地和水资源及相关服务。这种不平等现象会造成长期的社会和经济不良影响，因为弱势群体更容易遭受长期的贫困，并且缺乏教育、就业和参与社会活动的机会。

人口动态也会对水资源的分配产生影响。许多国家在城市化进程中，政府没有能力做好协调，在饮用水供应和卫生排水的基础设施，以及相关服务方面出现了缺失(UN-Habitat，2011)。从农村到城市的人口迁移，对基本的饮用水和环境卫生服务带来了长期性的挑战，尤其是在贫穷的城乡接合部和贫民区，问题更加突出。公共卫生方面也面临着类似的问题，特别是在防控霍乱等与水相关的疾病方面。

在农村环境中，由于农村所需的供水和卫生系统设施与城市有所区别，要提供足够的饮用水是一项并不容易的任务。基础设施和服务的缺乏，意味着许多农村居民没有足够的卫生条件，而只能使用不安全的水源。缺乏安全的饮用水，加上其他基础服务的不足、资源的稀缺，以及收入的局限，进一步增加了农村地区的安全健康隐患。

3) 不可持续的水资源融资模式

就世界范围而言，尽管已经有充分的证据表明水资源对人类和经济发展的贡献，但对水资源服务在政府政策中的受重视程度仍然相当低下。与其他行业,特别是教育和医疗的发展相比,饮用水和排水卫生服务得到的官方支持和政府支出相对少得多(UNDESA,2013)。这种对水资源的不重视,使得一些国家难以有效地保障人民公平地获取水资源和排水卫生设施的权利。正因为如此,虽然水资源是经济增长的基石,但对水资源管理的投资通常没有受到应有的重视。

在大多数国家,水资源基础设施的资金来源于政府拨款,而其中许多发展中国家的水资源管理和服务事业的资金仍然依赖于外部的援助。这种融资模式既是不充分的,也是不可持续的。大多数国家反映,在水资源服务部门,缺乏足够的信息来制定充分的财政规划,例如用水户及其潜在贡献的信息。在水资源项目中,基础设施的运行和维护费用往往被忽视或未加以充分考虑。因此,对许多水资源系统维护不足,导致设施老化、损坏、可靠性下降,并使对用水户供水的数量和质量下降。对排水卫生设施的投资是特别不充分的,尤其是在发展中国家,水资源方面的大部分资金都用于供水设施,对排水卫生设施的投资不足。另外,污水处理方面的融资也长期被忽视。

尽管在水资源部门的融资方面长期存在以上的管理问题,但在最近20年来,情况已经有所好转。在人类发展指数较低的国家中,超过半数的国家已经增加了政府财政和官方支持对水资源开发和管理领域的资金帮助(WWAP,2015)。

4)数据与信息

监测水资源的可利用性、使用情况和相关的影响,是一项繁重和持久的工作。关于水资源状态、使用和管理情况的真实可靠的信息往往是十分缺乏的。在世界范围内,各种水资源监测网络所提供的地表水和地下水的水量和水质数据是不完整、不匹配的,而关于废水的产生及处理的信息也是不全面的(WWAP,2015)。各种水资源研究和评价所提供的是特定时间和地点的水资源的状态和使用情况,但很少进行世界各地不同规模的水资源是如何随时间变化的广域研究。

在可持续发展的背景下,水资源往往是经济增长、人类福祉和环境健康的一个关键驱动因素,也是一个潜在的限制因素。水资源信息的缺乏,不利于制定符合实际的政策和完善的发展目标决策。例如,对于提升水资源生产利用率的措施,经常缺乏有效的指标来跟进这些措施的效果(WWAP,2015)。

从经济学的角度看,有必要将水资源及其利用情况的数据和信息与各种经济部门的增长指标结合起来,以评估水资源在经济发展中的地位和作用,并反映水资源对于其他资源和各类用水部门的影响。同样,定量化研究水资源在维护健康的生态系统的作用时,往往局限于环境流量的研究,即维持淡水生态系统所需径流的水量和时间。虽然环境流量是管理淡水生态系统的一个重要指标,但是环境流量往往是根据某些类别的指标而得出的,可能无法充分考虑生态系统之间的相互联系,以及生态系统对经济和社会发展的影响。

从人类健康方面看,目前主要的关注重点是如何获得安全的饮用水供应和卫生服务,这方面的工作中有很大一部分是由联合国千年发展目标驱动的。在这一领域里,仍然存在数据和信息的缺乏问题,其中就包括如何把"安全饮用水"的定义化为一个可测量的标准。联合国千年发展目标对于水资源制定的目标是确保人们能获得安全的饮用水。具体表述是：到 2015 年，全世界无法长期获得安全饮用水和基本卫生设施的人口比例减少一半。然而，千年发展目标没有提供具体的方法来衡量人们使用的水资源的安全性。为此，世界卫生组织和联合国儿童基金会在关于水资源供应和卫生的联合监测方案中，使用了一种替代指标"使用改善的饮用水水源的人口比例"来监测改进的水源是否符合千年发展目标。所谓"改善的水源"不一定是安全的，"改善的水源"是指将人类用水与动物用水分离，并避免粪便污染的水源。在许多情况下，这些水源所提供的水资源的水质仍然不足以达到人类用水的要求(Bain et al.，2014)。因此使用"改善的水源"这一指标来代替联合国千年发展目标中的水资源安全目标，造成了意想不到的后果，降低了千年发展目标的要求。这种目标的降级会误导决策者，使其在只完成了水源的"改进"而还没有达到真正的水资源安全时，就误以为已经实现了联合国千年发展目标的要求。

据估算，全世界有数十亿人正在使用经过改善但还不够安全的水资源。全世界约 25 亿人既无法获得安全的水资源，又无法获得基本的卫生设施。世界卫生组织和联合国儿童基金会的研究发现，全世界有 18 亿人所使用的饮用水源长期被粪便污染(Bain et al.，2014)。世界卫生组织和联合国儿童基金会在其最新的报告中解释了"使用改善的饮用水水源的人口比例"这一指标的不足，并提出了加强监测、鼓励水资源和卫生服务的安全管理的计划(WWAP，2015)。

迄今很多国家还没有实行水质检测，因此难以确定水源地是否向用水户提供了安全的水，以及是否存在与水有关的疾病的风险残留。此外，大多数国家对水质以外的其他关于水安全的方面关注不足，如水资源可利用量、在输水过程中的风险、水资源安全威胁、取水频率和时间、水资源的潜在成本过高等等。虽然很多国家在水资源的来源方面取得了实际进展，但要完全满足安全饮用水的人权需求，还有许多改进工作有待完成。因此需要在充分、有效、易得的数据基础上选择水资源的指标，并制定和实施良好的监测机制。联合国千年发展目标的指标主要集中在总体结果上，而忽视了水资源的改善有时难以惠及最弱势的群体这一现实，如贫困老人、残疾人、妇女和儿童有时难以享受到水资源改善的收益。在 2015 年后的联合国发展议程中，各项指标将按性别、年龄和社会群体进行数据分类，这将带来新的机遇与挑战(WWAP，2015)。虽然数据的可得性和数据质量仍然是一个问题，但一些有关水资源情况、服务、利用和管理的核心指标，对于当前的可持续发展仍然是很有帮助的。

不同经济部门之间水资源和供水服务的分配，将在很大程度上决定国家和地区就业的增长潜力。将与环境可持续性、创造就业机会关联最为密切的经济部门作为政府工作的重点对象，是实现成功发展的关键之一。实现这些目标需要将共同愿景与利益协调，特别是在水资源、能源、粮食和环境政策方面，需要制定恰当的激励措施，以符合所有利益相关方的利益(支援等，2017)。

1. 水资源与贫困和社会公平问题

对贫困人群而言，获取水资源是一项沉重的负担，特别是在一些偏远地区，妇女和儿童需要耗费漫长的时间到远距离的区域取水，水源往往是不清洁的或昂贵的，并且某些水源可能会被人为地禁止某一人群的取用。许多贫穷的城市居民被迫向非正规的水供应商支付很高的水价，否则就得不到供水。人没有足够安全的饮用水，容易发生经常性腹泻和其他疾病，造成虚弱和痛苦，还会导致时间、教育和就业机会的流失。低收入和有限的水资源，也意味着贫困居民在水、食品、教育和药品之间将会遭遇选择的困难。全世界有约7.48亿人得不到改善的饮用水水源，而缺乏真正安全的饮用水的人数还要更多。迄至2012年，全球有约25亿人缺少改善的卫生设施（WWAP，2015）。

对于家庭而言，生活用水对于家庭成员的健康和社会尊严非常重要。而生产性用途的水资源，对农业居民和家庭式作坊的生产也是至关重要的。全世界有12亿人，即将近五分之一的人口居住在水资源匮乏的地区（WWAP，2012），并且全世界四分之一的人口生活在缺水的发展中国家，这些国家的水资源短缺是由于管理能力不足，以及缺乏从河流和地下含水层取水的基础设施造成的（WWAP，2015）。水资源的短缺，也意味着利用水资源来种植粮食和进行其他生产活动的可能性降低。

水资源与贫困问题存在关联性。通过水资源管理减少贫困，是一种有效的社会扶贫框架策略，能够将管理、水质、取水、居民收入、水权、防灾减灾，以及生态系统管理等一系列相互关系的问题统合起来。水资源也与土地资源有关。在大多数情况下，取得了土地所有权，也就意味着取得了土地范围内地表、地下，以及来自降水的水资源的权利。在管理方面，土地资源与水资源的相互依存关系经常被忽视，因此土地资源与水资源的管理通常是相互独立的。

在家庭和工作场所实现水资源、环境卫生和个人卫生服务的基本保障，有利于人口健康和劳动力培养，这有助于经济发展，其费用效益比在某些发展中国家高达1∶7；反之，缺乏水资源和卫生设施的人群则容易遭遇卫生保健和稳定就业方面的问题，从而造成贫困的恶性循环。此外，城乡之间、性别之间以及收入阶层之间都在这方面存在着不平等问题（World Health Organization and United Nations Children's Fund，WHO and UNICEF，2014）。

水资源与贫困问题之间的关系是双向的。贫困问题会对水资源和服务的管理产生负面影响。贫困所产生的局限性，可能造成"重发展轻环境"等污染问题以及水资源的不可持续式利用。贫困还会降低水资源投资的效率，因为对于贫困的家庭和集体而言，水泵、水渠等基础设施的购置、经营和维护往往是困难的。这对长期发展和消除贫困造成了严重的阻碍。政府和有关部门管理不善、收入偏低、服务成本高，这些因素使贫困人群很难获得可持续的水资源。即使在增加投资力度的情况下，维持水资源的可持续性仍然是一个严峻的挑战。全世界的供水项目中，有30%～50%在2～5年宣告失败。虽然各国的情况有所不同，但世界平均有大约30%以上的供水点无法运行，另外还有10%～20%的供水点只能发挥其部分功能。据调查，撒哈拉以南的非洲地区，21个国家的农村供水网络中，平均有36%的取水泵等取水设施无法使用，这意味着在过去20年中，在这方面的12亿～15亿美元的投资失去了作用。根据对撒哈拉以南非洲地区的23个供水和卫生项目的调查发现，相关设备基本都按照计划得到了安装，但只有不到一半的项目能够满足当地居民的需求。大多数的项目在理论上符合可持续发展的条件，使用了标准的技术和当地的原材料，然而，由于税收负担、运营管理机制失灵、采购流程管理不善、监管手段不完善、收费措施不足、收集和传播信息机制欠缺、操作人员能力不够等问题，导致部分项目难以形成长效收益并传播开来。

在减少贫困方面,许多国家已经取得了很大的进展,例如中国、巴西和印度等。2013年联合国人类发展报告认为,到2020年这些国家的经济总产出将会超过英国、美国、加拿大、法国、德国、意大利的经济总产出(United Nations Development Programme,UNDP,2013)。大部分的经济增长是由发展中国家之间的新兴贸易合作和技术合作推动的。然而,经济增长本身并不能保证更广泛的社会进步。在中国、巴西和印度等国家,与其他发展中国家类似,贫穷问题仍然处于并不乐观的水平。在许多发展中国家,贫富差距十分明显,并且有继续扩大的趋势,能否把握经济增长带来的机遇,也成为消除贫富两极分化的因素之一。这意味着,即使在经济增长的经济体中,能否获得良好的教育、医疗保健、能源、安全的水资源,以及其他重要服务,仍然是难以确定的。近年来的其他一些问题也影响着发展中国家的经济和社会进步,包括经济冲击、粮食短缺和气候变化等。

据世界经济论坛的预测,收入差距问题是未来十年中最有可能造成全球范围影响的问题(World Economic Forum,2014)。超过80%的世界人口所在的国家收入差距正在扩大。2013年联合国人类发展报告提出,保持经济增长势头,重点在于四个关键领域:①加强平等,包括性别平等;②加强公众的发言权和参与权,包括青少年;③应对环境压力;④调控人口变化(UNDP,2013)。

发展关系到改善人民的福利、知情权,提高人民的自由度、选择权和机遇。从这些角度看,世界各国的水资源配置方式是存在一些问题的。现有的按照生产性用途进行水资源分配的办法,按农业用水、工业用水、生态系统服务用水的划分,通常是不公平的。一般而言,相对弱势的群体更加难以获得水资源,也难以参与到水资源分配决策的过程中去。虽然水资源综合管理要求保持经济效率、环境可持续和社会公平之间的平衡,但在实际操作中,制定水资源分配规划时往往较少考虑社会公平方面的内容(WWAP,2015)。

一些地区单纯追求经济增长,水资源和服务的配置不恰当,加上不断增长的工业、农业和生活用水需求,使得社会更加不稳定,增加了出现冲突的风险。随着经济增长和消费偏好的改变,预计人类社会对水资源的需求将继续增长,在水资源分配和使用方面还有许多工作需要做,要建立一个更有效的水资源分配机制,加入对贫困人群利益的考虑,并调解不同用水户之间的用水冲突。

社会经济不平等和气候变化的影响也削弱了社会的抗灾能力,加剧了水资源灾害对社会生活的影响,同时加重了不平等现象。有限的水资源和增长的用水者之间的矛盾,是水资源耗竭、水生态破坏的一个重要原因。预计未来几十年,全球水需求将大幅度增加,而可利用水资源的变化幅度难以与之相匹配——这将直接影响经济发展,并间接地影响社会安定和生态系统健康。加上出于节省企业生产成本的考虑和基础设施扩展的必要性减缓的背景,未来减少水资源浪费、提高农业、工业和能源产业用水的生产率和效率将被提上重要议程(UN-Water,2014)。

联合国开发计划水资源管理机构认为,生活在非正规居住区的城市居民和依靠雨养农业、雨养畜牧业的农村居民,最容易受到水资源问题的侵害。为了保障这些弱势群体的权利,避免社会高层和精英过分占有稀缺资源,需要建立更加公平的水资源分配机制(UNDP,2013;WWAP,2015)。

目前的两大全球性变化趋势,即气候变化和发展中国家及新兴经济体的经济增长,正在产生一种协同效应。这种协同效应，加剧了欠发达国家的贫困人群和边缘化人群的水资源压力，也揭示了开发配置水资源的新方式的必要性。世界经济合作与发展组织预计，到2050年，制造业和火力发电业的水资源需求将会大幅增加，特别是在金砖国家(巴西、俄罗斯、印度、中国和南非)和其他发展中国家(OECD，2012)。制造业的用水需求占总水资源需求量的比例，预计将从目前的 7%增加到 22%。金砖国家的水资源需求量将增加 7倍，在其余发展中国家也将增长近 4 倍。在经合组织的成员国家(主要是发达国家)，水资源需求量预期增加约 65%。虽然这些水资源需求量增加反映了经济的增长，但也意味着如何在制造业、能源、农业和生活用水等部门之间分配稀缺的水资源这一问题上的巨大挑战，还有一大问题是各类人群将受到怎样的影响，例如贫困人群和边缘人群。

在全世界水资源需求量不断增长、用水种类不断增加的背景下，要建立高效、公平、可持续的水资源分配方案，应当注意以下问题：虽然市场经济的生产和经济效率较高，但要保障水资源与环境卫生的权利则能力不足，对外部环境可持续性造成的影响也考虑不够。从纯效率的角度来看，当市场没有充分发挥水资源的价值时，就应当将水资源分配给价值最高的使用者。然而，对"效率"和"最高价值的使用者"的判断往往是偏主观的。边缘人群很少有资格成为高价值的用水户，但从社会发展的角度看，边缘人群的用水需求应当被优先考虑。需要建立水权共享机制与评价标准，在各种相互竞争的用水户之间调解和平衡其用水需求。还需要建立保障机制，确保贫困人群能够了解相关信息、参与决策过程，避免资本或强权对资源的独占。

决策者在处理水资源与经济、就业的关系时，应该考虑相关的人权、性别平等、绿色经济、可持续发展等方面的法律和政策框架。水资源和经济的发展是紧密联系的，以消除贫困为导向的水资源干预措施，可以产生直接、快速和长效的社会、经济和环境效应，改变数十亿人的生存状况。投资改善水资源管理和服务，是减少贫困和实现经济可持续增长的先决条件。改善的水资源和卫生服务，能为贫困人群带来直接的好处，包括健康状况的改善、医疗成本的降低、生产效率的提高和时间的节省等等。加强水资源管理，可以提高土地、能源、食品、矿产等部门的生产效率，维持生态系统的服务功能，以及降低风险。

水资源管理有助于从几个方面减少贫困问题：

首先，水资源管理有助于提高贫困人群的生活保障，有助于设立鼓励机制，鼓励贫困人口提高技能素质并利用基础条件来提高收入水平和生活水平。"获得安全的饮用水和卫生设施"的权利是一项基本人权，也是其他人权的基础如生命权、尊严权、食物和住房权、健康权、福利权(有关环境和免于遭受严重的贫穷和饥饿)、劳动权等。水资源的获取是实现生活保障的关键，而水资源的连贯程度(流量)决定了生态系统服务的状态和完整程度，即贫困人口所直接依赖的渔业、畜牧业等。有保障的水资源供给是农村和部分城市地区的一系列粮食和其他农产品生产活动的关键，包括作物灌溉、饲育牲畜、水产养殖、园艺以及其他类型的生产活动。因此，有必要采取适当的水资源管理措施，以支持多样化的人民生产和生活方式的用水需求，如蔬菜生产、制陶或洗烫等。

其次，水资源管理有助于减少造成健康问题的社会和环境因素，例如营养不良和高风险的疾病等，以减轻贫困和弱势群体(特别是妇女和儿童)的健康风险。通过水传播的疾病(如痢疾)和传播媒介与水有关的疾病(如疟疾)是导致死亡的重要原因，特别是对儿童和其他弱势群体的影响尤为显著。加强水资源的安全供给、增加基本卫生设备、改善医疗卫生条件，是改善健康状况和减少贫困的有效途径之一。从经济的角度看，水资源方面的投资是非常有吸引力的，因为其投资回报率比很多生产性的投资还要高。消除贫困的另一个有效的策略，是改善水资源基础设施和管理设施的设计，例如水库和灌溉工程，以减少疾病的传播媒介。

水资源管理也有助于提高生态系统的稳定性，提高水资源生态系统对因政治和经济失误造成的风险和损害的抵抗力，并提高对环境退化和与水有关自然灾害的抵御能力。例如，洪水和干旱灾害会破坏生产和发展，生态系统退化、降水变异、水污染和土地退化等问题，都会造成贫困问题，阻碍社会发展。因此，做好水利工程投资，加强洪水和干旱的应对管理，对于消除贫困战略也是必不可少的。

水资源管理还有助于促进经济增长以减少贫困问题。经济增长的质量，以及新增的社会财富如何分配，是非常重要的问题。水资源管理和服务为经济增长提供了催化剂，为贫困人口创造了新的增收机遇。水资源供应技术、服务和设施的发展，为许多不同层面的生产领域提供了增收和创业的机会。企业家和创业者们应当善于发现区域水资源未开发的潜力，即可以在就业和连锁效应方面为区域经济带来相当高的收益率。重大水资源基础设施的发展，可以为国家和地区的经济带来显著的效益，并减少相关的粮食和能源风险。这种水资源投资需要进行适当的影响评估，并与其他相关的国家或地区进行合作。然而，这类重大水资源基础设施的投资并不是万能的，还需要辅以其他方面的投资，包括灌溉、发电、种植业、制度建设、农民和工人的市场进入机制、能力培训等等。为了有效地消除贫困问题，需要采用多元化的投资策略。

推进性别平等，是提高和保障水资源管理和权益的关键之一。自 1990 年以来，性别平等的意识已经得到了显著的普及，女性在促进水资源的获取和管理工作中的作用逐步提升。然而，尽管性别平等在国家发展计划和政策方面得到了很大的推广，但在实践工作中所取得的具体成果仍然有限。妇女在区域水资源的位置、水质、水的储存等方面具有一定的知识，但这些方面的知识很少被充分地挖掘利用，在各级水资源的开发和管理决策中，如何将妇女的作用发挥出来，还做得不到位。例如，在南亚的一项研究认为，该地区从事水资源方面工作的男性比女性更多，其原因一是女性在就职方面存在更多的障碍，例如需要照顾儿童，或难以承受工作计划的变动，二是女性在教育过程中并不偏好水资源部门急需的工程类教育方向(UN-Women，2012)。贫困人群所受到的水资源的限制，不仅是由经济压力导致，也是社会、政治和环境方面的压力造成的结果，例如武装冲突和干旱灾害等。在部分地区，妇女和儿童在取水过程中可能需要长途跋涉，可能会在政治不稳定的地区引发冲突事件。

获得安全饮用水和卫生设施的权利是一项基本人权，但这项权利在世界各地的普及非常有限，尤其是女性的权利更加难以得到保障。由于社会和经济原因，许多妇女和儿童不得不把取水作为一项日常生活事务。据联合国妇女署估算，如果能够将步行取水的时间降低 15min，可以使 5 岁以下儿童的死亡率下降 11%，并使营养不良造成的腹泻的患病率降低 41%。在加纳，将取水时间降低 15min，使女童入学率从 8%提高到了 12%。在孟加拉国，一项为学校提供男女分离的卫生设施的项目，使女童的入学率得到了年平均 11%的增长速度(UN-Women，2012)。

各经济部门的定性和定量分析表明，女性有能力在工作中做出正式的、重大的贡献。男女平等地开展水资源管理和水利基础设施建设工作，有助于提高效率和增加产出。然而，女性仍然在工作中遭受广泛的歧视和不平等待遇。在世界许多地方，女性仍然经常遭遇能力被低估、从事低收入工作、承担大部分无偿护理工作的责任等不公平待遇(UN-Women，2012)。为此，可以采取一些措施来提高女性参与与水资源相关工作的参与度和贡献度，包括：采用男女平等的政策和评价体系；采用区分性别的劳动力数据采集方案；消除文化、社会评价中的性别歧视；扩大公共服务的参与面；投资建设有助于节省时间和劳动力的基础设施等。

2. 水资源与经济发展问题

无论是发达国家还是发展中国家，都需要水资源和与其相关的基础设施，以支持社会、经济、环境层面的可持续发展所需要的活动和服务。经济发展和水资源在许多方面是紧密相连的。水是经济生产的重要资源，也是商品和服务贸易的"催化剂"。水是生产食品和能源以及其他多种产品的重要原料。因此，要充分发挥经济增长的潜力，就离不开对水基础设施的投资。例如，在 20 世纪 50 年代到 60 年代，亚洲的灌溉农业扩张，谷物产量增加了一倍，人均卡路里也增长了 30%。根据成本效益分析，在供水和灌溉系统上的投资可以产生较高的经济回报率，而且比其他一些部门的基础设施投资回报率更高。地下水资源的开发，给农村地区带来了重大的社会经济效益，并且帮助许多国家增加了粮食产量、缓解了农村贫困问题。根据全球水伙伴组织的调查，在南亚地区，地下水的开发主要是面向扶贫工作，拥有土地面积在 2 公顷以下的贫困农民使用地下水灌溉面积的比例增加，增幅是拥有土地面积在 10 公顷以上农民的 3 倍。在亚洲和撒哈拉以南的非洲，小型农户越来越多地在生产中使用小规模的灌溉耕种，这种做法经实践证明能够提高产量和抵御气候变化的风险(Global Water Partnership，2012)。未来灌溉系统将需要更大的水库库容，以应对降水的变化和更加频繁、严重的干旱。Quick 和 Winpenny(2014)的调查发现，在印度中央邦，在田间修筑水塘来灌溉豆类和小麦的农民们的收入增长了 70%，也因此能够改善他们的牲畜饲养情况、扩大饲养规模；而在坦桑尼亚，农民们在旱季收入的一半来自水浇地种植的蔬菜。

对用水户的水资源供应必须是可靠的、可预测的，包括水量和水质方面，这样才能保证经济活动和财政投资的可持续性。这需要硬件和软件方面的资金投入、运营和良好的维护。此外，加强基础设施建设、减少水资源短缺的风险、加强洪水和干旱等灾害管理，可以增加经济系统的稳定性和应对极端事件的弹性，有助于国家和地区实现可持续发展。例如在肯尼亚，1997~1998 年发生的洪水和 1999~2000 年发生的旱灾，使该国分别花费了至少 8.7 亿美元(同期 GDP 的 11%)和 14 亿美元(同期 GDP 的 16%)来进行灾害治理。从历史数据来看，该国平均每 7 年会遭遇一次洪水，需要花费约 5.5%的 GDP；平均每 5 年会遭遇一次干旱，需要花费约 8%的 GDP。这相当于平均每年会有约 2.4%的 GDP 的财政负担，换言之，肯尼亚如果要减少贫困问题，GDP 每年应以至少 5%~6%的速度增长。但实际上肯尼亚的 GDP 增长率仅为 4%左右(WWAP，2015)。在巴基斯坦，2010 年、2011

年和2012年多次发生洪水,对国民经济造成了严重破坏,使其经济增长潜力降低了约50%。在这一时期,该国的年平均经济增长速度为 2.9%;如果没有洪水造成的损失,巴基斯坦这一时期的经济增长速度有潜力达到6.5%。2010~2012 年间,巴基斯坦的洪水造成 3000余人死亡和约 160 亿美元经济损失,其中农业部门的损失达到 20 亿美元以上。连续多年的洪水也破坏了该国的产业供应链,破坏了像甘蔗、大米和棉花等主要农作物的种植,阻碍了工业生产,进而加剧了该国的通货膨胀和失业等问题(WWAP,2015)。

长期而言,水资源开发对整个经济系统都是有益的。对于发展中的国家和经济体而言,充足的水资源基础设施投资和健全的水资源管理,是其经济和结构转型必不可少的。在农村地区,灌溉条件是建设现代化农业的前提,进而为工业的发展奠定了基础、促进了资本积累和继续投资。例如,非洲的灌溉投资表现出较高的内部收益率,在中非地区大规模灌溉的收益率是 12%,在萨赫勒地区的小规模灌溉的收益率达到 33%。用于供水和灌溉项目的平均投资回报率高于大部分其他行业的基础设施投资,仅次于道路和交通设施的投资(World Bank,2015)。在良好的社会和政治条件下,生活条件的提高可以转化为新的提高人民收入的机会。收入增加反过来又产生了积蓄,促进了资本积累与基础设施、健康和教育的发展,提高了生产的潜力,进一步扩大了发展的成果。对与水有关的基础设施和服务进行投资,可以通过促进绿色产业、增加劳务投入和生态系统服务付费等方式,促进经济增长、直接和间接地创造就业机会,其回报率较高。提高水资源的利用效率和经济生产率,都有助于改善社会经济发展,并为依赖水资源的部门创造就业机会、提高就业质量,这种效应在缺水的情况下尤其明显(水资源供应不足可能阻碍发展)。在资源效率技术、竞争力、创新能力方面的提高,也对全球范围内的就业和劳动力产生了影响。

为了发挥经济增长的潜力,打破生产力低下导致的健康、教育和经济等方面的问题的恶性循环,需要实现水资源和卫生服务的基本保障。多种实践已经证明,改善供水和卫生设施,能够事半功倍地实现节省时间、改善健康状况、提高学习和生产效率。改善供水和卫生设施具有双重的作用:其一,开发了水资源,能够用于生产粮食及其他商品和服务;其二,提升了人力资源,间接地加强了经济系统的生产潜力。此外,投资于基本供水服务所取得的经济效益,能够减少贫困问题。根据前向联系效应(指一个产业与其下游产业之间的联系),水资源的供给增加,并且价格合理的话,将能够促进经济系统中很多产业的进一步发展;反过来,生产的发展意味着更多的增加收入的机会,又会提高居民在健康、教育及其他商品和服务方面的支出,加强经济系统循环发展的动力。

水资源投资的成果评价是世界通用的,但各国面临的水资源问题却各具特点。一些国家可能优先投资水电和灌溉基础设施建设,以促进经济增长,然而,如果忽视水资源可利用量和关键水源地保护,这类投资可能难以收到预期效果。也有国家注重对水资源基础设施的技术和财政资源支持,但缺乏制度保障,导致水资源服务能力不足。在另一些国家,水资源基础设施虽然带来了社会效益,但部分受益人可能没有能力支付报偿,以及部分决策者没有收费的意愿。在有的国家,水资源管理是高度资本密集的,资本密集可以发挥规模经济的优势,降低运行成本。但许多国家都面临着非常现实的问题:缺乏资金、资本成本(指为了筹集和使用资金而付出的代价)过高。这主要是由于偿还资本的能力不足造成的。由于资金的缺乏,某些国家不得不采用低成本的运行方式。另一方面,如果水资源管理的成本过高，又可能会使贫困人群难以承受。

水资源问题和水资源开发工作的重点，会随着时间发生变化。水资源是一种解决贫困问题的重要资源，在国家经济发展的早期阶段，就应该重点建设基础设施，以发挥水资源的经济增长潜力。当发展的边际收益开始减少时，重点就应该逐步转向人员培训和制度建设，以提高水资源利用效率和可持续性，巩固经济和社会发展成果。随着水资源开发、利用和分配方面的技术和管理系统的改进和推广，将会取得一系列成果和收益。农业用水占全球用水量的70%，具有非常大的改进用水效率、提高生产力、减少贫困的潜力。对撒哈拉以南的非洲的稀树草原的农田进行水量平衡分析发现，只有不到30%的降水被作物的蒸腾作用消耗掉。因此，在多数情况下，通过农田水资源管理，可以避免干旱造成的作物欠收问题。在撒哈拉以南的非洲，将资金投入、信贷、市场机制、气候保险机制与农业生产相结合，可以在提高农业生产率的同时，最小化对水资源的影响（WWAP，2012）。这些措施能够减少消耗、提高产出，为协调经济增长与水资源的恢复和保护提供良好的机遇（Quick and Winpenny，2014）。而在生态农业方面的措施，例如用旱稻代替水稻、水稻集约化栽培管理系统的应用等，有希望进一步提高水资源的利用效率。在工业方面，节水经验和技术的推广，用水效率得到了广泛而有效的提升，而用水效率的提升又造成了盈利能力的增加。因此，先进技术的推广、扩散和学习是非常重要的。

对于水资源管理组织而言，高效的学习和创新能力非常关键。创新有助于水资源管理的持续改善，有利于经济发展和提高就业。创新不但有助于提高与水资源直接或间接相关产业的效率、性能和效益，还能对这些部门就业岗位的数量和质量产生重要影响。经济发展模式向绿色经济的转变，带来的新技术、新工艺和新流程的创新，正在改变各种工作的职能和工作环境。创新将改变工作岗位的数量、性质，以及所需的技能和能力。应该制定相应的政策机制，利用有关研究，把握易于在水资源创新领域创造新的经济增长点和就业机会，并确保相关创新成果的产出、转化和扩散。

水资源是生产活动的基本投入项目之一，在能源和制造业等领域的决策者们必须考虑到水资源的可利用性，否则无论是公共还是私人的投资都将遭遇风险。在制定水电、灌溉、能源或城市发展等项目规划时，如果各个项目彼此孤立、缺乏整体性，可能会导致水资源的不可持续利用，进而引发水资源短缺问题并造成用水部门和当地社会之间的冲突。例如，能源选择生物燃料或水电、农业选择何种灌溉方式等等，都会对水资源短缺及水污染问题造成直接影响。鉴于这类情况，联合国和许多国家的政府都在推广水资源的综合管理办法。为了避免在解决一个问题时引发另外的问题，需要了解经济系统的不同领域是如何通过水资源联系在一起的。在过去的几十年中，尽管全世界在水资源的供给方面取得了突出进展，但全世界超过80%的废水排放未经收集和处理，在发展中国家这一比例甚至达到90%以上，城市废水是污水的主要来源（WWAP，2012）。工业污水会对下游的地表水和地下蓄水层造成污染，损害人类健康。小规模的产业，如农产品加工、纺织印染、制革等，都会排放有毒污染物进入水体中（WWAP，2012）。城市和农村发展过程中的土地利用类型的变化，可能会加剧土壤侵蚀，削弱土壤持水能力，减少地下水的补给和地表水的蓄水能力，也可能造成河流和水库的泥沙淤积，引发缺水问题。土地利用变化还可能导致湿地的减少，使湿地调节洪水和干旱的功能无法发挥。砍伐森林与洪水风险的增加之间也存在联系，这种联系已经被某些地区的经验所证实。而砍伐森林还会导致流域的退化和沙/石漠化，减少下游地区可用的安全水量（WWAP，2012）。

水资源开发可能会增加其他方面的成本。它可能需要增加应对水旱灾害的资产投入，并可能为了弥补降水的不足而降低地表和地下的蓄水量。例如，根据在美国的调查，2012年的旱灾影响了美国 80%的农场和牧场，导致农作物损失超过 200 亿美元。旱灾还引发了一系列连锁问题，由于缺乏降水导致玉米作物减产，冲击了粮食、饲料、生物燃料的生产供应及其价格市场。由于干旱使许多河流、湖泊和沿海地区的水温过高，无法作为冷却水使用，部分发电厂不得不缩减生产规模甚至关闭。在美国中西部地区，由于降水不足，用于家庭、市政和农场的供水井必须增加深度才能到达更深的含水层，而抽水泵也需要更多的电力来运行，这方面的总开销高达 500 亿美元（WWAP，2015）。对于新兴经济体而言，为了确保经济系统有充足、价格合理的水资源供应，对水资源进行投资是至关重要的。为实现这一目标，应该把投资的重点转移到改善水资源和环境的评价、管理和利用方式上面来。水资源的投资，可以帮助调和持续增长的用水与保护关键的环境基础的需求这二者之间的矛盾。维持经济发展进步，离不开投资保护与水有关的生态系统，因为后者的基本功能和多样化的环境服务是经济系统赖以生存的基础。一些国家和地区实行的改进水资源管理的措施已经获得了可观的经济效益。据估算在发展中国家，如果投资150亿～300亿美元用于改善水资源管理，可以获得约600亿美元的年收益回报。在流域保护方面每投资 1 美元，可以节省为了建立新的水处理和过滤设施而花费的 7～200 美元（WWAP，2015）。通过对世界上 630 万公顷湿地进行经济评估，得出其每年提供的价值约为 34 亿美元。在乌干达东部的帕利萨地区，超过三分之一的地形为湿地，据估计其每年为当地产出的产品和服务的价值已达到 3400 亿美元，相当于每公顷湿地产出为 500 美元（WWAP，2015）。

在未来数十年，缺水可能会成为影响经济增长和创造就业的瓶颈因素。很多国家可能会长期面临水资源短缺问题，而一些发达国家由于拥有较多的基础设施来管理和储存水资源，情况可能有所改善。水资源的供应也与水质有关。水质较差的水资源可能不适合某些用途，如果要净化其水质以供使用，则会造成额外的经济负担，从而造成"经济型缺水"（WWAP，2016）。

为了最大限度实现经济发展和就业方面的收益，农业、能源和工业等相关部门应当联合起来，共同规划对水资源的投入。在适当的监管框架下，引入 PPP（Public-Private Partnership）模式，即政府和社会资本合作，有望在急需投入的水资源相关行业取得较好的前景，包括水资源基础设施建设和运营、灌溉、供水、污水处理等。在实施水资源综合管理时，也需要从全面持续角度出发，减少可能造成的就业岗位损失或居民迁移，并尽量创造就业机会，以实现经济增长、扶贫减贫和环境可持续的协调。各国家、地区政府可以制定政策框架，以实现、支持和激励提高资源效率或生产力，进而提高竞争力、抗灾能力和安全性，并创造新的就业和经济增长点。通过这些举措，可以从各种不同的生产途径节省大量成本，从而提高效率和生产力，革新经济模式，以及在整个产品生命周期中加强水资源管理。同时，也需要把握好水资源、能源、粮食、生态系统和其他问题在一定尺度上的平衡和协同作用，才能实现科学管理和全面协调可持续的发展目标。

水资源供应的减少还将进一步加剧用水者之间的用水竞争,例如农业需水、生态需水、生活需水、制造业需水和能源产业需水等。这会对区域水资源、能源和粮食安全以及潜在的地缘政治安全造成威胁,甚至由于缺水催生一定程度的移民问题。由于许多发展中经济体都位于水资源短缺问题高发的敏感地区,特别是在亚洲、非洲、拉丁美洲和中东地区,其经济活动和就业市场往往面临来自水资源的潜在压力。

3. 水资源与人力资源

人力资源作为经济要素之一,其技能、素质和能力对于水资源相关经济部门的成功运作,以及科技创新的持续使用、调适和发展都至关重要。由于水资源相关经济部门涉及水资源管理、基础设施建设及维护,以及供水等服务,这些均需要专业知识,因此更加依赖高素质的人力资源。

为了解决水资源相关经济部门对高素质人力资源的需求,需要设计适当的培训工具和新型的学习方法,以提高工作人员的个人能力和组织机构(政府部门、流域组织、私人企业、其他团体等)的能力。可行的解决方案包括:创造有利的政策环境,构建业主(国企、私企、非政府组织等)、工会、员工、教育部门之间的协同框架;发展激励机制,吸引和留住员工;加强职业技术培训;加强农村人力资源能力建设等等。

无论是发达国家还是发展中国家,水资源管理和就业机会之间都存在关键的、实质性的联系。通过分析投入产出数据,可以得知整个经济系统对水资源的依赖程度,计算当政府增加或改善水资源供应时能够产生多少就业岗位,以及计算对某一水资源相关部门进行投资时对其他经济部门发展的推动和拉动效应。

可持续的水资源管理加上安全可靠的供水和卫生服务,可以为创造就业机会提供有利的环境,使经济部门得以发展和壮大。而这需要政府下决心建立和执行有关的政策,将可持续发展、创造就业与水资源目标结合起来。然而在实践中,很多国家和地区往往忽视水资源问题可能造成的经济、生活问题的高风险和严重性,以至于造成灾难性后果和重大损失。由于水资源管理不善或投资不足而造成的经济损失和就业萎缩风险必须引起重视,如果政府、企业或个人缺乏对水资源和其他环境资源的可持续管理,会损害经济社会在扶贫、就业和发展方面的潜力。例如,由于水污染问题,政府不得不增加渔民和旅游业从业者的失业救济,导致医疗开支增加,以及水资源脆弱地区的财产保险费用上升。又例如,由于灌区土地退化特别是土地盐渍化问题,造成农业生产力下降,全世界每年的经济损失约为110亿~273亿美元,而在中东一些国家,由于水质下降,这些国家不得不耗费每年国内生产总值的0.5%~2.5%用于解决此问题(OECD,2012)。

如果政策制定者能提高认识、深化意识,理解水资源及相关设施和服务的深远作用,就能在发展经济、创造就业方面有意识地发挥其效益,并能够服务于更广泛的可持续发展的其他目标。实现可持续发展社会目标,需要各利益相关方具有共同愿景、一致行动,特别是在水资源、能源、食品、环境、经济和社会政策等领域,要确保所有利益相关方的利益相协调,减轻负面影响。例如,未来随着发展,某些部门劳动力密集程度下降,可能造成就业流失,政府及其合作伙伴将需要制定和实施综合性、可持续、关联性的水资源、就业和经济策略,来应对其中的挑战和机遇。发达国家和发展中国家都应该根据本国的资源禀赋、开发潜力和主要问题，制定和促进具体、成体系的发展战略、计划和政策，来实现"经济部门平衡发展—提高就业数量和质量—保障水资源和环境可持续"三者的统一。国际社会也在致力于为水资源、卫生、就业和可持续发展设定长期目标，以期为各国的发展提供行动目标和框架(WWAP，2016)。

而水资源、经济、就业三者之间的动态联系是复杂的，并且与特定的自然、文化、政治和经济环境、公共管理等因素都存在密切联系。在水资源管理和水利基础设施和服务领域进行公共和私人的投资，可以在经济部门产生广泛的就业增长点。这些就业增长点的范围包括各类全职或非全职、质量从低到高的岗位，并且涉及广泛的各类技能需求，若采取一定的工作环境管理措施，这些岗位的生产力能够进一步提高(ILO，2015)。特别是生产性的水利基础设施的开发利用(如灌溉、水电、防洪)，以及对其进行升级、改造、替换或报废的投资，都能创造相应的就业(UN-Water，2014)。此外，如果这些岗位有助于保持或恢复环境的可持续发展能力，则也属于绿色经济的增长来源。反之，如果对水资源缺乏良好的管理和有效的投资，则会导致经济发展减缓。随着社会发展向绿色经济的转型，水资源的核心作用将形成更为广泛的共识，进而创造更多的就业岗位，并提升社会的包容性。

水资源、农业和能源领域的基础设施投资不仅能直接带来经济和环境的高回报，这些部门提供的服务同样能间接地提供收益。间接收益包括在各用水部门(工业、能源、农业、旅游、娱乐、研发等)和各种公共部门组织(包括地区政府、部委、公共管理组织以及国际组织)中的间接产出和就业机会(UN-Water，2014)。国际劳工组织(ILO，处理有关劳工问题的联合国专门机构)认为，得到投资的这些工作岗位与未投资的相同或相似的行业的类似工作相比，其质量更好、更安全、报酬更高。随着生态效率的提高和新兴市场增长，水资源领域相关工作将可能得到更高的利润、收入和工资(ILO，2015)。

4. 水资源与生态系统问题

水生态系统是所有生命和一切形式的发展的核心。然而，虽然经济和人口的增长已经对现有的水资源造成了越来越大的压力，但是大多数经济模式还没有开始重视淡水生态系统为经济所提供的基本服务，这种误区往往会导致水资源的不可持续利用和水生态系统的退化。为此，应当建立起可持续发展的经济政策，以生态管理的思想为指导，利用生态系统的内部联系来处理人类对生态系统的影响，保护生态系统的健康和生产能力。生态管理将成为建设绿色经济和可持续发展的必备工具。

维持生态系统健康，需要使水资源和相关生态系统的功能分布到生态系统的各个部位，这离不开生态环境中的物质流动。水资源在生态系统流动的数量、质量和时间对于维持生态系统的功能、运转和恢复力至关重要，而这又进一步影响到相关的人类社会经济与就业。其中依赖于地下水系统的生态系统情况较为特殊。

自20世纪90年代以来，亚洲、非洲、拉丁美洲的几乎所有河流的水污染情况都处于恶化中。主要原因包括：未经处理的废水排放致使淡水水体(河流和湖泊)的负荷增加；非可持续的土地利用方式加剧了水土流失、水体富营养化和泥沙浓度增加。这些趋势是人口增长、城市化，以及排污管理不善的小型农业和工业体数量增加等原因造成的。据统计，截至2010年，亚洲河流水系遭受严重有机污染(月径流 BOD 浓度超过 8mg/L 以上)的比例为 11%～17%，非洲为 7%～15%，拉丁美洲为 6%～10%(WWAP，2016)。水体污染的直接受害者包括渔民、淡水渔业从业者、低收入的农村居民(主要依靠淡水鱼获取蛋白质)。内河捕捞渔业是发展中国家的重要经济来源，并为全世界 2100 万人提供了就业岗位，而从事其产业链上的水产加工及其他相关工作的岗位也达到 3850 万人，这些岗位大多数属于小规模渔业，且超过一半的工作由妇女担任(Food and Agriculture Organization of the United Nations，FAO，2014)。水污染将对这些就业造成严重的冲击。

虽然亚洲、非洲、拉丁美洲的水污染情况严重且日益恶化，但扭转这种趋势的希望仍然很大。这需要采取行动减少进一步的污染，恢复退化的生态系统(如植树造林等恢复措施)，并采取全面的办法治理废水，治理办法包括：执行常规和非常规的废水处理方案，以及具备卫生保障措施的废水再利用方法(例如灌溉和水产养殖)。另外，对水质进行监测和评估也是必要的，这有助于了解全球水质问题的强度和发生范围，以便实施适当的改正行动，维持生态系统健康。

对于淡水水体而言，其径流状况是提供生态系统服务功能的一个重要决定因素。基流的主要作用是维持水位和植物所需的土壤水分，而洪水则对含水层进行补给。在水资源管理计划中，需要预留一定量的水资源(生态需水)，使淡水生态系统能够维持其功能并为人类社会提供服务。全世界范围内，维持淡水水体生态系统运行良好的生态需水量为年平均径流量的20%～50%(WWAP，2016)。在全球范围内，将生态流量纳入政策制定和流域管理计划，已经得到越来越多的共识。一些国际协议、区域框架和国家水资源法律法规都已经列出了相关的条目，例如《国际重要湿地特别是水禽栖息地公约》(又称拉姆萨尔公约、湿地公约)、《国际水道非航行使用法公约》、《欧盟水框架指令》和《南非共和国水法》等。

健康的生态系统能够为人类持续提供水资源和其他生态服务，对人类的健康和发展至关重要。根据千年生态系统评估项目(Millennium Ecosystem Assessment，2005)提出的定义，生态系统服务包括四大类：供给服务(例如清洁的水资源)、调节服务(例如流量调节和防洪)、文化服务(例如娱乐)和承载服务(例如水生生物的栖息地)。不同的生态系统的服务各不相同。例如，湿地能够蓄洪、储水，并提供渔业和旅游业等直接的经济效益。健康的生态系统能够为环境、经济和社会提供关键的服务。以湖北省的湿地生态系统为例，在过去的 50 年中，湖北省长江流域的 1066 个湖泊，在夏季的防洪中起到了重要作用，使 4 亿人免受洪水的侵害。然而，有 757 个湖泊被转变成围田，与其他湖泊断开，这种做法导致 1991～1998 年洪水灾害频发，造成数百人死亡和数十亿美元的经济损失，并导致养殖肥料污染水体。从 2002 年开始，世界自然基金会的湖泊可持续发展项目重新建立了湖北省的流域天然防洪体系，证明了自然基础环境的重要性。为了减少污染，洪湖、天鹅湖和张渡湖三个湖泊周边的水闸季节性开启，流域内违法的、低效率的养殖设备和其他基础设施被拆除。该项目实施以后，导致鱼类和野生动物的数量和种类有所增加。在项目实施之前，洪湖仅有 100 只苍鹭和白鹭，生态恢复后，已经发现了 2 万余只留鸟和 4.5 万余只越冬候鸟。为了巩固湿地保护工作的成果，湖北地区建立了由 17 个保护区组成的自然保护区网络。2006 年，湖北省政府通过了湿地保护总体规划，划定了到 2010 年建成 4500km² 的保护区。张渡湖生态恢复后，当地居民享受到了清洁的水资源，六个月内的渔获量增加了 17%。随着生态渔业养殖的发展，412 户渔业家庭的收入增加了 20%～30%（WWAP，2015）。另一个例子是山地森林，其在地下水含水层的补给、保障河流水质中起着关键作用，与农业、水电和其他用水都有重要关联。林地还具有保护生物多样性、涵养水土，以及为野生动物提供栖息地等功能。

联合国生物多样性公约将基于生态系统的管理定义为"综合管理土地、水和生物资源，促进保护和公平可持续利用的战略"。生态系统之间的网络关系，可以从维持与水相关的生态系统服务所需的水量和用来供应该水量的生态系统（如湿地和森林）反映出来。这样的生态系统之间的关系通常被称为"自然的基础设施"（WWAP，2012）。这种自然的系统在结构和功能上类似于人类建造的基础设施，不仅能维护生态系统的健康，还能提供多种生态服务功能，并可能产生经济效益。如果自然的基础设施被破坏，就需要额外投资建造人工的基础设施来替代其服务功能。然而，基于生态系统的管理理论指出，目前的经济和资源管理体系中，生态系统服务的价值仍然没有被充分地重视、认同和开发利用。即使是联合国千年发展目标框架，也并没有充分认识到水资源与其他领域的相互联系，没有强调水资源的可持续性的重要意义（UN-Water，2014）。为了保障生态系统服务的持续性，应当更全面地看待生态系统、水资源与发展的关系。联合国水计划组织在其关于水资源全球目标的报告中指出，如果不对水资源的可持续开发和利用以及提供水资源的生态系统加以关注，那么协调不同用水户和用水项目之间的水资源供应将越来越困难（UN-Water，2014）。基于生态系统的管理方法有望解决这些问题。生态系统思想与水资源管理的结合，将在实现联合国 2015 年后发展议程所制定的目标中扮演重要的角色，包括水资源、环境卫生、个人卫生、水质、用水效率、水资源综合管理和水生态系统等。

采用以生态系统为基础的流域管理方法，包括生态系统服务的经济评估，有助于人们认识和量化生态系统服务对经济、生活和就业的收益。生态系统问题是可持续发展的挑战的一部分，各个国家尤其是发展中国家应该在制定政策、决策中考虑生态系统及其效益的全社会公平共享，以确保社会公平、减少外部性和贫困问题。实行"生态服务付费"模式所建立的新兴市场，可能为低收入人群（如生态保护区附近居民）提供一种新型创业和就业的机会，从而在保护、修复生态系统的同时增加经济收入。

世界各地的生态系统所提供的生态服务都在逐渐退化，湿地生态系统的问题尤为严重。人口和经济的增长加大了对自然界的压力。生态系统退化的直接驱动因素包括人工设施的建设、土地利用类型变化、取水、富营养化和污染、过度捕捞和过度开采，以及外来物种入侵等（WWAP，2015）。世界自然基金会的 2012 年地球生命力指数报告显示，自 1970以来，世界生物多样性下降了 30%（World Wide Fund For Nature，WWF，2012）。不恰当的水资源管理方法可能造成生物多样性的下降，例如水坝的设计或经营方面的问题，会造成径流量的紊乱或土壤持水能力的破坏。未经处理的生活和工业废水排放以及农业非点源污染，也削弱了生态系统的水资源供应等服务功能。气候变化也对生态系统有重要影响，尤其是对湿地及其生态系统服务功能的影响是非常严重的。气候变化造成的海平面上升将威胁生物多样性。而风暴和潮汐的频率和强度的增加会造成更多的灾害，以及引起河流的泥沙输送量的变化。除了这些自然环境的问题降低了生态系统的健康及其提供的生态服务质量外，人类的短期经济和社会决策，进一步影响了可持续发展的实现。例如，过度砍伐森林以获取木材或柴火，损害了森林生态系统的健康及其涵养水源的能力。

生态系统退化会影响粮食和水的安全,尤其是影响弱势和贫穷人群。随着人口的增加和生态系统服务的退化,爆发围绕资源的冲突的风险上升,特别是在种族对立或社会经济局势已经十分紧张的地区。据联合国维和部队统计,自 1990 年以来,至少有 18 次暴力冲突是由于开发自然资源引起的,其中包括木材、钻石、黄金、矿产和石油等“高价值”资源,以及耕地和水等稀缺资源(UN-Habitat,2011)。生态系统退化和气候变化很有可能加剧这类紧张局势。

经济发展可能会导致生态系统的下降,而生态系统服务又支撑经济发展,所以关键的问题是树立起正确的意识,认识到健康的生态系统的经济价值。在一些情况下,人类建造的基础设施会导致生物多样性的下降和生态系统服务的退化,但人工设施的维持又必须直接依赖于生态系统服务。例如,修建水坝是为了保证供水、防洪、发电和其他服务。然而,水坝可能会阻碍营养物和沉积物到达海洋,并增加水的停留时间、改变水循环过程、改变河流的物质和能量流动,从而改变生态系统。因此水坝可能对下游渔业和种植业等其他部门产生直接的负面影响。但是,水坝又必须在健康的生态系统的支持下才能有效地发挥作用,不健康的生态系统会造成水坝淤积堵塞、洪水损害或污染腐蚀等问题,水坝还离不开适当的流域管理。因此水资源管理面临的一个重要挑战,是如何协调人工和自然的基础设施和各自提供的服务之间的关系。

当前的粮食生产活动是氮、磷和农药的主要排放来源,也是渔业资源受损的主要原因。据估计,1997～2011 年,由于土地利用的变化,全世界共损失了价值约 4.3 万亿～20.2 万亿美元的生态系统服务功能(Costanza et al.,2014)。水资源是工业生产过程中的一种关键资源,例如加热、冷却、清洗、漂洗等工艺都需要用水,但生产过程排放的废水会引起环境污染。工业部门应该承担起企业社会责任,采取行动使排放的废水达到水质标准,并支付相关的治理行动的费用。改善水质也可以节约对水进行预处理的成本,使工业生产受益。

现行的水资源管理工作往往是各自为政的,难以发挥协同效应,难以有效协调各方利益,也难以提出最有效的解决方案。这种现象在各个部门中普遍存在,阻碍了整体性战略的形成。这种各部门分离的管理模式不能充分利用流域和跨部门的手段来保护生态系统的服务功能,例如维持生物多样性所需要的河流流量等。水资源管理不善,特别是废水排放管理不善会引发水污染问题,进而造成生态系统的退化,导致社会和经济成本上升,而且修复生态系统比维护生态系统所需的花费要高得多。简而言之,这是由于没有认识到生态系统健康的经济和社会价值造成的问题。

水资源管理领域存在的问题还包括决策者缺乏生态知识,以及缺乏资源和技术来推广和激励基于生态的管理机制。缺乏资源、技术和能力,影响了流域管理及其他水生态保护方案的实施。许多管理实践案例为了满足人类和环境对水量的需求,牺牲对了水质的保障。此外,部分水资源管理案例优先满足人类的用水需求而把环境的需水放在次要地位,没有意识到两者之间的共生关系(Zhi et al.,2014)。为了解决生态系统的危机,需要采取缓解、修复以及预防生态系统退化的对策。由于修复后的生态系统提供生态服务的能力可能不如原始的生态系统,因此这些对策对于供水的水量和水质的影响是非常重要的。保证水资源的可持续发展,离不开基于生态系统的管理模式。

为了保护生态系统,可以使用经济手段来加强生态系统与决策者和规划者之间的联系。经济的视角也可以帮助评估、权衡生态系统保护中各方面的得失，并有助于更好地制定发展规划。从经济的角度，生态系统的价值可以概括描述为用户愿意为所享受到的生态服务直接支付的费用，或是建设人工基础来替代自然系统提供相同的生态服务所需的成本。这样的价值评估可以用于国民收入统计，或用于评价土地利用规划、生态系统服务补偿，以及资产抵押等（Costanza et al.，2014）。生态系统价值评估，有助于建设联合国 2015 年后发展议程中的绿色经济。

生态系统的评估表明，对于生态保护的与水相关投资，其收益远超过成本。Costanza 等（2014）对 2011 年全世界生态系统服务价值进行了研究，得出全世界生态系统的经济价值已达到 124.8 万亿美元。而 2011 年全球 GDP 约为 75.2 万亿美元。以南非为例，在南非西开普省的高山硬叶灌木生态系统包含了许多湿地，其功能和价值迄今仍然没有被完全认识。由于农业种植和其他土地用途的变化，许多湿地已经退化或消失。湿地和土地利用类型，都会影响生态系统中的流域的水质。湿地能够改善水质，对下游人类和生态环境有益。例如，湿地能够防止水污染和富营养化，保护下游渔业的正常运营和居民的身体健康。如果用人工污水处理设施的成本来评估高山硬叶灌木生态系统湿地的水处理功能的经济效益，据计算湿地服务的价值为每年 12385 美元，与其他土地利用类型的效益相比也是十分可观的。南非的这个例子中湿地的经济价值，证明了投资保护自然基础设施的重要意义。虽然目前这项研究尚没有直接影响政策的变化，但随着这类生态系统价值评估研究在全球范围内不断开展，加强认识自然的价值的呼声也越来越高。

为了有效地解决各种各样的环境问题，水资源管理者需要认识到自然基础设施的作用并将其纳入到规划的制定和实施中来。例如，沿河流、河漫滩建设"绿色廊道"可以将生态系统进行连通，吸收营养物质，从而减少水污染和改善富营养化问题。在制定环境保护方案时，有时无法充分考虑生态系统中各种过程本质与联系，导致难以制定出真正可持续的方案。自然基础设施的观念强调各种生态系统的连通性，为环境决策创造了一个可持续的框架（Environmental Protection Agency，2014）。依靠自然基础设施的环境保护方案具有良好的效益和长久的持续性，这类方案利用与水相关的生态系统服务，能够加强、扩大或代替人工设施的功能，为人类带来广泛的利益。与人工设施相比，自然基础设施适应气候变化影响的能力更高。因此，许多领域的依靠自然基础设施的政策收到了良好的效果。例如在湖北省的长江流域，采取了生物净水、河流与河漫滩连通工程、湿地恢复与保护等依靠自然基础设施的生态保护措施，代替污水处理厂解决水污染问题（WWAP，2015）。

在未来的几十年，基于生态的管理方面的决策应当着眼于解决农业生产和水质之间的协调问题、土地利用和生物多样性之间的协调问题，以及水资源的使用和水生生物多样性之间的协调问题。联合国千年发展目标和各国的政策，都提出了对水资源和环境卫生这种人类的基本需求的重视，但要想巩固水资源修复与保护的成果，必须着力于实现更广泛意义的可持续发展。联合国 2015 年后发展议程提出，应当加强对生态系统、水质和灾害管理的关注，并需要进一步证明实施基于生态管理的水资源综合管理系统的必要性。

为了应对环境、经济和社会的多重挑战，自然资源管理部门与工业、农业和卫生部门必须协调合作，建立协同管理机制，避免各自为政。为了保证政策的顺利制定和实施，以及鼓励利益相关方参与规划和监督，各部门的协同合作是至关重要的。政策应该为各类基于生态的管理工具的运用提供激励机制，并帮助解决其实施过程中的困难，基于生态的管理工具包括生态系统服务补偿（PES）、减少源于森林砍伐和退化的排放（REDD）、生态景观规划等。例如，早在 1909 年美国和加拿大两国为了解决和预防两国之间的跨界水资源纠纷，制定了边界水域条约并成立了国际联合委员会（International Joint Commission，IJC）。该委员会通过了 2012～2015 年伊利湖生态保护的重点事项（Lake Erie Ecosystem Priority）。2013 年，美国和加拿大发布了关于减少伊利湖生态系统营养物负荷、防止有害藻类繁殖爆发的科学研究结果和政策建议报告。这项研究主要关注磷含量增加、气候变化和入侵物种造成的湖泊变化。此研究中包含了对国家、各州和地区的政策建议，以减少输入湖泊的磷含量为例，其中包括制定磷含量比过去五年平均含量下降 40% 的目标。该报告通过互联网和在美国密歇根州、俄亥俄州和加拿大安大略省的政务活动进行了公开讨论，并在美国威斯康星州密尔沃基市举行的"五大湖州"活动中进行了专题科学讨论。通过公众参与，完善了该报告的成果（IJC，2013）。国际环境机构间的协调合作，可以营造一个有利于实施框架建立、避免"单打独斗"的氛围。例如国际湿地公约组织已经与世界遗产公约组织合作，将保护野生动物迁徙物种公约与保护生物多样性公约相结合，以开展综合、高效的湿地保护工作（WWAP，2015）。

在制定和实施政策时，应该力求增加地方、区域和国家层面的各种利益相关者的参与程度，包括发展中国家、农村居民和妇女等相对弱势群体，因为这些群体已经成为许多生态系统的基层管理者。让多方的利益相关者实质性地参与到决策中，能够使各方都从中受益，也有利于知识和信息的整合，以及跟随全世界日益关注国际环境问题的总体潮流。可持续的污水处理，也是维持生态系统的服务功能的关键，特别是水资源的供给和净化功能。某些地区的核心生态系统，可能对其边界外的广大区域的生态健康和濒危物种栖息地都有影响，应当划定保护区来予以保护。这就需要当地居民的合作，并在生态保护和经济活动之间进行权衡取舍。

通过制定政策与可操作性的目标，可以遏制生态系统退化和生物多样性降低的势头。例如：为保护生态系统服务划拨资金，取消损害生态系统的不合理补贴；促进用水效率技术的发展，提高农业用水效率；科学施用肥料和农药，减少农业非点源污染；降低采矿业对环境的破坏；控制造成环境退化的市场失灵现象；加强环境决策中利益相关方的参与度和权利，完善公开透明和问责机制的建设。基于生态系统的管理应该是符合实际、循序渐进的，首先把目标集中于解决几个特定的问题，取得初步成果后，再增加问题的数量和范围。

总之，可持续发展包括社会、经济和环境三个方面。这三个方面的发展受到水资源的稀缺性和脆弱性的制约，水资源的管理方式也会对可持续发展产生限制作用。

1）贫困问题与社会公平

保障日常生活用水的供应对家庭的健康和社会的稳定至关重要，而保障生产性用水，例如农业和家庭式作坊的用水，则关乎就业、居民收入和经济生产力。投资改善水资源管理和水资源服务，有助于减少贫困，维持经济增长。扶贫性质的水资源保障措施能够使数十亿的贫困者受益，改善的水资源和环境卫生服务带来的益处包括：改善健康状况、降低医疗成本、提高生产率并节约时间。

经济增长本身并不能保障更为广泛的社会进步。在大多数国家,贫富差距以及机遇的差距广泛存在并有加剧的趋势。获得安全的饮用水和环境卫生应当是一项基本的人权,但事实上全世界范围内众多穷人的这项权利难以得到保障,尤其是对于妇女和儿童而言。

2)经济发展

水资源是生产大部分产品和服务过程中的基本资源,例如食品、能源和制造业。水资源供应(包括水量和水质)在经济方面应当是可持续的。对水资源基础设施硬件和软件的合理投资,给予其资金、操作和维护方面的保障,有利于促进经济领域多种制造业的产业结构升级,也有助于增加居民可用于医疗和教育的收入,以及实现经济系统的可持续动态发展。

促进和推广水资源的储备、生产和使用方面的技术手段和管理办法,以及改善水资源分配机制,可以获得许多收益。这些类型的措施和投资,能够有效地调和持续增加的用水需求与保护水环境、水生态资源之间的矛盾。

3)环境保护与生态系统服务

大多数经济发展模式忽视了淡水生态系统所提供的基本服务功能,容易导致水资源的不可持续利用和生态系统退化。未经处理的生活和工业废水,以及农业非点源污染也削弱了生态系统的与水资源有关的服务能力。

世界各地的许多生态系统,特别是湿地生态系统,正处于衰退状态。目前大多数经济和资源管理模式仍然没有重视生态系统的服务功能,缺乏广泛认可和科学的利用。在大多数目前的经济和资源管理方法的认可和利用下,用一种更全面的视角关注水生态系统和经济发展,保持人类建设和自然基础之间的平衡,才有助于人类和生态效益的最大化。

决策者和规划者可以利用一些经济参数来保护生态系统。生态价值评估已经表明,在生态系统保护工作中,与水资源相关的投资带来的收益远大于成本。对生态系统保护过程中的费用效益进行评估,也是改进未来发展计划的重要依据。总之,采用"生态型管理"是保证水资源长期可持续性的关键。

1.1.3 水资源在解决发展问题中的作用

水资源对于可持续发展的意义不限于社会、经济和环境方面。人类健康、粮食和能源安全、城市化和工业化,以及气候变化,都是可持续发展的政策和行动领域所面临的关键挑战,科学保护和利用水资源有助于解决这些问题。反过来,水资源危机又可能加重这些方面存在的问题。

水资源及其提供的服务功能为经济增长、减少贫困和保护环境可持续提供了基础。联合国世界水资源发展报告指出,要解决与水资源相关的挑战,需要改变评估、管理和利用水资源的模式,需要吸引广泛的社会各界力量,将水资源纳入其决策和行动的考虑范围中(WWAP,2015)。

1. 水资源、环境卫生与健康

水资源、环境卫生与健康是生存和生活的重要支撑，是消除贫困、实现可持续发展的重要保障。从基本人权的角度来说，每个人都需要获得足够的水资源，以满足饮用、烹饪和个人卫生的需要，还需要满足健康和尊严需求的环境卫生设施。缺乏水资源、环境卫生与个人卫生会损害健康，并造成大量的经济负担，许多发达国家和发展中国家都因此遭受了重大的经济损失。水资源问题在低收入国家的影响是最明显的，但富裕国家也面临着水资源安全问题、环境可持续性问题以及水资源不平等这类问题。水资源、环境卫生与个人卫生的缺乏还会对教育、认知发展、营养等方面产生影响，而这些影响目前还尚未得到充分的研究。水资源、环境卫生与个人卫生的缺乏，是世界上的贫困人群和边缘化人群遭受的诸多问题之一。

水资源和卫生设施是基本人权的保障，也是国际发展政策和目标长期致力于解决的核心问题之一。全世界每年有约 230 万人死于与工作有关的疾病，其中 17% 为与工作有关的传染病造成，在这一类死亡原因中，饮用水质量差、卫生条件差、卫生状况差以及缺乏相关知识都属于主要的可预防、可控制的因素。因此各国必须加大努力，确保人民在居住和工作场所都享有安全的饮水和卫生设施。联合国千年发展目标提出：到 2015 年，将没有获得安全饮用水和基本卫生设施的人口比例下降为 1990 年的一半（UN-Water，2014）。世界卫生组织和联合国儿童基金会（WHO and UNICEF，2014）对于供水和卫生的联合监测方案表明，供水和卫生领域在过去的二十年中取得了巨大的成果，有 23 亿人获得了改善的饮用水（世界卫生组织将其定义为"与动物饮水、粪便污染相分离"），19 亿人获得了改善的卫生设施。在获得改善的饮用水的人中，16 亿人已经享受到了管道供水的服务。但是，还有约 6.6 亿人缺少改善的饮用水，约 18 亿人面临缺水问题，有 25 亿人（超过全球人口的 1/3）没有享受到改善的卫生服务，因此这一工作还任重道远。此外，使用了这些改善的设施也并非能够完全保障基本人权。例如，据估计，由于有 10 亿人仍然实行开放式排便，这导致 18 亿人的饮用水遭到了粪便污染，导致大肠杆菌超标。虽然用肥皂洗手是个人卫生的一种重要标志，但在联合国千年发展目标中，并没有对这一指标的监测。在全世界范围内，用肥皂洗手的普及率非常低，据估算，有 4/5 的人接触粪便后没有洗手的习惯（Freeman et al.，2014）。要充分实现水资源、环境卫生与个人卫生服务的普及，并确保其可持续性，还有许多问题有待解决。例如，社区服务功能长期缺失或不到位；废水和排泄物处理不当；供水管网泄漏或间歇性停水；难以优先保障生活用水；设施运营和维护资金不足等等。

在水资源和卫生服务方面的投资可以获得很高的经济收益，并且能为后续的经济增长提供基石、铺平道路。据世界卫生组织计算，在安全饮用水和卫生设施方面的投资回报率相当高：根据所在地区和技术的差异，每投入 1 美元的投资回报约为 3~34 美元；在发展中国家和地区，每 1 美元的投资回报大约在 5~28 美元。例如根据联合国环境规划署（UNEP，2012）调查，小规模的项目，在非洲提供安全饮用水和基本卫生设施的投资能够带来的总体经济效益约为 284 亿美元/年，相当于非洲每年 5% 的国内生产总值。另一项研究表明，在改善了水资源和卫生服务的欠发达国家中，每年的经济增长率达到 3.7%，而那些没有改善的欠发达国家，经济年增长率仅为 0.1%(WHO and UNICEF，2014)。水资源和卫生服务领域的市场潜力，以及相关的就业机遇，预计在未来相当长时间内都将对经济发展产生重要影响。例如，据估计在孟加拉、贝宁、柬埔寨三国，至 2025 年，将有约 2000 万人使用农村自来水服务，创造市场价值 9000 万美元/年，其规模将是 2015 年的 10 倍；而在孟加拉、印度尼西亚、秘鲁和坦桑尼亚的一项研究显示，与水资源相关卫生服务的市场潜力为 7 亿美元/年(WWAP，2016)。

但是，尽管水资源和卫生服务方面的投资有明显的优点，有许多地区仍然面临这类基础设施投资不足的问题。总体而言，如果要实现全年世界水资源和卫生服务方面的普遍覆盖，需要在 5 年内每年再投入 530 亿美元。这笔资金并不算多，甚至少于 2010 年的全球生产总值的 0.1%，但投资回报率则有数倍之多。尽管可持续融资的收益潜力相当大，但在许多地区尚未得到普及。因此需要探索"由谁来投资""投资存在哪些障碍"的问题。在许多地区的环境投资是一种盲目投资，缺乏足够的财务计划，资金缺乏维护、运营和监控，导致水资源和卫生服务的水平低下，服务的质量、可靠性、合格率低和使用率较低，甚至陷入瘫痪。这种不可持续的融资不仅降低了收益率，还浪费了可利用的资金，降低了投资的覆盖率。

从用户的角度来看，水资源、环境卫生与个人卫生服务的价格是非常重要的，可能会决定用户是否能享受到这些服务，尤其是对贫困人群而言。不同国家和地区的水资源和环境卫生财政情况，以及居民购买水和卫生服务的实际支出和支付意愿，都存在较大差异(WHO and UNICEF，2014)。关于居民家庭的水资源和环境卫生支出的数据较少，而国家层面的数据相对较多，但也缺乏对贫穷人群购买水和卫生服务的负担能力的评估(WWAP，2015)。在大多数国家，水和卫生服务的费用呈现一种递减的成本结构，即消费者消费得越多，单位服务的价格就越低。值得注意的是，南非等少数国家的基本水资源和环境卫生服务是免费向用户提供的。随着南非种族隔离政策的废止，南非政府规定了优先提供基本服务，包括供水、卫生和能源服务。对于收入低于社会保障标准的居民，政府制定了"基本用水免费"和"基本卫生设施免费"的政策框架和目标，政府提供资金等资源，由分散式的各种组织提供基本的水资源和卫生服务，并建立了监管机制，以跟踪目标的完成情况。到 2012 年，南非已经有 347 万人获得了免费的水资源服务，184 万人获得了免费的卫生设施服务(WHO and UNICEF，2014)。虽然尚未达到基本服务普遍覆盖的目标，但一些主要的目标已经得到实现，特别是针对贫困人群和农村地区的覆盖。然而，在如何吸引和留住专业人员来管理、操作和维护水资源、环境卫生与个人卫生的基础设施这一问题上，仍然还存在有待解决的问题。

为了充分发挥水资源、环境卫生与个人卫生服务的全部功能，需要加强对这些服务的维持的重视。在许多地区包括部分大城市，经常发生间歇性停水，社区资源和卫生设施的配置不够完美，导致水资源、环境卫生与个人卫生服务的潜力没有发挥出来。由于投资方向失误、不可持续性投资，或者供给与需求之间的比例失当，造成了投资无法发挥功能、建造的卫生设施闲置等问题。因此，设施的经营和维护需要完善责任制度、加强监管，以及充足的资金。这些问题并不只发生在低收入国家。据估计，在美国，到 2020 年基础设施的折旧将相当于 840 亿美元的亏损(WWAP，2015)。时间的机会成本也是投资的整体回报的一项重要内容,因此供水设施的终端也应该靠近用户的所在地,例如水管入户,以节省用户的时间,也有助于保证卫生(WHO and UNICEF,2014)。

居民生活用水,特别是饮用水,一般都少于农业和工业用水。世界卫生组织认定的基本人权中,每人每天饮水和用于个人卫生的水量为 20L(WHO and UNICEF,2014)。全世界居民生活用水约占淡水使用量的 11%(WWAP,2015)。供水和卫生服务的可用性,与水资源管理领域内的诸多政策和措施密切相关。无节制地抽取水资源,会影响区域水资源的水质与水量,进而影响供水服务功能。气候变化也将影响水资源的可用性,对已经稀缺的水资源造成压力,并且由于气候变化引起洪水的风险增加,也增加了水污染的风险(WWAP,2015)。在其他领域的环境污染也会影响饮用水的水质和水量,增加供水所需的费用和能耗。确保水资源安全需要重点关注水源地保护、合理使用化肥和农药、减少工业污染等多种因素,制定综合的水资源安全规划。

随着社会的发展,人们的用水方式也在发生改变。全世界在利用不同类型的水源的方式上,都表现出了向管道供水转变的趋势,特别是在城市地区尤为明显。使用管道供水对社会福祉是非常有益的,但是管道供水的应用提高了人均用水量,增加了对区域的水资源和废水处理设施的压力。此外,调查显示,在一些国家瓶装水和袋装水的使用量显著增加。虽然在全世界范围内瓶装水和袋装水的比例只是一小部分,2010 年全世界约有 6%的人口主要使用瓶装水作为生活用水的来源,但是瓶装水和袋装水的环境可持续性(特别是由此带来的塑料垃圾)及其经济成本,已经引起了关注。由于缺乏对市政供水安全的信任,人们可能会使用瓶装水。而在许多低收入国家,瓶装水往往只有富人们才负担得起(WHO and UNICEF,2014)。

卫生设施的缺乏,以及对排泄物的管理不善,会对环境造成不利影响。在许多国家,建设卫生设施仅仅意味着下水道管网的覆盖,而缺少对废水处理的关注。有限的数据表明,即使在中高等收入国家中,75%的生活污水排入下水道后并没有得到有效的处理(WWAP,2015)。排放未经处理的人类排泄物会对河流、湖泊和沿海水生态环境造成重大的影响。此外,世界卫生组织和联合国儿童基金会对于供水和卫生的联合监测方案发现,约 10 亿人没有使用卫生设施而在露天排便(WHO and UNICEF,2014)。在露天排便不但会对社区卫生造成影响,也会影响到水资源和环境。从可持续发展的角度来看,理想的解决办法是开发废水的生产用途,特别是用于农业生产方面,既缓解了水资源和水处理设施的压力,又避免了营养物质的流失。对于建立了废水处理设施的地区,减少废水的产生量,有助于提高处理的效果和效率。对于具备了污水处理机制与有效的法律法规的国家,其面临的主要挑战则是用创新驱动减少废水处理的能耗。

从可持续发展和人权的角度,都应当尽力减少人民获取服务的不平等和差别待遇。基本人权对水资源和卫生设施提出了规范和标准,以此来判断水资源、环境卫生与个人卫生服务是否充分(WWAP,2015)。水资源、环境卫生与个人卫生服务必须符合文化和习俗,使人们愿意长期使用。在设施上应当消除使用障碍,使老年人和残疾人也能够使用,这样才能充分满足人们的需求。水资源、环境卫生与个人卫生服务应当与人口和环境相适应,因此必须选择一种使服务的受益者能够广泛参与的运营管理方式。

根据世界卫生组织和联合国儿童基金会的调查统计,区域差别、城乡差别和社会经济阶层的差别，造成了水资源、环境卫生与个人卫生服务的不平等（WHO and UNICEF，2014）。为了实现水资源、环境卫生与个人卫生服务的普及，需要加强对弱势群体的服务，并确保在提供服务的过程中消除歧视。虽然一些国家在减少不平等方面的工作取得了显著的进展，但在另一些国家，贫困人群和边缘人群难以享受到水资源、环境卫生与个人卫生服务的平等。埃塞俄比亚是成功减少不平等现象的国家之一，该国在实现联合国千年发展目标的过程中，成功地大幅增加了卫生设施的覆盖率，并公平地惠及各个财富阶层和各个地区。在 22 年中，埃塞俄比亚将露天排便率从 92% 减少到了 37%（WHO and UNICEF，2014）。只考察设施覆盖率还不能充分反映不平等的程度，水资源服务的安全性、便利性和可靠性方面也存在不平等现象。即使在部分管道供水普及率较高的国家，某些弱势群体的权益也可能被忽视。例如，对波斯尼亚和黑塞哥维那（即波黑）地区的数据分析发现，总人口中 94% 使用了改善的饮用水源，但贫困的罗姆族人中只有 32% 使用了改善的饮用水源（WHO and UNICEF，2014）。为了保证可持续发展，水资源、环境卫生与个人卫生服务的类型需要根据现有的基础设施、人力和财力资源，进行适当的选择。例如，让每个人都享有抽水马桶的建议，对于资金的可持续性和废水的有效管理都是不现实的。而在偏远的农村，水井等社区资源可能比管道系统更加经济和便于维护。在这些事例中，安全的家庭储水机制是必要的，以避免污染和潜在的病原体滋生。家庭调查和人口普查表明，家庭内部还存在性别差异等不平等现象。妇女和女童通常负责取水的工作，特别是在撒哈拉以南的非洲地区，许多妇女和女童必须花费至少半小时在取水上，而多次往返取水甚至要花费 2～4h。在学校，缺乏卫生设施对女童的教育程度的影响比对男童的影响更大（WHO and UNICEF，2014）。让妇女参与当地水资源供应的管理，能够提高管理的成功率（WWAP，2015），这也说明了包容性和参与性对于可持续水资源管理的重要性。

要保证当代人和后代人能够享受可持续的水资源、环境卫生与个人卫生服务，并且不超出环境的限制，仍然任重而道远。不同国家所面临的挑战有很大的不同，有的国家只能优先保证基本的服务，而另一些国家能够实现更全面的服务，并实现环境目标。随着水资源、环境卫生与个人卫生服务在世界范围内的覆盖率不断增加，未来的重点将转向实现更高层次的服务，以及实现环境的可持续。在世界范围内，受到广泛认同的可持续发展主要目标包括：普及基本的水资源、环境卫生和个人卫生权益；消除露天排便现象；减少不平等现象；逐步提高服务水平等等（WHO and UNICEF，2014）。为了实现这些目标，有必要关注水资源、环境卫生和个人卫生服务的提供，确保服务的财政可行性，加强问责制和透明度，加强建设独立监管机构，建立进度监测和不平等监督机制，而不仅仅是关注其资金成本。建造新的基础设施是非常必要的，但仅靠这一项行动还不足以提高环境卫生和个人卫生的覆盖率，还需要注重社会规范的转变与重塑。

2. 水资源与城市化问题

城市发展面临的机遇和挑战正在日益升级。2014 年，全球人口（39 亿人）的 54% 居住在城市中，到 2050 年，预计全球 2/3 的人口将居住在城市中（World Bank，2010）。城市人口比例的增长主要发生在发展中国家，而发展中国家应对这种快速变化的能力还十分有限。城市会通过多种途径影响水文循环：从地表和地下水源抽取大量的水资源；建造不透水的地面，阻碍了地下水的补给、加剧了洪水风险；未经处理的污水排放，污染水体；等等。由于大部分的城市消耗的水资源一般来自城市的边界之外，并且城市产生的水污染会流向下游，因此城市对水资源的影响超越了其边界。城市也会从外部进口大量的食品、消费品和能源，在生产、运输和销售这些产品的过程中需要大量的水。城市对"虚拟"的水资源的需求，大大超过了其直接用水量(Hoekstra and Chapagain，2007)。同时，作为改革与创新的中心，城市也拥有更多的可持续利用水资源的机会，例如，将废水进行处理使其符合再利用标准。城市一般具有良好的区位、完善的保护措施，城市的高人口密度可以降低供水和卫生等服务的成本。此外，城市与周边区域可以建立密切的联系，通过参与流域管理或提供生态服务补偿等方式，支持所在区域的水资源保护。

在快速的城市化、工业化进程以及生活水平提高等因素的作用下，城市对水资源的总体需求进一步增加。据预测，全球 2050 年的水资源需求量将增加 55%(WWAP，2012)，主要是发展中国家日益增长的城市化进程所带来的生产、发电和生活用水的需求不断增长造成的。在许多城市化的地区，由于容易开采的地表水和地下水资源已经枯竭，这些城市只能去更远处或更深层的地下取水，以及依赖于新型的手段和技术来满足其用水需求，如反渗透海水淡化或再生水等。联合国千年发展目标规定的安全饮用水目标在 2010 年已经达到，即使用改善的饮用水源的人口比例降低一半，但这种进步的速度还难以跟上快速城市化的节奏。1990~2012 年，没有获得改善的饮用水源的城市居民数量减少了 1 个百分点。然而，从绝对值来看，没有获得改善的饮用水源的城市居民人数由 1.11 亿人增加到了 1.49亿人(WHO and UNICEF，2014)，说明城市化的速度超过了公共服务的发展速度，导致了居民饮用水形势的恶化。在城市化速率最快的撒哈拉以南的非洲地区，这一问题尤其严重，该地区的城市适合使用自来水管道供水，而 1990~2012 年使用自来水的居民的比例从 42%下降到了 34%(WHO and UNICEF，2014)。这些情况表明，如何获得"安全"的饮用水来源，仍然是发展中国家城市面临的一个主要问题。

自 20 世纪 80 年代以来，全球淡水取水量每年增加约 1%，这主要是由于发展中国家的用水需求增加造成的；而世界上大多数发达国家的淡水开采量已趋于稳定甚至略有下降。随着城市化进程加快和人民生活水平的提高，日益增长的全球人口对水、食品(尤其是肉类)和能源的需求将会导致某些部门(例如城市污水处理)的就业增加，但也会导致其他一些部门就业的缩减(WWAP，2016)。

与饮用水的情况类似，1990~2012 年，卫生条件得不到改善的城市居民数量增加了40%，从 5.41 亿人增加到了 7.54 亿人(WHO and UNICEF，2014)。虽然城市地区的卫生覆盖率一般比农村高，但由于城市扩张过快，越来越多的城市居民尤其是贫困人群无法享受到改善的卫生设施。此外，由于在城市地区人口密度较高，卫生条件落后可能造成范围性的健康问题。例如：2010 年在柬埔寨的城市，最贫穷的人群中有 54%的人口仍然在露天排便，而最富有的 40%的人群当中，露天排便的比率已经降到零(WWAP，2012)。

城市中缺乏水资源和卫生设施的人数增加，与发展中国家的贫民窟不断增加有关，部分发展中国家或地区的政府无力或不愿意在贫民窟社区提供充足的水资源和卫生设施。虽然一些国家和地区在贫民窟搬迁、改造方面取得了一定的进展，但仍然无法有效遏制贫民窟人口的增长势头。据联合国人居署估计，到 2020 年，全世界贫民窟人口预计将达到 8.89 亿(UN-Habitat,2011)。由于贫民窟的居民通常更容易缺乏安全的水资源和卫生设施,也更容易受到极端天气事件的影响,贫民窟的水资源管理将成为未来城市管理的一大难题。在部分贫民区,当地的社区和私营企业提出了创新的水资源管理解决方案。例如:在肯尼亚的第二大城市蒙巴萨,虽然只有大约 15% 的居民拥有管道供水服务,但超过 80% 的居民可以从自助供水站取水,以获得改善的水资源供应(WWAP,2015)。

许多发展中国家的城市没有建造必要的基础设施来收集和处理废水,再加上缺乏科学的排水系统,污水和雨水混合,进一步加重了污染问题。据估计,所有发展中国家中,90%的废水未经处理直接排入河流、湖泊或海洋中,造成了严重的环境和健康风险(WWAP,2015)。环境和健康风险增加了医疗成本,降低了劳动生产率,对社会和经济发展造成了重大影响。废水排放还会对全球气候变化产生影响。废水排放会引起甲烷和氮氧化物等温室气体排放量升高,1990~2020 年,废水排放引起的甲烷排放量上升了 50%,氮氧化物排放量上升了 25%(WWAP,2015)。因此,有必要加强废水处理系统的建设,提高现有废水处理设施的效率。虽然智利等一些发展中国家基本实现了全部废水的处理,但大多数发展中国家的经验表明,废水处理的成本较高,大多数城市没有或不愿意投入必要的资源来建设处理设施。另外,废水收集的成本往往被低估。因此,分散式污水处理、废水生产沼气等新技术和方法有助于解决废水无害化处理的问题,并降低废水管理的成本(WWAP,2012)。鉴于城市化的快速发展,国家和地区各级政府需要加强能力与制度建设,增加对水资源事业的投资和管理,特别是在供水和卫生设施陈旧、管理不善的城市以及发展中国家的城市。许多城市都存在管理能力不足与制度不完善的弊端:例如供水损失率过高(主要是泄漏造成)、税费制度不符合可持续,以及管理系统薄弱等。供水泄漏会导致经济损失、饮用水污染和传染病爆发等问题,将会进一步降低水资源服务的质量和消费者的支付意愿。

由于气候变化的影响非常复杂且难以预测,很可能影响到水资源的可用性和需求。水资源和卫生设施可能受到极端事件和海平面上升的威胁。随着城市化进程的推进,自然的降水下渗路径遭到侵蚀,以及土地利用类型的改变,导致径流增加,因此迫切需要改善城市排水系统,解决洪水和水污染问题。由于城市中的贫困人群往往集中生活在生态脆弱的地区,如河流沿岸,他们更容易遭受气候变化的影响。因此,为了应对气候变化的影响,需要城市在整体发展的过程中,提升规划与管理能力,加强对水资源及其相关方面的综合管理。

联合国 2015 年后可持续发展议程关于水资源的专项目标和五年计划特别强调了城市水资源的可持续利用(UN-Water,2014)。这些目标有助于建立方法框架,应对城市水资源管理中的各种挑战。发展中国家的快速城市化进程超过了公共服务的供给能力,无法获得安全的水资源和卫生设施的城市人口数不断增加。应当确立关于安全的水资源、环境卫生和个人卫生的普适性的目标,以激励各方采取行动解决这一重要问题。目标还应当包括逐步消除不平等的因素,鼓励政策制定者和管理者解决城市贫困人群的需求。政府和服务供应商可以借鉴已有的成功经验和创新举措,面向城市贫困人群的需求,为提供安全的水资源和卫生设施服务创造一个有利的环境。例如乌干达政府在 2004 年设定了 2015 年实现城市供水和公共卫生服务 100% 覆盖的目标。为此,负责乌干达首都坎帕拉的水资源和卫生服务的乌干达国家供水排水公司出台了一系列保障措施，包括搭建价格低廉的管网、有利于贫困人口的费率，以及针对贫困人群的特别项目。该公司 2007 年设立了一个城市扶贫机构，并提供了多种服务选择，包括家庭自来水、公共供水点/供水站、公用水龙头等。结果表明，乌干达国家供水排水公司不但扩大了其服务对城市贫困人口的覆盖，其收入也得到了增加。该公司的扶贫机构也将公共供水点和公用水龙头的闲置率从 2007 年的 40% 降低到了 2009 年的 10% 以下（WWAP，2015）。

许多国家都建立了城市综合用水管理系统，为水资源的可持续利用和开发目标提供了有益的经验。综合用水管理系统要求将城市发展和流域管理相结合，汇集了供水、卫生、雨水和废水管理，并将其与土地利用规划和经济发展相结合。实施城市综合用水管理，需要适当的制度结构、政策、严谨的规划、能力建设，以及多种领域的投资，例如雨水收集与补给、需水管理、水资源回用和上游集水区保护等。例如，在哥斯达黎加的埃雷迪亚省，自 2000 年以来，当地自来水公司开始投资于 Virilla 河流域的森林保护战略，以保障地表和地下水资源的补给。埃雷迪亚省通过对土地利用类型变化的审批监管，确保了该省主要的水源地的保护。自来水公司每月向用水户额外收取 3% 的水费，并将这笔资金用于补偿土地所有者，以控制土地利用类型的改变。自 2000 年以来，这一计划已经保护了流域内超过 1100 公顷的森林。其结果是，该省能够向当地的全部（20 万名）居民提供清洁的水资源，同时最大限度地减少了对水处理设施的投资需求（WWAP，2015）。

要实现公平、开放、负责的水资源管理，需要强有力的政治保证、适当的政策和法律体系、有效的体制结构、高效的行政体制和高素质的人力资源，还需要在水资源基础的建造、升级、运营和维护方面进行投资。据估算，在供水和排水领域的投资与长效收益（GDP）之比约为 1：6.35，并且投资与其所带来的其他行业的间接收益之比为 1：2.62。这些收益增加了就业岗位、最终产出和私营部门的资产量。世界多个国家的经验表明，在强有力的领导和良好的管理之下，可以提高城市供水系统的性能、增加收入和利润、解决穷人的需求问题，同时维持供水系统的进一步扩张（WWAP，2015）。例如柬埔寨首都金边的供水局，曾经面临管理混乱、腐败、濒临破产等问题，经过整改，目前已经成为世界上最好的水资源管理部门之一，为其他城市提供了宝贵的经验。在 Ek Sonn Chan 的有力领导下，金边供水局在 10 年中扭转了经营不善的情况，并且能为所有居民稳定提供质优价廉的用水供应，同时维持净利润不断增加。由于实施了扶贫政策，金边供水局帮扶的贫困家庭数量也从 1999 年的 100 余户增加到了 2008 年的 17000 余户。金边的供水损失率已经从 1998 年的 60% 以上降低到了 2008 年的 6%，接近了新加坡的水平。这表明发展中国家的国有管理机构同样可以实现较高的效率，前提是拥有良好的领导和管理模式。

要实现有效地管理水资源、减少水污染，需要对环境卫生系统进行投资，建成技术合理、经济可行、社会接受、环境无害的可持续环境卫生系统。为了建成这样的系统，需要促进废水的达标处理、废水回用，并将卫生系统、城市规划和设计与整体的水资源结合起来。由于废水运输的成本在废水管理中占有很大比例，因此在各个废水源头附近建立分散的处理系统，可以使用简单的技术最大限度地实现废水的循环利用，比集中处理更有效，特别是在贫困地区和城市周边地区效果更好。例如，印度尼西亚政府推行的社区管理的分散式污水处理系统，目标是在 2014 年底实现城市人口总数的 5% 使用分散式污水处理系统。

2003～2007 年，对印尼多个城市的将近 400 处社区管理的分散式污水处理系统的调查发现，超过 80%的系统运作良好，处理的污水符合排放标准。调查还发现，维持这些基础设施的长期运行需要一些外部的监测和支持，因为社区团体经常会失去管理的热情，并且不愿意出资维修设备。该调查的结论是：社区管理的分散式污水处理系统可以有效服务于贫困地区，但前提是在合适的地区建立恰当的系统，用户的数量要适中并且稳定，还需要政府共同参与运行和维护（Water and Sanitation Program，2013）。废水处理系统也可以用于发电等用途。处理后的废水可循环使用，有助于水、能源和粮食安全，以及人类健康和经济发展。例如，在加纳首都阿克拉，90%的蔬菜供应来自用处理后的废水灌溉的菜园（WWAP，2015）。在非洲和亚洲的大多数城市，就地处理粪便仍然是一种主要的环境卫生方法，这既是挑战也是机遇：如果就地处理粪便的手段没有妥善管理，可能会导致重大的健康风险和污染；但是，就地处理的方式节约了建设大规模下水道系统的资金，并且可以探索更多创新的分散式的环境卫生处理方法，以节约水和能源。

据世界银行的估算，2010～2050 年，全世界用于应对气候变化和水旱灾害的成本将高达每年 700 亿～1000 亿美元（World Bank，2010）。需要投资的部门主要是供水和防洪、基础设施建设和海岸带保护，其中城市地区的资金需求约占总资金需求的 80%（World Bank，2010）。由于大部分的投资需求是在发展中国家，而发展中国家和地区的基础设施系统尚未完全建成，因此，这些国家和地区可以致力于调控未来的城市气候，从而减少气候风险、最大限度地提高环境和经济效益。例如亚洲一些国家对台风、干旱和洪水预警系统进行了费用效益分析，发现费用和潜在效益之比高达 1∶559（WWAP，2015）。新加坡等一些城市已经采取了应对气候变化的措施，增加城市供水和卫生系统的稳定性。为了避免海水入侵水库，这些城市的大部分水库大坝的高度要高于海平面上升的预测值，并且在需要的情况下还可以进一步提高。水资源的来源也趋于多样化，包括雨水收集、中水回用和海水淡化，以提高城市对长期性干旱的抵抗力（WWAP，2012）。

3. 水资源与农业问题

一切粮食生产和利用行为都离不开水资源。旱作农业（无灌溉条件，主要依靠天然降水从事农业生产）占世界耕地面积的 80%，生产全世界 60%以上的粮食；灌溉农业占世界耕地面积的 20%，产出粮食总产量的 40%。灌溉农业用水量约占世界用水总量的 70%，在一些发展中经济体这一比例更高，其中约 38%的灌溉农田使用地下水资源。畜牧业、食品加工制造业也在很大程度上依赖于水资源，而内陆渔业生产则完全依靠河湖、水库等天然和人工水体（FAO，2015）。

据预测，到 2050 年，世界粮食产量需要增加 60%以上，其中发展中国家的粮食产量需要增加 100%以上，才能满足全人类的需求（WWAP，2015）。然而，目前世界上农业对淡水资源的需求增长速度是不可持续的。由于种植业的用水效率较低，造成了一系列问题：过度取水导致河流流量减少、地下蓄水层耗尽、生物栖息地退化，以及全世界 20%的灌溉土地盐渍化等问题（FAO，2014）。渔业捕捞的主要区域是在沿海水域，其生产能力和鱼类的质量都会受到污染的严重影响，而大部分的污染来自农业。虽然水库可以成为渔业生产的场所，但水库渔业也会遭遇到水电开发和工业引水的竞争。

此外，随着农业集约化、工业发展和城市化进程加快，土地和水资源都面临退化，并且其竞争日渐激烈，包括在农业内部的竞争(如种植业和畜牧业)和部门间的竞争(如城市扩张)。而气候变化和日益增长的粮食需求将会使这种挑战更加严峻。联合国粮农组织指出，如果不改变现有的发展模式，农业系统的可持续发展能力将受到损害；到2050年，全世界人口的40%、GDP的45%、粮食产量的52%将会受到水资源危机的影响(FAO，2014)。水资源供应不足和不稳定，影响了农业和食品行业的就业数量和质量，进而影响了农业生产力、农业居民收入和抗风险能力。例如在印度，研究表明农村居民工资与降水高度相关。长期干旱会导致农业人口的失业，特别是在非农业的其他就业出路有限的情况下，往往导致失业人群将迁徙作为一种应对策略，而短期和长期迁徙又会造成新的自然资源冲突。另外，水资源短缺也与季节有关。种植季节较短会影响劳动力供给和需求，例如在塞内加尔、尼日利亚等非洲萨赫勒地区的国家，由于气候原因，80%的农业人口每年从事农业生产的时间只有3个月。许多依赖季节性洪水和降水的内陆渔业也受到径流中周期性污染物的影响(FAO，2015)。

联合国粮农组织为了在世界范围内消除饥饿和营养不良问题，让农业能够提高所有人尤其是贫困人群的生活水平，实现经济、社会和环境的可持续发展，提出了五条原则(FAO，2014)：①提高资源利用效率对农业可持续发展至关重要；②实现可持续发展，需要采取直接行动来维护、保护和改善自然资源；③未能保护和改善农村生活水平和社会福利的农业是不可持续的；④增强居民、社区和生态系统的应变能力是发展可持续农业的关键；⑤可持续农业发展需要有效的管理机制作为支撑。这五条原则是相互联系、互为补充的，它们诠释了可持续发展的三个方面，在分析这些原则时，要将五条原则综合纳入考虑范围。前两条原则直接涉及了环境的可持续，而第三条涉及社会和经济发展的可持续，第四条和第五条则与社会、经济和环境都有关联。要实践这五条原则，需要采取一系列的行动，以提高农业的生产力和可持续性。

从广义上看，农业有两种方式可以提高水的使用效率：一是减少水资源的损失，二是提高水资源的生产力。第一种方式是指在生产过程中减少水资源损失，提高用水效率。从技术上看，"用水效率"是一个无量纲的比例，可以用于多种尺度的计算，例如灌溉系统的用水效率、农田的用水效率等。这种方式一般多见于各种管理措施，减少了水资源的无效使用(即减少输水和用水过程中的泄漏或蒸发损失)。第二种方式的重点是提高作物产量，即用不变的水资源设法生产更多的农作物或创造更多的价值。可以看出，农业需水管理在时间和空间上都需要进行管理。然而，在实践中人们往往过度强调减少水资源的损失，主要是通过灌溉分配系统来减少水的损失。但有两个因素限制了这类减少水资源损失的方法的范围和作用。首先，损失的水资源中，只有一部分可以在合理的成本下被有效地回收。其次，有一部分水的"损失"是会返回到水文系统中的，例如渗透到地下含水层或回流到河流系统中。水资源的无效使用所造成的损失，应该是指通过蒸发、排入到低水质的水体或海洋中的部分。因此，要真正意义上地减少水资源的损失，需要避免成本过高的设计和无效的需求管理策略(WWAP，2015)。

在大多数情况下，管理农业需水的最重要的途径就是提高农业的生产力。通过综合改进水资源管理、土地管理和农艺措施，能够提高农作物的产量。农艺措施的改进包括遗传育种、土壤肥力管理改良和作物保护。植物育种和生物工程技术能够增加单产,能够提高抗病虫害能力、减少损失,能够通过加速作物早期生长、提高植被覆盖以减少土壤蒸发,还能提高作物的抗旱能力。因此,要从整体上管理农业用水需求,提高水资源的生产力,而不是仅仅关注节水技术,是非常重要的。使用高产的品种、最优的供水条件、良好的土壤肥力和完善的作物保护机制,可以实现生产力的最大化。然而,即使是在非最优的供水条件下,作物也可以良好地生长。虽然在非充分灌溉的条件下,水资源的供应不足以完全满足作物的最大需求,但作物在生长期对水分不足的敏感度是相对较低的。如果能够控制由于灌溉不足造成的减产的损失,而将节约下来的灌溉用水用于灌溉其他作物或用于其他用途,以获得额外的收益,是可以接受的。联合国粮农组织的研究表明,在中国华北平原,通过对冬小麦的多个生长阶段实施非充分灌溉手段,节水效果达到了 25%。在正常年份,2 次 60 毫米的灌溉足以达到通常意义的高产和净利润最大化,而不需要常规的 4 次灌溉。在巴基斯坦的旁遮普省,关于非充分灌溉对小麦和棉花的长期影响的研究表明,灌溉的水量可以只满足作物总蒸散发量的 60%,而产量最多只会减少 15%。这项研究还强调了维持灌溉的淋溶作用(指下渗水流通过溶解、水解等作用,使土壤表层中的成分进入水中,被水带走的作用),以避免土壤盐渍化风险的重要性。而对印度的花生灌溉的研究表明,在播种后 20～45 天产量,即对作物的营养生长期进行暂时性的非充分灌溉,可以提高产量和水资源的生产率。在作物的营养生长阶段,对其施加水分的胁迫,可能有利于其根系生长,促进对土壤深层水分的有效吸收。相比于草本作物,果树的节水效果可能更好。在澳大利亚,对果树实施非充分灌溉后,水资源生产率提高了约 60%,并且水果的质量有所上升,而产量并没有减少。但是,应该注意的是,只有当灌溉系统能够提供可靠、灵活的供水服务时,非充分灌溉的策略才能取得好的效果(FAO,2014)。

　　湿地、森林、河流和湖泊等自然生态系统所提供的生态服务功能,关系到水资源的水质和水量,因此必须对这些生态系统加以保护和修复。但是,虽然保护水生态系统的环境功能是一个需要优先关注的事项,在其实际执行中会牵涉到所需的生态流量的细节问题。由于农业用地一般也具有一定的环境功能,因此环境需水和农业需水之间的边界往往是难以明确划分的(WWAP,2015)。随着集约型农业的普及,水资源的点源污染和非点源污染可能都会更加严重。通过一些技术手段,特别是对肥料和虫害的综合管理技术,能够控制农业水污染。一些高收入国家的经验表明,综合采用严格的监管、强制措施、激励措施和有针对性地补贴等措施,有助于减少水污染(FAO,2014)。此外,将生态服务补偿的方法与上述措施相结合,可以显著减少农业污染、减少下游地区的水处理成本。

　　例如,在巴西里约热内卢州的北部地区,过去的农村政策倾向于种植咖啡和甘蔗,以及大规模的牲畜饲养。这类做法导致了森林砍伐和不可持续的生产系统,造成了土壤退化和水资源的损耗。自 2006 年以来,巴西采取了里约农村计划,致力于扭转这一局面,向小农家庭提供长期支持,以转型为生态友好的生产系统。由于大多数的可持续发展技术的实施成本较高,对提高农村收入的成效也不太明显,因此有必要建立一个财政的激励机制,以促进可持续发展技术在农村地区的推广。通过从全球环境基金(2006～2011 年)、世界银行(2010～2018 年)、国家和地区项目,以及私营部门的融资,里约农村计划将投资 2 亿美元到18 万公顷的农村地区,惠及农户 7.8 万,其中 4.7 万农户将直接得到财政奖励和技术援助，以提高其生产率。而作为回报，农民们同意保护剩余的森林免遭破坏。为了保持农业生态系统的长期可持续性，里约农村计划要求在改进农业生产技术的同时采取环境保护措施，使农民在提高生产效率的同时改善环境质量。在里约农村计划的支持下，部分农民采用轮换放牧制度，将其所持有的部分土地用于森林的恢复，以保护水源和河岸带。直接关系到水资源保护活动的资金来源中，一部分是由地区、州和国家的各级供水部门提供资助。里约农村计划为水资源保护提供了技术支持和财政奖励，而流域管理委员也将所征收的部分水费用于水资源保护措施的投资(WWAP, 2015)。

农业发展的目的是使其从业者受益：包括使其获得的资源和财产增加，增加其参与市场活动的份额，以及增加就业机会。如果无法做到这几点，就难以实现农业的可持续发展。因为世界上75%的贫困人口生活在农村地区，因此农业和农村发展以及发展成果的共享，是最有效地减少贫困和保障粮食安全的手段。妇女的地位应当受到特别关注，因为妇女在面临饥饿问题的人群中占多数，并且对资源的拥有权也远低于男性。目前世界上女性农民的数量居多，如果与男性一样能够获得平等的资源与技能知识，女性农民就能比其现状生产更多的粮食，足够使全世界面临饥饿问题的人口数减少1.5亿(FAO, 2014)。灌溉农业取水量占全世界淡水取水量的70%，如果能提高其用水效率，所带来的潜在生产率收益可能高达每年1150亿美元(以2011年价格计算)；此外，为一些贫困农民(约1亿人)提供更有效的水处理技术，据估计将产生100亿~200亿美元的直接净效益(WWAP, 2016)。

水资源短缺是阻碍农业生产率提高和减少农村贫困的一个主要制约因素。农村人口在社会、经济和环境方面都有较高的脆弱性，其原因是多方面的：降水的多变性和不确定性；水利基础设施、管理和市场的发展还不到位；土地和水资源管理不科学；以及缺乏取水的途径等等。对于数以百万计的小规模经营的农民、牧民和渔民而言，水资源是一种重要的生产资料，确保水资源的来源供应以及稳定的管理控制措施，是提高其产量的关键，尤其是在非洲地区更是如此。有针对性地制定并实施区域水资源的干预措施，有助于快速改善农村贫困人口的生活水平(WWAP, 2012)。例如非洲尼日尔国实施的"凯塔计划"，该项目由意大利和世界粮食计划署资助，资金规模8000万美元，1984年在尼日尔的一个干旱地区Ader-Doutchi-Maggia开始执行。该项目的规模和持续时间都非常突出，到1991年，该项目涵盖面积达到$13000km^2$，包含400个村庄、约30万人口。该项目提供了大规模的基础设施和服务，到1999年底，该项目建设了50个人工湖，42座大坝和20处防侵蚀堤坝，以及65口农村水井。该项目已在1万公顷的土地上应用了水土保持技术，并已植树1600株。此外，该项目提供了各种基础设施，包括学校、妇产中心、兽医设施、商店和仓库，其中还包括妇女权益项目、小额信贷和成人识字教育等。该项目最受当地居民欢迎的方面是增加了水和饲料的供应，以及在一些缺乏工作机会的地区推行的"工作换食品"计划。在此项目完成10年之后，大部分的水利基础设施仍然保持运行，保障着当地居民的利益(FAO, 2014)。

保障稳定的农业水资源来源，涉及在灌溉农业和旱作农业系统中进行长期的水资源管理实践，以及对其的投资支持。灌溉系统的使用，使农民能够全年进行生产，使农业劳动力需求增长了5倍。改善的供水条件也使农产品、园艺、渔业和畜禽养殖等创收活动成为可能。在旱作农业系统的投资，主要包括雨水收集系统、水土保持措施和小规模补充灌溉。

大多数劳动密集型农业是灌溉农业和旱作农业的混合，实践证明，提高降水利用效率和实现降水存储是非常关键的(FAO，2015)。

但是，只靠投资水利基础设施是不能完全满足提高农业生产力水平的需求的，例如，农民需要投入化肥和种子等生产资料，牧民需要饲料投入，且所有农民、牧民和渔民都需要一定的贷款。此外，还需要更好的教育和信息，来指导农、牧、渔业如何科学地使用和投入这些新的生产技术。例如，在东南亚地区，在经济快速增长的影响下，农业部门面临着两方面的复杂形势：首先，农业和其他部门之间的收入差距越来越大；其次，必须扭转该地区的自然资源不可持续利用和退化的基本现状。因此该地区决策者面临的关键问题是如何采取政策和策略，以帮助缩小城市和农村之间不断扩大的贫富差距，以及如何采取措施提高生态环境的质量。对于该地区的许多农民和渔民而言，只从农业的角度解决问题是不够的，还需要设法从其他部门的角度予以帮助(WWAP，2015)。

就普遍情况而言，目前的农业灌溉的表现对于环境往往是不可持续的，而灌溉服务的水平整体上也还不足以满足最贫穷的农民实现基本的收入水平，更难以满足其未来的需求。现代化的大型灌溉系统应当开发面向多个种植区的整合服务，提高其可靠性、灵活性和服务导向性。这也有助于促进多个用水户的联合，使其能够与城市、能源、交通基础设施等方面的长期规划相协调。

目前农业是全球从业人数最多的部门之一，在许多新兴经济体中仍具有推动经济发展的重要地位，但农业也是应对气候变化能力最脆弱的经济部门之一。在全世界范围内，气候变化对小麦、玉米和水稻等主要粮食作物生长状况造成的影响以负面效应为主(Intergovernmental Panel on Climate Change，IPCC，2014)。虽然在某些局部地区气候变化可能造成正面的影响，但许多新兴经济体的小规模农业生产者难以具备必要能力，来适应和把握这些气候变化所带来的挑战和机遇。此外，气候变化造成的日益增加的水资源压力，可能会削弱提高灌溉水平的工作成效。如果难以有效适应和应对气候变化对农业的影响，可能会对区域就业产生巨大影响，并引起后续的贸易和农村人口流动等问题。

农业部门的从业人数难以精确统计，但又具有超出一般就业岗位的重大意义。只有20%的从事农业工作的人群属于被雇佣的农业工人，其余则属于自营农民或家庭劳动力，分布于全世界大约5.7亿个农场，其中至少有90%属于家庭农场。在发展中国家，占地2公顷以下的农场总面积约为总农田面积的40%，占地5公顷以下的农场(含2公顷以下级)总面积约为总农田面积的70%，为保障粮食安全做出了重要的贡献(FAO，2014)。在以农业为基础的国家，农业收入和农业工资占农村收入的42%~75%，在发达的、城市化的国家这一比例为27%~48%(World Bank，2010)。相对于其经济收入，农业生产在支持国民生活方面具有更重要的意义，特别是对于贫困群体维持生活、自给自足方面(WWAP，2016)。

农业部门经常与低收入水平、贫困、不规范的工作条件、社会福利保障不健全、使用童工等问题相关联。通过增加收入、改善工作条件可以提高就业质量，但有时会以牺牲岗位数量为代价。因此，需要对"直接进行农业生产"以外的机会也进行关注。农业生产是大量上下游相关部门的就业基础：例如机械制造、农村基础设施建设、农产品加工、运输和销售，以及催生的农业咨询和管理服务、专业教育、集体组织、农业企业财务、贸易和农业研究等。这些相关的就业岗位的统计较少，但大致相当于农业就业岗位的 50%，在发达国家和地区这一比例更高，在一些特殊的地区甚至可高达 500%（World Bank，2010）。农业增长对于贫困居民的收入提振作用是其他行业的 2.5 倍，因此农业对于扶贫脱贫具有重要意义（WWAP，2016）。

在粮食和农业可持续发展的主题下，应当保持农业发展的稳定性，即从事农业、牧业和渔业的群体、家庭或个人，通过预防、减轻或应对风险、适应外界变化和修复损害等方式，来维持或提高生产力的能力。极端天气事件、市场波动、地区冲突、政治动乱等现象，都会损害农业的生产力和稳定性，以及增加生产者的不确定性和风险。粮食价格的快速上涨，已经对贫困人群造成了严重的损害。为了应对这类问题，关键是要提高水资源用户应对各种波动和极端事件的稳定性。例如，由联合国粮农组织和瑞典国际发展合作署在 2011～2014 年实施的试点项目"加强土地和水资源管理适应气候变化能力"，该项目旨在开发适当的技术，以减少非洲东部地区的种植业和畜牧业的生产风险。在撒哈拉沙漠以南的非洲地区，采用"多重选择"手段应对气候变化，在短期和长期尺度上都具有最高的成功率，该手段增加社区应对多种类型的干扰的能力，而不仅仅针对气候变化。在埃塞俄比亚的 Wurba 流域，采取了山地梯田、截水沟、拦水坝、蓄水池等措施，以保护高海拔地区地表径流，以及提高土壤持水能力。这些措施增加了地下水的补给量，同时也保护了表层土壤。此外，该项目还采用了水资源收集措施，以减少周期性干旱的影响，并使居民收入来源多样化。例如在住宅区和农田挖掘蓄水池以储存生活、牲畜和园艺用水，该项目还提供安装在屋顶的集水器，以应对当地在旱季缺乏地表水源的问题。这些干预措施减少了取水所需的时间和劳动力，同时也增加了高价值的园艺产品的生产，提高了居民的家庭收入（FAO，2014）。

全球农业市场具有吸收供需波动、稳定农产品价格的缓冲能力，这是与土地和水资源系统的长期稳定运作联系在一起的。同时，气候变化造成的气温升高、干旱、降水格局变化、极端天气事件的频率和持续时间的改变等问题，也给种植业、牧业和渔业的生产带来了额外的风险。

有效的农业水资源管理应当包括以下的关键机制：参与机制、责任机制、公开透明机制、平等机制和公平机制、效率效能机制、法律机制（FAO，2014）。遵循这些重要原则，有助于确保社会公正、公平，以及对自然资源的长期保护。如果环保措施只遵循抽象的环境观念，而不与社会和经济实际相结合，是难以实现的。从传统农业向可持续农业的转变，需要适当的政策、法律和制度环境，使私人和公共部门权利之间取得适当的平衡，并确保权利和义务达到公平、公正、公开、合理。例如，由荷兰和联合国粮农组织在印度南部资助实施的"安得拉邦农民管理地下水系统"项目。该项目覆盖了在安得拉邦的七个干旱高发地区的 638 个村庄。在该项目区，地下水的天然补给率约为 70～100mm/年。在 20 世纪 90 年代末，地下水开采率增长到 120～150mm/年，而越来越多的水井出现彻底或周期性干涸现象。这导致水井的钻井深度日益稳步增长（与该地区农村的固定费率电价有关）。地下水利用的增加，导致浅层含水层水位严重下降。为了扭转这一问题，该项目开发了一种参与式的水文监测方案，向农民提供必要的知识、数据和技能，以了解地下水资源的水文情况。由于当地的水文发生了显著的变化，该项目还利用印度中央地下水委员会开发使用的标准方法，重新计算了每一个含水层的数据。每个水文单元的地下水管理委员会对所辖的地下水资源总量进行估算，并制定与之匹配的农业种植制度。随后地下水管理委员会向整个农业社区发布信息，并鼓励适当的节水和集水措施，促进低投资有机农业，并帮助制定相应的规则，以确保每个年度周期内，维持有限的地下水资源的可持续发展。该项目在大多数的试点区都取得了非常积极的成果，通过作物多样化和节水灌溉技术，大幅地减少了地下水的使用，并且在用水减少的前提下提高了农民的盈利能力（FAO，2014）。

农业和粮食安全与水资源有着密切的联系，因此在农业、粮食和水资源这些领域的政策必须协调一致。如何在困难时期或市场动荡时期确保国家的粮食安全，是国家决策者关注的主要问题之一。水资源主管部门应当避免在水资源领域"孤军作战"，应该更积极主动地与其他经济部门合作，将应对水资源短缺的战略与其他领域的关键决策结合起来（WWAP，2012）。这样的部门间对话，对于实现水资源的综合管理是必不可少的。政策、立法和财政措施对区域的运行与发展有深刻的影响，能够规范利益相关者们参与决策的方式，并明确阐述其地位和责任。因此在制定政策、法规和财政措施时，要注意与水资源管理、服务和需求水平之间的关联。其他领域所制定的决策，例如能源价格、贸易协定、农业补贴和减贫战略等，也往往会对水资源的供给和需求造成重大影响，因此需要特别关注（WWAP，2015）。

水资源供应不足，或不够稳定，会影响农业部门的就业质量和数量，进而束缚农业生产力，损害收入稳定，这种效应对于那些抗风险能力较低的贫困人群的影响最为显著。农业在支持国计民生方面发挥着广泛的作用，特别是对贫困人群而言，农业（包括渔业、林业、养殖业等）是一个重要的生产和自给自足的手段。农业还能带动投资、机械设备、农村基础设施建设、农产品加工、运输和销售等一系列经济活动和就业的发展。然而，虽然农业投资可以提高农业生产率和就业质量，但也可能降低劳动密集程度，造成农民失业。在这种情况下，需要适当的政策来减少失业对农民的影响。改善的、公平的水资源供应模式，有助于增加农业收入、维持收入稳定、提高生产率，进而加强资产积累、投资和获得信贷。这种良性循环可以打破低收入陷阱、提高农村工作条件、创造劳动机会、减少失业人口迁移（FAO，2014）。

为了确保安全的粮食生产和消费，以及保护农民和其他农业从业者免受与水有关的疾病和其他有害健康的影响，需要保障水资源的质量。在没有饮用水供应的地区，人们经常将灌溉沟渠中的不达标水资源用于饮用和准备食物，而这会对健康和劳动力造成直接影响，还会对教育、就业等产生间接影响。认清农业水质、食品安全和健康卫生之间的相互联系，有助于改善这些部门的规划和投资，以应对这些挑战（WWAP，2015）。

在水资源稀缺或用水竞争激烈的地区，为了满足对水资源的需求，需要开发利用"非传统水源"，即低水量的水井和泉水、雨水、城市径流、洪水弃水和废水再循环等。这些类型的水资源利用开发了小规模集约利用水资源的新形式，并且能够创造就业机会，例如在小块土地上种植经济作物，污水处理厂的建设、运行和维护，技术开发等。如果废水处理管理得当、符合健康标准，则为缺水地区水资源多样化提供了契机。据估计，全世界使用未经处理的废水灌溉的土地面积约为 400 万～2000 万公顷。这些非传统水源的利用，不仅解决了农民家庭和相关农产品销售领域的就业，而且随着这种生产方式的扩大化和模式化，还将为农业部门的增长和就业做出更大贡献，例如智能灌溉系统的开发、操作、监控、维护、调整等环节都是新的增长点。水资源再利用还可能在农业技术研究、农业推广、农产品营销和经济作物种植方面创造就业机会，这些变革将要求农民和农业工人具备不同类型的技能，因此相应的能力提升和职业生涯发展就显得非常重要。

4. 水资源与能源问题

可持续发展的核心内容之一是获得安全的能源，以满足烹饪、取暖等人类的基本需求。能源与资源之间存在密切的联系：一方面，几乎所有形式的能源生产都需要一定量的水资源。火电和水电分别占全球电力生产的 80% 和 15%，而火电和水电通常需要大量的水资源；另一方面，水资源的收集、处理和运输的过程也需要能源。据估计，全世界的供水和污水处理的总运营成本中，电力成本约占 5%～30%，而在印度和孟加拉国等国家，这一比例可高达 40%（World Bank，2015）。水资源和能源还在生活方面提供协同服务，例如，依靠能源从水井中抽水供生活和农业使用，或依靠能源将水加热用于烹饪、清洁和卫生。

水资源和能源之间的密切关联受到越来越多的关注。大多数能源生产，特别是电力生产，都依赖于冷却水或水利资源。生物燃料作为一种日益重要的能源，也高度依赖于水资源。2010 年，能源产业的取水量约占世界总取水量的 15%，其中超过 90%用于发电。国际能源署（International Energy Agency，IEA，2016）表示，在施行新的能源政策的情况下，预计到 2035 年，世界发电量将增长 70%，这一增长幅度远大于能源行业的取水量增幅（预计取水量将增长 20%），这反映了可再生能源的进一步普及将带来一定的节水作用。据预测，到 2040 年，可再生能源（包括水电）占世界总发电量的比例将从现有的 21%增加到 33%，将占全球发电量增长的近 50%（IEA，2014）。随着可再生能源的不断发展，将会对用水和就业形势造成一定的影响：例如太阳能光伏发电、风能和地热能领域，其设施运行的用水量很少，但在提供就业方面却有所增长；预计风能和太阳能将使未来总的（直接）就业岗位稳步增长，而且平均每兆瓦发电量带来的就业机会将超过生物能源和常规能源。

要实现可持续发展目标，离不开水资源和能源服务。通过对世界水资源评估计划的调查发现，缺乏改善的水资源和卫生设施的人群，也可能同样缺乏电力，只能依靠固体燃料进行烹饪和取暖（WWAP，2012）。全世界约有 7.48 亿人无法获得改善的饮用水源，而水资源权利未能得到完全满足的人数则高达 30 亿，而约 25 亿人尚未获得改善的卫生设施（WHO and UNICEF，2014；WWAP，2015）。全世界超过 13 亿人缺乏电力供应，约 26 亿人仍在使用固体燃料进行烹饪（主要是生物燃料）（IEA，2012）。另据估计，约有 4 亿人靠燃煤来烹饪和取暖，造成空气污染问题，并且在传统炉灶使用燃煤时可能对健康产生严重的影响。由水引起的疾病，例如缺乏安全饮用水和卫生设施引起的腹泻，与由室内空气污染造成的呼吸道疾病之间存在密切的关联，这证明了缺乏供水服务和电力服务的人群存在高度的重合。这两项疾病也是引起过早死亡和寿命健康损失的重要原因（WHO and UNICEF，2014）。要实现与健康相关的可持续发展目标，以及与之相联系的扶贫、教育、平等等目标，需要向全体人民提供安全的水资源和能源服务，包括占弱势群体大部分比例的妇女和儿童。

据预计，到 2035 年，全世界能源需求将增加 33%，而电力需求预计将增长 70%（IEA，

2012)。主要能源方面，改变化石燃料大量使用的现状可能还需要相当长的时间。据预计，所有种类的能源需求都将增长：石油需求将增长 13%，煤炭需求将增长 17%（主要在 2020 年之前增长），天然气需求将增长 48%，核能需求将增长 66%，可再生能源需求将增长 77%。全球发电量将继续以煤、天然气和核电厂的热力发电为主，其中煤仍然是最主要来源。可再生能源的份额，包括水电（最主要的可再生能源），预计将在现有基础上增加一倍，到 2035 年，可再生能源发电量将占总发电量的 30%（IEA，2012）。由于 90% 的火电是水资源密集型的产业，预计到 2035 年电力生产增长 70% 将导致淡水取水量增加 20%。随着发电效率的增加、冷却系统的进步（减少了取水量但增加了消耗率），以及生物燃料产量的增加，水资源的消耗量将增加 85%（IEA，2012）。水力发电一般除蒸发损耗外不会消耗水资源，但需要使用水库中储存的水量，使其在特定时间内无法用作其他用途。热力发电所需的水量取决于冷却系统的类型：开放式的冷却系统需水量较多，但对这些水的消耗较少，大部分都会排放回水体中；而封闭式的冷却系统需水量较少，但几乎所有的水都会被消耗掉。一般认为，风力发电和太阳能光伏发电是对水资源影响最小、可持续性最好的发电形式。然而，在大多数情况下，由于风力发电和太阳能光伏发电所提供的电是间歇性的，需要靠火电等其他来源的发电进行补偿以维持电力负载平衡，而这些来源的电力又需要大量的水资源。随着可再生能源的发展，能源行业的工作岗位将逐步转移到可再生能源部门，发电量将稳步增加，取水量则增加较少并趋于平稳，这也反映了可再生能源在用水效率方面的贡献。其中，水资源的消耗量会比取水量增加更快，这主要是由于湿式冷却和生物燃料灌溉用水造成的。

虽然可再生能源相对于传统能源的比例正在增加，但可再生能源的发展依然不够发达，与化石能源相比仍处于弱势地位（WWAP，2015）。风力发电和太阳能光伏发电仅占全球电力的 3%，虽然有可能在未来的几十年里迅速发展，但到 2035 年风力发电和太阳能光伏发电超过全球发电量的 10% 的可能性不大（IEA，2012）。地热能源的来源非常丰富，没有枯竭的风险，基本不受气候的影响，几乎不会产生温室气体排放，对水资源消耗最小，但是目前地热供热、地热发电的开发利用也不发达，其潜力被严重低估（WWAP，2015）。

能源日益增长的需求，将增加对淡水资源的压力，也会对其他用水部门如农业和制造业产生影响。由于其他部门也需要能源，因此可以创造协同模式，使其与能源部门共同发展。

能源行业部门能够直接创造就业岗位，并且其他产生就业的农业、制造业和服务业部门也离不开电力等能源。国际能源署考察了中国的电力建设情况后预计，到 2040 年，全世界需要建设约 7200 千兆瓦（GW）的电力设施，以满足社会需求和取代需要淘汰的设施，这也将在工程、承包、设备操作与维护等相关领域创造大量的就业岗位（IEA，2016）。据统计，截至 2014 年，世界各地有 770 万人直接或间接地从事可再生能源相关工作。其中从事太阳能光伏发电行业的人数最多，约 250 万人，其次是液体生物燃料行业，约 180 万人，并且所有类型的可再生能源行业的就业机会都处于增长中。中国、巴西、美国、印度、德国、印度尼西亚、日本、法国、孟加拉国、哥伦比亚，是可再生能源部门的就业人数排名前十的国家。此外，全世界约有 150 万人直接从事大型水电工作，另有 20.9 万人直接或间接地从事小型水电工作（WWAP，2016）。

全世界农业用水占总用水量的 70%，而粮食生产和供应的能耗约占全球能源消费的30%。制造业的能耗约占全球能源消费的 37%，用水量约占总用水量的 7%（WWAP，2014）。无论是提高农业和制造业部门的用水效率还是能源效率，都会节约大量的水或能源并产生良好的影响，特别是在资源稀缺的地区效果更好。然而，真正的难题在于如何降低燃料生产部门和电力生产部门的用水强度。

火电在电力生产中占主导地位，世界电力生产的 80% 以上是火力发电。最大限度地提高发电厂的用水效率，将是未来实现水资源可持续发展的关键因素。这需要限制低效率的燃煤电厂的建设和使用，并广泛采用空气式冷却或高效的封闭式冷却技术。虽然目前使用海水或污水等替代性的水源仍然存在困难，但这些替代性水源在未来减少淡水需求方面具备良好的潜力（WWAP，2015）。

气候变化增加了水资源和能源的风险和压力。自 2000 年以来，干旱强度的增加、过度炎热和区域性缺水都造成过发电的中断，并引起了严重的经济问题。同时，能源供应的限制也阻碍了水资源的供给服务。

目前水电设施仍然存在较大的发展空间，尤其是在撒哈拉以南的非洲和东南亚地区，现代能源还不够普及，技术开发的潜力很大。水库除了发电之外，还可以提供抗旱、防洪、灌溉、通航、娱乐等功能。但水电建设也存在一些困境，例如，在一年中的不同时间，由于不同的用途需要水库放水，可能产生冲突和问题。全世界的很多大型水电站都因为各种原因遭到过批评，包括对环境和生物多样性的破坏、对文化古迹的破坏、搬迁带来的社会关系的破坏等（WWAP，2015）。

虽然风能和太阳能光伏发电的竞争力日益加强，但其成本仍然较高，因此在大多数国家需要政策的扶持，以促进其推广。水电和地热能长期以来在经济上具有较强的竞争力。可再生能源除了代替高耗水的火电之外，还具备其他的优点，包括提高能源安全性和多样性、减少温室气体排放和大气污染，促进绿色发展，为农村地区提供小型并网或离网供电等适用性强、节约成本的供电方案等（IEA，2013）。目前对可再生能源的发展扶持仍然远远低于化石燃料，要想使全球能源结构发生重大变化，并改变能源部门对水资源的需求情况，就需要大幅增加对可再生能源的支持力度。可再生能源，例如风能、太阳能、地热能等，虽然在全世界范围内没有占据很高的比例，但在区域和国家范围内可以为能源供应和节约用水作出很大的贡献。

生物燃料也是替代化石燃料的一种能源选择。生物燃料对水资源的影响，主要取决于生物燃料的原料是来自雨养农业还是灌溉农业生产的作物。灌溉农业的作物生产的生物燃料，其需水量甚至远大于化石燃料资源，因此会对区域水资源可利用量造成重大影响，而雨养农业基本不会改变水循环过程。生物能源的一部分生产可以由小农生产来进行，有助于增加就业、提高收入和减少农村贫困。但是，生物燃料在经济上的可行性还存在一定问题，也涉及一些对社会经济发展、粮食安全和环境可持续性影响方面的问题（WWAP，2014）。生物燃料的发展极易受到石油和天然气价格变化的影响，并且仍然高度依赖政府的补贴和管理，因此生物燃料的前景充满了不确定性（IEA，2013）。

水资源和环境可持续发展需要关注的问题，并不仅限于水资源的获取和消费。例如，使用开放式冷却系统的火电厂，会释放大量的热水进入天然水体中，影响鱼类和其他野生动物的生存。生物燃料的生产部门,如农业部门,可能造成非点源污染、营养盐负荷增加,影响地表水和地下水水质。煤炭开采需要使用大量的水,并且其排放可能污染地表水体和地下含水层。石油和天然气开采过程中,会从钻井中提取出大量的水,称为"采出水",这种水通常具有很高的盐度,难以处理,往往被重新注回地下。非常规的石油和天然气开采方法,如液压破碎法、油砂开采等,对人类健康和长期环境影响都造成了不确定性,这些开采方式都需要大量的水资源,并对水质产生重大的威胁。

在技术方面,能源部门正在迅速开发。在市场经济、能源安全政策、社会服务需求等因素的推动下,非常规的石油和天然气开采方式进一步开发,液化天然气供应价格稳定性得到增强,多种可再生能源发电的份额增加,整体能源效率不断提高(IEA,2013)。减少温室气体排放的任务,推动了可再生能源技术的发展。风能、太阳能和地热能对水资源的消耗量都非常小。然而,各种可再生能源之间的竞争也日趋激烈,需要谨慎的补贴方案,使各类低碳能源发挥多重优势,而不为那些本身需要较高成本的低碳能源生产增加额外负担(IEA,2013)。

除了少数最缺水的地区之外,各种能源生产过程所需水资源量以及对水资源的影响,在多数地区制定能源政策时很少被纳入考虑范围内。长期以来,水资源和能源这两个领域就被互相分隔开来,独立进行管理。这种模式可能会造成一些不可持续的做法,危害水资源的可利用性,并对其他水资源用户和环境造成风险(WWAP,2014)。实际上,已经有案例证明,能源生产和水资源服务可以采取联合生产模式,并发挥协同效应的优势。例如将发电与海水淡化相联合、供热与供电相联合、使用再生水作为火电厂冷却水、废水中的能源回收等等(WWAP,2014)。但是并非任何情况下都适合这样的联合生产模式。水资源和能源的目标之间可能存在竞争的情况,这就需要一定程度的权衡和博弈。这些权衡和博弈需要加以管理和控制,最好是通过合作和协调一致的方式来进行,因此需要充分、通用性好的数据和信息。

加强区域电网与同一区域内的跨流域组织的合作,加上政府的帮助,有助于更好地发展水电,可以更好地协调水资源管理和能源部门的关系。这种合作也有助于区域内其他形式的能源生产商和其他用水部门的水资源可持续分配。

从全球可持续发展的角度来看,用于能源生产的水资源的可利用性和限制,将是实现能源的可持续发展目标和其他目标的一个关键因素。即使来自风能和太阳能光伏发电等可再生能源的发电量增加一倍,仍然需要依靠水密集型的能源,才能实现经济、可持续、可靠的能源服务的普及,并满足全球经济发展和工业增长的需求(IEA,2013)。

目前在世界范围内对能源的需求正在增加,特别是发展中国家和新兴经济体的电力需求增长较快。能源部门的用水量占全世界总用水的约15%,是重要的提供就业的部门。同时,能源部门作为经济发展的重要组成部分,也与其他所有经济部门产生直接和间接的就业岗位关联。随着可再生能源部门的兴起,更节水、对水资源依赖程度更低的经济部门和就业岗位也将逐渐增加。

5. 水资源与工业问题

自从 1992 年柏林国际水与环境会议提出水与可持续发展宣言后,国际上发布了多个关于水资源与可持续发展的重要宣言，包括《联合国千年发展目标》和《我们希望的未来Rio+20》。但是，其中还缺少专门解决包容性和可持续的工业发展的纲领，直到 2013 年，联合国工业发展组织发布了《利马宣言》（United Nations Industrial Development Organization，UNIDO，2013），这一空缺才得到了填补。

《利马宣言》旨在通过可持续发展的三个方面，即经济增长、社会公平和环境可持续性，指导可持续发展的产业增长，以消除贫困。其基本宗旨是"工业化是发展的动力之一"，工业化能够提高生产力、增加就业岗位、提高收入，并促进两性平等和青年就业机遇。该宣言以联合国千年发展目标为基础，为联合国 2015 年后的发展议程提供了补充。该宣言的措施中包括了促进自然资源的可持续利用、减少环境影响等内容。这些措施为工业用水指明了方向，使工业可以通过可持续生产和资源高效利用的形式实现对环境的保护（UNIDO，2013；WWAP，2015）。

工业是一个门类十分广泛的部门。前文已经介绍了能源和水资源服务部门的情况，本节主要介绍制造业和原材料生产业的情况。

缺水可能对一些主要工业部门产生严重的影响。工业部门必须要有数量稳定、水质合格的水资源，如果用水效率不够高，那么至少应该对用水进行有效的管理。据调查，53%的工业行业受调查者在其工作领域直接遭遇水资源风险，而 26%的受调查者称在其上下游供应链行业中存在水资源风险（WWAP，2016）。随着对水资源在经济中的重要作用，以及对资源环境压力的认识不断提高，工业行业已经开始采取措施鼓励节约用水、提高水资源的生产力、增加单位用水的增加值。此外，水质问题也值得注意，特别是工厂所排放废水的水质。严重的废水污染会造成环境破坏和健康损害，并可能导致监管机构关闭工厂，造成就业损失。但这其中也存在着机遇：实施清洁生产、回收和循环利用水资源，可以创造新的就业机会、提升员工培训，并带动相关节水、处理设备制造商的发展。

工业领域内与水资源有关的问题与规模效应有关。据联合国经合组织预测，2000～2050 年，全球制造业的水资源需求量将增加 400%，比其他行业的增幅要大得多（OECD，2012）。制造业的水资源需求增长，大部分来自新兴经济体和发展中国家，将会对水资源供应、分配和水质产生影响。大型企业包括跨国公司或全球性公司，已经在评估和减少自身及其供应链的水资源使用方面取得了很大的进展。例如智利的 Minera Esperanza 铜金矿的采掘场，位于距离安托法加斯塔港 180km 的阿塔卡马沙漠中，是世界上最干燥的地方之一，每年的运营需要约 2000 万 m^3 的水资源。确保长期的水资源供应和优化生产过程中的用水，对矿产开发是非常重要的。因此，该矿场采用了使用未经处理的海水的设计，经过实验室研究和试点项目，确定了在主要选矿过程中使用海水的最佳条件和参数。该企业建立了供水管道网络，把海水从太平洋海岸运输到 145km 外的矿区。Minera Esperanza 铜金矿聘用的员工中很大一部分来自附近的社区，这种社区计划的一个主要特点是提高当地居民的工作技能，包括建筑工人和矿工的工作技能。Minera Esperanza 铜金矿为了促进平等就业，致力于吸引女性参与这一水资源计划。2010 年，该企业员工中女性占 12%，高于智利全国平均水平的 6%（OECD，2012）。而中小企业在一个规模较小的层面上面临着类似的水资源问题，但是却缺乏方法和能力来解决这些问题。此外，各种规模的企业面临的水资源可持续性问题，还与其是位于发达国家还是发展中国家有关。在发达国家，重点主要是采取有效措施保护已经存在的水资源。而对于发展中国家来说,工业的首要任务是获得稳定的水资源供应,这对于缺水地区而言是一项挑战。

在这种情况下根据工业发展和商业环境的发展阶段的不同,水资源效率也呈现出多种可能性。设计建造新的高效率设备和工厂,或者对旧的设施加以改造,乃至建设生态工业园区,都是建设可持续工业的措施。以生态工业园区为例,发达国家和发展中国家都已经具备了建设工业园区的经验。大多数工业园区都经过正式的规划过程,也有一些是自发地发展起来的。工业园区为其内部的企业提供了竞争优势,同时也为周边地区带来了社会、经济和环境效益。通常情况下,工业园区将企业厂房与住宅区及其他功能区分隔开来。然而,也有些情况例外。例如,中国江苏省的中国-新加坡苏州工业园区,内部包含了60多家"财富500强"企业和6000名常住人口。生态工业园区确保了水资源和废水的有效管理,以及液体和固体材料的回收。园区通过专门设计的供水、污水收集和处理方案,最大限度地实现水资源和其他材料的重复利用。生态工业园区也会协助企业改进工艺,以减少碳排放,实现排放达标。还会将园区内企业的生产价值链的各个步骤与水资源循环联系起来。例如上海化学工业园,该园区含有多家从事氯化工的化学公司,以及一家集成了供水、废水和固体废物处理的服务商——中法水务公司。

工业园区在规划阶段,能够充分发挥专业设计的优点,汇集最好的科学技术、风险规避和风险分担的方式,以优化建成后的性能,并保障投资的安全。在运营阶段,工业园区有内部和外部的研发设施、实验室等支持,能够提供专业、可靠的运营和管理技术,以及严格的质量控制规程。在某些情况下,建设工业园区的目的是提供专业化的污水处理技术,以保护国家的特殊行业,例如土耳其伊斯坦布尔市的 Tuzla 皮革工业区。在另一些情况下,解决供水和废水问题,有助于具有历史的工业区避免因为环保问题而被关停,例如建设在英国蒂赛德地区的和法国 Villers-Saint-Paul 地区的 Bran Sands 的污水处理厂。

工业的计划和措施的类型和形式,以及其所执行的程度,都受到国家和地方的监管制度以及某些贸易和投资保护协定的制约。不同部门的水资源政策可能会发生冲突,因此在用水时可能要进行博弈与妥协。可持续发展与传统的工业化大规模生产的要求产生冲突,为工业发展带来了许多难题。这些问题需要通过权衡博弈与改变发展模式来解决,而水资源的使用是其中的一个核心问题。在全球尺度上,需要解决的问题之一是如何公平地分配全球工业化产生的利益,而不对水资源和其他自然资源产生不可持续的影响。虽然联合国水机制组织提出了"全球水资源专项目标",为各国制定了适合国情的目标,但在实践中国家和地区在水资源政治及地理条件等方面存在差异,使得这些目标难以完全实现(WWAP, 2014)。

工业的首要任务是最大限度地提高生产效率,而不是节约用水和提高用水效率。即使在提高了用水效率的情况下,也可能会出现反弹效应,即节省下来的水资源被用于继续扩大生产(WWAP, 2015)。因此,虽然生产过程的效率可能有所提高,但总的用水量可能不会下降。同时,虽然水对工业的价值可能很高,但有企业着眼于自行取水或者获得最低的供水价格,这两种做法都无益于提高了水的利用效率。此外,由成本效益驱动的用水效率提高,其本质在于能够最大限度地提高企业利润,而不是出于保护水资源的目的。对于工业而言,水资源问题既存在很大的风险,也存在很大的机遇。

工业与就业密切相关，各种规模的公司和企业能够创造直接就业机会，这不仅对企业和行业的形象有好处，也符合政府减少失业的议程。此外，工业需要相关的供应商和服务，因此也创造间接的就业。工业是高质量就业的重要来源，在全世界大约提供了 5 亿个工作岗位，占世界劳动力总数的 20%（UNIDO，2014）。在世界范围内，一些水资源最密集的工业部门雇佣了大量工人：例如食品制造业雇佣 2200 万人（其中 40%为女性）；化工业雇佣 2000 万人；电子制造业雇佣 1800 万人（ILO，2015）。总体而言，工业部门（主要是大型工业和制造业，不含能源行业）使用了世界总取水量 4%左右的水（能源行业用水量约为世界总取水量的 15%）。这一比例虽然不大，但据预测，到 2050 年，仅制造业用水就将会增加 400%（OECD，2012；IEA，2016）。

用水效率的商业案例通常需要做出经济上的权衡。一个普遍的问题是内部收益率：对有效率的水处理技术或冷却工艺进行投资，其回报周期可能较长；而对生产进行短期的投资，可能立刻就能得到资金回报；另外，水价过低或者免费用水也会降低对用水效率的投资；而水资源分配或许可证制度可能促进投资。总体上，从长远来看，对可持续发展的技术进行投资，能够提供更长久的节约效果。而从短期看，支付环保罚款可能比投资改进水处理设施更便宜。因此，企业管理者需要认识到短期与长期利益的优缺点，并顶住可能来自股东和利益相关者的压力。同时，行政和立法部门也应当针对工业制定适当的激励措施（标准、许可、禁令、罚款、收费等），使企业决策与公众利益结合起来。

新型的水资源技术的应用有时会产生问题，并由此引发关于用水效率的争论。目前已经有很多良好的创意，甚至有专门为了特殊用途开发的技术解决方案，例如清除特定的污染物，该方案在某些情况下可能会比目前主流的整体提高水处理的效能和效率的方案更加有效。但是，从创意概念到实验室，再到范围试点，最后实现全面地商业化应用，是一个困难的过程。风险投资的投资者注重的是项目的收益率，而工业管理者注重的是可靠性和良好的历史表现，这两种投资的观点都不利于创新的快速发展。

为了实现工业的需求与总体经济效益、社会效益和环境保护之间的平衡，需要谨慎地制定政策和法规，将强制命令和激励相结合（WWAP，2015）。此外，可持续发展措施的应用需要设备、教育和财政方面的援助。在这方面，联合国工业发展组织等机构可以作为中介并提供必要的激励，特别是为正在转型或发展中的经济体提供援助。

在工业上提高水资源的可持续性的方法，通常可以归为两类：一类是由各级政府发起的自上而下的方法，包括各种命令控制型的方法，即政策、法规、命令和激励等方法，也被称为"胡萝卜加大棒"。制造业作为点源污染的来源，对其使用这类方法是很有效的。在过去，这类方法侧重于技术和绩效，而忽略了预防的方法和资源效率（UNIDO，2013）。另一类方法是自下而上的方法，来自工业对行政手段、企业内部政策、客户需求和公众压力等所作出的反应。这类做法更符合实际、易于应用，但往往依赖于技术和工程手段来提供结果、满足需求。企业结构和管理对于工业生产是必不可少的。政府间机构可以作为中介，将这些自上而下和自下而上的方法进行交叉，以指导、目标和专家咨询等形式提供给政府和企业。其他组织，包括非政府组织和学术界，也能够在不同程度上贡献专长，改进工业水资源效率。例如，联合国已经提出了一套未来的水资源可持续性的目标和指标，其中包括全球尺度和分解的国家尺度水平。这些目标与《利马宣言》的宗旨相符合，未来可能会成为工业行业的一般性准则。其中两项目标涉及联合国 2015 年后发展议程的可持续发展水质水量目标，与工业有直接的关联性。其中一个目标是改善水资源的可持续利用和发展。该目标号召采取行动，提高水资源生产效率，减少低效的工业过程造成的浪费。其中一个核心指标是单位取水量工业 GDP 的变化。该目标旨在通过资源的可持续管理，平衡社会、经济和环境的需求。另一个目标涉及废水和污染，保护水质被视为可持续发展的一个先决条件，在工业方面，主要目标包括减少未经处理的工业废水排放，并加强废水的安全回用，点源和非点源污染都需要加以重点关注。其中一个核心指标是未经集中处理达到国家标准的工业废水排放率，另一个指标是经过工业废水处理厂安全回用的排放率（UN-Water，2014）。

可持续发展工业的政策有四个主要工具（UNEP，2012），都与《利马宣言》有着密切的联系：

（1）监管和控制机制。通常针对取水和污水排放，包括法规、标准和许可证制度。其优点在于：监管和控制机制可以促进可行的科技、技术最优化，污染者付费制度落实，并鼓励生产者进行循环使用。其不足在于：标准可能无法跟上技术进步，因此工业行业的各类标准需要具备一定的预见性，使长期规划和投资可以进行调节，以适应未来出现的变化。

（2）经济或市场手段。对取水和排污进行收费，以及对不遵守规则的行为进行经济处罚。为了促进水资源综合管理，可以通过税收和收费来影响水价，还可以通过交易许可制度调节用水量，这些措施目前只在少数国家得到了应用。在发展中国家，可以通过工业计划和项目，来推行水资源信用和水权交易的方案（UNEP，2012）。在这些发展中国家，与已经实施的应对气候变化措施相类似，可以在特定的工业部门应用水资源的可持续发展措施。同样，这种针对特定工业部门的做法将可能只关注到高污染企业，而没有全面地控制产业链上的所有企业。

（3）财政手段和激励机制。包括公共支出、补贴和税收，以影响工业的成本效益分析，改变过往的经济常态。税收可以推动技术变革，而对用水效率较高的产业实行税收减免也可以实现类似的效果。越来越多的国家特别是发达国家，开始取消水价补贴，因为补贴使水资源的价格低于其成本，使包括工业在内的用水户不必支付全额的水费，导致了水资源利用效率低下（WWAP，2015）。目前有多种基金可以支持可持续性的工业生产，而环境补贴可以激励水资源技术领域的创新。而那些难以获得商业融资机会的中小企业，则可以获得由环境税费出资的优惠贷款。

（4）志愿行动、信息与能力建设。信息工具，例如产品数据和指标报告可以反映用水效率或污染的成分，生态指标和消费意识可以反映水资源的使用和污染情况。针对中小企业的支持方案，可以帮助其提高资源利用效率和回收利用率。

政府的措施需要使工业产生相应的反应，才能提高水资源的利用效率和工业生产效率（UNEP，2012）。可持续发展的水资源计划要投入实施并取得成功，离不开基础评估。水足迹评价是评估工业中淡水资源的直接和间接使用的一种方法（UNEP，2012），水足迹评价适用于评估供应链以及生产流程中的水资源使用情况。大多数企业的供应链上的用水比其生产过程的用水更多，因此，对供应链的可持续发展进行投资可能比对生产过程进行投资更加有效(Hoekstra et al.，2011)。超过 80%～90%的企业的水足迹和面临的水资源风险，可能超出了其直接生产的范围。水足迹评价还可包括从产品的生产到产品的使用、直至废弃的过程中所使用的水资源。水足迹评价改变了用水的概念，包含了取水和消费性用水，并将污水排放的重点从达标排放转为了对生态系统的影响(UNEP，2012)。但是水足迹评价的方法也存在一定缺陷，其合理性在某些情况下也受到质疑。

水资源管理关系到企业在运营和产业链方面的绩效和表现。水资源管理需要在流域水平上积极主动地保护、恢复和管理水资源，并且平衡内部和外部的活动。与同一流域的其他利益相关方进行交流和会议沟通是非常必要的。企业的水资源管理策略需要涉及利益相关方、社区和员工三个方面。在企业层面上，水资源管理的方法包括清洁生产、零排放相关技术、生命周期管理和生态设计等；在工业部门层面上，可以通过建立可持续发展的产业链和经济区的产业集群，达到现有的水资源利用和废水回用的最大化。这些都是实现工业的封闭循环的途径。从就业质量的角度看，如果一个行业或企业拥有良好的工作环境，则可能吸引更多受过培训的员工，进而获得生产效率更高的劳动力，从而使企业生产效率和利润上升，反过来又使得企业进一步追加投资，从而有利于节水、节能等技术的持续开发。行业或企业被视为"绿色产业"能够进一步加强上述声誉优势(Robèrt et al.，2010)。联合国工业发展组织也指出，高质量的工作岗位是可持续工业发展的基础，也是实现经济持续增长和保护环境的基石(UNIDO，2014)。

除了政府和企业的措施之外，联合国工业发展组织也制定了符合《利马宣言》的绿色产业政策。此外，联合国工业发展组织正在积极推进绿色产业的倡议，帮助企业提高资源生产率和环保绩效，这一行动直接适用于提高用水效率(UNIDO，2013)。商业合作关系是绿色产业发展的关键，包括社会投资、慈善、多利益相关者和战略伙伴转型(UNIDO，2014)。其目的是发挥私营企业的核心优势，将商业运营与可持续发展目标统一起来。联合国工业发展组织将这一政策付诸实践，并在一些国家建立了国家清洁生产中心。联合国工业发展组织应用其"环境无害技术转让方法"，证明了可持续发展和清洁生产同样可以产生经济效益(UNIDO，2014)。

工业是全世界高质量就业岗位的重要来源部门，其提供的岗位数约占世界劳动力市场总岗位数的 20%。工业和制造业的用水量约占全球用水量的 4%，据预测，到 2050 年，仅制造业的用水就将增加为当前水平的 5 倍。随着对工业技术和资源、环境意识的提高，多个国家、地区的工业部门正在采取措施提高用水效率，减少单位产品用水量。人们对于水质特别是工厂下游水质的关注程度进一步提升。工业界也在努力回收和循环利用水资源，发展清洁生产。同时，清洁生产作为一种可持续发展的模式，也有利于改善就业，并带动水处理设备相关产业的发展。

有观点认为，如果工业生产保持在一定的水平，那么随着用水效率提高、高科技设备取代人工劳动力，会造成潜在的失业问题。但另一方面，从理论上说，随着供给侧管理到需求侧管理的变化，应该允许其他部门利用所节约的水资源进行发展，并由此产生更多的就业机会。例如，一项在瑞典的研究表明了水资源密集型行业中的用水、经济生产和就业之间的联系：尽管在某些部门，用水量与经济产出脱钩，但总体就业水平基本上保持不变。这证明了用水效率提高与技术发展并不必然导致就业岗位减少问题(WWAP，2016)。

6. 水资源与经济、就业问题

水资源是绿色发展的根本驱动力之一。政府等管理者应当具备制定和执行相关水资源目标、实现可持续发展和创造就业的意愿。这些社会目标应当具有一致性和共同的愿景，特别是在水资源、能源、粮食和环境政策领域，以确保对其所有利益相关者均具有激励作用。研究表明，环境改革虽然可能产生一定的负面影响（例如产业升级可能增加一定成本、损失某些就业岗位），但这些负面影响可以通过配套的补充改革机制、劳动力市场和社会政策进行弥补，因此环境改革对就业的总体影响是积极、正面的（ILO，2015）。通过可持续的水资源管理保障经济增长和就业，所涉及的不仅是水资源的可利用性和资金的问题，也涉及合理的政策框架和管理问题，包括发展所需的政治、社会、经济和行政制度，水资源管理与治理、水利与供水服务等。

水资源从取水、各类使用到排放回环境的整个周期，都涉及直接和间接地创造和支持就业。就业在具备生产性和一定质量的前提下，能够从根本上促进可持续发展（ILO，2015）。其中有直接作用于水资源的各种部门的工作：如水资源管理、基础设施、供水和污水处理；还有依赖于水资源的工作，例如各种中度和高度依赖于水资源的经济部门，包括农业、林业、淡水渔业和水产养殖、资源开采，大多数类型的发电业、食品加工、纺织业、化工业、医疗保健、旅游和生态系统管理等等。据调查，全世界共有约 13.5 亿个工作岗位（占全球总劳动人口的 42%）高度依赖于水资源，其中农业部门 95% 的岗位、工业部门 30% 的岗位，以及第三产业 10% 的岗位都高度依赖水资源。中度依赖水资源的部门，虽然其大部分活动不需要使用大量的水资源，但水资源仍然是其价值链的必要组成部分。中度依赖水资源的领域包括建筑、娱乐、运输（内河航运属于高度依赖水资源）、加工制造业（木材、纸张、橡胶、塑料和金属等），以及一些特定类型的教育工作。据估计，农业部门 5% 的岗位、工业部门 60% 的岗位，以及第三产业 30% 的岗位都中度依赖水资源，约 11.5 亿个工作岗位（占全球总劳动人口的 36%）。即全世界总劳动人口 78% 的工作依赖于水资源。如果不能获得稳定、充足的供水，这些高度和中度依赖水资源的部门就会遭受损失和就业萎缩（WWAP，2016）。由于具体的任务、所需的水量、供水条件的差异，不同部门与工种可能遭遇不同的与工作有关的水资源风险，受影响的程度也有区别。水资源的充裕程度，以及节水、减少污染的措施，也会使某些工作受到影响。例如，制造业工厂的生产部门，往往比工厂管理部门的工作更依赖于水资源。另一方面，水资源的影响可能引起连锁反应，例如，缺乏水资源使生产部门工作量减少，岗位削减，可能会使管理部门的工作也变得多余，进而减少管理岗位。

公司企业在提供工作岗位之前，必须为其经营项目寻找合适的地点，而在作出这些选址投资决定时，需要考虑到许多因素，例如区域劳动力、原材料、交通运输条件、潜在市场等，水资源及其可能面临的风险也是其中之一。任何令企业不满意的因素都会导致其放弃某个地点，从而造成该地区未来就业的损失。然而，目前还缺乏统计数据来更好地说明这种水资源和就业潜力之间的联系，以及它们对彼此的影响。

除了直接作用于水资源的部门之外，许多辅助性工作也有助于创造与水有关的就业机会，包括公共行政管理机构、基础设施融资、房地产、批发和零售业、建筑业等。这些行业为依赖水资源的组织、机构、企业的活动提供了有利的环境和必要的支持。

世界上许多发展中经济体都位于与水资源安全有关的热点地区，例如亚洲、非洲和中东地区。据测算，全世界每年由于水资源安全问题造成的经济支出约为 5000 亿美元，其中由于灌溉用水安全问题造成的经济支出约为 940 亿美元。加上对环境影响的经济成本，水资源安全问题造成的损失约占全球 GDP 的 1%。另外，全世界洪水造成的经济损失也达到每年 500 亿美元，并还可能增加(WWAP，2016)。

改善水资源管理、提升水资源生产力，需要改进管理体制、技术创新和提高能力，这离不开机构改革和社区、个人的能力建设，其中包括培养足够数量的技术人员和专家。合格人力资源的短缺，已经阻碍了许多国家和与水资源相关部门向绿色经济的进一步转型。加强水资源管理与治理，需要教育、知识和技能建设方案相协调，并注重对青少年和女性劳动者的培养(UN-Water，2014)。除此之外，各国有义务在居住区和工作场所普及安全饮用水和提供适当的卫生服务，以满足水资源和卫生的基本人权，以及保障这些权利实行中的平等和非歧视。通过政府履行这项义务，将使妇女有机会上学、获得适当的教育和培训，以及在工作岗位任职，从而进一步增加社会的成熟的人力资源。而培训人力资源，需要保证家庭、学校和其他培训机构具备清洁、安全和稳定的水资源供应，这是健康经济的一个先决条件(OECD，2012)。因此对水资源进行投资，是经济、环境和社会系统的一个关键课题。一些高度依赖水资源的工作与投资的持续性、个人的积极性密切相关，并需要得到可靠、安全和高效的水资源管理、基础设施和服务的支持。这需要整个社会的长期关注、计划和参与。需要运用政策和策略进行支持，以便从广泛的资金来源调动足够的投资：包括降低成本节约资金(提高效率或降低服务成本)、增加关税、税收和转移贷款(从市场或公共部门)。另外为了实现生态系统服务的货币价值化，以及使污染者将其污染造成的成本内部化，需要在监管方法和标准方面进行改革创新。改善水资源管理、供水和卫生服务，以及废水管理和处理，是增加就业机会和其他相关社会经济效益的先决条件。

水资源基础设施和服务的资金主要来源于公共部门，大部分重要职能也由公共部门履行：例如水权分配、水价制定、系统维护、提供服务、基础设施建设、人员能力提升等。而私有化往往与节省成本相挂钩，对私有化改革的研究还不完善，其研究结果也不尽相同。在乌拉圭的一项研究表明，水资源服务私有化对卫生质量的影响不大，而国有化则成功增加了贫困人群的供水保障，改善了水质(WWAP，2016)。因此各个国家、地区需要具体问题具体分析，仔细考虑自身的服务成本、交易成本、政策环境、竞争等方面的情况，制定最适合自身情况的方案。

日益严重的水资源短缺不仅带来了巨大的风险，也带来了机遇。在某些情况下，私营的部门、企业也有机会通过对水资源效率创新进行投入，获得较高的收益。据估计，直到2025 年，为了提高水资源生产力、缩小世界水资源供需差距，每年将花费约 50 亿美元的投入，其中私营部门的投资约占 50%，并有望获得正收益(WWAP，2016)。世界银行等国际机构长期致力于促进政府和社会资本合作模式(PPP)的发展，但也强调应考虑各个国家围绕水价和监管风险的法律框架。世界银行对发展中国家 PPP 模式的一项调查认为，私营企业不仅仅是一种融资的来源，其对于提高工作效率和服务质量也具有非常重要的作用。该研究还发现，一些 PPP 项目裁撤了大量岗位，在拉丁美洲尤其如此，但这往往是由于这些岗位的低效率造成的；也有部分 PPP 项目与岗位裁撤并无显著关联，因此 PPP 项目并不意味着就业岗位的下降(World Bank，2015)。并且私营部门的参与可以产生重大的技术和专利转让，有利于造福公共事业和消费者。通过预测投资在供水、水处理和水资源保护方面产生的潜在就业机会，各国政府可以制定投资和就业政策，以增加就业机会、改善整个经济领域的就业情况。

农业方面，投资一般有助于提高农业生产率、提高就业质量，但却会减少岗位数量。虽然在某些情况下由于效率提高，劳动力需求可能有所减少，但这些投资有助于经济转型，使农村发展更加多元化、减少对农业的依赖。根据国家和环境的不同，这种变化的发生速率也有所区别。各国可以根据各自的具体需求和能力采取不同的发展路径。在非农业的就业机会有限和人口迁徙机会减少的大背景下，需要特别注意上述水资源投资的影响，及其对就业(尤其是对青年和妇女就业)的数量和质量的潜在作用。投资对不同行业的工作质量和数量有不同的影响，因而可以在未来的经济转型中发挥作用。绿色发展可以通过绿色就业、提高劳动密集程度和支付生态系统服务价值，来增加就业机会。创造高价值的生产和包容性的价值链开发模式，可以创造额外的价值和就业机会(FAO，2015)。对农业废物进行资源化处理、再利用，也为减少污染、改善卫生、创造附加价值和就业提供了各种可能性。

此外，需要更好地关注水资源的公平性和社会影响。使贫困人群更公平地获得包括土地和水在内的资源，可以更有效地促进社会经济增长、减少贫困。支持具有优势的家庭农场、渔民和加工作坊可以产生显著的效益：这些生产单位可以更好地管理劳动密集型生产，同时促进农业的逐步转型，从而吸收日益增长的农村劳动力。性别平等方面，女性获取自然资源和参与决策的能力有限，但其占据了超过 50%农业劳动人口，并且比男性从事更多的无报酬劳动项目。目前女性在农业生产中的整体投入尚未得到精确衡量，因此受到的重视程度不足(FAO，2015)。减少性别不平等也会加快脱贫战略的进程(FAO，2011b)。作为农业的未来有生力量，青少年劳动力也面临着与女性类似的不公平问题。所以在制定土地和水资源的干预措施时，需要因时、因地制宜，以满足不同类型的农业生产者，包括贫困人群、女性和青少年的具体条件和需要，涉及的方面包括土地和水权、信贷、教育、市场、农村基础设施和服务等。

在水资源有限的情况下，各国需要有效利用和分配水资源，以最大限度地提高经济、社会和环境效益，其中就业是一个关键因素。除了考察水资源和粮食安全情况外，还需要考虑更广泛的农村变革，同时考虑到农民的人口、就业状况及未来的前景。流域综合管理办法有助于协调各经济部门对用水需求的竞争，以及由此产生的对就业的影响。例如，为了保障种植业用水而进行湿地排水，可能减少渔业部门就业，上游灌区的发展可能减少下游的水量等等。因此，水资源投资和水资源政策需要在更广泛的领域展开对话，使农业发展符合农民意愿、社会需求、投资规律的统一，实现可持续和包容性发展。

7. 水资源与气候变化问题

可持续水资源管理的本质是保持淡水资源的供给与需求的平衡，并维持水资源在当前和未来的可利用性(数量和质量)。气候变化可能会对这种平衡造成影响，从而产生水资源问题(IPCC,2014)。

  气候变化将从几个方面影响自然水资源平衡和水资源的可利用性：降水的时空格局变化影响了水资源的补给；温度的升高，会导致土壤的蒸发和植被的蒸腾增加，可能会减少水资源的补给。气候变化也会影响水质：沿海地区海水侵入地下含水层，水温升高加快溶解氧消耗，以及极端降水事件造成污染物大量进入水体等(IPCC,2014)。上述每一种影响都会对生态系统的生物多样性和生态系统服务功能造成一定的损害。虽然这些过程背后的基本原理较为明确，但气候变化对区域水资源的具体影响是很难确定的。首先，是由于尺度效应的影响。流域内的水资源是由局部的、区域的气候模式和水资源的使用决定的，而全球气候模型则往往难以解决这些问题。其次，是由于天气和气候模式，以及人为和非人为的变化，影响水文过程的方式是非常复杂的，其中包括二次效应、相互作用和反馈作用等机制。例如，降水和温度的变化，可能会引起自然植被类型的变化，不仅会影响植物蒸腾作用，而且会影响降水和土壤水分的变化。其他许多人类活动，如砍伐森林及土地利用的变化、土壤退化、农业和工业用水，以及水污染，往往对水资源的可利用性和水质产生重大而深远的负面影响。最后，是由于水资源需求的空间格局具有高度的灵活性和变化性。人口的增长和生活水平的提高，使得许多发展中国家的水资源需求正在不断增加。全球性的城市化趋势，也增加了城市的水资源需求量，可能会增加城市附近水源的压力，以及对输水的需求。虽然有许多工具可以用于处理上述这些问题，例如统计方法和动态方法可以用来对气候模型进行降尺度，使其输出流域尺度的信息；基于计算机的模拟模型也可用于水质和水量的模拟。然而，气候变化、生态响应、水质、水资源消费模式和政策行动之间的复杂关系，仍然难以被完全掌握和理解，并且涉及这些要素的模型的耦合并不容易。由此产生的不确定性往往很高，使得降尺度方法的模型输出的水资源信息难以满足可持续发展决策的要求，例如，如何规划或搬迁农业区、工业区或住宅区，以保证既远离洪泛区，又能保证近期和远期的水资源供给问题。

  气候变化加剧了对水供应的多重威胁，并可能增加极端天气事件的发生频率、强度和严重程度。众多研究认为，气候变化将改变降水和水供应的时空格局、影响河流的径流状况、使水质下降。此外，政府间气候变化专门委员会(IPCC)认为，全球变暖程度每升高一个等级，全世界就约有 7%的人口将面临可再生水资源减少 20%以上的威胁(IPCC,2014)。这将使越来越多的全球人口面临缺水问题。上述变化具有较大的地区差异和不确定性，但现存的干旱和半干旱地区预计最容易受到水资源匮乏风险增加的影响。

  一些气候变化的影响可能对某些地区和区域水资源造成有利影响。温度的升高，可能会使水资源丰富的高纬度地区和山区变得更加适宜人类居住。降水量的增加可能会缓解干旱和半干旱地区的水资源短缺。建设适当的基础设施，例如储水或水回收设施，可以切实利用好这些气候变化的有利影响。然而，气候变化对淡水系统的负面影响将可能远远超过其正面影响。目前的预测表明，随着温室气体排放量的增加，与淡水资源相关的风险也将显著上升。温室气体排放增加，导致水资源用户之间的竞争加剧，影响区域水资源、能源和粮食安全(IPCC,2014)。加上水资源需求量的增加，未来水资源管理将会面临严峻的问题。

  气候变化对水资源的可持续管理带来了广泛的问题。亚热带干旱地区是可再生地表水和地下水资源显著减少的重灾区。在更小的区域尺度上，水文、地貌条件也会使部分区域遭遇干旱问题或具有潜在的缺水风险，例如沿海平原、三角洲、岛屿或高海拔地区。在沿海地区，例如孟加拉国部分地区和东南亚大部分地区，海平面上升造成了滨海含水层盐碱化，对饮用水水源和沿海生态系统造成了影响。许多规模大或增长快的大城市都因位于沿海地区，而面临着洪水风险增加和基本生态系统服务功能退化的双重威胁。另一方面，热带和亚热带的山区由于自然地理环境严酷，是传统的贫困地区。冰川融化、湿地干涸、森林砍伐和水土流失都会破坏山地生态系统服务功能，进而威胁社会经济发展，扩大与平原地区的发展差距(WWAP，2015)。冰盖、冰川及冻土等冰冻圈地区的水资源处于冰冻状态，是许多国家的重要水资源来源，其融化情况也为气候变化提供了直接可见的证据。对于人类社会而言，受到气候变化影响的程度存在很多不确定性，但气候变化很明显会加剧现有的不平等问题，包括性别的不平等。妇女往往更容易受到洪水和干旱等与气候变化相关的自然灾害的影响(UN-Women，2012)。

据估计，气候变化将增加极端天气事件的频率、强度和严重程度(WWAP，2016)，这也将加剧水资源供应的压力，进而导致某些相关经济领域的就业萎缩。例如，1992~2014年，洪水、干旱和风暴等极端天气事件使42亿人受到影响(占该时期全世界受灾人口总数的95%)，造成1.3万亿美元的经济损失(占该时期全世界总受灾损失的63%)。其中，肯尼亚1997~1998年间的洪水造成的经济损失相当于其国内生产总值(GDP)的11%，而1998~2000年间的旱灾造成的经济损失相当于该国GDP的16%。在美国，2005年"卡特里娜"飓风导致约4万个就业岗位流失，非裔美国妇女受此影响最为严重；在孟加拉国，强热带风暴"锡德"对数十万中小企业造成损害，57万个工作岗位因此受到影响。在许多国家，由于干旱、洪水和森林砍伐，增加了女性取得家庭生活用水所需的时间成本，使其受教育工作的时间减少(UNIDO，2014)。积极应对气候变化的这些影响，主动调整就业政策，可能会减少此方面部分的损失。与此同时，应对气候变化的相关领域则会创造新的就业机会。历史数据表明，由于人类活动所造成的对气候变化的影响，洪水的幅度和频率发生了变化。对未来的预测也表明，未来洪水灾害程度将有所上升，尤其是在南亚、东南亚、东北亚地区，以及热带非洲和南美洲的一些地区，随着人口增长，其社会脆弱性和受灾风险群体的数量增加，将会加剧社会经济损失(WWAP，2016)。

气候变化对经济活动和就业市场存在较严重的潜在影响。虽然气候变化催生了新的缓解和适应气候变化的行业，但其造成的影响将不可避免地导致某些部门的失业率增加。据估计，气候变化引起的水资源安全、生态破坏、洪水等问题，将导致全世界众多企业的裁员、失业问题，到2020年，可能造成全世界2%的工作岗位被裁撤(WWAP，2016)。各个国家特别是欠发达国家和地区，通过制定相应的就业政策、采取积极应对措施，可以抵消部分失业影响损失：包括更加弹性的就业保障制度、提高劳动力的流动性、加强各个层面的能力建设和培训，等等。

除了气候变化的影响之外，也有一些普遍性的制约因素进一步限制了应对气候变化的措施，包括缺乏数据、社会经济和气候模型的预测能力较差，决策机制不够充分、制度建设不足等。数据的有效性和可得性的缺乏是普遍的问题。全世界的实地水文气象网络自20世纪80年代以来一直处于衰退状态。目前很多地区(主要是热带和亚热带地区)没有设置足够的降水监测站点，并且某些情况下所得数据的质量较差(WWAP，2015)。水文气象监测也往往集中在人口稠密、经济发达的地区。从运营的角度来看，这种趋势不利于未开发资源的监测与开发，并且会扩大贫富差距。新的数据来源，特别是卫星遥感，有很大的潜力减轻某些水文过程数据稀缺的问题，如降水和蒸散发的数据。通过实地监测数据与遥感数据相结合，通常能得到最佳的结果。但是，在某些情况下，实地数据采集代价高昂，并且需要经过专门训练的人员来收集和验证数据，特别是对于地下水资源评价和水质的测量(WWAP，2015)。缺乏良好的数据，会影响社会经济、水文和气候等模型的性能，从而限制模型支持决策和规划的实用性和可靠性。局部土地利用变化影响预测模型和全球气候预测模型等模型，利用敏感性分析等工具，对不同情况下未来的部分社会经济和气候情况作出了定量的预估，这些模型可以帮助衡量各种政策或对策方案的收益和成本。但水循环的模型仍然存在一些问题，尤其是在气候变化等非稳态的条件下，如果没有适当的校准数据，模型就会存在较大的不确定性。因此需要量化这些不确定性，才能用于未来的收益和风险管理、支持决策过程(WWAP，2015)。

很多地区或流域缺乏关于水资源的数量、质量和脆弱性的可靠、客观的信息，不同的经济部门的需水和用水的具体指标也较为缺乏。全球水资源观测和监测系统正面临着网络衰退和资金配置不当等问题，虽然科技的发展和遥感手段的应用有助于填补水资源监测网络中的某些空白，但其作用也是有限的。水资源相关经济部门方面，反映当前现实情况的统计数据也较为缺乏，现有的统计数据由于其目标、测量方法和概念框架等因素影响，多数着重于反映核心情况，而一些非核心情况得不到反映、细节不足，对复杂情况的分析也不够完整。因此如何从非正式、非专业和非盈利的来源收集数据和信息，以及如何确定经济部门及就业对水资源的依赖程度，是亟需解决的问题。

目前水资源管理的体制方面，还经常遭遇一些瓶颈问题，难以有效地适应和应对气候变化。例如，对于水权的阐释和执法的不足，可能会使许多欠发达地区的贫困人群和其他弱势群体难以获得。另外，尽管水资源综合管理的概念日益普及，人们在制定政治决策时仍然经常偏离水资源的自然本质，特别是在处理跨界的流域或地下含水层问题时尤其突出。最后，目前的很多灾害预防、应对与管理策略仍然不够系统，并且专注于个别种类的灾害(如洪水或干旱)，而较少追求全面的、可持续发展并具备弹性的方法。

在应对气候变化问题上，许多国家和地区的供水系统仍然存在巨大的浪费和低效率问题。即使是在一些发达国家，供水系统的损失率也超过了20%，例如伦敦的供水系统损失率达到25%，挪威的损失率则高达32%(WWAP，2016)。城市地区的问题是供水系统容易发生渗漏，而农村地区则是灌溉技术落后，往往以沟畦灌溉等效率较低的技术为主。针对这些问题，需要在基础设施领域开展短期和中期的应对气候变化行动，应对气候变化的政策应侧重于调动财政资源，加快改进基础设施的设计和发展。其中，防洪方案的建设落实与改进，是保障洪灾高风险地区人身安全和经济、社会和文化资产的重要手段。而在缺水地区，则需要考虑增加蓄水型水库，以防止干旱强度和频率的增加。

从长远来看，气候变化将影响许多地区的生态环境和农业潜力。并且这些变化将不可避免地受到各种其他因素的影响，例如土地利用变化、环境退化、经济发展等。适应这些相互联系的变化，需要结合运用科学技术、工程、经济和社会学知识和技能。但由于这些变化都具有不确定性，因此需要采取灵活的、可以调节的策略。这需要改变思路，从依赖硬件基础设施的气候变化应对方案，转向更加智能和适应性的解决方案，例如建设绿色、多用途的基础设施，屋顶绿化、人工湿地、水库景观、智能管理水闸等方案，都能提供更多的防洪缓冲和积蓄水资源的潜力，并增加社会效益以及水资源及其风险管理的适应性。这些解决方案的设计和实施将创造就业机会，而且这些设施虽然可以利用智能监控系统来控制其运行和维护，但其中需要人工操作和维护的部分也能提供额外的工作机会。例如，据估算 2013 年在英国的所有就业岗位中，约有 5%是在"绿色空间"部门(包括公共公园、自然保护区、植物/动物园、景观服务和建筑服务)从事这些系统的开发、实施和运行的相关工作(WWAP，2016)。除了建设新的基础设施之外，还需要开发、建立新的管理系统和方法，实现对气候变化的监测、预报、预警和风险评估，例如建立早期预警系统，有助于改善对极端气候事件的预防、应对和灾后恢复。改进的风险评估策略，例如基于气象指数开发的农业保险产品，有助于减轻气象灾害对农业造成的损失，提高产业链应对气候变化的弹性，优化循环经济。其中，《2015—2030 年仙台减轻灾害风险框架》号召联合国有关机构加强现有的全球机制，并实施新的机制，以提高对与水资源有关的灾害风险的认识，及其对社会影响的理解，并实施减少灾害风险的战略(United Nations Office for Disaster Risk Reduction，UNISDR，2015)。减灾战略将改变水资源管理的方式，特别是在洪水和旱灾等极端情况下。社会应当采取预备措施，以减少在灾害发生时直接暴露于灾害风险下的概率和脆弱性，并加强抵抗灾害的稳定性。

　　为了应对气候变化造成的水资源问题，采取应对策略刻不容缓。"适应性管理"被认为是一种应对目前气候影响预测不确定性的措施，即在进行战略决策时着眼于效益，而忽略未来的气候变化趋势。这种水资源管理的目的是摆脱"预测和控制"的模式，转为建设"弹性社区"的模式。旧的"预测和控制"模式下的策略包括不可逆的决策、建设昂贵的长期性基础设施，以及一成不变的管理策略。这种模式不支持调整和更新。与此相反，适应性管理承认未来的气候变化存在不可掌握的不确定性，因而采取富有弹性、抵抗力和恢复力的措施，并保持不断地更新。适应性管理的目的是建设能够有效应对变化和不确定条件的能力，并使用能够满足多种可能的未来气候情景的全方位解决方案(WWAP，2015)。适应性管理在最容易受到气候变化影响的地区非常有效，如低洼三角洲等沿海地区，以及生态脆弱的山区、干旱和半干旱地区。例如，喜马拉雅山脉和安第斯山脉经历过土地集约利用、山地耕种和放牧、大规模砍伐森林和土壤退化等过程。这些过程对水资源的水量和水质都造成了负面的影响。土地集约利用造成的土壤压实还会增加地表径流、减少地下含水层的补给、加快水文响应过程、增加洪水和干旱的风险。以上这些影响加上山区的人口增长，在不久的将来可能会出现不可持续发展的问题。气候变化可能会影响上述问题的发展速度和强度，但不会改变其根本趋势。因此，适应性管理策略是提高可持续性和建设弹性社区的显著途径，如保护对供水明显有益的生态系统、保护和修缮水坝以增加供水、减少输水损失和用水需求等(WWAP，2015)。

　　在各种应对气候对水资源的影响的问题中，加强对天气和气候的监测和评价是需要优先关注的问题。在数据的可得性与水资源的脆弱性之间，存在明显的反相关关系，因此更需要着重关注那些脆弱性高、自然环境复杂、数据可得性低的重点领域，例如低收入国家的山区、干旱和半干旱地区,以及为快速发展的城市提供生态系统服务的地表水和地下水系统。投资应侧重于加强传统的监测网络(即实地的、稳固的、低成本的、易于维护的技术),因为其记录生成的数据和信息对科学研究具有重要意义。同时,探索和支持新形式的数据收集方法,有助于建立知识库、增进对未来趋势的理解。例如,遥感技术的初始成本很高,但可以提供传统数据缺乏地区的观测数据。随着廉价的电子、网络技术和移动电话等个人设备的普及,以及基于云计算的数据分析,也使分散式的数据收集网络成为可能,往往使区域的全体成员都参与到数据采集和知识的生成过程中。这样的"公民科学"(即征集大量的非专业人员参与到研究中,并对其进行观察,或将其作为数据的获取源)还具有将知识的制造者与使用者紧密联系在一起的优点。尽管具备了以上的条件,对水资源管理决策系统所需的数据进行验证和筛选,仍然是一个突出的问题。在收集数据以增进对水循环和其他自然和人类活动的交互和反馈作用的了解(如碳循环、人口增长、粮食生产、能源消耗和生态系统服务等)方面,还存在一个问题。目前的数据分析和模拟方法仍然难以完全满足规划和评价适应气候变化措施的需求。将策略选择转换为模型参数的表达是一个困难的、充满不确定性的过程,加上模型本身的不确定性和缺陷,可能使问题进一步复杂化。

技术人员、水资源管理者和政策制定者的能力建设是另一个需要优先考虑的问题,以实现可操作的知识创造的优化。开发新的数据源、更完善的模型和更高效的数据分析方法,以及设计适应性的管理策略,这些都需要新的技能和长期不断地教育。此外,重点关注缺乏数据、脆弱和贫困的地区,将有助于弥补对于这些地区长期缺乏了解的问题。

政策的成功实施,离不开综合考量各种可得的环境和社会经济观察、观点、预测及其不确定性。将环境和社会经济知识及其限制与政策的制定相结合,是一个复杂的过程,其中来自各方之间的交流与互动是非常重要的。数据和信息的可视化和通信的新技术正在不断发展,使得双向互动、交互式的情景分析成为可能。在国家和区域层面上,制定各类易受气候影响的决策时,需要各类气候信息和服务,包括数据、诊断、评估、监测、预测和预报等。这需要一个知识的联合生成的过程:科学界需要了解决策者的需求并做出反馈,而决策者需要理解科学技术的局限,并将科学界所给出的结果整合到决策的过程中。这将对水资源的适应性管理提供一个更好的支持,既包括连续监测所取得的信息,也包括灵活调整适应气候变化的过程的能力。

制度的发展有望提高应对气候变化的能力。气候变化与其他自然和社会经济变化的强烈的相互作用,更加强调需要一个更综合的方法,例如将可持续发展、灾害响应和人道主义援助结合起来。建立流域水资源用户、公共部门和其他利益相关者的交流机制,可以实现更具包容性的咨询、协调和高效决策的机制。公开透明的水资源分配和规划的标准和优先级排序,都是短期的特别是在水资源稀缺条件下的解决方案,可以提高环境的可持续性和社会对气候变化的稳定性。而在长期方面,则需要加强监测和发展科学技术。

8. 本节小结

水资源供给、环境卫生和个人卫生方面的缺乏,对人类健康和福祉造成了严重的损害,并且带来了沉重的财政负担和经济损失。为了实现共同发展,应当加强弱势群体的发展,并消除在水资源供给、排水和卫生等方面的不平等或歧视现象。在水资源和排水服务方面的投资能够带来可观的经济收益：在发展中国家和地区，每1美元投资的回报率约为5～28美元。据估算，预计如果持续5年内每年投入530亿美元，将能够实现全球范围水资源保障的普遍覆盖，而所需要投入的总资金额少于2010年的全球生产总值的0.1%。

目前城市中缺少水资源和排水卫生设施的人口数量日益增加，这与发展中国家和地区的贫困人口的快速增长，以及政府不能(或不愿)为这些人群提供充足的水和卫生设施有关。全世界的贫困人口预计2020年将接近9亿人，这些人群更容易受到极端气候事件的危害。为了解决这一问题，应当改善城市供水系统的性能、扩大供水系统的规模以满足贫困人群的需求。

据预计，到2050年，全世界农业产量需要再增加60%，而发展中国家则需要再增加100%以上的粮食生产(WWAP，2015)。由于当前全世界农业用水需求的增长速度是不可持续的，未来农业部门将需要提高用水效率、减少用水损失、提高单位用水的产量。密集型农业的增加可能会加重农业水污染问题，需要采取综合性的措施来解决，包括更严格的法规、监管、执法和有针对性的补贴措施等。

能源产业一般都是水资源密集型产业。对能源日益增长的需求，将会增加对淡水资源的压力，对其他用水产业部门也会造成影响，例如农业和制造业。由于这些部门也需要能源，因此有足够的空间来建立一种协同发展机制。最大限度地提高火电厂的冷却系统的用水效率，增加风电、太阳能光伏和地热能的装机容量，将成为未来实现水资源可持续的一个决定因素。

未来到2050年，全球对制造业的需求预计将在2000年的基础上增加400%，属于增长最快的经济部门之一，制造业的增长将主要发生在新兴经济体和发展中国家。许多大企业已经在评估和减少生产环节和供应链中的水资源的使用上有了长足的进步。中小型企业在规模较小的层次上面临着类似的水资源挑战，但与大企业相比，中小企业缺乏相应的能力和手段来解决这些水资源问题。

气候变化对淡水系统的负面影响可能超过其正面影响。目前的预测表明，随着温室气体排放的增加，水资源在时间和空间分布上会发生重大变化，与水相关的自然灾害的频率和强度也会显著上升(WWAP，2015)。开发新的数据源、更有效的模型和更高效的数据分析方法，以及设计更符合实际的管理策略，可以帮助有效地应对气候及水资源变化和不确定性。

1.1.4 不同地区的水资源状况

水资源面临的问题、关联和机遇，在全球尺度和国家尺度是各不相同的。此外，各个地区面临的水资源和可持续发展的问题，也存在很大的区别。

定义和测量缺水程度和水资源压力有不同的方法。衡量国家或地区水资源短缺最广泛的指标是人均每年可再生水资源量，其中有数档阈值来区分不同程度的水资源压力。当国家或地区人均可再生水资源供应量低于1700m³/年时，处于周期性缺水(轻度缺水)状态；当水资源供应低于人均1000m³/年时属于长期缺水(中度缺水)；低于500m³/年时属于重度缺水（WWAP，2016）。根据这些阈值衡量，各国水资源压力之间存在显著差异。这种粗略的评估水资源短缺程度的方法主要是基于估算一定量的水资源能够供给的人口生活数量得出的。虽然具有一定的指示作用，但该方法简化了特定国家的水资源状况，忽视了决定水资源利用的区域因素，以及不同地区的解决方案的可行性。为了更好地评价水资源供求关系，《联合国千年发展目标》使用水资源指标，即农业、工业、生活用水与可再生水资源量的比例，来反映人类对水资源的压力水平（UNIDO，2013）。用水与可再生水资源量的比例越高，则供水系统的压力越大，满足人类社会水资源需求的难度就越大。

国家尺度的水资源信息存在一个问题：对一些国土面积较大的国家，例如中国、美国和澳大利亚，其全国平均水资源可利用性的数据忽视了国家内部各地区的差异性。另一个问题是部分水资源的跨界性质，例如国际河流上下游国家的水权分配问题。在水资源指标中加入流域尺度的分析，除了能显示面积较大的国家内部的水资源压力水平差异外，也能反映水资源的跨界性质。

水资源在时间尺度上也可能发生显著的变化。地球上的一些地区会在每年中的几个月内经历水资源供给量的巨大变化，造成了旱季和雨季水资源供给和需求的季节性差异。而这种季节性差异以及干旱期的水资源，可能会被年平均水资源数据所掩盖。而使用月度数据等小时间尺度数据，则可显示各大流域水资源供给和需求的季节性变化，以及水库等蓄水设施提供的缓冲效果。水资源短缺是由水文变异和人类用水量过多共同造成的，在一定程度上可以通过建设水库等蓄水设施得到缓解。严重的季节性缺水则在世界各大洲都有所发生，以月份为周期的水资源短缺问题，在南亚和中国华北地区最严重，而世界上最干旱的地区，主要集中在缺乏径流的北非和阿拉伯半岛地区（WWAP，2016）。水循环主要是由气象事件驱动的，由于气候变化，降水和蒸发模式的不确定性逐渐提升，预计将加剧水资源供给需求的空间和时间变化。

不同部门的用水量数据（包括取水量、耗水量等）一般基于估算得出，而不是实际测量值。据估计，20世纪全世界淡水资源取水量的年增长率为1.9%左右，1950~1980年的年增长率最高可达2.5%。1987~2000年，全世界淡水资源取水量的年增长率约为1%，而有证据表明，2001~2015年的取水量增长率略有下降，为0.6%（FAO，2015）。在世界上大多数发达程度较高的国家，淡水的开采量已经稳定或略有下降，部分原因是这些国家提高了用水效率，并采取了一定的虚拟水战略，即增加了包括食品在内的水资源密集型产品的进口量。因此可以推断，目前世界范围内，用水的增加主要发生在发展中国家。

全世界农业用水大约占总用水量的70%，能源生产和大型工业的用水分别占全球用水量的15%和5%，生活用水（饮用水、卫生、清洁等）、各种机构用水（如学校和医院）和大部分中小型工业用水总共占剩余的10%。在一些发展程度较低的国家，农业用水占总用水比例可高达90%，发达国家一般农业用水相对较少，能源和大型工业用水比例较高（WWAP，2016）。如果不采取提高用水效率的措施，预计到2050年，农业用水量将增加约20%，工业和生活用水需求也将增加，特别是在经济快速增长的国家和城市地区。由于能源需求的增长预计到2035年将超过2010年的1/3，能源产业需水特别是电力需水也将大幅增长。据经合组织（OECD）预计，到2050年淡水资源压力将进一步增加，生活在严重缺水地区的人口数量将增加23亿人（占全球人口的40%），特别是在北非、南非、南亚和中亚地区。到 2050 年全世界需水量(按取水量计算)预计将增加约 55%,其中制造业需水预计增长 400%、发电需水预计增长 140%、生活需水预计增长 130%(WWAP,2016)。另一项研究表明,如果全世界现有发展模式保持不变,到 2030 年将面临 40%的水资源赤字(WWAP,2016)。事实上,目前一些国家和流域已经面临严重的水资源赤字问题。

虽然经合组织预计未来全球农业灌溉用水将会减少,但联合国粮农组织(FAO)则预计:农业灌溉用水在 2008~2050 年将会增加 5.5%(FAO,2015)。尽管经合组织和粮农组织的估计并不一定相互矛盾(预估的用水效率可能存在差异),但这些研究都强调了预测全世界未来用水需求和相关水资源供给压力的挑战。虽然研究者们致力于改进建模和计算方法,以定量化预测水资源需求的增长潜力和可能产生的水资源赤字,但由于未来气候、生态、经济和社会政治条件等因素的不确定性,要做到较准确地预测仍然是非常困难的。特别是对于工业和能源等迅速发展的部门,以及一些水资源随年份、季节变化较剧烈的国家和地区来说,预测未来水资源情况难度更大。例如,有研究发现,2014 年的实际人均用水量,已经超过了 2000 年的一些对于 2025 年的预测值(WWAP,2016)。水资源供应量减少,将加剧用水户之间的竞争,包括农业、生态系统维护、生活、工业、能源生产、第三产业等。这将影响区域水资源、能源和粮食安全,并影响潜在的地缘政治安全。已确定为易遭受水资源威胁的地区包括中国、地中海地区、南美洲的部分地区、澳大利亚西部和撒哈拉以南的非洲。

除了自然条件形成的"物理性"水资源稀缺和供用水压力之外,缺乏供水和水资源相关服务的保障也会产生缺水现象。水资源短缺是多种原因造成的,主要包括三大方面:①如前所述的"物理性"缺水;②经济型缺水:由于资金或技术的限制,导致缺乏基础设施而缺水,在水资源充裕或匮乏的地区都可能发生;③制度型缺水:由于相关机构未能确保稳定、安全和公平地供水,造成用水户缺水。

总体上看,一些流域和国家在全年内都能得到相对丰富的水资源量。然而,在某些地区,降水集中在特定的雨季,在旱季降水量较少,除非有足够的天然或人工设施来管理和储存在雨季的多余水资源量,否则就可能遭遇长期干旱的问题。许多经济型缺水和制度型缺水的地区就属于这类情况。因此要确保水资源的有效管理,需要对基础设施有充分的资金投入,还需要建设相关人员和组织机构能力,以及法律法规和管理框架。

在可持续开采地下水和在地表水丰水期补充地下水的前提下,地下水可以成为一种存储性的水资源,用于弥补干旱时期的水资源缺口。但原生地下水例外,这种地下水是岩浆在冷却过程中形成的,不但具有悠久的历史,而且难以自然补充。世界许多地区拥有丰富的地下水资源,但有明显证据表明,地下水供应量正在减少。据估计,全世界最大的 37 个含水层中,有 21 个被严重超采,其中包括中国、印度、法国和美国的地下含水层。在全世界范围内,地下水开采率由每年 1%增长到每年 2%(WWAP,2016)。一些地下水资源耗竭压力较大的地区,同时也是地表水压力严重的地区。

水资源的可用性也与水质高度相关。水质较差的水资源无法用于某些用途,而对其进行处理的成本可能过高,从而加重了经济型缺水的负担。有研究认为:预计未来几十年中,水质恶化程度将迅速增加,会增加人类健康、经济发展和生态系统健康面临的威胁。随着部分不符合可持续发展原则的城市化和工业化进程增加,工业生产、矿业、未经处理的城市径流和污水产生了多种化学污染物和致病物质。而农业化肥(氮、磷和钾)的集约利用所带来的非点源营养物质负荷,预计到 2050 年都将逐年上升,会加重内陆水体和沿海海洋生态系统的富营养化(WWAP,2015)。据估计,到 2050 年,生化需氧量(BOD)超标造成的水质高风险问题,将使全世界 1/5 的人口生活受到影响;而氮和磷超标的问题,将使全世界 1/3 的人口受到影响(WWAP,2016)。水质问题的预期风险在各个国家和流域有所不同。预计在低收入和中低收入国家,污染物的增幅最大,主要是因为这些国家的人口和经济增长率较高。由于许多河流流域都具有跨国的性质,区域合作对解决未来水质问题的挑战至关重要。

1. 欧洲和北美洲水资源状况

在大部分泛欧洲地区(东南欧、高加索和中亚)和北美洲,水体中氮和磷的循环管理已被确定为一个重大的挑战。而在欧盟国家最广泛的水生态问题,则是由于水坝或其他建设引起的水文形态变化所造成。东欧和中亚地区存在水资源质量低、不确定性高、供水和卫生基础设施恶化问题,并影响到就业,亟需增加投资和改善运作。而在欧盟国家和北美洲,水基础设施较为完善,但其老化和维修保养工作是需要关注的问题(WWAP,2015)。

欧盟的许多成员国家都有较高的经济发展水平和人均资源使用量,其对自然资源造成的压力正在日益增加。同时,在泛欧洲地区的东部,贫困是普遍存在的,因此这些地区优先考虑的问题是经济发展。在这两种情况下,主要的问题是提高资源的利用效率、减少浪费、调整消费模式,以及选择合适的技术。欧洲地区的许多流域存在用水部门之间的竞争与冲突(OECD,2012)。因此需要从多个部门的角度来解决问题而不是仅着眼于水资源部门,并且要制定更加具有整体性和一致性的部门政策来解决问题。在流域层面协调不同的用水需求,并提高国家和跨区域政策的一致性,将是未来许多年中需要解决的问题。

氮循环管理在欧洲大多数地区已被确定为一个重要的挑战任务,而提高农业的营养物质控制在解决相关问题中起着关键的作用。扩散的农业污染对欧盟区域内的 38% 的水体造成了水污染的压力。欧盟的水资源蓝图也指出,需要采用多种方法,以适应广泛的农业系统的情况,来解决污染扩散问题。因此,农业的"绿色化",包括在气候变化的潜在背景下提高农业用水效率(特别是在东南欧、东欧、高加索和中亚地区),已成为欧洲地区的可持续发展需要首先解决的另一问题。

水资源服务业是欧洲和北美地区就业岗位的重要来源之一。在欧盟国家,仅水务行业就存在 9000 余个中小企业和 60 万个直接从事水利工作的职位。近几十年来,在供水和污水处理设施领域的就业人数持续下降,而教育和专业技术领域的从业人数却有所增加。例如,芬兰在 20 世纪 80 年代中期,其公共供水厂和污水处理厂雇佣了 8500 余人,到 2011 年已经下降为 4000 余人。在美国,供水厂、废水处理厂和系统运营商拥有良好的就业市场前景,预计 2012~2020 年,其就业将增长 8%。在法国,水资源相关行业中的"绿色岗位"比例很高,2010 年该国约有 14 万人从事"绿色岗位"工作(相当于劳动力人数的 0.5%),其中很大一部分与水资源相关:其中 36% 是管理或处理废水、固体废弃物,45% 是水资源和能源的生产和配送,其余则是与环境保护或污染处理有关的职位,或是环境技术人员和专家。在葡萄牙,水资源服务运营商通过重点提高人员的意识和技能,实现了改进水资源公共事业的运转性能，并帮助落实了水资源相关的人权（ILO，2015；WWAP，2016）。但也有一些国家面临相关领域的就业问题：例如塞尔维亚面临熟练工人不愿意在农村生活工作的困局；塔吉克斯坦缺乏足够的掌握技能的毕业生；阿塞拜疆缺乏财政资金支付员工成本；而立陶宛则缺少人力资源战略的科学规划（WHO and UNICEF，2014）。

灌溉农业是中亚和高加索地区的重要就业领域。例如在中亚的哈萨克斯坦和塔吉克斯坦，农业分别占其总就业的26%和53%，但这些国家面临的农民和农业工人老龄化、农业工资较低、年轻劳动力倾向于从事其他行业、人口从农村向城市流动加快、经济危机使出境劳动力回流等问题，迫使这些国家寻求就业解决办法（WWAP，2016）。与此相反，在实行了工业化和农业集约化的欧盟国家，约有1000万人长期受雇于农业部门，仅占总就业人数的5%，另有2500万人半固定地从事农业工作。这些国家之间的差异除了有统计上的因素外，更主要的是农业是作为"季节性的固定工作"还是"兼职活动"的差别。因此，需要为定位和能力需求都存在差别的新一代农业从业者提供因地制宜的支持，才能更好地实现向生态友好型农业的转变。

从国家到流域、子流域不同层次的完善协调，以及不同利益方的联合规划，对水资源的可持续管理有重要的作用。在东欧、高加索和中亚地区，亚美尼亚、吉尔吉斯斯坦、塔吉克斯坦和乌克兰，已经建立了部门间的水资源利用协调机制，而阿塞拜疆和哈萨克斯坦正在建立类似的机制。在这一地区，定期召开欧盟水资源倡议框架下的国际会议，为部门间的重要水资源政策发展提供对话交流的机会（United Nations Economic Commission for Europe/OECD，UNECE/OECD，2014）。通过这种部门间协商的方式已经制定了一些政策。例如在土库曼斯坦，一个跨部门的专家小组根据欧洲经济委员会的水资源公约与水资源综合管理的原则，起草了一份新的国家水利法规（UNECE/OECD，2014）。

部门之间目标不兼容、资源管理发生意外情况、部门之间的重要程度差异等因素，可能会导致区域和部门间的摩擦和冲突。特别是在跨区域的情况下，如何进行部门之间的协调、解决部门间的负面影响、发挥部门之间潜在的协同效应，更是具有挑战性的问题。在欧洲经济委员会水资源公约的框架下，在国家政府的合作下，部分跨界流域开展了关于"水-粮食-能源-生态系统"联系的评估，通过科学依据、对话和联合决策，加强政策制定的基础。解决方案包括调整政策、管理和协调措施，以及基础设施的运作等。例如在跨过阿塞拜疆和格鲁吉亚的阿拉扎尼河流域，为了获取燃料进行的森林砍伐，造成了生态系统及其服务功能的退化，以及沉降作用的加重。经过"水-粮食-能源-生态系统"联系的评估，确定了能源政策，尤其是农村燃气化和电气化是解决这一问题的潜在手段（UNECE/OECD，2014）。在泛欧洲地区，特别是在东南欧、东欧、高加索和中亚，水电和其他可再生能源的潜力尚未得到充分开发。由于许多可再生能源的来源是间歇性的，与之相比更稳定的抽水蓄能式水电的需求更广，并提供了新的就业机会。据评估，欧盟的2020年可再生能源目标将会为上述地区削减大量的二氧化碳排放，并在以电力为主的部门中提供潜在的就业机遇，预计将能创造1万~2.2万个全职工作岗位，其中在涉及风能和水电开发的领域中能创造较多就业机会（WWAP，2016）。

解决部门间的问题，需要以制度与法律框架作为基础。例如在巴尔干半岛萨瓦河（多瑙河支流之一）流域，在流域的框架协议和国际萨瓦河流域委员会支持下，实行了跨区域合作，包括通航、可持续水资源管理、河流旅游和灾害管理。这一长期性机制为发展流域的联合、一体化规划提供了平台。多瑙河保护国际委员会与萨瓦河流域委员会和多瑙河航运委员会合作，协调了利益相关方之间的跨部门、集约的共识构建，发布了《多瑙河流域内河航运发展与环境保护指导原则的联合声明》(WWAP，2015)。不同的水资源用户之间的正式化合作，有助于加强决策的告知，减少不同部门的目标之间的摩擦。然而，有效平衡各部门的管理是复杂的，往往没有一个通用性的解决方案。例如法国罗讷河(欧洲主要河流之一)的情况表明，即使在相关各方之间加强合作、从流域角度开展管理、用水户参与不断增加的形势下，仍然存在一个问题：在部门的角度制定的协议，并不能保证有助于河流管理的综合性和连贯性(UNECE/OECD，2014)。

在欧盟国家，提高包括用水在内的资源效率、明确以绿色增长为发展重心、实现可持续的经济复苏、摆脱危机并应对环境压力，已经被提上议程。而高加索和中亚地区许多国家则面临如何改革和发展劳动密集型和水资源密集型灌溉农业的挑战(UNECE/OECD，2014)。在欧洲经济委员会辖区的许多政府已经开始调整政策，将粮食和农业生产与消费的环境的影响纳入考虑范围。在绿色增长战略方面，联合国经济合作与发展组织(2012)列举了部分农业绿色增长政策的例子：①环境法规和标准，例如控制农业化学品的使用；②对环境效益或环境友好型生产实践的支持措施，以及对绿色技术的公共投资；③应用经济手段，例如向破坏环境的生产投入进行收费。中亚地区的农业现代化面临的压力也越来越大，该地区正在尝试推进农作物多样化，以及减少由于大量基础设施老化造成的水资源损失。在哈萨克斯坦，政府设定了绿色经济转型的政策，制定了提高各类用水效率的目标，其中就包括农业用水，在其新制定的水资源管理国家计划中也重申了这一点(WWAP，2015)。

欧盟共同农业政策的改革可能会显著改变2013年之后的欧盟农业用水。该改革引入了有很大争议的"绿色报酬"，规定国家30%的农业补贴用于可持续的农业生产方式，如永久性草场和农作物多样化，这意味着相当一部分的补贴将用于鼓励农民提供环境公共产品。欧盟的其他手段，如交叉规定(将某些欧盟共同农业政策与特定的环境需求联系起来)和农村发展资金，也对支持提高水量和水质的政策目标产生了积极的影响。然而，欧盟的评审机构认为这些手段受到了有关政策目标的限制(WWAP，2015)。欧盟制定的《资源高效的欧洲路线图》要求，到2020年的取水量应该保持在可再生水资源可利用量的20%以下。鉴于未来水资源稀缺性预计会增加，欧盟的水资源蓝图提出了一系列的措施和工具，以提高水资源的效率，包括体积水价、创新机制、水资源效率目标和减少渗漏等。《欧盟水框架指令》提出了制定水价方案的标准，并引入了恢复成本的概念、污染者付费原则和激励性定价。农业用水收费对减少用水量有显著的影响，但在实践中面临系列的制约因素，包括缺乏适当的税费结构、社会的阻力、对食品价格的担忧等(WWAP，2015)。

地中海地区是欧洲最缺水的地区之一。在塞浦路斯，政府通过提供补贴和长期低息贷款，来鼓励农民改用高效率的灌溉系统。这一政策导致了灌溉行为和灌溉效率的重大变化。然而，提高灌溉效率，可能导致灌溉面积扩大，而不是河流流量增加。因此，根据欧盟农村发展的规定，仅在流域管理计划确定没有水量压力的情况下，才能投资增加灌溉面积。在许多欧盟成员国，污水回用的潜力都被认为相当大，但由于缺乏相关标准和对其安全性和可能对作物销路的影响的担忧而受到限制（UNECE/OECD，2014）。

《欧盟水框架指令》将流域作为水资源综合管理政策的单元。但是流域尺度的管理不一定适应某些地区的特殊情况，并且可能难以解决某些政治和经济权利问题。有研究认为，针对某一具体问题的发生区域（如子流域，或跨区域）建立管理组织和协定，有时比单纯的流域委员会更加合适（WWAP，2015）。以此为基础，一些国家和地区开始制定河流协议，以探索流域保护和修复的有效方案。

以意大利为例，为了实现水资源综合管理，并扭转目前主要重视城市发展的规划模式，河流协议的重要性日益受到关注。自20世纪70年代以来，意大利的城市化面积以平均85km²/年的速度增长，如果城市化趋势得不到控制，到2020年其土地转化率将达到300km²/年。如果不控制对该国冲积平原和其他生态脆弱地区的开发，不仅会导致对自然环境的破坏，还会使洪水的风险增加。2000~2012年，洪水对欧盟成员国平均每年造成约57亿美元的损失，这一数额到2050年可能增长到273亿美元/年。在意大利，用于紧急应对洪水的费用，约等于GDP的0.7%（UNECE/OECD，2014）。气候变化和气候变异的增加，可能会使这一情况进一步恶化。为了控制过高的城市化率、洪水和相关问题，河流协定实施了一系列项目，通过制定多方面的城市政策，包括水质、水文地质风险防范、土地开发控制、部门利目标利益协调等方面，来实现城市土地利用和水资源可持续之间的平衡。河流协议为欧盟实行水资源、土地资源和景观综合一体化管理提供了新的出路，为流域、地区、行政区当局，以及其他利益相关方提供了参与的平台。这种共同管理方式已经帮助越来越多的地区推动了可持续发展。当地的社区是这种共同管理的核心和主力，在保护河流的公共资源属性、防止生态退化和自然景观破坏、维持生物多样性、提高水资源利用效率和可持续管理方面都具有重要作用（UNECE/OECD，2014）。

意大利于2007年制定了关于河流协议的国家计划，为协调各类措施、总结经验教训、建立共同管理的文化提供了支持。意大利环境、土地与海洋部和意大利环境保护研究所通过共同制定相关的法律框架，确立了河流协议作为保护河流的管理工具的地位。伦巴第大区和皮埃蒙特大区是意大利最早实施河流协定的地区，其协定的范围包括水源地保护、蓄滞洪区的环境修复、二级水文网络（如渠道、溪流等）的优化、农业系统的改进等。在皮埃蒙特大区，2007年开始通过其区域水资源保护规划应用河流协定，而目前其应用范围已从河流扩大到该地区的部分主要湖泊。该地区还在其农村发展计划中引入了综合性的河流和农业管理政策。意大利中北部地区（阿布鲁佐大区、艾米利亚-罗马涅大区、翁布里亚大区、托斯卡纳大区、威尼托大区）及南部地区（巴西利卡塔大区、卡拉布里亚大区、坎帕尼亚大区、普利亚大区、西西里大区）都推行了河流协定。威尼托大区在马泽尼戈河、皮亚韦和梅奥洛河实施了河流协定，并在波河、布伦塔河和阿迪杰河的河口地区实行了河口协定，以处理河口与海洋水域复杂的相互作用问题。阿布鲁佐大区则在托迪诺河和萨基塔利奥河试行了河流协定，并且地方政府还在委托区域农业委员会的工作中增添了河流协定方面的工作，显示了政府进一步开展其他河流协定的意向。艾米利亚-罗马涅大区也广泛应用了河流协定。例如在帕纳罗河实行了景观协定（建立自然环境、城市和周边地区的平衡，保护环境，创造富有活力的娱乐区域，并建立优美的景观），并在该大区下属的里米尼省的战略发展计划中添加了马雷基亚河河流协定的内容。在翁布里亚大区，河流协定的主要内容是进行景观的恢复,其中帕利亚河协定在 2012 年该地区的洪水灾后重建中发挥了重要作用。

在托斯卡纳大区,河流协定主要是由大区和地方政府通过流域管理计划等方式进行推广(例如塞尔基奥河协定),但也有民间自发施行的河流协定(例如在瓦尔达诺-恩波利河周边建造公园,以保护环境、协调景观)(WWAP, 2015)。塞尔基奥河是托斯卡纳大区的第三大河流,主要位于卢卡省境内,长度超过 126km。其河流协定的责任范围是位于该河流中游的迪-坎比亚桥(巴尔加市)和莫里亚诺桥(卢卡市)之间的约 37.5km 的流域。在该区域的历史上,聚居区是沿河谷旁的山脊或半山腰分布的,但自 20 世纪中期以来,聚居区已经扩张到河谷底部的平坦区域,甚至洪泛区和河漫滩地带。这种聚居区域向河谷底部集中的趋势也造成了城市拥挤和基础设施建设方面的问题。同时,工厂(特别是造纸厂)也沿着河流分布,并有越来越靠近河岸的趋势。居住区和工业区分别占据了流域面积的 13% 和7%(总计为 20%)。

塞尔基奥河的河流协定旨在遏制生态系统和景观的退化、恢复各子流域的土地利用类型。首批试点项目集中在塞尔基奥河中段,为了确保各方的全面参与,河流协定首先识别了大量的潜在利益相关方,总共约有 270 个(包括 12 个国家公共机构、40 个区域公共机构、64 个地方公共机构、30 个媒体机构、11 所高校部门和 13 所高等教育机构)。2012年,卢卡省的土地规划办公室公布了一系列目标和计划,包括河流恢复、水质保护、洪水预防与控制、促进旅游和地方经济可持续发展等,向利益相关方进行了阐述,并号召其参与进来;随后召开了讨论会,以建立长期可持续发展的愿景、设计合理的方案,并确定实现总体目标所需的项目;最后,在得到当地社区和利益相关方支持的背景下,发布了行动计划及备忘录。这些行动包括了公共和私人的措施,并对各个项目的重要程度和优先级进行了排序,有些项目属于硬件措施(例如加固河岸的防洪措施),而有的则属于"软件"措施(如教育、培训、信息收集和共享)。目前,塞尔基奥河河流协定的主要成果包括:通过土地规划控制城市发展与自然的和谐;减少洪水风险的设施建设;建造省际自行车道和步行道,促进旅游发展;促进了农民参与环境保护活动。其中"农民——河流的监护者"是一个试点项目,旨在确定和实施适用于塞尔基奥河情况的最佳办法,以恢复自然栖息地,并保证人类活动不再造成过大的景观变化。该项目的目标是提高环境修复的有效性,同时最大限度地降低成本,做好环境损害的预防和早期干预,在常规手段难以实施的地区,则通过当地农民来进行保护,并授予其"河流监护者"的权利以提高其积极性。虽然该项目的投资和经费来源有限,但已经取得了一些成果,包括:获得了欧盟农村发展基金的资助,用于治理高海拔(600m 以上)的河流;在不同的尺度上监测和报告环境问题;制定了时效性高、成本效益良好的措施规划;鼓励农林业发展。该项目丰富了农业功能的内涵,通过农民和相关机构之间的合作,建立了互惠互利的合作伙伴关系:农民进行环境保护可以得到经济上的奖励,同时农民参与了数据收集和信息共享,有助于有关机构及时采取措施保护河流和土地资源,也节省了管理的成本。

在美国,尽管在过去的几十年中,随着采用重力技术和压力/洒水技术的灌溉系统的推广,水资源的使用效率逐步提高,但至少有一半的农田仍然使用传统的灌溉系统。同时,超过 90% 的灌溉系统没有使用更高效的农业水资源管理措施来评价作物灌溉需求,如水分传感装置和商业灌溉调度服务等。围绕农业利益、政府开支和低收入群体供水保障等方面的各种议题，经过长时间的争论后，美国在 2014 年 2 月通过了一项农业预算案(官方称其为 2014 农业法案)。该预算案扩大了对农民的作物收成保险，取消了无论是否种植作物都会支付的农业补贴，削减了 10 年内 85 亿美元的食品预算(补充营养援助计划)，并引入了新的水土保持措施。

在欧洲和北美洲，随着自动化生产程度的提高、遥感和标准化技术的应用，以及泛欧洲地区东部的基础设施投资、资源保护和国家行政改革，产生了大量与水资源管理和服务相关的就业岗位。在该区域的待开发水电和其他可再生能源方面，以及各种类型的水资源基础设施的建设、整修、改造等方面，也存在潜在的就业机会。而随着技术的发展、对生物参数的关注提高，以及部分地区监测的削减，在水资源监测方面的岗位和技能要求也已经发生改变。例如，遥感技术越来越有助于水资源监测，填补了一些方面的空白；美国爱达荷州水资源部开发了一项基于陆地卫星图像的应用程序，用于监测灌溉农业引起的地下水含水层枯竭，其成本仅为常规方法的约 10%；在欧洲和北美洲的水文监测领域，虽然各个组织的水文学者岗位平均数量自 2002 年以来没有明显变化，但学者们的教育水平和女性员工的比例都有所提高(WWAP，2016)。

随着投资的增长和水业改革，欧洲和北美地区的水资源供应和服务得到了好转，但在东欧、高加索和中亚，以及北美洲的部分地区，仍然存在较大的对各类水利基础设施进行建设、修复、升级的需求。在废水处理领域的投资需求量非常庞大。如果政府和社会能为基础水资源和卫生设施提供必要的资源，则将为就业和公共卫生产生有利的影响。智能计量、技术和非技术创新、国际标准、私营部门参与等因素，将影响水务部门的未来发展。在水利基础设施建设、内河航运等领域，如果能投资解决部分地区的低水量、不可通航河段等瓶颈问题，则有望增加这些领域的就业(UNECE/OECD，2014)。

2. 亚洲和太平洋地区水资源状况

亚洲和太平洋地区拥有 43 亿人口(占世界人口的 60%)，其 GDP 相当于全世界的 1/3(United Nations Economic and Social Commission for Asia and the Pacific，UNESCAP，2014)。该地区国民经济的缺水问题正不断加剧，而且还面临着收入不平等、贫困和失业，需要改善水资源的安全性与稳定供给，以解决这些问题。

人口稠密的亚太地区面临着水旱灾害、气候变化、城市化、供水水质与水量不足等问题。而这一地区的水资源和可持续发展还面临着其他威胁。例如，工业的发展和不断增长的能源需求，将进一步增加对该地区水资源的压力。这些问题共同造成了可持续发展的重大障碍。1990~2012 年，虽然亚太地区在获得改善的饮用水方面已经取得了一些进展，东亚地区采用改善的水源的人数增加了 19%，南亚地区增加了 23%，但是该地区近 17 亿人(其中半数以上生活在农村地区)的卫生条件仍然没有得到改善(WHO and UNICEF，2014)。

亚洲和太平洋地区是世界上最易发生水旱灾害的地区之一。在 2013 年，该地区超过 1.7 万人死于水旱灾害，占全世界相关死亡人数的 90%，水旱灾害造成的经济损失总计超过 515 亿美元。在过去的几十年中，随着城市化进程的加快，越来越多的人群和经济资产集中于洪涝灾害易发区(例如冲积平原),因此受到水文气象灾害影响的人员和资产日益增加(WHO and UNICEF,2014)。气候变化可能增加极端事件的发生率和严重程度,包括降水高于或低于正常范围的年份的出现频率(IPCC,2014)。气候变化引起的冰川融化会影响水资源供应,造成冰川湖泊和下游地区爆发洪水,并在长期尺度上导致来自积雪和冰川径流的水资源供应全面减少,干旱问题将变得更严重(IPCC,2014)。

受气候变化加剧的影响,近年来世界上超过50%的气象灾害发生在亚太地区,对供水基础设施造成了影响。据报道,自1970年以来,该地区发生了4000多起与水资源有关的灾害,造成了超过6780亿美元的经济损失。在2002~2014年,该地区的供水和卫生服务覆盖率仅分别增长了0.5%和0.7%,对提高生产率和人民生活水平有一定作用(UNESCAP,2014)。

各国政府一直在努力提高国家和社会对风险和灾害的抵抗力,但还有很多的工作有待完成。在许多国家,政府的政策没有得到很好的执行,往往缺乏保护最脆弱群体和区域的措施,处理灾害的能力也不足。一些国家政府一直致力于通过发展规划,将灾害风险控制与发展战略结合起来。例如中国、孟加拉国和印度尼西亚政府认识到灾害可以损害来之不易的发展成果,造成长期的经济和社会损失,因此这些国家长期对减少灾害风险方面进行投资(UNESCAP,2013)。

亚洲和太平洋地区是世界上城市化速度最快的地区之一,其城市人口年均增长率为2.4%。2012年,该地区20亿人口中,47.5%居住在城市地区,而城市人口中30%生活在贫民窟中(UN-Habitat,2013)。据估计,2015年有27亿人生活在城市地区(UNDESA,2013),对该地区的水资源等城市资源基础造成了相当大的压力,并削弱甚至破坏了这些地区政府为可持续发展做出的努力。亚太地区面临着大量的城市水资源问题。这些问题包括饮用水供应(包括输水过程的高损失率)、水质控制、污水管网和废水处理系统的缺失、污染控制和生态系统退化等,特别是在城郊地区和周围的河流流域更为严重。缺乏安全的水资源和卫生设施、各种对水资源的需求增加、污染负荷上升,以及洪水和干旱等灾害事件频发,这些与水资源有关的问题都影响了该地区城市的可持续性发展。在亚太地区,超过17亿人缺乏改善的卫生设施,超过85%的废水排放未经处理,造成地表水、地下水资源被污染和水生态环境破坏问题(WWAP,2016)。虽然在亚太地区供水安全的情况正在改善,但在部分国家,仍然有大量的城市居民和农村居民缺乏经过改善的供水资源服务。例如在孟加拉首都达卡,近60%的贫民窟缺乏有效的排水设施和防洪设施(UNESCAP,2013)。在这种情况下,联合国建议建设分散式污水处理系统,完善配套设施、技术和相应的政策扶持框架,这在技术上更为灵活,对投资和经营也更为友好,并能创造相关的就业机会(UN-Habitat,2013)。

在亚太地区,水资源的安全供应主要是依靠政府机构的支持,但在该地区也建立有公私合作的水务机构,例如菲律宾的马尼拉自来水公司和马来西亚的雪州(SYABAS)水务集团。未来对城市供水设施的投资和管理也将是一个重要的问题,特别是对于亚太地区城市化迅速增长而资源和能力有限的中小城市来说,这一问题将更加严重。从最近的印度、菲律宾和孟加拉国等地的台风灾害,及其预警和应对系统的成功中,可以得出一些经验和教训,而从流域管理战略框架和修复制度的发展也能为其他地区提供参考(如印度尼西亚的

Citarum 河整治工程)(WWAP, 2015)。这些策略不仅需要城市本身,还需要区域和国家的支持和保障,这意味着要解决城市水资源管理和满足未来的用水需求的问题,需要做好城市内部和外部的利益相关方的协调。

水资源管理和水资源再利用创造了区域就业机会。虽然在水资源管理部门内部进行了一些具体的研究,但在其他大量依靠水资源进行运作的部门中,有关水资源的岗位数据仍然不够丰富(ILO, 2015)。大致来说,亚太地区各国的农业用水占总用水比例 60%~90% 不等,而农业就业率在东南亚地区为 39%,在南亚和西南亚为 44.5%。通过增加灌溉量和提高灌溉用水效率,在农业部门创造就业机会的潜力很大。研究和开发先进的农业技术,也可以促进其他部门的就业机会增长。亚太地区渔业和水产养殖业自 1990 年以来发展迅速,全世界约有 6000 万工人从事这一产业,而其中约 84% 位于亚太地区,并为全世界 10%~12% 的人口输送其产品。工业和第三产业部门也有潜力通过提高用水效率、废水利用和污染控制等方式,创造与水资源有关的就业岗位。仅在东南亚,就有 41% 的劳动力就职于工业部门,21% 就职于服务业。在南亚和西南亚则有 39% 的劳动力分布于工业部门,服务业为 15%(ILO, 2015)。在所有可再生能源部门中,水电就业人数所占比例最大。仅在中国小型水电站和大型水电站的从业人数就分别达到 209 万和 69 万人,相当于全球水电从业总人数的一半(FAO, 2014)。总体来说,亚太地区增加水资源相关就业的关键是:改善水资源基础设施建设,解决水和卫生设施的不平等差距,提高水资源利用效率,促进经济增长,建立水资源综合管理模式。

评估亚太地区现有的供水水源的水量和水质,离不开对地下水的考察。地下水对一些经济部门非常重要。据估计,地下水灌溉每年为亚洲经济贡献的价值为 10 亿~12 亿美元,如果将用于灌溉的地下水水费也纳入计算,这一价值将增加到 25 亿~30 亿美元。中国、印度、巴基斯坦、孟加拉国和尼泊尔 5 国的地下水使用量,接近全世界地下水使用量的 50%(WWAP, 2015)。小型的灌溉工程的成本相对较低,能够让居民家庭较容易获得地下水,并且在地下水资源丰富的地区效果很好。例如在印度,随着印度的地下水使用量快速增长,其机械钻井和管井的总数量从 1960 年的不到 100 万口上升到 2000 年的 1900 万口。机械钻井和管井的建设在很大程度上有助于缓解贫困问题,但对灌溉需求的增加也造成了部分地区面临严重的地下水压力,如马哈拉施特拉邦和拉贾斯坦邦(WWAP, 2015)。部分沿海城市由于公共供水系统不够完善,无节制地抽取地下水,导致海水入侵地下水水源,如印度的加尔各答、孟加拉国的达卡、印尼的雅加达等。而气候变化所导致的海平面上升将会加剧海水入侵现象。亚洲很多沿海城市抽取地下水还导致了地面沉陷问题,例如泰国曼谷(IPCC, 2014)。旱季的水资源短缺是导致过度开采地下水的原因之一,这种情况在中国、印度、泰国等国都有发生。太平洋地区也面临着淡水资源压力。例如,在图瓦卢和萨摩亚群岛因为近年来降雨量低于平均水平,以及海平面的上升导致海水入侵地下含水层,迫使其居民越来越依赖于瓶装水(IPCC, 2014)。

地下水水质受人为污染物和自然污染物的影响。在亚太地区的地下含水层中发现的自然污染物包括砷、氟和铁。人为污染来自化肥和农药使用、采矿、制革和其他工业行业、垃圾填埋场和垃圾焚烧场,以及不合格的卫生设施和污水处理设施。

世界水资源评估计划认为,如果亚太地区以可持续的方式管理地下水,地下水可以作为地表水资源短缺的补充,从而促进可持续发展目标的实现。但是,如果继续无节制地使用地下水资源,超过可持续发展的限度,将会严重威胁农业生产这一大多数人口的主要收入来源(WWAP,2015)。

在亚洲部分城市,地下水已成为满足社会经济发展各行业用水需求的重要水源,例如,亚洲许多城市的饮用水供应主要来自地下含水层,包括北京、东京(日本)、雅加达(印度尼西亚)、河内(越南)等。地下水也是亚洲一些缺少供水管网的农村地区的主要水源,例如,柬埔寨60%的人口和孟加拉国76%的人口使用的是井水。在大城市地区,工业对地下水的使用量通常比居民生活用水量要多。虽然地下水对亚洲的城市具有重要价值,但有的城市对地下水资源管理的重视程度不够,导致地下水资源的耗竭和退化。例如泰国首都和人口最多的城市曼谷、印度尼西亚第三大城市万隆、越南最大城市胡志明市等,都面临地下水资源的超采及其引发的地面塌陷、海水入侵、地下水质污染等问题。在这些大城市,地下水长期被各种部门视为廉价、易取得的水源,并有助于推动这些城市的经济发展。随着人口增长和社会经济的发展,对地下水的需求不断增加,地下水超采造成的问题已经在一些地区凸显,包括地面下陷、地下水位下降、地下水污染和海水入侵等。地下水超采导致的地面沉降,在东京、曼谷、万隆和胡志明市等城市的部分地区已经造成了严重的地表塌陷问题,对建筑和设施的结构造成损坏。在曼谷东部地区,地面下陷的速率已经达到每年10cm以上;而在万隆一些地区,地面下陷的速率高达每年24cm(WWAP,2015);在巴基斯坦第二大城市拉合尔,2003年之前的地下水位处于浅层(约地表下5m),根据拉合尔水资源与卫生机构的调查,在2003~2011年,该城市各区域的地下水位平均下降了5~11m,在有的地区地下水位下降了45m之多。由于地下水位的急剧下降,该地区水井的建设和运行费用已经大幅增加。

在亚洲许多城市,地下水受到自然污染源(如含砷、氟矿物)和人类活动的污染,给数以百万计的人口造成了严重的健康风险。人为污染物包括大肠菌群、挥发性有机物、硝酸盐和重金属污染等。这些类型的污染物的主要来源是农业和工业活动、生活污水、固体废弃物管理不到位(如垃圾填埋场渗沥液泄漏),等等。例如在万隆,浅层地下水受到生活和工业废水污染,特别是从城市大量的纺织厂排放的废水,使其水源难以直接利用。此外,在工业区和垃圾处理厂下游的地下水可能被高浓度卤代烃和微量元素所污染。印度第六大城市海得拉巴的地下水由于受工业活动的影响,被检出硫酸盐浓度过高(>400mg/L),而某些位置的深层地下水氟含量超标(WWAP,2015)。地下水的过度开采也可能导致含水层的盐碱化,使地下水的使用受到限制。例如在胡志明市,所有的地下含水层都在一定程度上受到了盐碱化的影响;而曼谷则面临着地下水中氯离子浓度和总溶解固体浓度增加这一严重的问题。

为了遏制和扭转地下水资源退化的趋势,亚太地区各国正在制定各种规章制度。日本和泰国已经制定了专门的国家法律来控制地下水的使用,特别是在某些关键地区,以减少地面下陷等问题。在海得拉巴等一些亚洲城市,为了适应各地区具体的条件,还制定了地方性的地下水管理法规。由于不同地区的地表水和地下水的可利用性,以及不同的政策和机构的协调问题,都是因地区而异的,因此小区域尺度的地方性法规反映了当地的地下水资源和用水的情况,可能比国家法规更有效果。

对地下水的使用进行收费,是地下水资源管理的方式之一。通常情况下,地下水的使用者们只为水井的建设付费,而不为水资源本身付费。在曼谷、万隆、胡志明市等地,已经开始征收地下水使用税费,以作为一种控制地下水不可持续利用现象的手段。虽然收费办法对控制地下水使用量有一定效果,但由于政策限制其有效性在一些地区相当有限。例如印尼万隆在 1995 年提出了地下水分区和许可证制度,1998 年又实行了地下水收费制度。然而,由于政策执行效率不够高,导致在万隆地区非法抽取地下水的行为增加。总体上,1995~2004 年,万隆的深层地下水消耗速率高达平均每年 12m,因为其单位成本比公共供水要低,几乎所有部门仍然选择使用地下水,特别是该地区最大的用水户工业部门。曼谷同样面临着地下水超采的普遍问题,但是曼谷通过加强地表水资源开发,配合严格的地下水定价方案,使地下水超采和地面下陷问题有所改善。1985 年在曼谷主城区实行了地下水收费,然而其对减少地下水抽取量作用不大,主要是因为收取的地下水费用低于自来水的成本。因此,政府逐渐增加了地下水收费的额度,并在 2004 年额外增收了地下水保护费。目前曼谷的地下水价格已经高于管道供水系统的水价,而曼谷市区和东部郊区的地下水水位也已经日益恢复,地面下陷也已趋于稳定,并在部分地区出现了恢复。与曼谷相比,万隆由于地表水的可利用性有限,导致地下水收费的办法没有取得理想的效果(WWAP,2015)。在制度构建方面,亚太地区的部分国家设置了两个以上的国家部门负责地表和地下水资源的管理,而相关法律法规的实施则由地方政府负责。然而,这些机构之间的协调,以及跨国和跨地区的沟通有时会出现问题,对管理措施的实施造成一定的障碍。例如,越南的多个国家部门(自然资源和环境部、工业部、农业和农村发展部等)都对地下水管理有一定的责任,但各部门之间存在协调与沟通的问题,对法律法规的有效实施和数据的采集造成了障碍(WWAP,2015)。

除上述措施外,各国还在考虑其他一些办法和措施,以确保对地下水资源的保护和可持续利用。其中包括:对地下水资源补给地表水和生态系统的价值进行核算;将地下水本身价值及其抽取所需的其他资源(包括能源)的价值纳入成本核算;地下水的使用权分配要适应不同的条件;制定各种情况下地下水的水权分配;因地制宜,加强地方性的地下水管理;加强国家政策、计划、部门、措施与地下水管理的结合,健全水资源管理体系。未来亚洲城市需要改变长期以来只重视水资源开发而对水资源管理不够重视的现象,世界其他地区的部分城市也需要进行类似的观念转变。

满足城市用水需求并解决其面临的问题,需要多部门、包容性和综合性的策略。几种策略在亚太地区取得了显著的成效,包括:改进城市的"水资源-能源-食品"相关规划;马来西亚的雨水综合管理、绿色建筑和路面管道;澳大利亚的水资源敏感型城市设计;印度尼西亚和菲律宾等国的生态水利基础设施建设;以及印度加尔各答的城市湿地等(WWAP,2016)。提高城郊农业和能源部门的废水利用率,也是恢复城市水资源的途径之一。越来越多的方案正在寻求机遇,以将水资源管理与城市能源、绿地和粮食安全方面的需求联系起来。

利用跨部门、跨学科规划,有助于解决水资源问题,同时开辟新的市场、创造就业机会、增加经济效益。印度尼西亚、尼泊尔和菲律宾等国在为农村地区提供充足的供水和卫生服务方面,都面临着挑战。为此,通过参与性进程、建设生态效率型水资源基础设施,能最大限度地提高与水资源有关服务的价值，优化资源的利用，并尽量减少对生态系统的负面影响。在印度尼西亚，小规模分散式污水处理系统的建设，帮助了泥炭地的环境整治，改善了农村的环境，并增加了环境清理和恢复领域的就业，改善了农村居民生活。在柬埔寨、老挝和越南，雨水收集和分散式污水处理的政策，不仅有助于水质的恢复和水资源来源多样化，而且造就了一批在金融和技术方面的新就业。随着公众意识和就业的提高，越南的公共厕所覆盖率提高至 94%。菲律宾也已经开始建设生态高效水基础设施，以及推行绿色教育等小规模试验项目(UNESCAP，2013)。一些国家还采用绿色就业岗位评估方法，逐步实现对包括水资源相关部门在内的国民经济部门绿色就业岗位的普查。例如马来西亚2012 年共有 9960 个绿色岗位，其中 1020 个属于水处理设备和化学品行业，4120 个属于废水处理业，4820 个属于水务部门。调查发现，使用绿色技术的部门，就业增长率高于使用传统非环保技术的部门(ILO，2015)。

地方层面上，能否有效地管理水资源，取决于国家战略、地方发展计划以及公共就业形势。进一步探索、促进和扶植政府和社会资本合作模式(PPP)，能够丰富水资源管理的路径方法，以创造更多成功的商业案例、提高社区在水资源管理中的能力、产生更多与水资源相关的岗位。政府可以发挥其关键作用，创造有利环境，制定法律和政策框架，以支持可持续用水和管理，并改善有关的就业情况(UNESCAP，2013)。

在亚太地区，推动经济增长的大部分产业都离不开可靠的水资源供应。众多经济体的发展导致能源需求的不断增加，进而增加了对水资源的需求。该地区存在通过增加农业部门用水保障，进而创造众多就业机会的潜力。工业和第三产业存在增设与水资源有关的就业岗位的潜力，特别是在提高用水效率、污染控制和废水利用等方面的岗位。

3. 阿拉伯地区水资源状况

阿拉伯地区阻碍可持续发展的水资源领域问题中，水资源短缺是最大的问题。其他重要的问题包括需要改进水资源使用的可持续性、获得更可靠的供水服务(特别是在发展中国家，以及直接或间接受到地区冲突影响的国家)，以及加强国家和跨国地表水和地下水资源管理。

2010 年阿拉伯地区人口约为 3.48 亿，其中大约有 63%的人处于工作年龄：20%的人口年龄在 15～24 岁，43%的人口年龄在 25～64 岁。到 2012 年，该地区人口已增长到 3.64 亿。预计到 2050 年，该地区的人口将达到 6.04 亿，由于该地区的青年人口正不断增加，2050 年青年劳动力将占总劳动人口的 50%以上。在 21 世纪初，该地区各国的青年失业率平均为23%，为全世界最高。近年来，由于农业生产率低下、干旱、土地退化和地下水资源枯竭，农村地区收入下降，失业趋势进一步恶化。这些趋势推动了农村人口向城市的迁移和非正规居住区的扩大，影响了社会稳定，这些问题是造成该地区爆发内乱的原因之一。失业和水资源短缺，仍然是阻碍阿拉伯地区实现可持续发展的结构性挑战(United Nations Economic and Social Commission for Western Asia，UNESCWA，2013)。

公共部门是阿拉伯地区的主要就业来源，其主要职能是提供基本服务，包括供水服务。例如，在科威特 93%的就业岗位隶属于公共部门。然而，水资源相关部门的就业岗位仍然相对有限。例如，在巴林的 98 万就业人口中，约有 3000 人(0.3%)从事该国水利水电部门的相关工作；在约旦的 400 万就业人口中，约有 7000 人（0.2%）受雇于约旦河流域管理局，负责可持续的水资源管理、支持社会经济发展和环境保护；埃及的水资源和废水公司有超过 10 万名员工和超过 600 项设施，负责在该国各地提供供水服务，但在该国 2010 年超过 5540 万以上的就业人口中占比不到 0.2（UNESCWA，2013）。虽然这些数据并不能完全准确地反映上述国家的水资源相关就业情况，例如埃及还存在大量的水资源管理者，从事灌溉、水电、水质、农业、渔业、科学研究、规章制度、政策和关于跨界水资源谈判等方面的工作，但总体上反映了"缺乏足够数量、技能熟练的人力资源"的现实（UNESCWA，2013）。

　　人口的增长和社会经济压力的增加，降低了阿拉伯地区的淡水资源的可利用性。可利用水资源量从 2002 年的人均 921m³/年，降低至人均 727m³/年，到 2011 年，22 个阿拉伯国家中的 16 个国家的人均可用水资源量平均只有 292m³/年，低于人均 1000m³/年的缺水标准线。近 75% 的阿拉伯国家人口生活在缺水标准线之下，而近 50% 的人处于极端缺水状态，其人均可利用水资源量仅为 500m³/年。气候变化和气候变异使水资源形势更加紧张。基于历史记录的气候指数比对发现，自 20 世纪中叶以来，阿拉伯地区一直保持气候变暖的趋势。联合国西亚经济社会委员会成员国中，陆地面积的 2/3 以上地区受到干旱的影响。区域气候变化模型预测，到 2040 年阿拉伯地区的温度将至少上升 2℃（UNESCWA，2013）。同时，在 2012~2013 年，在科摩罗、阿曼、沙特阿拉伯、突尼斯、加沙等国家和地区，发生了罕见的高频度洪水灾害，造成了基础设施的毁坏。埃及、摩洛哥、约旦和突尼斯等国家都制定了适应气候变化、干旱应急和洪水风险管理等措施（UNDESA，2013）。在波斯湾地区，利用洪水进行人工地下水补给，已经成为一种增加水资源的储量和淡水供应量的措施，以应对水资源日益短缺的情况。

　　对淡水资源的不可持续性消费和过度开采，也加剧了水资源短缺，威胁长期可持续发展。平均而言，农业部门仍然是阿拉伯地区最大的用水部门，但国家间的用水水平存在显著的差异。例如，在 2005~2015 年的吉布提共和国，农业用水只占淡水供水量的 16%，但在索马里，农业用水占淡水供水量的 99%（FAO，2014）。由于确保粮食安全、维持农村收入生计的迫切的社会和政治需求，迫使阿拉伯国家的政府以及与农业相关的社会领域重视灌溉效率、废水回用、水资源收集等措施和方案，以节约水资源。这些措施是基于水资源价格机制来选择的，可能对弱势群体产生社会经济的负面影响。埃及、黎巴嫩、突尼斯等国也计划修复灌溉渠、梯田和传统的农业供水网络，以提高农业用水效率，但在阿拉伯地区的许多国家，大水漫灌的灌溉方式仍然占主导地位（FAO，2014）。同时，大多数阿拉伯国家仍然依赖进口粮食来弥补国家的粮食赤字。虽然阿拉伯地区的几个国家有丰富的石油和天然气储量，但是如果在海水淡化过程中使用的不是新能源，则这并不是一种可持续的模式。该地区除了有少数太阳能海水淡化试点设施之外，还投资建设了核能电站，以实现水资源和能源结构的多样化。在未来 20 年中，数十所核动力的海水淡化厂将在阿拉伯国家投入运行，其中沙特阿拉伯一国计划到 2030 年建成 16 所核能海水淡化设施（WWAP，2014）。

　　由于干旱、输水过程的泄漏、水资源基础设施和网络因武装冲突损毁，以及从远处或地下更深处抽水的能源费用不断上升等原因，阿拉伯地区的水资源公共事业面临日益严重的淡水资源短缺问题。这些因素降低了水资源公共事业的可持续运营能力，也损害了其为用水户提供稳定、水质达标的服务的能力。同时，在埃及、约旦、黎巴嫩和叙利亚等国，以限量供水和泵抽地下水等手段弥补水资源短缺问题已成为常态。海湾合作委员会（Gulf Cooperation Council）成员国正在寻找增加地下含水层蓄水量的方法，以增加水资源储备，降低缺水风险。

由于缺水在阿拉伯地区普遍存在，许多部门与水资源密切相关。该地区近50%的人口位于农村地区，多数直接从事农业生产，或参与相关的上下游生产活动。30%～40%的农村地区存在水资源短缺、灌溉效率低、农业生产力低下的问题，影响了农村地区的就业稳定和新增就业。因此有观点认为，农业劳动力将在未来几十年里减少。然而，该地区动荡的局势迫使在政治上需要对农业就业进行支持，以作为克服城乡矛盾、保障社会公平稳定的一种手段。有研究认为，应该振兴农业部门，以增加农业就业和提高生活水平。如果能够实现更加可持续的农业生产模式，能够新增1000万个就业机会。部分国家已经采纳了类似的建议。例如以石油经济为主的阿尔及利亚2009年采取了特别措施促进农业部门发展，通过信贷贷款、农业债务注销和新的政府采购计划，取得了17%的行业增长率（UN-Habitat，2011）；埃及则克服了该国依赖外部水资源的困难，在上埃及地区实施了规模高达42万公顷的土地复垦项目；而索马里则建造了新的水渠，以支持牧民和畜牧业用水。旅游部门也有了类似的趋势，尽管存在水资源稀缺的压力，但政府继续开发建设新的设施，以创造收入、增加就业。因此，在用水效率和保护水资源方面的投资为政府提供了更多政治上可行的途径，减轻其在"水资源可持续性"与"就业目标"抉择的压力（WWAP，2016）。

阿拉伯国家由于难以获得可靠、经济的水资源，还影响到其他与水资源非直接相关的部门就业数量和质量。在部分阿拉伯国家的研究发现，环境退化增加了水源传播的疾病、发病率和儿童死亡率，进而造成劳动生产率损失。例如，在黎巴嫩的利塔尼河流域，环境生态退化造成的损失约占该国2012年国内生产总值的0.5%，其中水量枯竭、水源性疾病与水质下降等造成的损失占总成本的77%（WWAP，2016）。而不完善的卫生设施，例如缺乏隔离的卫生间，也会对就业（特别是女性就业）造成阻碍，这一问题在一些国家的政府部门、体育场所、学校和医院都有所发生（UNESCWA，2013）。

阿拉伯地区的区域冲突进一步加剧了可持续发展的障碍。例如，到2013年10月为止，叙利亚的供水服务自从爆发冲突以来平均减少了70%，并且还有继续下降和崩溃的趋势。这一形势迫使水资源、环境卫生和个人卫生相关部门合作，在叙利亚全国各地分配净水剂、卫生用品和发电机等用品和设备（WHO and UNICEF，2014）。幼发拉底河沿岸的情况更加严峻，由于河流水位下降和管道的损坏，叙利亚阿勒颇市的居民被迫使用油桶从未经处理的地表水源取水。超过153万叙利亚难民迁往约旦和黎巴嫩，而这两国的水资源服务也受到水资源短缺和干旱的困扰。而在巴勒斯坦，由于阿拉伯国家与以色列的冲突破坏了水利基础设施，迫使巴勒斯坦居民花费其大部分收入用于购买水罐车运输的水，或者使用在加沙地带的非洁净水源，这一行为又增加了与水有关的疾病的患病率（WHO and UNICEF，2014）。除了军事和民间冲突的影响外，阿拉伯国家对于跨国水资源的依赖性导致了情况进一步复杂化。在阿拉伯国家，超过66%的淡水资源来源于国家边界之外，这使得下游的国家易受上游发展的影响,如塞俄比亚在青尼罗河(Blue Nile)建造的"复兴大坝"和土耳其沿幼发拉底河和底格里斯河建设的数座水坝。在从伊拉克到也门范围的西亚阿拉伯国家,其地下水储量远远超过该区域所有的地表河流流量之和(UNESCWA,2013)。然而,阿拉伯国家的地表水或地下水协议的数量非常有限,而仅有的几个协议也属于双边性质,而不是流域层面的协议。

面对上述问题,阿拉伯国家正在着手制定水资源可持续发展的法律和政策框架。例如,阿拉伯国家联盟部长级水理事会在 2012 年通过了一项可持续发展区域水资源安全战略,并在 2014 年制定了相关的联合行动计划。在国家层面上,突尼斯制定的新宪法(2014 年 1 月实行)中规定了获得水资源的权利属于基本人权,国家和社会有责任保护和合理使用水资源;摩洛哥和阿尔及利亚也制定了保障供水和卫生设施的相关法律规定(WWAP,2015)。根据世界卫生组织和联合国儿童基金会关于供水和卫生的联合监测项目统计,2011 年阿拉伯地区总共约有 3.55 亿人口,其中约 17%(6000 万人)缺乏改善的饮用水源,而 20%(7100 万人)缺乏改善的卫生设施(UNESCWA,2013;WHO and UNICEF,2014)。这也意味着阿拉伯地区 83%的人口能够获得改善的水源。然而,这并不意味着这些用水户一定能获得稳定的水资源供应,并且饮用水的水质安全也并未得到完全的保障("改善的水源"不一定是安全的)。在阿拉伯国家联盟部长级水理事会的支持下,《阿拉伯地区千年发展目标与行动》加强了对供水和卫生的规模和质量的监测与报告(WWAP,2015)。整个地区已经开始推广水资源的收集和再利用,例如突尼斯和巴勒斯坦签订了成功案例交流备忘录,约旦在其境内普及经过处理的废水灌溉,阿曼将处理后的废水注入滨海含水层,以防止海水入侵、加强水资源储备(WWAP,2014)。埃及也已经开始利用洪水来补给红海周边的地下水。在波斯湾和马什里克地区(阿拉伯世界东部地区)也有众多的通过建造堤坝等基础设施进行地下水人工补给的案例。多数阿拉伯国家建立的清洁生产中心也有助于提高用水效率。在撒哈拉北部地区的阿尔及利亚、利比亚和突尼斯等国建立了跨界协同机制,实现撒哈拉地下水和塞内加尔河等河流的共享。虽然取得了上述的进展,但还需要加强国际间的合作,进一步改善水资源的管理和跨界地表水及地下水资源的分配。国际和地区组织及各国有关部门也正在开发和改进各种数据库、监测系统和评估工具,以帮助制定规划和决策。

以海湾国家合作委员会成员国(沙特阿拉伯、巴林、科威特、阿曼、卡塔尔、阿联酋)的可持续水资源管理为例,这些国家都处于干旱地区,如何保障其水资源的可持续供给是一项复杂、困难的问题。由于社会经济快速发展、粮食生产扩大、城市化和人口增加(1980~2010 年,该地区人口从约 1400 万增长至 3000 万),使各部门的用水需求日益增长,加上水资源禀赋的稀缺,造成了水资源供给的双重压力。人均可利用淡水资源量从 1980 年的约 600m³/(人·年),下降为 2010 年的 160m³/(人·年),远低于 500m³/(人·年)的"水资源贫困线"。而该地区所有部门的用水总量从 1980 年的约 60 亿 m³ 增加至 2010 年的 260 亿 m³(World Bank,2015)。农业是海湾国家的主要用水部门,各国农业用水基本都占总用水量的 40%以上,其中沙特阿拉伯和阿曼的农业用水比例占 80%以上。海湾国家正面临着水资源的日益匮乏和供水成本上升的问题,对其未来的发展带来了严峻的挑战。由于气候变化、均衡性补贴制度等因素的驱动,未来的供水压力可能会进一步增加。大多数海湾国家的水资源管理的重点一直是从"开源"的方面着手，试图通过开发新的水资源来源，减少水资源的供给和需求之间的差距，例如成本高昂的海水淡化等措施。为此，需要提高各部门的用水效率，加强对稀缺资源的可持续利用。

许多海湾国家由于水资源管理体系和措施缺乏系统性、缺少因地制宜的管理方式，产生了大量的额外经济、环境和社会成本。而海湾国家的供水和用水效率也普遍较低，加剧了水资源匮乏的问题。例如，在供水方面，有的国家城市输水网络的损失率高达40%，这对于生产海水淡化水的高成本（1～2美元/m³）而言是重大的损失。此外，水资源的循环利用非常有限：经处理的污水中只有不到40%被再次利用，再生水只占生活用水总量的50%。在用水方面，许多海湾国家人均用水量超过500L/天，是世界上排名最高的地区之一。在农业部门，由于大部分灌溉手段效率较低，导致灌溉用水损失率在50%以上。在工业部门也缺少节水工艺和水资源回收循环的措施。提高用水效率已经成为海湾国家的一项政治议程。

近年来，由于阿拉伯地区农业生产力较低，加上干旱、土地退化和地下水资源枯竭等原因，致使农村地区收入下降，失业趋势恶化。农村失业趋势推动了人口从农村向城市迁移，以及造成非正规居民区的扩大和社会动乱等问题。由于缺水在阿拉伯地区普遍存在，许多经济部门的就业都与水资源紧密相关。在用水效率和水资源保护方面的投资为政府提供了可行的途径，使其不再面临必须在"可持续用水"和"就业目标"之间取舍的两难困境。

农业用水方面，海湾国家的农业发展政策的主要目标是实现粮食自给，对用水效率方面的规定较少，导致用水浪费现象严重。由于多数海湾国家并未对地下水资源使用征收税费，致使大量使用地下水的传统灌溉模式和水资源密集型作物的种植比节水农业更有优势，进一步推高了农业的用水量。据统计，巴林农业用地的72%、科威特的63%、阿曼的60%和卡塔尔的75%都采用大水漫灌的低效灌溉模式，这样的灌溉导致水资源损失率高达25%～40%（World Bank, 2015）。例如，阿曼的输水和灌溉水资源损失率约为40%。而阿拉伯联合酋长国通过农业贷款和技术支持等方式，推广喷灌、滴灌等现代化灌溉技术，其配备现代化灌溉方法（例如，滴灌、洒水）的农田已达到约2100km²，占该国总农田面积的90%；现代灌溉技术为该国节省了40%～60%的灌溉用水，在首都阿布扎比附近地区节水率甚至高达90%。此外，阿联酋的温室大棚的使用率也显著增加，总面积达到5 km²（WWAP, 2015）。由于多数海湾国家的农业可以免费使用地下水，并且在地下水井没有安装流量计，导致难以监测和控制地下水的使用。由于过度使用地下水进行密集型灌溉（占总灌溉水的94%），导致了部分含水层快速耗竭，以及盐度增加等问题。在阿曼，为了遏制这种不良趋势，政府进行了水井普查、数据收集，并推行许可证授权制度，对一批无证水井进行了关停和罚款。为了避免地下水环境的进一步恶化，巴林、科威特、卡塔尔和阿联酋等一些海湾国家开始推行用处理后的废水进行农业灌溉的政策，由于处理后的废水盐度一般比地下水要低，因此这一举措有助于缓解地下水盐度上升。而沙特阿拉伯也调整了其农业政策，鼓励使用高效节水灌溉技术（如滴灌和土壤水分检测等），减少本国的小麦生产及其相关扶持（例如，油价和电价补贴，水泵和灌溉设备贷款，对进口化肥和设备的关税减免，对国内市场的贸易保护），这些措施使其农业灌溉面积及其地下水开采有所下降，从2000年的约230亿 m³下降到2012年的约175亿 m³。这一成果将有助于保护该地区地下水资源的可持续性。

工业用水方面，为了减少石油和天然气的价格波动对经济造成的影响，海湾各国不断推行产业多样化的政策，使得工业部门用水量有所增加。该地区工业部门的总用水量从 20 世纪 90 年代中期的约 3.21 亿 m^3（约为总用水量的 1.3%），增加到 2012 年的将近 14 亿 m^3（约为总用水量的 5.3%）。工业部门的用水主要来自地下水（占工业用水的 96%），以及少部分淡化海水（World Bank，2015）。由于各部门的用水需求竞争日益激烈，很多海湾国家开始采取措施来有效管理工业用水，并降低工业废水排放对水环境的影响。例如巴林已经逐步取消城市工业的自来水用水补贴；与之类似，阿曼对工业自来水设置了较高的水价，比生活用水的价格要高出约 70%，通过这种价格机制来控制工业的用水量（WWAP，2015）。

生活用水方面，海湾国家的供水设施表面上看具备较高的可靠性，能够提供不间断的供水服务，但实际上一些国家的供水管网损失率相当高。例如沙特阿拉伯的输水损失率约为 20%～40%，而巴林的输水损失率约为 30%。这种情况导致了巨大的财务损失，以及积水、渗水等相关的问题。对此，很多海湾国家现在已经采取重点措施解决城市供水网络的损失，并将其供水损失率降到国际一般水平的 10%～15%。卡塔尔已经将其平均供水损失率从 2007 年的 33.6% 降低到 2012 年的 6.8%；科威特的供水损失率降低了 7%，阿联酋降低了 5%（WWAP，2015）。

供水和卫生部门既面临着问题，又是潜在的就业增长点。世界卫生组织和联合国儿童基金会在阿拉伯地区的联合监测方案的结果显示，该地区约有 5500 万人（总人口的 15%）缺乏改善的饮用水，而 6500 万人（总人口的 18%）缺乏改善的卫生设施（UNESCWA，2015）。阿拉伯国家还存在安全饮用水供给稳定性不足、高度依赖海水淡化、供水损失率较高、污水处理不充分等问题。2014～2020 年，全世界海水淡化市场的预计年均复合增长率为 8.1%，而世界最大规模的海水淡化工厂将在中东建设，这将在工程、法律、财政和环境等水资源相关领域提供新的就业增长。例如约旦为了应对叙利亚冲突引发的就业压力，实施了"国家恢复计划 2014～2016"，该计划旨在为贫困和弱势群体（尤其是妇女和青年）创造就业机会，同时也致力于对水资源和卫生服务进行高额投资，以提高社区供给这些服务的水平（WWAP，2016）。

在水资源管理的人才补充方面，越来越多的阿拉伯国家大学开始设置水资源管理和工程的一级和二级学位，包括针对水资源安全和可持续性的培养方案。摩洛哥国家饮用水办公室国际水资源和卫生研究所、阿拉伯国家区域水资源公用事业协会等机构，也实施了水资源运营商的培训和认证计划。这些计划的目标是培养管理人员、咨询人员、熟练工和非技术工人，为各国水务部门提升技能、输送新技术。这些项目使得越来越多的研究人员致力于水资源相关的课题，如气候变化、水资源-能源-粮食的关系、跨国水资源管理、海水淡化等等。这创造了一批合格的求职者、有潜力的企业家，以及具备水资源知识的雇主，为提高水资源相关就业质量提供了更多的机会（WWAP，2016）。

总之，阿拉伯地区已经做出了很多的努力，以应对不断变化的日益增长的水资源短缺、干旱、气候变化和服务缺失等问题。需要一种更加综合、交叉性的水资源管理办法。在水资源短缺背景下确保水安全，需要协调各部门，并将供水和卫生作为阿拉伯地区的可持续发展的一种核心人权来对待。

4. 拉丁美洲水资源状况

拉丁美洲和加勒比海地区总体上拥有丰富的水资源，但地区之间差异很大。水资源在区域社会经济发展和创造就业方面发挥着战略性的作用。该区域经济严重依赖自然资源的开采，特别是采矿业、农业(包括生物燃料)、林业、渔业和旅游业。该地区干旱频发，严重的旱灾可能导致失业率明显增加，在农村地区尤为明显。干旱不仅影响了农业，而且对城市人口、水电和高耗水产业部门都造成了影响(WWAP，2016)。

大多数拉美国家的经济都是与国际市场紧密联系的外向型经济，受到国际大宗商品价格影响。自21世纪初以来，国际初级产品(矿物、化工原料和农产品)需求激增，使拉美地区宏观经济得到强劲增长，其中劳动密集型经济占重要地位，进而使就业率提高、正规部门工资上涨、社会保障体系进一步完善、失业率降低(UNECLAC，2014)。在中、高生产率部门的就业岗位增加，以及劳动模式的进步，改善了就业质量；这也有助于增加居民消费，减少收入不平等。然而，随着外部环境变差，拉美经济和就业需求增速自2011年以来已经放缓。

拉美地区大部分的出口产品以及相关的就业是水资源密集型。有的部门在其生产过程中需要大量用水，例如灌溉农业、采矿、食品、造纸、石化、纺织等行业，以及在一些国家占生产总值30%以上的旅游业；有的部门的最终产品就由水组成，例如瓶装水行业，它在一些供水服务不足的国家占有重要地位。虽然拉丁美洲的水资源供给量约占全球总供水量的1/3，但其区域经济的高用水强度，以及对自然资源和国际商品价格的依赖，对该地区经济增长和就业带来了巨大挑战。

在干旱和半湿润地区，人口、城市群建设和经济活动的集中对水资源的使用方式有很大影响，导致了一系列问题：稀缺水资源的激烈竞争集中在特定地区或季节，用水模式不可持续，农业、采矿业和城市污水造成水污染日益严重，以及流域水生态破坏等。这些趋势正在破坏经济发展的可持续性，影响就业。气候变化也加剧了水资源的压力，其影响已经在农业、供水、公共卫生、旅游、沿海滩涂、森林、生物多样性等领域体现出来(UNECLAC，2014)。有研究表明，在那些严重依赖自然资源的经济体，特别是生产率增长较低的地区，对就业者的技能要求相对更低，学历的工资溢价也较低，从而使其缺乏足够动机追求教育和技能的发展(UNECLAC，2014)。

拉丁美洲是一个水文和经济情况复杂的地区，该地区在过去的十年中已经实现了贫困人口的显著减少，经济增长较快，宏观经济更加稳定，中产阶级也开始出现(United Nations Economic Commission for Latin America and the Caribbean，UNECLAC，2013)。然而，该地区的平等程度仍然是全世界最低的：其人均GDP尚未达到发达国家水平，超过1.6亿人(约为该地区人口的28%)仍然生活在贫困中。因此，该地区各国政策的重点是经济发展和消除贫困。大多数经济体仍然是靠出口自然资源作为基础，而出口资源在生产过程中需要使用大量的水，这种情况从两方面造成了水资源管理的紧张：一方面，该地区的人口和经济活动往往倾向于集中在干燥和半湿润的地区。这将导致对于稀缺水资源的水量、水质和使用机会的竞争日益增加，尤其是关于水质和用水权的竞争，是近年来凸现出来的问题。由于人口的增长、经济的发展，以及气候变化所导致的众多流域水文变异增加和气候干燥程度上升，水资源竞争的情况未来还将进一步加剧（IPCC，2014）；另一方面，经济的增长和收入水平的提高，使得人们对公共服务和环境设施的需求也进一步增加。但是近几十年来，各国在基础设施方面的投资有所减少。随着收入的不断增加和民主进程的发展，人们对环境保护、公民参与决策和保护土著社区的权利等方面的呼声越来越高。面对这些迫切的需求，各国在未来几十年内需要优先解决两个关于水资源的问题：一是加强水资源管理；二是改善饮用水和卫生服务的供应。

在拉美地区大多数国家，水资源管理机构都较为薄弱，执行能力非常有限，水资源的相关规则和规范很少得到有效执行。与此同时，随着收入的增加和民主化程度的提高，社会和居民要求更多地关注环境保护以及地方社区权利和地区公共利益的保护；与此同时，水资源密集型产品和服务的消费也不断增加。这些因素导致了人类社会与环境的矛盾不断扩大，其中大部分矛盾与水资源有关。环境问题阻碍了许多大型基础设施建设和自然资源开发项目的实施，影响了经济发展和就业，其中采矿业受到的影响最大（WWAP，2016）。

拉丁美洲和加勒比海地区的首要任务是改进和巩固水资源管理，实现水资源综合管理的可持续转型，并将其应用于社会经济发展和减贫工作中。鉴于拉丁美洲和加勒比海地区的水资源属于相对丰富的程度，其水资源困境多是由制度性，而非物理性原因造成的（UNECLAC，2013）。大多数国家水资源管理的制度能力都非常有限，并且对现有的管理方针的执行效率也并不高。常见的问题包括：公共管理效率低下，缺乏正式机构，管理体系松散，缺乏参与性、协调性、透明度、诚信和责任机制，资金不充足、不稳定，腐败和侵占，水资源立法缺乏体系和时效性，技术能力不足，执行机构与服务提供机构流于形式、管理不力，缺乏相关信息和资料，等等。为了建立正式、有效、稳定的体系，以处理水资源分配问题（包括再分配）和污染控制问题，需要对目前广泛存在的管理不善、非正式性和缺乏协调等问题做出应对（WWAP，2012）。

管理上的不足引发了一系列现实问题，包括水资源的不可持续利用、水污染问题（尤其是在人口密集的城市地区及其下游地区），以及围绕大型基础设施和自然资源开发项目的冲突频发，等等（WWAP，2015）。特别是在大规模的商业利益（如采矿和水力发电）和环境保护、流域内用水户、传统土著用户（往往没有正式的水权）的利益相冲突时，引发的冲突呈现上升趋势。这些冲突中的许多例子都涉及国际投资协定所涵盖的项目。在拉丁美洲和加勒比海地区，以及在世界其他地区的各种情况表明，国际投资保障有助于敦促国家公共政策充分管理水资源和其他自然资源，规范公共事业服务，特别是在管理薄弱的国家尤其明显（WWAP，2015）。此外，需要强有力的管理，以实现吸引外国投资的同时保持经济环境稳定，在实现社会经济发展、减少贫困的同时，维护环境的可持续性和重要的公共利益。

在拉丁美洲和加勒比海地区的另一个要务是巩固饮用水供水和卫生服务方面取得的进展，确保水资源和卫生设施的人权的充分实现，并逐步实现联合国2015年后发展议程的目标（WWAP，2012）。该地区的供水和卫生设施的水平基本与其他发展中国家相持平，废水处理水平则低于其他发展中国家水平（WHO and UNICEF，2014）。然而，这种总体平均水平的估计掩盖了部分供水和卫生服务的真实水平，例如停水、输水损失、水质不达标等问题，这些问题在农村地区和贫困人群中的影响更大。另外，许多城市由于城市规划的缺陷，缺乏防雨和排水设施，导致其仍然容易遭受突发性洪水的危害(WWAP，2012)。

为了克服目前的问题，拉丁美洲和加勒比海地区的各国政府必须充分落实和利用以下的要素：①充分契合资源问题本质的水资源管理体系，并与社会的观念和习俗相协调；②水资源管理措施(用水和排放许可证、评估、规划、水质规范、需求管理、冲突预案、法律法规等)，这类措施目前倾向于使用经济手段，如征收税费、成本评估、市场评估和社会评价等；③由流域管理组织支持的独立的水资源管理机构，并具备与其职能相匹配的权力和资源；④水资源分配和再分配系统，以促进对水资源开发和保护的投资，确保高效有序的水资源利用，促进水资源的公共权利，避免垄断；⑤水污染控制系统，并保障其必要的技术和财政支持。

拉丁美洲的经济较依赖包括水资源在内的自然资源，特别是农业(包括生物燃料、林业、渔业)、采矿业和旅游业。因此需要政府管理者保持对资源的关注，以最大限度地发挥水资源对发展和创造就业的贡献作用。要有强力、透明和高效的制度建设，以便进行水资源综合管理、供水和卫生服务——这些行动有助于保护公共利益、提高经济效率，并提供必要的稳定性和灵活性，以吸引对水资源和相关公共事业发展的投资。

以巴西和巴拉圭的巴拉那河流域为例，20世纪70年代中期，巴西和巴拉圭在该流域联合建设了伊泰普大坝和水电站。伊泰普水电站于20世纪80年代中期开始运行，是全世界发电量第二大的水电站(仅次于中国三峡水电站)。该水电站年发电量900亿度以上，其中2008年发电948.6亿度，2013年发电986亿度，巴西所用电量占其中的75%，巴拉圭占17%。2003年，随着巴西的政策变化，鼓励国有企业增加对其所在区域的社会和环境活动，伊泰普水电站的地位进一步受到重视，因为其在该地区的重要性和影响力，可以成为政府各类公共政策的重要推动者，包括农业、减贫，促进弱势阶层(如个体农民和渔民)的社会融合、气候变化应对措施等。伊泰普水电站因而不再局限于能源生产，将其业务范围和战略目标进行了拓展，着眼于寻找解决其所在地区环境和社会问题的办法。2003年，伊泰普水电站实施了"水资源优化方案"这一新计划。

"水资源优化方案"的实施区域为巴拉那河流域的巴西—巴拉圭段，其面积约8000km^2，包括29个城市和约100万人口。"水资源优化方案"以子流域为基本规划单位进行实施。农业是该地区的主要经济活动：该地区有约3.5万个小型农场和畜牧场，主要生产大豆、玉米、生猪(超过150万头)和家禽(3000万只)，以及农业产品的加工厂(UNECLAC，2013)。在该地区的农业生产模式大多是不可持续的，并且导致了森林砍伐和环境污染等问题。这些问题是由于过去在殖民地时代遗留下来的"重经济、轻环保"的思想所造成的。"水资源优化方案"的首要任务是应对迫在眉睫的环境危机，而应对气候变化和水资源保护也是重点关注的问题。

为了实现"水资源优化方案"的目标，需要社会的大力参与。新型管理模式的首要原则之一，就是要让流域内的社区参与决策的过程，该方案还要求提高社会的包容性、改善当地居民的生活质量，并通过广泛的教育和宣传，向社区普及可持续性的文化和行为特征。"水资源优化方案"按照其区域内的29个城市，将责任范围分解成了各个子区域。为了吸引该地区所有的社会力量都参与进来，该方案呼吁在各个城市都依法成立指导委员会。指导委员会类似于一个论坛，汇集了各方的利益相关者，包括农民、教师、政治家、社会和宗教领袖、中央和地方政府及市政机构的代表等。各个城市区域在委员会会议上讨论其职责与工作重点，确定其合作机构，制定行动方案，以及监测和评估各个项目的成果，还设置了项目管理委员会(如环境教育、家庭农场、药材种植和土著社区可持续性保护等项目)。通过这种集体协作的方式，"水资源优化方案"在其所有的项目中囊括了 2200 余个相关参与方，包括国家、州和地方政府、非政府组织、学校、农民组织、工人工会、行业协会、居民社区代表等。在设置社区的目标、制定各子区域的未来计划方面，"水资源优化方案"下属的未来计划工作组将所有利益相关方召集起来，经过公开讨论，形成了共同的水资源协议。政府、社区和组织机构的领导人通过签订水资源协议，达成构建可持续发展合作的公开承诺，并议定在所辖流域范围内需要采取的各种措施。2003～2013 年，共形成了 59 项水资源协定，29 个子区域的利益相关方代表们每年在巴西福斯市举行年度会议，以讨论计划方略、评价取得的成果，并制定下一年的计划。这些水资源协议也促进了一般居民、农民和妇女参与水资源规划和决策过程。在各类利益相关方组织机构中，女性成员和女性领导人也占据了较高的比例(WWAP，2015)。

迄今为止，"水资源优化方案"所采取的主要措施集中于水资源保护、农田保护、森林保护，以及减少农业对空气、水和土地污染技术的应用等方面。这些措施也有助于减轻气候变化对巴拉那河流域的影响，例如旱季时间变长、洪水和风暴发生频度增加等。减少污染的措施包括改善农村卫生和废水处理条件、减少农药的使用、植树造林、设置围栏保护水源地和森林不被牲畜破坏、废物回收利用、修筑梯田保持水土、建设环境地理信息系统等。自该方案开始实施以来，该流域有 206 个子流域已经完成或接近完成的环境修复工作，约为流域总面积的 30%。环保教育是"水资源优化方案"的主要支柱之一，在所有 29 个城市中开展环保教育，实现所有利益相关方的对话沟通。自 2003 年以来，巴西对其在巴拉那河流域的 20 余万名居民通过讲座、报告和会议等形式进行了水资源、气候变化、环境伦理和责任、可持续发展问题等方面的教育宣传，同时还开设了"环境教育网络"作为补充，为社会各界提供培训课程，特别是数百个机构的教师和水资源管理人员的培训。目前有超过 2 万人正在积极参与"环境教育网络"，其中包括许多青年代表(WWAP，2015)。

农业是巴拉那河流域的主要经济部门，因此实现可持续农业的转型也是"水资源优化方案"的主要目标之一。在可持续农业发展主题的引导下，约有 1500 个家庭农场在使用绿色农业技术方面取得了显著进展，大大减少了二氧化碳排放量和农药使用量。其中 1200 个农场已经开始实施有机农业，并组织成立了 14 个农业协会。农业协会通过每年举办数次农展会，对有机农业进行营销，使农民的收入得到了提升。目前这些农展会已经吸引了超过 5 万名本地客户。公立学校是有机农产品的主要消费者之一，其 70%的食品供应来自所在地的有机农产品。农业协会也向公立学校的炊事人员进行关于有机食品优点的宣传，并举办地区性的有机食品烹饪比赛。由于公立学校的炊事人员主要由女性组成，这一行动也有助于宣传女性的作用，促进公众的性别平等意识。"水资源优化方案"也设置了减少过度捕捞、提高渔民收入的目标。伊泰普水电站一直支持库区水产养殖的研究和发展，使 700 余户小规模养殖户受益。通过采用网箱养殖技术，这些小规模养殖户的产量得到了保障，收入也相应增加。"水资源优化方案"还改善了该地区的土著居民社区的生活水平，为其创造条件种植玉米、木薯、药材和果树、建造牲畜和水产养殖场、制作工艺品和开展文化活动等，以增加土著居民的收入(UNECLAC，2013)。

　　"水资源优化方案"也强调保护生物多样性。该项目通过研究、开发和繁殖来保护和改善当地物种(动物和植物)的基因和物种多样性。"水资源优化方案"建立了圣玛丽亚生物多样性走廊，种植了 2400 余万棵树木，并对自然保护区内的物种进行保护，该走廊把巴西南部两个主要野生动物保护区伊瓜苏国家公园(联合国教科文组织世界遗产名录)和格兰德生物保护区连接在一起。另一个重要的子项目是建立 Piracema 鱼类洄游通道，使巴拉那河的洄游鱼类不被伊泰普大坝所阻挡。

　　总体上看，"水资源优化方案"现有 20 项主题、63 项措施，囊括了环保教育、生物多样性、可持续发展等多个方面。该方案的成功，已经得到了广泛的认同与传播，并被巴西其他地区、拉丁美洲和非洲借鉴。

　　在拉美地区，有关水资源的经济活动一般需要较多的劳动力。该地区对水电的依赖程度较高，占比超过总发电量的 60%，且待提升的技术潜力较大(IEA，2016)。在一些国家(如阿根廷、巴西、智利、墨西哥和秘鲁)，灌溉农业是农业生产特别是出口农业的主要模式，拉美地区的水浇地占总耕地的比例不大(13%)，但其用水量约占总取水量的 67%。灌溉农业为农村人口，以及上下游的工业部门提供了重要的就业机会。但在整个拉美地区，总体上粮食生产(包括生物燃料生产)及相关就业以旱作农业为主。目前该地区呈现农业就业转向第三产业，而工业就业保持稳定的总体趋势(ILO，2015)。

　　水资源在就业方面所发挥的作用还包括水资源服务对健康和劳动生产率的保障作用。在卫生方面，拉美地区现有的饮用水供应和卫生服务的水平与其他发展中国家相比处于较领先的地位，是该地区各国的公共政策的重点关注领域。该地区已经实现了《联合国千年发展目标》中关于供水的部分目标，卫生方面的目标也基本实现。目前已经开始落实《联合国 2015 年后发展议程》，包括水资源和卫生权利的实现(WWAP，2016)。这需要继续扩大供水和卫生设施的覆盖面，特别是减少农村和城市周边地区的设施缺失、改善服务质量(尤其是饮用水水质控制)、增加污水处理的投资。这些措施将对就业具有重要贡献，包括在水资源管理和卫生部门的直接就业，其他经济活动中的间接就业，以及通过减少发病率、死亡率、旷工率、旷课率的社会成本，减轻居民尤其是妇女和儿童的人力取水负担，促进社会稳定。而一个反面案例则是：20 世纪 80 年代拉美地区的经济危机，导致了水资源、卫生和健康服务水平的下降，而这又成为 1991 年该地区发生霍乱疫情的重要原因。疫情造成劳动力就业、旅游、农业、渔业和出口贸易领域严重的经济损失。水资源和卫生设施的普及也为发展灌溉农业(特别是该地区重要的外向型农业)、旅游业、沿海和内陆渔业创造了有利条件。此外，供水和卫生服务降低了实施其他新项目的成本，有助于保持和提高劳动生产率，维护出口市场，提高整个经济系统的就业数量和质量。推动城市污水处理的重要动机之一是保障出口产品质量，维护对外市场。例如智利为了解决使用不达标废水灌溉出口农产品问题，将污水处理覆盖率从 14%增加到了 28%；并且已实现对所有城市污水排放进行处理。许多国家(如阿根廷和秘鲁)对供水和卫生服务领域提供了大量的资金，这些投资的收益不仅表现在公共健康、生活质量和环境保护方面，而且对经济和就业产生积极影响。例如，扩建污水处理设施，可以更多地提供清洁的灌溉用水，降低因不达标污水灌溉给农产品出口造成的风险，此外，清洁水体还能够发展旅游业等等(WWAP，

2016）。

未来拉美各国政府必须致力于落实水资源常规服务的覆盖，强调保障每户家庭的权利、改进服务质量和维护可持续性。许多国家可能需要 10～20 年来实现这一过程，而污水处理和雨水排水系统的普及也需要近似的时间来完成。随着废水处理和再利用的普及，未来的重点将集中在更先进的处理技术(例如三级处理以去除营养物质)和污泥处置，以及固体废物管理与点源和非点源污染控制，特别是农业非点源控制。为了促进这些目标的实现，政府应当重视如下的公共政策：①为供水、环境卫生和个人卫生服务提供政策便利，包括预算拨款和稳定、高效的体系的构建；②逐步过渡到供水、环境卫生和个人卫生服务经费自给的模式，并设计鼓励提高资源使用效率的税费方案，同时建立有效的低收入群体补贴制度；③建立更加统一、聚合的产业结构，以发挥规模经济的优势，并保障服务供应商在技术和财务上的生存能力；④有效的经济管制，强调信息获取、统一审计、标准化管理和消费者参与；⑤调整监管和公共事业管理的方式，使其更为透明，并具备管理激励及响应机制；⑥加强经济管理与水资源及土地资源管理政策的联系，以确保经济服务的环境可持续性(WWAP，2015)。

根据拉美地区发展的经验与教训，未来需要长期关注以下关键要素，以最大限度地发挥水资源的效用，推动经济发展、创造就业：

(1)发展强有力、透明、有效的制度，建设水资源综合管理和供水及卫生服务，保护社会公共利益，提高经济效率。提供稳定、宽松的投资环境，吸引投资，促进水资源和相关公共事业的发展。

(2)加强落实自然资源税费的征收，并确保将其再投资于人力资本领域，包括教育和培训、社会保障、基础设施、科技等。此外，还需要建立制度化的长效机制，对采矿业等高度依赖自然资源行业的收入进行储蓄和再投资，并提升制度能力，以管理与这些行业的发展密切相关的劳动问题和环境问题。

(3)确保向公众、利益相关方和决策者提供准确、客观、及时的供水和用水信息，包括成本和收益的大小和成分等。

(4)避免水资源管理事业被特殊利益集团垄断或操纵。

(5)根据经济、社会、就业领域的客观标准，以及水资源政策、社会资金项目、财政补贴和政府担保等方面的环境影响，对水资源规划进行评估和改进。

(6)保护生态系统完整性和水资源的可持续发展，包括环境流量的维护。

(7)确保基本的人类需求得到满足，包括保护用水和卫生的基本人权以及土著居民的权利。

5. 撒哈拉以南的非洲水资源状况

非洲拥有世界 9%的淡水资源和 11%的人口。撒哈拉以南的非洲面临着许多与水资源有关的挑战，限制了该地区的经济增长并威胁到人民的生活。非洲农业主要是基于旱作，耕地灌溉率低于 10%(World Bank，2015)。非洲的气候和水资源要素都存在非常显著的年内和年际变化，因此气候变化和气候波动对其影响非常显著。

非洲在 2005～2015 年经济逐渐复苏，治理模式有所改进，以及从 20 世纪 90 年代中期各国的实力开始逐步提升，因此，非洲各国的关键政策目标已经开始由政治独立向经济独立过渡和转型。其根本目的是长久、充满活力地参与到全球经济中，同时确保可持续、公平地管理其丰富的自然资源，使其服务于当代和后代的非洲人的需求。对于非洲而言，可持续发展的重点在于如何开发非洲的自然资源和人力资源，而不重复其他地区发展过程中出现的错误。同时，该地区可以借鉴其他地区经验教训来发展自己的可持续道路，例如降低排放和水污染的清洁生产流程及其配套的政策选择等。

非洲虽然得益于持续的基础设施投资、农业生产增加和服务繁荣的支持，正在经历独立运动以来经济增长势头最好的时期，但有观点认为这种增长缺乏包容性、公平性。2010年，非洲人口已经突破10亿大关，预计到2050年将达到20亿人。从人口统计学的角度看，它将是世界上人口增长最快的区域。此外，该地区的年轻人比例增加较多，这将导致待就业人口迅速增长，预计到2050年将有9.1亿人需要就业，其中约90%的人口将位于撒哈拉以南的非洲地区。因此，就业的需求将是整个非洲面临的一个重大政策问题，而该地区已经面临着高失业率和岗位不足的困境；这一问题也导致了非洲内部的移民问题，以及向欧洲和其他地区的移民流动(UNDP，2013)。如何为预期的人口增长创造就业机会，将成为非洲经济和社会结构性转型的主要挑战。据估算，2015年，撒哈拉以南的非洲新增1900万择业青年，北非新增400万人；到2030年，撒哈拉沙漠以南的非洲岗位需求预计将增加到每年2460万个，北非将增加到每年430万个，非洲岗位需求增长量相当于同期全世界增长量的2/3。如果不能满足这些就业需求，过多的青年人群将失业，容易引发社会和治安问题，尤其是在北非已经引发了社会动乱(WWAP，2016)。

在非洲，就业的需求是一个广泛存在的重大政治问题，该地区在历史上经历过高失业率和就业不足的问题，造成区域内的移民和向非洲以外移民的现象。进入21世纪以后，由于在水电基础设施方面的投入，非洲的就业增长率有了较大提升。据估计，如果没有这些投入，将会在各种与水资源直接或间接相关的经济部门失去大量的就业岗位，导致非洲经济可能失去重要的增长驱动力。非洲的产业部门中，依赖水资源或与其存在关联并具有吸收就业需求的潜力部门包括：农业、渔业和水产养殖业、零售和餐饮业、社会服务业、制造业、建筑业、自然资源开发(包括矿山)、能源生产(包括水电、地热、石油和天然气)等。这些部门在不同程度上都需要一定数量水资源的稳定供给。如果某些部门不负责任地滥用水资源，虽然短期内能产生就业岗位，但会对水资源的可持续性造成不利影响，并危及其他需水的部门的长期运行。气候变化和水资源危机对主要经济部门的产出也有直接影响，进而会影响大多数非洲国家的整体经济情况(WWAP，2016)。

许多非洲国家目前的经济增长速度比其在过去的40年要快得多。21世纪前10年，世界上GDP增长最快的10个国家中，有6个位于撒哈拉以南的非洲地区，其年均GDP增长率分别为：安哥拉11.1%；尼日利亚8.9%；埃塞俄比亚8.4%；乍得7.9%；莫桑比克7.9%；卢旺达7.6%。其他几个非洲国家的GDP增长率也接近或达到7%，即这些国家的经济在10年中接近翻了一番。2012年，塞拉利昂的GDP增长率达到17.2%，位于非洲国家的首位(World Bank，2015)。然而，这些数据必须引起可持续发展方面的重视，因为大部分国家的经济增长并没有伴随着基本经济结构的有效转型。这些经济增长都是以出口未经深加工的农业和采矿原产品为基础的，助长了社会和经济的不平等现象。

非洲国家如果要继续保持其在 21 世纪初期的快速经济增长的状态，那么离不开水资源、电力和交通运输的基础设施保障。如果没有这些基础，非洲经济将无法维持其增长势头，这不仅将导致与水资源直接相关的工作岗位流失，而且还会导致其他依赖水资源的部门的工作岗位流失。一个典型的反面例子是加纳共和国，该国曾经被称为非洲经济复苏的范例之一。2011 年，加纳首次开始进行石油生产，经济增长了 14%；然而，到 2015 年，经济增长率却不足 4%。该国经济发展的减速很大程度上是因为未能提供基本的水资源和能源基础设施，以满足快速增长的经济的需要。加纳主要依赖沃尔特河上建设的阿科松博水电大坝生产电力，但由于降水不足，该水电站在 2015 年的发电量仅为设计量的一半，而地热发电项目的中断加剧了这一电力缺口。甚至在 2015 年 6 月，该国被迫采取供电 12 小时，停电 24 小时的间歇供电制度。来自加纳工会和雇主的反馈表明，2015 年数万个长期岗位被迫裁撤，而且投资环境也已经恶化，这迫使加纳政府再次寻求国际货币基金组织的宏观经济援助（WWAP，2016）。这一例子反映了水资源基础设施对于维持非洲新兴经济体的生产和就业的必要性。

目前非洲最重要的依赖水的部门是农业，该部门也是非洲国家大多数经济体的基石——旱地农业和灌溉农业在所有非洲国家都是重要的就业部门；而渔业和水产养殖部门也提供了 1200 余万个工作岗位，产值达到 240 亿美元，占非洲各国总 GDP 的 1.26%（2014 年）。非洲人口大约 2/3 从事农业和渔业，而农业受充满变化、难以预测的降水格局影响（FAO，2014）。能否保证稳定的水资源供给，是发展可持续农业生产的主要制约因素。全球其他地区面临着中产阶级化发展过程中，生育率低于维持人口和劳动力需求的问题；而非洲面临的则是人口快速增长的问题。因此这对于非洲来说，可以看作是一个机遇，在未来进行经济的可持续转型和包容性增长。人口需要粮食、教育，并保持健康和生产力，因此在这样的背景下，由于水资源对于粮食、健康和能源的重要性，致使水资源也与非洲的可持续发展密切相关。非洲的多个国家已经在实现千年发展目标关于改善饮用水源方面做出了努力，并取得了重要的成效（除了少数脆弱的国家），尤其是在城市人口改善饮用水源方面取得了进步，但相比之下卫生方面所取得的进展则十分有限（WWAP，2015）。

随着许多非洲经济体的持续增长，生活水平、教育水平的提高，越来越多的青年劳动力选择进入城市就业，农业在就业中的地位正逐渐下降。根据联合国粮农组织统计，农业在非洲的就业比例自 2002 年以来逐年下降，这与大多数非洲国家 GDP 持续增长的周期相吻合（FAO，2014）。尽管如此，在可预见的将来，农业仍然是非洲国家就业岗位的主要来源，特别是在非产油国家。据预计到 2020 年农业仍然能提供 800 万个稳定的工作岗位；如果扩大开垦和种植规模，实现从劳动密集型的粮食生产向高附加值的园艺和生物燃料作物的转型，还能再增加 600 万个就业岗位。这种估计较为乐观，没有考虑发展导致的对现有工作的替代或裁撤，要精确评估未来的农业就业形势，需要在稳定责任的农业投资的总体背景下，对社会、经济和环境影响进行精准评估。在快速城市化的城市和城镇地区还存在一个发展的悖论：由于劳动人口流向城市，农村地区的劳动力短缺，导致粮食产量大幅度下降，使得许多非洲国家对粮食进口的依赖性越来越大（WWAP，2016）。

在最高决策层，非洲联盟（非盟，African Union，AU）已经在各种峰会宣言中强调了水资源的关键作用，并制定了一系列关于发展和利用非洲水资源，促进社会经济发展、区域一体化和环境保护的高层次宣言、决议和行动纲领。包括《非洲水资源愿景 2025》及其行动框架、《非洲实施综合及可持续农业和水发展所面临挑战的苏尔特宣言》、《沙姆沙伊赫水和卫生承诺》，以及最重要的《2063 年议程：我们希望的非洲》（AU，2014a）。这些政策以一系列战略和方案作为支撑，包括《非洲发展新伙伴计划》《非洲的基础设施发展计划》等，其中包括对非洲水资源的综合开发利用，实现社会经济发展、消除贫困的目标（WWAP，2016）。《2063 年议程》希望建立一个以包容性增长和可持续发展为基础的、繁荣的非洲。它特别指出，非洲应当公平和可持续地利用和管理水资源，以促进社会经济发展、区域合作和环境保护，并呼吁支持青年人作为非洲复兴的驱动力，通过加大对健康、教育、技术及机遇等方面的投入，提高青年就业率。

　　《非洲水资源愿景 2025》作为非洲水资源可持续发展管理的基本政策工具，它提出要实现非洲水资源公平、可持续地使用和管理，将其用于消除贫困、社会经济发展、区域合作与环境需求（United Nations Economic Commission for Africa，UNECA，2000）。作为一项政策工具，《非洲水资源愿景 2025》指出了非洲水资源开发面临的主要问题。《沙姆沙伊赫承诺》也重申了这些需要完成的任务（AU，2014b）：①建设水利基础设施，促进经济增长；②管理和保护水源地；③实现联合国千年发展目标中关于供水和卫生的目标；④推进非洲地区的全球变化应对和风险管理；⑤加强水资源治理与管理；⑥对水资源和环境卫生部门进行融资；⑦提升教育、知识、能力的开发，加强水资源信息收集和处理。

　　水资源、粮食和能源之间的关键联系，对于非洲地区有重要意义。水资源的总量、分配和优化利用，对于从不可持续的恶性循环模式转型为良性的、螺旋上升的绿色增长模式是非常重要的。目前，非洲的潜在水资源只有 5%得到开发利用，人均可利用水资源量为 200m^3，而北美洲人均可利用水资源量高达 6000m^3。非洲耕地只有 5%得到了灌溉，而非洲的水能资源也只有不到 10%被用于水力发电。目前非洲只有 57%的人口能获得现代化的能源服务（主要是电力），并且随着大部分地区主要城市的城市化速率加快，电力服务的可靠性越来越跟不上发展的需求。2012 年（联合国千年发展目标的截止年为 2015 年），非洲各国仍然平均约有 36%的人口难以获得改善的水资源，70%的人口难以获得改善的卫生设施（WHO and UNICEF，2014）。除了这些统计数据外，气候变异和气候变化很可能会阻碍非洲水资源管理的发展。由于该地区跨界水资源的多样性（非洲地区有超过 80 处的国际河流和地下含水层），需要特别加强区域合作，以实现跨界水资源的综合性、公平性管理，满足地区、国家的目标，以及不断变化的行业部门需求。

　　农业依然是非洲发展的最重要问题之一。由于农业生产力水平较低，数百万农民处于贫困状态，限制了经济的增长，削弱了农业和非农经济之间的联系。从理论上说，非洲的农业潜力足以满足迅速增长的城市人口需求，并出口到国际市场。然而，现实中撒哈拉以南的非洲地区的粮食越来越依赖进口。2011 年，非洲国家用于粮食进口（不包括鱼类）的费用高达 350 亿美元，其中非洲国家之间的贸易份额不足 5%（Africa Progress Panel，2014）。如果非洲的农业生产力能够提高，并用本土农产品替代进口产品，将为减少贫困、提高粮食和营养安全、包容性的经济增长提供强有力的动力。将这种潜力转变为现实，需要依靠基础设施的建设和专业知识的提升，利用丰富的水资源为灌溉、发电、生活和生产传统出口商品服务。这类水资源基础设施的发展，要求各国加强区域一体化、深入合作，因为非洲的许多水资源都属于跨界性质的资源。在未来非洲区域一体化的议程中，应当不仅关注国家间贸易，更要加入联合规划和资源开发(包括水资源开发)的内容。

尽管存在上述问题，但众多非洲国家在利用水资源来发展社会经济方面仍然取得了显著的进步。未来的重点将不仅是取得经济上的增长，更要建立可持续的、包容性的发展模式。由联合国前秘书长安南领导的非洲进步小组指出，可持续、包容性的增长与经济的增长同等重要(Africa Progress Panel，2014)。非洲进步小组认为，非洲正处在发展的十字路口，经济方面，大部分地区已经开始实现经济增长，出口贸易蓬勃发展，外来投资逐渐增加，对援助的依赖程度正在下降。政治方面，管理改革正在转变政治格局，民主、透明和责任机制使非洲的公民在影响其生活的决策上有了更大的发言权。这些都是令人鼓舞的成就。然而，在减少贫困、改善人民生活、增进可持续和包容性增长的基础等方面的进展还不到位。各国政府需要把经济增长所创造的财富有效地转化为机遇，以使所有非洲人都有机会建设一个更美好的未来。各国未来应致力于建立更具包容性的增长模式以及促进社会公平(Africa Progress Panel，2014)。

在农业方面，非洲地区需要采取的干预措施主要集中在对水资源的储存和管理方面，以克服在作物的种植季节降水不足的问题，包括降水收集、径流收集，以及湿地植物生长的需水管理。对于畜牧业、渔业和农村能源等领域，也需要更多的改进措施(WWAP，2015)。为了落实这些措施，在未来几十年内，加强水资源开发领域的区域和跨国合作将至关重要。未来各国需要增加灌溉面积，通过区域联合电力系统实现水电的跨流域生产和输送，完成农业生产转型，以达成《非洲水资源愿景2025》所提出的目标。

为满足非洲的能源和粮食安全的需要，各国也在探索可持续发展的新道路，包括区域间的水电生产和利用项目、大规模农业租赁投资等。非洲的主要电力来源是水电，水电装机容量在总装机容量中占有较大比例，随着超过10年的持续投资，非洲发电量正处于上升之中。例如刚果(金)正在规划中的英戈水利工程，英戈水利水电工程建造在撒哈拉以南非洲最大的河流刚果河上，预计将能提供40亿W的水力发电能力，是满足非洲地区能源需求的重要出路之一。该项目作为一项真正意义上的区域项目，有助于区域各国(刚果(金)、埃及、苏丹、赞比亚等国)实现可再生能源、水资源、主要基础设施等方面的协作与一体化。另一个例子是，非洲部长级水理事会(African Ministers' Council on Water)和国际水资源管理研究所(International Water Management Institute，IWMI)联合进行的一项研究评估了非洲多个国家的大规模农业租赁投资(租赁投资指企业以实物资产租赁或无形资产租赁等方式对其他企业进行的投资)的范围和力度(IWMI，2014)。大规模农业租赁投资的支持方认为，大规模农业租赁投资能够改变长期以来(约50年)传统农业低生产力的困境，私营部门大规模的投资是非洲吸引外资的成果之一，这种方式有助于为提高非洲农业综合生产率提供所需的技术。这类大规模的投资遍及非洲的多个地区，大多数都与灌溉农业相关，包括当地消费和出口的粮食作物、牲畜和生物燃料的生产等。上述这些可持续发展的新方法，促进了与非洲可持续发展相关的"水-食品-能源"关系网的良性螺旋式上升。这些可持续发展的新方略，可能会在现代农业技术的应用和提高生产力方面产生"跨越式"的发展。这些新型道路被认为是解决非洲城市化和工业化引起的粮食和能源需求增长问题的重中之重(WWAP，2015)。例如，卢旺达由于缺乏电力，对其减贫和经济增长工作造成了阻碍。联合国工业发展组织与基础设施部实施了一项促进可再生能源开发用于生产用途的项目，通过建立小型水电站为农村地区提供其能够负担得起的低价电力。该项目在四个地区进行了试点，工业发展组织对相关建设、运行、设施的维修和管理的技术和技能进行了培养发展。该项目为 2000 户家庭、小企业、家庭作坊、学校和卫生中心提供了当地生产的清洁水电。由此，卢旺达政府决定再建立 17 个小型水电站，如果能够切实推广落实，这些增设的水电站将有助于为该国创造就业和减少贫困（WWAP，2016）。

非洲地区水资源和粮食安全面临严峻挑战，其中一个重要原因是水资源基础设施不足、水资源开发和管理能力有限，无法满足迅速增长的人口的需求。高速的城市化进程使得这一问题被进一步放大。最重要的是，撒哈拉以南非洲地区 75% 的瀑布和 53 个流域都处于国界地区，由于跨国水资源的多样性，对其开发和管理更加复杂。如果能在开发该地区水资源的过程中，利用国际合作的潜力，这种特殊的制约也可以转化为一个机会。例如对赞比西河（非洲第四大河流，也是南部非洲第一大河）的一项多部门联合调查发现，实施流域合作，能够使发电企业产出增加 23%，且无需进行任何额外的投资（WWAP，2016）。一些国家已经建立了多项跨界合作的制度和法律框架，如赞比西河管理局、沃尔特河管理局、尼罗河流域委员会、南部非洲发展共同体协议等。然而，还需要在更多国家之间建立进一步合作发展的政治意愿，以及相应的财务和制度框架，实现共赢。

6. 小结

总而言之，不同地区面临的水资源和可持续发展的问题各不相同。欧洲和北美地区面临的主要问题是如何提高资源利用效率、减少浪费和污染、改变消费模式及选择合适的技术。在流域层面调和不同种类的用水需求之间的矛盾，以及在国家和国际层面提高管理政策的一致性，将是未来多年的工作重点。

在亚洲和太平洋地区，可持续发展与以下因素密切相关：建设安全的水源和排水卫生设施；满足各种用水需求并减轻污染负荷；提高径流管理能力；提高对与水相关的自然灾害的抵抗力和恢复力。

西亚和北非地区的水资源短缺问题，对可持续发展的阻碍最大。在这些地区，过度开采地表和地下水资源，以及不可持续的水资源消费，加剧了水资源短缺，阻碍了长期的可持续发展。为增加供水水源的补给，可以采取的措施包括雨水收集、污水回用和太阳能海水淡化等。

拉丁美洲需要优先解决的问题主要是建立正式的管理机制来管理水资源，使水资源管理和使用纳入可持续的综合机制，促进社会经济发展、消除贫困。另一个重点是在 2015 年后的发展议程中，保证居民充分享有供水和排水卫生设施的权利。

撒哈拉以南的非洲，未来的基本目标是持久、活跃地参与到全球经济活动中，同时在开发其自然和人力资源的过程中避免重复其他地区发展道路所经历的错误。目前撒哈拉以南的非洲只有 5% 的水资源潜力被开发利用，人均水资源储量为 $200m^3$（北美洲为 $6000m^3$）。非洲只有 5% 的耕地得到了灌溉，只有 10% 的水力资源被用于发电。

1.1.5 水资源问题的应对措施与实施情况

认识到水资源对于不同类型的发展问题的重要意义，只是实现可持续发展的第一步。实现可持续发展需要切实的行动。由于各个国家和地区所面临问题的性质和程度各不相同，因此各个区域、国家、流域和社区的决策者和利益相关方都需要寻找适合自身情况的对策、方案、措施和实施方式，才能实现水资源的科学有效管理和可持续地发展。

1. 社会、经济与环境方面的共识

2012 年联合国可持续发展大会的成果文件 (Rio+20) 《我们希望的未来》认为"水是可持续发展的核心"，并强调了水资源在社会、经济和环境方面的重要地位。水资源是地球的生命之源，也是社会经济发展的关键。从社会的角度看，安全、足量的水资源和健康之间存在显著的关联性，不仅是在饮用水方面，环境卫生和个人卫生用水也与家庭、社区和国家的健康水平相关。由于饮用水和卫生用水与人类健康直接相关，并且水资源也是大多数经济活动所必需的资源，因此安全、长久的水资源来源也是解决各类贫困问题的关键要素。

从经济的角度看，解决缺乏安全饮用水和卫生设施的问题，从长期看有助于人力资本的增长。据估计，全世界平均而言，普及环境卫生的成本与收益之比约为 1∶5.5，而普及饮用水供应的成本与收益之比约为 1∶2 (WHO and UNICEF, 2014; WWAP, 2015)。对水资源及相关基础设施进行可持续管理，可以大大提高农业和食品部门的生产率。在许多发展中国家，农产品的生产和消费过程中的用水占据了总用水量的 70% 以上，因此提高农业用水效率非常重要 (UNDESA, 2013)。除了主要的经济部门之外，水资源对于其他的经济活动也是至关重要的，尤其是在能源生产、采矿和旅游领域的作用。水资源的短缺将成为电力行业扩张的重要障碍，特别是在电力需求将会快速增长的亚洲、非洲南部和中东等地区 (WWAP, 2014)。与水相关的灾害也会造成经济损失，2000 年以来，与水相关的灾害的发生频率已经大幅上升。自 1992 年的里约热内卢地球峰会以来，全世界的洪水、干旱和风暴等灾害已经使 42 亿人次受到影响 (占所有灾害受灾人数的 95%)，并造成 1.3 万亿美元的经济损失 (占所有灾害造成的经济损失的 63%) (UNISDR, 2012)。

从环境角度看，水资源和可持续发展与生态系统健康息息相关，而健康的生态系统所提供的与水资源相关的服务具有巨大的社会价值，包括洪水控制、地下水补给、河岸保护和防止侵蚀、净水作用、生物多样性保护，以及交通运输、娱乐和旅游等。而污染、物种入侵、土地利用变化和气候变化等因素会影响水质和水量，也会影响生态系统的调节能力，进而影响生态系统的其他服务功能。因此，消除或减少这些方面的压力，是维持生态系统完整性的一个必要方面。

水资源管理和发展战略有助于减少与水资源有关的极端灾害的发生频度和强度，保护健康和财产安全。防灾规划与协调工作是应对有关自然灾害并降低风险的有效做法，并且其成本效益较高，特别是在结合结构性和非结构性洪水管理办法时，这一效果尤其明显。以地区资源为基础，设计良好的国家公共就业方案，将就业、扶贫、生产和恢复

自然资源基础等多重目标结合起来，能够对低收入人群的减贫和水环境的保护产生巨大的推动作用(UN-Water，2014)。要在这些方面取得效益，需要对完整的水循环过程实现可持续管理：包括自然中可利用的水资源，各种用水和相关服务过程，以及最终排放回自然环境的全过程。

随着气候变化影响水资源的可用性，以及对淡水资源的竞争加剧，水资源在满足经济社会的需求、保持生态系统的完整性和环境的可持续性方面的难度越来越大。在这样的背景下，需要采取系统性的措施，克服多层次治理的挑战。其中一项挑战是确保有关水资源及相关卫生条件的决策符合国家或地区的人权和义务：各个国家应该在其现有资源条件允许的最大范围内创造条件、采取行动，保障这些权利逐步得到充分实现。各国应当加强提供安全饮用水和适当的卫生服务，以在生活和工作场所预防、治疗和控制与水资源有关的疾病。此外，各国还有义务保障各种人群平等享有水资源的权利，消除歧视。在这方面，各国领导层应当优先考虑实现安全饮用水和卫生设施的基本人权，而非其他与实现这一权利相竞争的其他水资源用途(UN-Water，2014)。

水资源管理面临的另一项挑战是如何确保生态系统及其水资源要素的可持续性。为了保证能够持续为居民和经济系统提供保质保量的水资源，区域的决策管理者应该评估水生态系统的需求，基于已有的知识、数据和技术，采取可行的办法，对水生态系统进行保护、管理及修复。其中的关键是给"生态需水"这一用水项目分配足够数量的水资源，以确保生态系统的可持续运转。对生态系统的适当管理，有助于增强其抵抗力和恢复力的稳定性，同时加强依存于生态系统的人群的应变能力，使其能够应对干旱、极端天气事件和气候变化等带来的压力。多种概念、方法和工具都可以在这方面起到作用，例如水资源综合管理、生态系统服务价值评估等。这些措施的核心思想是力求最大限度地利用一个健康可持续的生态系统所提供的社会经济机遇，并降低水资源耗竭、水生态破坏相关的风险。

水资源管理面临的一些其他挑战，大体都可以通过与上述类似的办法解决：通过适当的生态系统保护和管理，确保水资源的可持续性；制定法律法规，保障人民享有安全的饮用水、卫生设施和其他相关的基本权利。如何将水资源合理分配给生产(例如农业、能源、工业)、生活(例如饮用水和卫生)和生态，并与国家或地区的社会和经济发展的重点及战略相协调，是考验管理者水平的问题。由于生态系统可能没有足够多的水资源来满足所有经济活动的用水需求(特别是在经济上升的地区)，因此决策者必须与利益相关者协调，在相互竞争的用水需求之间作出仲裁。需要制定水权分配的政策法规，对每个经济部门(以及这些部门的用水者)有权使用的水资源量进行分配。在水资源供应方面，不同的地区可能向不同的部门倾斜，例如有的地区将更多的水分配给能源生产或农业等部门，而另一些地区则偏好分配给市政用水等其他部门。这种分配水资源的多寡，将会对这些部门的绩效甚至生存情况产生巨大影响，进而影响部分居民收入和就业。在这样的背景下，联合国环境规划署和国际劳工组织均提出，在八个关键领域(农业、林业、渔业、能源、资源密集型制造业、回收业、建筑业、交通运输业)向绿色经济转变，通过实施更绿色环保和更具生产力的技术和措施，使其收益提高，以抵消水权分配可能造成的不利影响(UNEP，2012；ILO，2015)。这也对政策制定者提出了挑战：如何采取适当的权衡、交换或补偿措施，以抵消上述水资源分配决策可能产生的负面影响。例如对水资源配额减少后影响效益的部门进行补偿，或帮助其转型，并且还需要考虑在产业链、价值链上的连锁反应，对受到间接影响的其他部门也采取适当的措施。

水权分配的决策过程，也是探索如何分配水资源实现利益最大化的机会。水资源的压力可能促进各经济部门减少污染和浪费，提高利用水、能源和原材料的效率，从而成为传统经济向绿色经济转型的推动力，在多数情况下，这也可能对总体就业情况起到积极的作用（UNEP，2012；ILO，2015）。

如果无法正确应对上述水资源挑战，可能在许多方面造成损失。水资源危机及其造成的人类健康受损害问题，会带来一系列不良后果：生态系统退化、生态系统服务功能下降、经济发展不可持续、社会动荡和人口迁移等等。例如许多亚洲、非洲、中东国家以及岛国都在发生大量的移民流动情况，就是由不利的气候变化影响和政治动荡加剧所造成的（WWAP，2016）。

2. 2015 年后的水资源目标

2000 年 9 月的联合国首脑会议上，189 个国家的领导人签署了《联合国千年宣言》，其中提出了 8 个"千年发展目标"。这是发达国家和发展中国家首次制定全球性的协议，承诺共同消除贫困及其诱发根源。水资源是 8 项千年发展目标的基础，但只在目标 7 "确保环境可持续"大类下的 7A 和 7C 中明确提及了水资源：其中目标 7A 提出，要将可持续发展原则纳入国家政策和方案，并防止环境资源的流失；目标 7C 提出，到 2015 年，将世界无法长期获得安全饮用水和基本卫生设施的人口比例降低 50%（United Nations General Assembly，UNGA，2001）。

千年发展目标在推动全世界公共、私人和政治领域对减贫的支持方面取得了成功。千年发展目标框架主要着眼于一系列具体的发展目标，并为国家和国际发展政策制定优先实现的目标提供了支持。在水资源方面，千年发展目标促进了各种国际行动之间的协调与合作，以进一步改善各地区的饮用水供应和卫生设施。然而，由于千年发展目标在制定过程中并没有经过各国的利益相关方的广泛协商，因此有观点认为其主要动力来自援助，并且在关于目标的实现方面不够平衡。例如，千年发展目标没有对可持续水资源管理（包括地表水和地下水）制定具体的目标，也没有对水质、水污染、废水处理或维持生态系统的功能制定具体目标；关于水资源方面的性别平等、卫生、自然灾害等内容也不够完善（WWAP，2015）。千年发展目标强调相对简单直接、易于实施的目标，但在具体执行时也会遇到问题。其衡量目标实现的方式，可能会掩盖不同地区和国家之间的巨大差距。城乡之间、贫富之间、性别之间、大小国家之间的不平等现象，容易被标准化的数据所掩盖而无法体现。

千年发展目标的另一问题来自使用替代指标。例如前文所提到的安全饮用水这一目标，就采用了替代指标来衡量，即使用"改善的饮用水水源"。而"改善的水源"不一定就是安全的，其他重要的方面，包括水质、可利用水资源量、供水服务的稳定性等问题，都没有包含在这一替代指标之内。

由于千年发展目标的格局有限，因此也并未提示发展中国家需充分解决管理方面的问题，例如完善政府机构、社会福利制度和营造公民团体参与管理的氛围等问题，尤其是容易受到气候变化、粮食危机和城市化进程加快等因素影响的国家更需要注重这些问题。

尽管千年发展目标存在上述的不足，但其成功引发了全世界对于缺乏安全饮用水和卫生设施问题的关注，并构建了重要的管理与评估工具。千年发展目标所做出的努力，也有助于发现许多制度性的问题，例如执行力不足、缺乏利益相关各方参与机制、政府内部职权划分不清等(United Nations，UN，2013)。虽然千年发展目标关于饮用水的部分使用了"改善的饮用水源"的替代指标，但仍然证明了制定国际目标和指标，并通过制定长期性的承诺、资源的援助和高效的执行，是有助于解决水资源问题的(UN，2013)。千年发展目标到期后，其所得的经验表明，2015 年后发展议程需要制定一个主题更广泛、更详细、针对各种具体情况的水资源框架，并且要解决供水、卫生及其他多方面的问题。

联合国 2015 年后发展议程致力于解决全世界范围内各国的水资源问题，而不是像千年发展目标那样主要关注发展中国家。发达国家在过去的几十年中，饮用水和污水处理基础设施逐渐恶化，并且发达国家的弱势群体仍然缺乏供水、环境卫生和个人卫生等服务，在此背景下，发达国家的水资源问题也应该受到重视(WWAP，2015)。

2015 年后发展议程强调了水资源对于人类发展、环境和经济的重要性。2014 年，联合国水机制组织(UN-Water)提出了专门针对水资源的可持续发展目标，包括五个目标领域：①供水、环境卫生和个人卫生；②水源开发；③水资源管理；④水质和废水管理；⑤与水有关的灾害。水资源的专项目标，将在社会、经济、财政和其他方面创造远超出成本的显著效益，并丰富水资源领域的内涵(UN-Water，2014)。卫生、教育、农业及粮食生产、能源、制造业和其他社会经济活动的发展，都离不开水资源的有效管理和保护、安全的输水供水，以及卫生服务的保障。另外，人类社区还需要防治与水有关的灾害。

联合国水机制组织技术提出的水资源全球性可持续发展目标促进了联合国可持续发展目标开放工作组(UN General Assembly Open Working Group on Sustainable Development Goals，OWG)对于可持续发展目标的讨论与研究。2014 年 9 月，联合国大会通过了 OWG 关于可持续发展目标最终报告的决议，该决议包含 17 个目标，其中一项是专门针对水资源所提出的目标。具体如下：

①消除贫困；②消除饥饿；③良好健康与福祉；④优质教育；⑤性别平等；⑥清洁饮水与卫生设施；⑦廉价和清洁能源；⑧体面工作和经济增长；⑨工业、创新和基础设施；⑩缩小差距；⑪可持续城市和社区；⑫负责任的消费和生产；⑬气候行动；⑭水下生物；⑮陆地生物；⑯和平、正义与强大机构；⑰促进目标实现的伙伴关系。

其中目标 6 旨在确保人们都能获得水资源和卫生服务，并对其进行可持续的管理；目标 8 旨在促进持续、包容性和可持续的经济增长，以及充分、有尊严、生产性的就业。水资源和与其相关的劳动力就业对于其他几个可持续发展目标也很重要，尤其是目标 1(关于贫困)和目标 3(关于健康)，因此，水资源将是实现可持续发展目标的关键。联合国大会决定，将 OWG 的提案作为设置 2015 年后发展议程的可持续发展目标的主要依据，并在 2015 年的第 69 届联合国大会的政府间谈判环节商议制定其他可持续发展目标的依据(WWAP，2014)。联合国水机制组织所提出的各方面关于水资源的提议，都被纳入了 OWG 的最终报告中，包括：①提高脆弱群体和贫困人群应对变化的抵抗力；②控制由水传播的疾病的定量化目标；③控制危险化学品和空气、水和土壤污染造成的死亡和疾病的定量化目标；④实现饮用水和卫生设施普及的定量化目标；⑤控制水污染、加强污水回用的定量化目标；⑥提高用水效率；⑦加强水资源综合管理和跨国合作；⑧加强与水资源有关的生态系统的保护和恢复；⑨防止和消除外来物种入侵对土地和水生态系统的影响等等。

水资源问题是一个多方面交叉性的问题。要实现 2015 年后发展议程的许多关键目标，需要认识到水资源的基本作用，对水资源及其各种用途进行正确的评估，并解决与水资源相关的主要问题(UN-Water，2014)。无论 2015 年后发展议程的实现程度如何，水资源及其相关基础设施都将是可持续发展、消除贫困和人类福祉的重要基础之一。解决水资源问题并建立水资源与可持续发展的内在联系，可能需要数代人的持续努力。

3. 水资源与"我们希望的未来"

虽然可持续发展被公认为是实现全球社会共同进步的方式，但具体实践上仍然存在很多问题，例如：可持续发展的定义仍然不够具体和清晰；如何才能实现不同社会利益之间的平衡；各种权利与需求之间的优先顺序应该如何排列；需要进行怎样的交易与博弈等等。联合国前秘书长潘基文就可持续发展和水资源的困境问题指出，对全世界而言，水资源的总量是足够的，但需要人类对其进行保护，合理使用并公平分配水资源(WWAP，2015)。水资源管理和决策将在应对 21 世纪的多种发展问题方面发挥重要作用，包括城市化问题、工业发展和经济增长可持续问题、消除长期贫困问题、粮食安全问题、新型消费模式应对、脆弱生态系统保护等。全世界几乎所有产业部门对水资源的需求都有所增长，特别是发展中国家和新兴经济体的能源、制造业和农业部门(OECD，2012)。矛盾的是，水资源对于发展是至关重要的，但是发展和经济增长又会给水资源造成压力，并威胁到人类和自然的水安全。在满足粮食、能源安全以及其他人类用途和生态需求的水资源量方面，也存在着较大的不确定性，这些不确定因素进一步加剧了气候变化对可利用水资源量的影响。

目前的水资源管理多偏重于"亡羊补牢"式的补救。水资源的需求和使用的真正驱动因素，主要是日益增长的居民需求，包括食品、饲料、纤维制品、能源、矿产、制造和加工业等领域的需求，特别是快速增长的城市的需求。由于水资源的需求部门众多，使得许多地区发展中出现水资源总量紧张的问题，而很多情况下水资源管理的职责是分散的，许多公共和私人部门的决策者都负有水资源管理的责任。如何将这样的共同责任转变成具有建设性的机制，使不同的部门可以团结起来，共同做出科学的决策，是需要研究的问题。可持续发展想要依靠"万能手段"或者"立竿见影"的方法是行不通的。不同的社会环境需要找到适合自己的方法，并应用各自的措施，以实现联合国提出的"我们希望的未来"。与千年发展目标类似，联合国 2015 年后可持续发展目标将继续为发展提供管理上的指导与支持，并促进双边和多边援助机构之间的合作。各种水资源的需求和水权之间的纠纷和冲突，需要各地区的利益相关方根据实际情况解决(WWAP，2015)。

贫困群体容易受到气候变化和经济波动等灾害的影响。全世界"底层的 10 亿人"最缺乏基本的社会服务，并且最容易受到自然和人为灾害的侵害(UNDESA，2013)。在未来的几十年中，全世界需要建立新扶贫机制，以及管理、灾害应对、安全方面的协定，还必须加强基础设施、机构发展、人力资源和技术创新等领域的投资。

世界水资源评估计划认为，全球水资源危机的原因主要是管理方面存在问题

（WWAP，2014）。要解决与水资源有关的问题，需要改变现行的水资源评估、管理和利用的方式。社会各界在进行决策和行动时，都应该纳入对水资源的思考。联合国的一项研究表明，基本的管理要素应该包括包容性的政治结构、有效的法律框架、消除不平等、系统的数据和信息渠道、多方参与机制等（UN，2013）。包容性的管理结构包括：从世界到地区层面的决策机制的普及化；消除性别和社会经济方面的不平等；公共部门和私人部门之间的相互依存关系（WWAP，2015）。由于水资源领域存在众多的利益相关方和驱动因素，包容性的管理结构显得尤其重要。例如，必须充分认识到妇女群体对区域水资源管理的贡献，以及在与水资源有关的决策中的作用。在进行粮食和能源安全方面的决策时，也需要慎重地考虑相关的水资源因素。

可持续发展的许多路径都与水资源相关，其中经济部门在很大程度上影响着水资源的使用。为实现联合国"我们希望的未来"所提出的水资源未来目标，需要调整政策框架，加强公共政策、制度体系、规划系统和决策过程。近年来，许多国家已经对水资源政策做出了调整，以实现水资源综合管理。从本质上说，水资源综合管理可以被看作是一套方法论，通过水资源、土地资源及相关资源的协调开发和管理，实现水资源的可持续发展。水资源综合管理为各国采取更加综合的决策提供了良好的基础，以水资源作为发展的"催化剂"，为可持续发展提供了更强的激励。一些国家已经在实践水资源综合管理的多个方面取得了显著的成果，例如分散式管理和建立流域管理机构等；但是，其他许多国家仍然在实践中面临着很多问题，水资源改革停滞不前（WWAP，2012，2015）。联合国水机制组织认为，目前水资源综合管理的理论基础过于强调经济效率，未来有必要把重点放在解决公平问题和环境可持续性上来（UN-Water，2014）。例如，加强社会、政治、行政、法制等领域对于人权、平等问题的关注等。在不同的尺度，需要不同的解决方案。不断增长的用水需求造成的影响将超越国界的限制，使水资源成为一种主要的战略资源。为了协调不同国家的水资源利益，促进技术合作，一些国家成立了国际河流委员会，如湄公河委员会（亚洲）、赞比西河委员会（非洲）、奥兰治河委员会（非洲）等等。国家之间的双边和多边合作与协定也有很多案例，例如，埃塞俄比亚的复兴大坝水电工程引起了尼罗河下游国家尤其是埃及的关注。2014年8月，埃及、埃塞俄比亚和苏丹成立了一个委员会，作为共同的谈判平台，并对大坝的影响进行独立研究；三个国家能够实现其对水资源合法的主张和关注，并且大坝的发电量将有利于整个地区的能源安全。区域内其他正在进行的经济合作和贸易类型（如食品和能源贸易），也可以为水资源领域更具建设性的谈判和对话开辟空间。

水资源问题需要与更广泛的政治经济动态联系起来，其中包括性别平等问题。实现性别平等，要求各类组织和机构不仅要审查自身的制度和做法，而且要加强审查造成供水、用水和水资源管理方面的性别歧视的潜在问题和制度障碍。因此未来的水资源策略需要妇女群体团结起来、集体行动起来，并且需要男性群体在价值观、态度和两性关系上做出调整（Water Governance Facility，WGF，2014）。加强包容性的水资源管理有多方面的优点，包括提供实践方法和工具，并影响水资源分配和水量控制的政治进程等等。包容性的管理方式的优点还包括：确保各供水和用水部门的规范框架的一致性；加强水资源相关服务部门的责任和透明度；促进建立供水的综合性最低标准；增强对贫困人群、边缘群体和弱势群体的帮扶，加强对其改善用水需求的重视程度；提供有效的监测、执行和评估机制

（WWAP，2015）。

要实现水资源及其服务的有效管理，需要决策者和服务提供者对他们的决策和服务质量负责。责任机制有助于厘清参与水资源管理中各方的责任，并有利于财政资源的有效管理。责任机制还有助于保护水资源，加强对公共和私人各方行为的控制，同时确保适当的水质标准。例如研究表明，在撒哈拉以南的非洲地区，为了处理不道德的排污行为，其造成的费用占水资源和卫生领域总支出的30%；如果能加强责任机制，则可以节省一笔费用（WWAP，2015）。另外，为了保持可持续发展的基础设施建设和功能性机构的资金吸引力，水资源和相关经济部门的反腐败措施也越来越重要。加强责任机制，需要政府、私营部门和社会团体中的决策者认识到开放透明、多方参与、评估和学习、对意见做出回馈等的重要性，并通过可持续的水资源和卫生干预措施，实现对贫困人群的长效扶持。责任机制是良好的管理系统的核心组成部分。例如，监管机构通过考察水资源的供给和服务行业对标准和法规的遵守情况，使其承担应负的责任。监管措施可以采取行政命令、法律法规或经济激励的形式。多种形式的措施可以加强社会、行政和政治的责任机制，如公共支出监控、审计、水资源预算和绩效信息公开制度、公众报告、消费者保护机制、建立标准合同、提高消费者的权利和义务意识等等。例如在阿尔巴尼亚，供水和污水处理服务的供应商及其客户订立了一款"标准合同"。该合同结合了消费者权益保护法和供水及污水处理程序的相关规定，并由该领域的各利益相关方进行完善，涵盖了所有的基本要素，如服务、收费和支付、计量、违约和投诉等，以完全合法的方式来处理这些问题。到2011年底，该国的供水和污水处理领域已经签订了超过3.5万份标准合同（包括新订立的合同，以及替代旧有的合同），约占该国所有供水和污水处理服务客户总数的16%（WGF，2014）。上述的政策调整，对于减少水资源风险，以及在更大尺度上解决水资源不公平问题也具有重要意义。

确保水资源安全是各种生活形式的基本要求，而水资源用户面临着多重的风险，并且气候变化和政治、经济波动会造成额外的风险。应对风险的措施包括：增加、改善和升级基础设施；开发水资源高效利用技术；采用适应性管理策略；保护生态系统服务和自然基础。

对水资源管理、服务提供和基础设施的开发、运营和维护的各个方面进行投资，都有利于社会经济发展。而投资净收益的大小，则根据各国的情况不同有所差别。有研究表明，即使是最保守的估计下，在饮用水供应和卫生方面的投资，仅仅在健康方面就能获得"性价比"相当高的回报（WWAP，2015）。还有许多案例表明，在防灾减灾、改善水质和废水管理领域的投资，其收益也明显高于成本（UN-Water，2014）。各利益相关方之间的成本和收益分配，对于财务可行性是非常重要的。决策者可以从水文流域的观点评估成本和收益，并从水资源用途的多个方面评价其经济性质：生活用水、制造业用水、电力和能源用水、农业用水和环境用水。融资方案可以采取各种激励或惩罚的方式，如水资源税、水费、补贴、环境服务费、政策性贷款等（FAO，2014）。未来可以开发新型的融资方案，从投资的预期受益人中寻找多种融资合作伙伴，并对那些帮助节约公共支出的投资者进行经济上的回馈奖励（WWAP，2015）。例如，对生态系统服务进行投资，可以显著节约饮用水供应、改善卫生和废水管理方面的成本。乌干达每年花费23.5万美元以保持Nakivumbo

湿地的生态服务功能，而该湿地每年为乌干达首都坎帕拉提供的水资源净化功能价值约为200 万美元；纽约市实行的流域管理每年为其节省 3 亿美元，并避免了 50 亿美元的损失（WWAP，2015）。水资源投资可以与"绿色经济"的举措相结合，产生协同效应，并创造就业机会、扶贫措施和经济增长点。据计算，在美国每投入 100 万美元到河流生态修复领域，就能创造 15 个工作机会，还能减少污染产生显著的公共效应。让贫困人群获得这些工作机会，将能有效地提升水资源项目的社会认同感（2030 WRG，2013）。

在所有自然灾害中，与水有关的灾害是对经济和社会的破坏性最大的（WWAP，2015）。2005～2015 年，由于自然和人为引起的与水有关的灾害所造成的经济损失大大增加，并且实际损失远远超出了所报告的直接损失。一次与水有关的灾害，可能对其之后数年甚至数十年的发展产生影响。气候变化可能会加剧这种情况，据预测，气候变化将会使世界许多地区的强降水频率增加，还会加剧某些地区在特定季节的干旱程度。目前，社会已经通过各种手段加强对自然灾害的抵抗能力，包括规划、准备、协调响应机制、洪泛区管理、预警系统、提高公众防范风险意识等。其中，混合结构和非结构化的洪水管理模式，特别符合"低成本、高效益"的原则（UN-Water，2014）。

通过技术和社会的手段，也可以降低水资源风险和各种与水相关的安全问题。例如把废水作为一种资源来对待。将废水作为一种潜在的资源而不是难以处理的副产品来对待，并探索赋予其价值的办法，是很有潜力和益处的。并不是所有的水资源都需要达到饮用水的水质标准，关键是为不同用途的水资源制定合适的处理措施。又例如，目前，有越来越多的案例反映废水处理后的再生水可以用于农业灌溉、市政公园和绿地灌溉，以及工业冷却系统用水，甚至在某些情况下可以作为饮用水（2030 WRG，2013）。废水污泥可以制沼气，进而用于发电、公共交通和城市供热。

水资源短缺的问题也引发了对冲洗厕所的质疑，即将珍贵清洁的淡水资源作为处理废物的手段是否恰当。在世界为贫民窟和非正式定居点提供水资源和卫生服务的同时，也应当注意把握机遇、加强创新，开发不同于传统的冲水式厕所和下水道系统的新模式。对于城市地区，由于人口密度的不断增加，使其能够部署高效、彻底、多样化的技术解决方案，这些方案可能是城市之外的地区难以负担或无法实现的。另一方面，要通过宣传和教育，使城市人口接受这些新型的卫生系统。

现有的很多全球和国家尺度的水资源评估，尚不能很好地解决 21 世纪的水资源需求问题和用水竞争问题，特别是加入了气候变化背景的问题。因此，需要寻找新的水资源综合评价方法，为复杂的决策过程提供支持。水资源评估需要资金投入和能力建设的支持，并且对水资源的评估应当与实现可持续发展目标进程的评估相结合。为了在各个层面更好地开展水资源可持续工作，需要加强对用水的测量、建模和监控能力，并提升可持续性供水的能力。信息公开与共享有助于提高参与度和公信力，并且有助于提高对可持续发展的积极性。例如，有案例证明，加强用水户的宣传教育和参与机制，即便水费可能会有所上涨，仍可以提高公众对用水调节的支持程度（2030 WRG，2013）。

与 GDP、温室气体排放量等经济指标的核算类似，流域水资源核算已经成为一种整体水资源管理和经济评估的工具（UNDESA，2013）。在进行流域水资源核算时，还需要考虑流域的生态系统服务功能，以反映资源效率、生物多样性和生态系统服务之间的联系和水资源的社会价值(UNEP，2012)。

为了实现联合国提出的"我们希望的未来"方案，还需要解决公平问题。社会公平问题作为可持续发展的一个方面，在目前的发展和水资源政策方面尚未得到圆满的解决。在2015年后的世界发展议程中，需要制定新的承诺和长效的行动，来减少贫困和不平等问题。为了实现供水和卫生设施的普及，有必要加快弱势群体进步的速度，并确保在供水、环境卫生和个人卫生服务中消除歧视现象。不同地区之间、城乡之间、社会经济群体之间的水资源服务都存在明显的差异(WHO and UNICEF，2014)。即使在水资源服务覆盖率较高，乃至于接近完全普及的国家，某些少数群体的权益也可能被忽视。在全世界的众多农村地区，水资源服务的水平远低于一般水准，而在城市地区，由于贫民区的快速增长，以及部分国家和地方政府无法或不愿为贫困社区提供足够的设施，使城市中缺乏供水和卫生服务的人数也有所增加。全世界居住在贫民区中的人口数预计到2020年将达到9×10^8人，这部分人群更容易受到极端气候事件的影响，并且容易面临缺乏安全饮用水和卫生设施的困境(UN-Habitat，2011)。一些创新的解决方案如自助供水站等，已被证明在改善贫民窟等非正规定居点的饮用水供应方面具有良好的效果。国家和地方政府需要探索政策或法规，以消除阻碍贫困人群获得水资源服务的制度障碍；以现有的解决方案和措施作为出发点，与用水户和供水方进行沟通，通过改进和探索，使此类情况逐步得到改善。行政命令也可以改善贫困人群的水资源情况，提高水资源服务的覆盖率，例如，乌干达政府在2004年制定了"2015年实现城市供水和公共卫生服务100%覆盖"的目标后，乌干达国家供水排水公司切实地扩大了其服务对城市贫困人口的覆盖范围(WWAP，2015)。

从可持续发展和保障人权的角度出发，应当减少水资源服务方面的不平等现象、缩小差距。应当调整水资源服务领域的投资重点和运作规程，使社会水资源的分配与服务的提供更加公平。提高公平性不仅是一种道德上的责任，其对于经济发展也是必不可少的(WHO and UNICEF，2014)。但是，虽然水资源服务具有相当高的投资回报率，但在许多国家或地区这一领域的资金还没有到位(WWAP，2015)。加强对水资源基本服务的投资，有助于提高经济增长的潜力，减少由健康状况不良导致的生产力低下问题，以及缺乏培训导致的贫困问题及其造成的恶性循环。由于这些投资存在使疾病发生率减少等益处，其受益者往往是整个社会而非投资者自身，因此需要采取适当的管理措施，引导投资进行这种社会回报。责任机制方面，需要监管机构来确保水资源服务供应商遵循水资源部门制定的政策。大多数发展中国家都在政治纲领层面提出了很高的社会目标，但往往在实践中难以跟踪管理目标的实现情况。这种问题可能是由于发展中国家照搬发达国家的监管框架造成的，在很多发达国家，已经实现了水资源服务的全面覆盖，在公平性方面面临的问题比发展中国家要少，因此完全借鉴其管理办法是行不通的。在若干政策层面，都应当把公平性作为一个重点问题，并通过监管措施来保证问题的切实解决。

在设施安装方面，水资源服务的设施(如输水和排水管道)应该靠近或接入居民的住所，以实现效益的最大化。设施入户不仅有利于良好的卫生和健康，也能够节约时间，而时间机会成本是水资源投资总体回报的一个重要方面。此外，设施靠近或接入居民的住所，还有助于保障居民尤其是妇女儿童的安全，以防其在取水和卫生活动过程中受到侵害(WWAP，2015)。

据调查，缺乏改善的水源和卫生设施的人群中，大部分同样缺乏电力供应，只能使用固体燃料。电力资源对于生产和培训也具有重大意义，尤其是其在照明方面极大地延长了工作和学习的时间。能源升级和使用清洁燃料也有助于改善健康状况，减少因燃烧固体燃料引起的呼吸系统疾病，特别是对负责烹饪的妇女和儿童具有重要意义。多种案例已经证明，在水资源和电力基础设施和服务方面的投资不仅能取得直接经济效益，还有助于减轻贫困问题(WWAP，2014)。

在农业领域的合理投资也有助于推动经济增长、促进公平和消除贫困。例如，在中非地区大规模灌溉投资的内部收益率是 12%，而在萨赫勒地区的小规模灌溉投资的内部收益率为 33%。对小规模生产者进行扶持的政策不仅有助于公平，而且也能够促进农村地区的经济增长。确保公平的水资源分配，需要强化责任制度，公开透明性和参与机制，以避免资源被少数特权群体所把持。不同类型的水资源分配，如农业，工业或市政用水之间的分配，一般是通过行政许可证体系管理。水资源定价也有助于将稀缺水资源合理配置到经济价值或其他收益最高的用水类型上去。然而，由于水资源的用户和用途的多样性，及其在区域和全球经济中地位的复杂性，使得水资源的定价机制十分复杂。例如，自给型农业和商业型农业所创造的经济贡献和社会福利的差异，很难用简单的参数进行比较。公平定价和用水许可制度，需要充分保证水资源的生产和输送处于有效的运作机制之下，并且符合环境的可持续性。因此需要建立能够同时适应工业、大规模农业和小型自给型农业的生产能力和需求的水资源运作机制。

水资源和卫生设施方面的基本人权保障要求，所有人都应当享有足量的、安全的、价格合理的水资源，以供个人和家庭使用，并且不受歧视(UN，2013)。在投资较少的"冷门"领域或地区，以及对社会、经济、文化影响力较低的群体容易遭遇歧视现象。居民对水资源价格承受能力有几种方法可以确定，例如以家庭收入的一定比例作为参考制定水价，但目前对于定价手段的普遍共识还较少(WWAP，2015)。在服务领域，价格或关税通常与水的体积挂钩。然而，在这方面的价格并不能反映水资源的稀缺价值，而仅仅是输水的成本。在许多国家和地区，由于水资源服务的价格过低，造成服务质量低下、基础设施维护不足、难以拓展服务范围及服务供应方的经济成本难以得到完全的报偿等问题。而即便是较低的税费，某些地区的贫困人群也无力支付。较低的水资源税费一方面可能限制服务的范围和质量，另一方面又限制了低收入人群享受公共水资源的服务。这种矛盾的部分原因是水资源服务的定价过低，阻碍了供水网络的扩张和普及，从而造成长期的不平等问题：公共供水系统只为少数高收入群体服务，而占人口多数的低收入人群难以享受其服务。水资源税费的矛盾还涉及一个问题，许多贫困家庭仍然需要支付大量的费用来获得供水。由于部分国家和地区的公共供水系统没有很好地满足低收入或城市周边地区的用水需求，使私营或非正式的水资源供应商成为这些地区的主要供水方。在这种情况下，贫困人群可能需要付出更加昂贵的水费，而其所得水的水质可能低于富裕人群(WWAP，2015)。同时目前的水资源税费价格对富裕阶层而言又显得过低，并不足以有效地限制富裕家庭或工业生产对水资源的过度使用。

对于管道式的供水系统，管网的铺设情况决定了居民是否能够享受供水服务。为了让贫困人群能够得到供水，仅仅对水费进行扶持是不够的，还应该采取补贴或分期付款等方式使其能够安装供水管道。管道输水的水价可能低于其他供水方式，而无法享受管道输水的人群则需要从供水站或移动供水车买水。因此，需要制定一种扶贫式的价格政策，尽量降低管网铺设的费用，同时保持水费处于合理的水平，以维持供水系统的维护和未来的拓展。考虑到贫困人群的支付能力问题，可以为难以负担水费的人群提供扶持，而不是降低整体的水价，以免造成只有富裕人群从政策中受益的结果。

全世界资源分配和收入分配的公平性持续下降的现状，已经引起了世界各国领导人和发展机构的关注。世界经济论坛认为，"收入差距扩大"是一种显著的趋势，也是全世界面临的主要风险之一（World Economic Forum，WEF，2014）。有研究认为，财富的过度集中不利于社会发展，因为当财富影响到政府决策时，往往会制定偏向于富裕阶层的规则，而损害其他社会阶层的利益（Fuentes-Nieva and Galasso，2014）。财富的过度集中也会影响水资源政策及其工作重点，例如在肯尼亚内罗毕的调查表明，水资源供应商虽然加强了对贫困群体的倾斜力度，但总体上仍然优先为高消费的富裕消费者和有政治影响力的阶层服务（WWAP，2015）。虽然价格政策能够在一定程度上促进用户节约用水，但有些情况下通过宣传教育和公益倡议能够更好地提高居民的意识，加强用水责任。价格机制需要与意识的提高和信息的发展相结合，才能建设好资源友好型社会，实现水资源的公平、合理利用，满足当代人和后代人的需求。另外，还需要把经济可持续发展与经济、社会和环境方面的可持续发展统一起来，以保证社会公平、经济增长和环境可持续的共同进步。

综上所述，当前水资源问题的应对措施主要包括以下几个方面：

1）2015 年后发展议程

联合国提出了千年发展目标，是一项旨在将全球贫困水平在 2015 年之前降低一半（以 1990 年的水平为标准）的行动计划。2000 年 9 月的联合国首脑会议上由 189 个国家签署了《联合国千年宣言》，正式做出此项承诺。联合国千年发展目标成功地为全球消除贫困凝聚了公众、私人和政府的支持。关于水资源方面，千年发展目标促成了大量的改善饮用水供应和排水设施的工作。然而，千年发展目标的经验表明，在 2015 年后发展议程中，需要一个范围更广泛、更详细和具体的水资源框架，而不仅限于供水和卫生问题。

2014 年，联合国水机制组织建议设立一个专门的水资源可持续发展目标，包括五个领域：①供水、环境卫生和个人卫生；②水源开发；③水资源管理；④水质和废水管理；⑤水旱灾害。这样一个专门的水资源目标所创造的社会、经济、金融和其他收益将大大超过其投入成本。这些收益还会延伸到健康、教育、农业和粮食生产、能源、制造业和其他社会经济活动方面。

2）实现"我们希望的未来"

2012 年联合国可持续发展会议的成果文件（Rio+20）《我们希望的未来》提出"水资源在可持续发展中处于核心地位"，但也指出社会发展和经济增长的压力对人类和自然的水资源安全造成了威胁。在满足粮食生产、能源供应和其他人类需求，以及维持生态系统所需的水资源量方面，也还存在重大的不确定因素。而气候变化的影响加剧了这些方面的不确定性。

水资源管理是许多公共和私营部门中的决策者们的共同责任。如何进行责任的划分，提炼出具体的、有凝聚力的问题和任务，使不同的利益相关者可以凝聚起来集体参与决策以制定正确合理的水资源策略，还有待解决。

水资源的管理需要广泛的社会参与，通过整体性的管理框架，将分散在各个层面和不同对象的管理决策统一起来。例如，必须认识到普通居民对地区水资源管理的贡献及其在水资源相关决策中的作用。

虽然有部分国家的水资源管理工作处于停滞不前的状态，但也有一些国家在实施水资源综合管理(Integrated Water Resources Management，IWRM)的多个方面取得了显著进步，包括分散化管理、设立流域管理机构等。由于水资源综合管理的实施经常与经济效率相捆绑，未来应当更多地强调公平和环境可持续性问题，并采取措施加强社会、行政和政治方面对水资源的责任。

3) 风险最小化和利益最大化

在水资源的管理、服务和基础设施的开发、运营和维护的各个方面进行投资都能产生显著的社会和经济效益。从健康和卫生的角度看，在饮用水供应和排水设施方面的投入是非常划算的。在防灾准备、改善水质和废水管理方面的投资也非常有效益。在利益相关者之间合理分配这些成本和收益，有助于在经济方面实现可持续发展。

水旱灾害是所有自然灾害中，对经济和社会的破坏性最大的一类。随着气候的变化，这类灾害的发生有可能增加。制定好规划、准备和应对体系，包括洪泛区管理、早期预警系统和增加公众风险意识等，能够显著提高地区的灾害应对能力。将工程性和非工程性的洪水管理方法进行协调，能够有效地实现低成本、高效益的目标。

通过科技和社会手段，也可以降低各种与水资源安全相关问题的风险。例如，再生水的使用范围越来越广，包括农业用水、市政绿化和景观用水、工业冷却系统用水，在某些情况下甚至可以作为安全的饮用水。

水资源评估对于合理的投资和管理决策，促进跨部门的合作并解决相关各方之间的问题妥协和交易都是不可或缺的。而现有的部分水资源评价并不完全符合现代的水资源需求。

4) 水资源的公平性

实现社会公平是可持续发展的宗旨之一，但在社会发展和水资源政策方面一直没有得到充分的落实。从可持续发展和人权的角度出发，应当尽量减少在供水、排水和卫生方面的不平等和不均衡问题，因此需要调整投资重点和运作规程，以更加公平地分配水资源和提供相关的服务。水资源的价格政策一方面要帮扶贫困人群使用水的成本尽可能低廉，另一方面又要使水价足以支撑水资源系统的运转和发展。

水资源定价也为如何分配稀缺的水资源，以实现经济和其他方面的价值最大化提供了依据。公平的水资源定价和用水分配，还应当能够促进高效的废水收集和排放机制的建立，以及兼顾不同用水规模的产业部门的产能和需求，形成环境可持续发展模式。公平原则对于增强世界水资源安全的意义，甚至比某些技术手段更加重要。

1.2   中国水资源态势分析

中国人均水资源量不足世界平均值的 1/4,水资源问题比其他一些国家更为严峻。河流断流、水库干枯、农村人畜用水枯竭、城市水源缺口等问题时有发生。2006 年内蒙古自治区、重庆市遭遇大旱灾。2009 年,干旱波及中国 12 个省份,河北南部、山西东南部、河南西南部等地一度达到特旱。2010 年,以云南、贵州为中心的五个省份遭遇特大旱灾。位于华北平原、山东半岛、辽东半岛的北京、天津、威海、烟台、青岛、济南、大连等城市都出现过水资源短缺的危机。中国作为水资源并不丰富的最大发展中国家,解决水资源问题就显得更为重要和紧迫。

1.2.1   水资源在可持续发展中的地位

水资源在经济发展与社会进步中的重要地位主要体现在人口、粮食、经济增长、水市场与水工业、国有资产控制力、国民经济价格体系、生态环境等方面。

1)水资源与人口增长和城市化进程的联系

中国是人口大国,而人均水资源占有量在世界各国 2012 年的排名中位于百名以外(WWAP,2015)。据预测,2050 年,中国人口将达到 14 亿左右(李培林等,2013)。一方面,人均水资源占有量随人口增加在不断下降,另一方面,人口的增加也导致生活需水量的增加,以及扩大的生产规模带来的需水增加。

由于中国的具体国情和发展阶段,在人口增加的同时,城镇化水平也在大幅度提高,以适应就业、节约土地及能源、提高广大农村的教育与医疗卫生水平的需要。2014 年中国的城镇化率为 54%左右,至 2050 年将达到 60%左右。城镇化的进程包括人口大量向城市迁移与集中,这可能加剧局部地区需水强度与水资源天然禀赋不相适应的矛盾。

2)水资源与粮食生产和农业发展的联系

作为人口众多的农业大国,农业生产的发展对于确保我国社会经济长期持续发展具有决定性意义。由于我国天然降水时空变化大,耕地比较集中的东部与中部的湿润、半湿润地区的降水不能完全满足种植业生产的需要,需要进行补充灌溉;而我国北方广大干旱、半干旱地区则基本属于灌溉农业区。2013 年全国的农业生产用水量达 3192.5 亿 m^3,占全国总供水量的 63.4%左右。

由于气候和技术条件限制,中国平均生产每公斤粮食要补充 $1.23m^3$ 的水,而加拿大、美国等国家生产同样多的粮食,仅需补充 $0.07\sim0.93m^3$ 的水,中国的灌溉补水量是上述国家灌溉补水量的 $1.3\sim17.6$ 倍。中国灌溉农田的水稻平均亩产约为 486kg,灌溉旱地作物的平均亩产约为 300kg,非灌溉农田的平均亩产约为 140kg(秦大河等,2002)。可以看出,灌溉事业的发展极大地改善了我国的农业生产条件,在不足耕地总面积 1/2 的灌溉面积上提供了全国 65%的粮食、80%的蔬菜和 60%的经济作物。对于未来人口与粮食安全问题的挑战，增加灌溉面积、提高灌溉用水效率及供水保证率将是至关重要的。

3）水资源分布与生产力布局的联系

从水资源与人口的组合情况看，长江流域以北的北方地区，人口占全国总人口的 40%，但水资源占有量不足全国总量的 20%；南方地区人口约占全国的 60%，而水资源量为全国的 80%。北方地区人均水资源量为 1127m³，仅为南方地区人均水资源量的 1/3。在人均水资源量不足 1000m³ 的 10 个省区中，北方地区占了 8 个，而且主要集中在华北地区；在人均水资源量超过 2000m³ 的 13 个省区中，南方地区占了 10 个，而北方地区只有 3 个；人均水资源量在 1000~2000m³ 的 6 个省区中，南方、北方两个地区各占 3 个（秦大河等，2002）。

从水资源与耕地的匹配条件看，北方地区耕地面积占全国耕地总面积的 60%，而水资源总量仅占全国的 20%；相反，南方地区耕地面积占全国的 40%，而水资源量却占全国的 80%。北方地区平均每公顷耕地的水资源占有量为 9465m³，而南方地区平均每公顷耕地的水资源占有量为 2.9 万 m³，是北方的 3 倍。在中国每公顷耕地的水资源量不足 1.5 万 m³ 的 15 个省区中，北方地区占 13 个。每公顷耕地的水资源占有量超过 3 万 m³ 的 11 个省区中，北方地区仅有 1 个。每公顷耕地的水资源占有量为 1.5 万~3 万 m³ 的有 3 个省区，北方地区占 1 个。此外，中国有超过 1333 万公顷可耕后备荒地，主要集中在北方地区的东北和西北部，其开垦条件主要受当地水资源条件的制约，取水难度大，投入要求高，须注意水土资源合理配置。

从水资源与矿产资源的匹配情况看，中国矿产资源现已查明的潜在价值约 5.73 万亿元。其中北方地区约占 59%，每 100 亿元矿产资源拥有水量为 16m³；而南方地区约占 41%，每 100 亿元矿产资源拥有水量 94m³，是北方的 5.8 倍。其中，华北地区每 100 亿元的矿产资源潜在价值拥有水量为 7m³，西南地区每 100 亿元的矿产资源潜在价值拥有水量为 70m³，后者为前者的 10 倍（中华人民共和国国家统计局，2015）。

从水资源与水能资源可开发利用量的组合关系看，其组合条件也不均衡。我国总体地形西高东低，长江流域片占全国水能资源可开发利用量的 53%。西南诸河流域片占全国水能资源可开发利用量的 26%，黄河片与珠江片各约占全国的 6%。按行政大区划分，则西南地区的水能可开发量为全国的 68%，中南地区为 16%，西北地区为 10%（秦大河等，2002）。

4）水资源与生态环境保护和治理的联系

与水资源有关的生态环境问题主要有以下方面：河湖萎缩、森林草原退化、水土流失、土地沙/石漠化、灌区次生盐渍化及地表地下水体污染。部分地区人口密度大，水资源消耗程度高，地下水位下降，造成了局部地区森林草地资源的退化；植被退化导致了水土流失；大规模河道外用水导致了河流下游水量不足；内陆河尾闾湖泊的面积缩小乃至消失，部分河流已成为季节性河流；不科学的灌溉方式加重了次生盐渍化，造成国民经济的损失。而对生态环境的修复与保护也需要考虑生态环境的用水，因此在经济发展和生态环境保护之间的用水竞争性加大。

随着未来用水量的不断增加，污废水排放量也会相应增加。由于资金和运行机制等原因，污水处理能力的提升相对滞后，形成大范围的水体污染，进而使可利用水资源量减少。加大污水处理与回用的力度，不仅能提高水质等级，同时也能增加水资源的可供给量。水资源保护与水环境治理，是区域可持续发展的有机组成部分。

5) 水资源与经济增长的联系

中国是发展中国家，在未来相当长时期内经济总量的增长意味着需水总量的相应增加。有学者分析，目前及未来相当长时期内，国内生产总值(GDP)增长对需水总量增长的弹性系数为 0.12～0.20 左右，即 GDP 每增长 1 倍，需水总量的增长为 0.12～0.20 倍(秦大河等，2002；Guan et al.，2014a)。但 2010 年之后，随着节水技术的不断进步，全国用水总量的增速已明显放缓，未来可能出现用水"零增长"的情况。经济增长导致需水增长，从而要求扩大供水能力；供水能力扩大要求投资增加；供水部门投资规模和结构的变化，又会影响到其他经济部门的生产能力，进而影响到长期的需水变化。

水资源供给和综合利用是国家的重要基础产业之一，缺水会导致国民经济的损失。据分析，目前农业缺水每立方米要损失粮食产出 0.85kg 左右，工业缺水每立方米要损失产值 30～40 元左右，损失 GDP10～15 元左右。因此，国民经济增长与水资源开发利用之间有十分紧密的联系。

6) 水资源市场与水工业

作为国民经济的基础产业之一，与水资源开发、利用、保护有关的各环节本身就构成了一系列的产业部门和巨大的市场。以城镇与工业供水为例，我国城镇和工业供水的规模已超过 1000 亿 m³，相应的制水设备、供水与排水管线、量水仪器仪表、水质分析与检测仪表、污水处理及回用成套设备等均能形成规模很大的制造部门。同样地，生活节水设施、中水利用设施、工业节水设施和农业节水灌溉设备等也会带来很大的市场需求。这一市场的发育不仅会强化经济发展的水资源保障体系，其相关产业的发展也会对国民经济的持续增长做出很大贡献。

1.2.2 中国水资源的基本特点

1) 水资源总量大，人均水资源量少

水资源总量由地表水资源和地下水资源组成，即河流、冰川、湖泊等地表水体与地下水体中参加水循环的动态水资源量的总和。中国平均年径流总量约为 2.7 万亿 m³，年平均地下水资源量为 8288 亿 m³，扣除重复计算量，中国的多年平均水资源总量为 2.8 万亿 m³。河川径流量是中国可利用水资源的主要组成部分，占中国水资源总量的 94.4%。全国平均年降水总量为 6.2 万亿 m³，降水量的 45%转化为地表水和地下水资源，55%被蒸发、土壤吸水、植物蒸腾等作用消耗(中华人民共和国水利部，2015)。

中国水资源按耕地面积进行计算，每亩耕地占有径流量为 2.8 万 m³，仅为世界平均值的 80%。2014 年中国人口已超过 13.6 亿人，平均每人占有的径流量仅为 2037m³，比世界平均值的 1/4 还低，相当于美国人均占有径流量的约 1/6，巴西的 1/19，加拿大的 1/58。

日本的年径流量仅为中国的 1/5，人均占有径流量却是中国的 2 倍。可以看出，我国虽然水资源总量大，但耕地和人均拥有的水资源量还相当紧缺。

2) 水资源时空分布不均

水资源年际年内变化很大。长江以南的河流，最大年径流量与最小年径流量的比值，一般小于 5；而北方河流最大年径流量与最小年径流量的比值往往在 10 以上。径流量的年际变化方面，存在明显的丰枯水年交替出现，以及连续数年为丰水年或枯水年的现象，径流年际变化大与连续丰枯水段的出现，使我国经常发生旱、涝及连旱、连涝现象，对生产和人们生活不利，加重了水资源调节利用的困难。

径流的年内分配方面，也存在不均匀的现象。东南部地区，连续最大 4 个月径流量占年径流的比例为 60%左右，多出现于 4～7 月；长江以北连续最大 4 个月径流量占年径流的比例为 80%以上，海河流域高达 90%，多出现于 6～9 月；西南地区连续最大 4 个月径流量占年径流的比例为 60%～70%，出现于 6～9 月或 7～10 月。一年内短期集中的径流往往造成洪水，华南及东北地区的河流春季会出现桃汛或春汛，大多数河流为夏汛或伏汛。受台风影响，东南沿海、岛屿及台湾东部河流会出现秋汛。中国北方大多数河流春季径流量少，与灌溉作物春季的大量用水需求形成矛盾。

从中国水资源的地区分布看，北方水资源贫乏，南方水资源相对丰富，南北相差悬殊。长江及长江以南地区的流域面积占全国总面积的 36%，却拥有全国 80%的水资源总量，西北地区面积占全国的三分之一，拥有的水资源量仅为全国的 5%。按面积计算，北方各大流域的水资源量均低于全国平均水平。如海河流域片的每平方公里平均水资源量仅为全国平均值的 1/2；黄河流域片的每平方公里平均水资源量还不到全国平均值的 1/3。据水利部水资源调查评价估算，我国各省、自治区和直辖市的水资源量，最多的是西藏、四川、云南和广西等省区，每年拥有的水资源量均在 1800 亿 m^3 以上，宁夏、天津、上海、北京、山西、河北、甘肃等省级行政区，每年拥有的水资源量均在 280 亿 m^3 以下，其中宁夏最低，多年平均当地水资源量仅为 11.6 亿 m^3（中华人民共和国水利部，2015）。

1.2.3 中国水资源开发利用现状与问题

1) 供水量现状

(1) 供水总量。

从供水工程口径统计，1949 年全国总供水量只有 1031 亿 m^3。1980 年增加到 4437 亿 m^3。1993 年实际供水总量为 5224 亿 m^3，其中，地表水供水量为 4211 亿 m^3，占总供水量的 80.7%；跨流域调水量为 100 亿 m^3，占 1.9%；地下水供水量为 864 亿 m^3，占 16.5%；污水再生利用和其他供水量为 49 亿 m^3，占 0.9%。1993 年全国实际供水总量比 1980 年增加 787 亿 m^3，年均增长量为 61 亿 m^3，年均增长率为 1.27%。其中北方增加 288 亿 m^3，占 36.4%；南方增加 499 亿 m^3，占 63.6%。相比之下，北方地区供水总量增长缓慢，主要是受水资源不足的制约。1997 年总供水量继续增加，达到 5566 亿 m^3，1998 年因降水偏丰，农业灌溉用水需求相对下降，总供水量略有减少（5435 亿 m^3）。到 2014 年，全国总供水量达到 6095 亿 m³，占当年水资源总量的 22.4%。其中，地表水源供水量 4921 亿 m³，占总供水量的 80.8%；地下水源供水量 1117 亿 m³，占总供水量的 18.3%；其他水源供水量 57 亿 m³，占总供水量的 0.9%。在地表水源供水量中，蓄水工程供水量占 32.7%，引水工程供水量占 32.1%，提水工程供水量占 31.3%，水资源一级区间调水量占 3.9%。在地下水供水量中，浅层地下水占 85.8%，深层承压水占 13.9%，微咸水占 0.3%。在其他水源供水量中，主要为污水处理回用量和集雨工程利用量，分别占 80.9% 和 15.3%。南方地区供水量 3314.7 亿 m³，占全国总供水量的 54.4%；北方地区供水量 2780.2 亿 m³，占全国总供水量的 45.6%。南方省份地表水供水量占其总供水量的比重均在 86% 以上，而北方省份地下水供水量则占有相当大的比例，其中河北、河南、北京、山西和内蒙古 5 个省(自治区、直辖市)地下水供水量占总供水量的一半以上。(中华人民共和国水利部，2015)

(2)供水水源。

1980 年以来，海河流域片、淮河流域片、黄河流域片和松辽河流域片等北方地区的供水水源构成变化较大，而南方则相对稳定。北方地区松辽河、海河、黄河、内陆河等四流域片的地表水供水量在 1980～1993 年基本持平，而地下水供水逐年增加；地下水开采量占总供水量的比重，由 1980 年的 30.8% 上升到 2014 年的 35.6%。南方地区地下水开采量占总供水量的比重略有增加，由 1980 年的 3.5%，上升到 2014 年的 3.9%。总体上看，在这 24 年间，全国新增的 1658 亿 m³ 供水量中，北方增加的主要来源于地下水，而南方增加的则主要是地表水。

(3)供水总量增长趋势。

1993 年全国总供水量比 1980 年增加 787 亿 m³，增长率为 17.7%。北方干旱、半干旱地区(松辽河片、海河片、淮河片、黄河片、内陆河片)水资源紧缺，开发利用程度高，增加供水量的条件有限，且 1980 年以来持续干旱，1993 年总供水量比 1980 年增加了 288 亿 m³。年平均增加约 22 亿 m³，年增长率不足 1%。南方湿润地区水资源丰富，随着新的供水工程的建成使用，供水量呈逐年上升趋势，长江、珠江及东南诸河、西南诸河等流域片的供水总量比 1980 年增加了 499 亿 m³，年增长率为 1.6%；在全国总供水量中的比重，由 1980 年的 50.6% 上升到 1993 年的 52.6%。

2014 年全国总供水量比 1993 年增加 871 亿 m³，增长率为 16.7%。北方地区 2014 年总供水量比 1993 年增加了 303 亿 m³，年平均增加约 14 亿 m³，年增长率不足 0.6%。南方地区 2014 年总供水量比 1993 年增加了 567 亿 m³，年平均增加约 27 亿 m³，年增长率约为 0.9%。在全国总供水量中的比重，由 1980 年的 52.6% 上升到 1993 年的 54.4%。这与我国水资源分布的特点，以及社会经济的发展趋势相吻合。

(4)供水水源变化趋势。

1980 年以来，北方地区供水水源的组成变化较大，南方较稳定。黄河、淮河、海河、松辽河等北方流域片，水源组成有了较大变化。当地地表水的供水量增加较少，由 1980 年的 1126 亿 m³ 增加到 2014 年的 1751 亿 m³；地下水开采量逐年增加，由 1980 年的 675 亿 m³ 增加到 2014 年的 989 亿 m³；地下水开采量占供水量的比重，由 1980 年的 30.8% 上升到 2014 年的 35.6%。南方地区，地表水的供水量由 1980 年的 2166 亿 m³ 增加到 2014 年的 3170 亿 m³，地下水的供水量由 1980 年的 78 亿 m³ 增加到 2014 年的

128 亿 m³，地下水开采量占总供水量的比重仅略有增加，由 1980 年的 3.5% 上升到 2014年的 3.9%。

2）用水量现状

（1）总用水量与人均用水量。

从用水口径统计，1949 年中国总用水量只有 1031 亿 m³，其中农业用水占 97%。1980年总用水量增加到 4437 亿 m³，其中农业用水占 83.4%，工业用水占 10.37%，生活用水占6.3%。1993 年全国用水总量为 5198 亿 m³，其中城镇生活用水 237 亿 m³，占全国总用水量的 4.6%；工业用水量 906 亿 m³，占 17.4%；农村生活用水 238 亿 m³，占 4.6%；农业用水3817 亿 m³，占 73.4%。1993 年全国人均用水量为 443m³。城镇人口人均用水量为 299m³，其中生活用水量为 84m³，城镇一般工业和电力工业用水量为 215m³；农村人口人均用水量为 489m³，其中生活用水量为 27m³，农业灌溉用水量为 386m³，林、牧、渔、菜用水量为42m³，乡镇工业用水量为 34m³。1997 年总用水量继续增加，达到 5566 亿 m³，其中农业用水占 70.4%，工业用水占 20.1%，生活用水占 9.4%。1998 年因降水较多，总用水量略有减少，5435 亿 m³，其中农业用水占 69.3%，工业用水占 20.7%，生活用水占 10.0%。2014 年总用水量增加至 6095 亿 m³。其中农业用水占 63.5%，工业用水占 20.7%，生活用水占 12.6%。由于生活用水中包括了第三产业的用水，可以看出，随着经济的发展、产业结构的变化、人口的增长和人民生活水平的提高，农业用水的比例不断下降，而生活用水的比例呈不断上升趋势。

（2）用水结构。

1993 年全国总用水量比 1980 年净增加 761 亿 m³，13 年共增长 18% 左右，主要是城镇生活和工业用水增长较快，共增加 618 亿 m³；城镇生活用水年均增长率为 10.1，工业用水年均增长率为 5.4。农业用水基本保持不变，13 年仅增加了 118 亿 m³，平均年增长率为 0.24%。

在 1980～1993 年期间，全国用水结构发生了较大变化。自 1980 年以来，全国农业用水（包含农业灌溉和林、牧、渔用水）增长较慢，而农业灌溉用水略有下降；工业和城镇生活用水有较大增长，尤其是长江以南的丰水地区，工业用水年均增长率达到 6.3%，城镇生活用水年均增长率达到 10.6%。北方地区工业用水年均增长率为 3.9%，城镇生活用水年均增长率达到 9.6%。由于工业和城镇生活用水的普遍增长，全国工业和城镇生活用水所占的比重已由 1980 年的 11.9% 提高到 18.3%，农业用水已从 1980 年的 83.4% 下降到 73.4%。

2014 年，全国总用水量比 1993 年增加 897 亿 m³，21 年共增长 17，工业用水增长450 亿 m³，年均增长率为 1.9%；生活用水增长 292 亿 m³，年均增长率为 2.3%。农业用水基本持平，21 年仅增加 52 亿 m³，平均年增长率仅为 0.06%。生态用水在 2000 年后才逐渐被纳入统计范围，到 2014 年全国生态用水为 103 亿 m³，占用水总量的 1.7%。在 1993～2014 年期间，生活用水和工业用水继续增加，但增速放慢，农业用水则出现停止增长的迹象。按水资源分区统计，2014 年南方用水量 3314.7 亿 m³，占全国总用水量的 54.4，其中生活用水、工业用水、农业用水和生态环境补水分别占全国同类用水的 66.2%、75.9%、45.0% 及 35.0%。北方用水量 2780.2 亿 m³，占全国总用水量的 45.6%，其中生活用水、工业用水、农业用水和生态环境补水分别占全国同类用水的 33.8%、24.1%、55.0%及 65.0%。

中国农业部门广泛使用地下水。自 1960 年以来，华北平原的密集型灌溉，使部分浅层含水层和大部分深层含水层的水位下降了 40m 以上。水利部在 118 个城市的调查中显示，97%的地下水源面临着污染问题，64%的城市饮用水的地下水源被严重污染（中华人民共和国水利部，2015；World Bank，2015）。

（3）用水效率。

2014 年中国城镇生活平均用水量为每人每日 213L，包括居民家庭与公共设施用水。世界上部分发达国家的生活用水量超过每日 400L，约是中国水平的 2 倍。但英国、德国、荷兰、奥地利、瑞士和以色列等国家的人均生活用水量仅略高于中国（World Bank，2015）。

中国的工业节水水平自 1980 年以来有较大提高，工业用水的重复利用率从 1980 年的 25%左右提高到 2014 年的 85%以上，其中北方地区海河流域片和淮河流域片的重复利用率最高。松辽河、黄河及内陆河流域片的重复利用率次之，而南方地区的重复利用率普遍低于全国平均水平。发达国家的工业水重复利用率水平均在 80%左右，说明中国的工业节水已经逐渐赶上世界先进水平。

农业节水地区差异较大。海河、淮河及山东半岛为全国最高节水地区，而南方地区及内陆河地区、黄河中上游地区还有较大的节水潜力。2014 年农业灌溉水有效利用系数的全国平均值为 0.53 左右，即灌溉用水中只有 53%左右被农作物利用，还有进一步提高的余地。

（4）缺水程度。

目前的主要缺水地区为：海河流域片的京津地区、河北中部南部地区、大同-朔州地区；淮河流域片的山东半岛、南四湖地区；松辽流域片的辽中南地区；黄河流域片的太原盆地、关中平原、河西走廊；内陆河流域片的塔里木盆地；长江流域片的四川盆地、鄂北山区、南阳盆地、衡邵丘陵区；部分沿海大中型城市和东南沿海岛屿。缺水类型主要为资源型缺水，也有部分地区为工程型和污染型缺水。

在全国出现中等干旱的情况下，总需水量为 5500 亿 m^3 左右，缺水量 250 亿 m^3 左右。若考虑供水中的地下水超采和超标污水直灌等不合理供水因素，则全国实际缺水量在 300 亿～400 亿 m^3，其中城市缺水 60 亿 m^3 左右。缺水所造成的国民经济损失和生态环境质量下降等严重问题迫切需要解决。

3）中国的主要水资源问题

1980～2014 年中国通过建设供水工程，实现了供水量的一定幅度的增长，但仍然难以完全满足社会、经济发展和生态保护等对水资源的需求。目前主要通过大力开展节约用水、充分挖掘现有工程潜力、安排重点工程、调整供水结构，甚至通过挤压农业、生态正常需水要求等措施，勉强维持城市生活和工业发展对水的最低需求。现阶段存在着以下几个主要的水资源问题。

（1）供水总量增长缓慢，与经济发展速度不相适应。1980～2014 年，年平均供水增加量为 48 亿 m^3，年均增长率为 0.94%；同期按可比价计算的 GDP 增长速度为 9.93%左右，供水对于 GDP 的弹性系数为 0.095，而国际上相同发展阶段所实现的弹性系数为 0.20～0.30（World Bank，2015）。这既说明在此期间节水工作取得了显著的成效，同时也反映了水资源对经济发展的制约，还反映了隐含的供水不足的状况。总供水量增长缓慢，使中国的缺水形势在总体上未得到根本性的改善。据分析，目前全国多年平均总缺水量为 536 亿 m^3（秦大河等，2002）。已实现的供水量中，尚有相当数量的地下水超采量及一部分超标污水直接灌溉，因此，实际总缺水量还要大于 536 亿 m^3。据估算，全国因缺水造成的工业产值损失超过 2000 亿元，因农业干旱缺水而减产的粮食超过 200 亿 kg。

(2) 供水受水资源禀赋制约，地区间发展不平衡。1980～2014 年，南方地区总供水量增加了 1069 亿 m^3，占全国新增供水量的 64.5%，而黄淮海三个流域片总共仅增加 247 亿 m^3，占全国新增供水量 14.9%。即便如此，2014 年海河、淮河和黄河流域片实际供水量占多年平均水资源量的比值均已超过 50%。其中海河流域片实际供水量已超过多年平均水资源量。近三十年来，地表水供水增长十分有限，主要依靠节约用水、海水淡化、增加地下水供给等措施，导致这些流域片中部分地区出现地下水严重超采问题。

随着社会经济进一步发展，水资源的需求量不断增加，北方严重缺水地区除采用跨流域调水、海水淡化等措施外，缺水局面很难从根本上得到改变。

(3) 生活与工业供水增长迅速，挤占农业和生态环境用水。改革开放后，居民生活水平明显提高，城市化进程加快，城镇生活用水和工业用水增速较快。由于供水不足，为了保持国民经济的高速发展，只能依靠现有工程设施超标运行、挤占农业用水、部分居民生活用水和生态环境用水来维持，使生态环境逐步恶化；部分地区的抗旱能力下降，一旦全国出现较大范围的干旱情况，粮食产量将受到严重影响。

(4) 供水工程老化失修严重，不能充分发挥工程的供水效益。中国的供水工程中，有很大一部分是在 20 世纪五六十年代修建的，已经逐步进入老化阶段，由于长期以来水价偏低等原因，工程维修费用不足，供水工程老化失修严重。据统计数据反映，目前部分供水工程因老化失修等因素，达不到原有设计能力，严重影响了工程供水效益。全国的 4000 余所水厂中，不到半数能够完全符合水源水质的国家标准。政府计划在“十二五”期间对 2000 余所水厂进行升级改进，并额外兴建 2358 个每日综合处理量 4000 万 m^3 的水厂，以满足城市化进程的用水需要（WWAP，2016）。该计划为供水业和水处理设备制造业提供了一个重要的发展契机，并可能为水务部门带来更多的就业机会。

(5) 水生态环境恶化。2014 年全国废水排放总量 771 亿 m^3。全国废水排放总量虽然逐年增加，但 2007 年后，工业废水排放量开始逐年减少。2012 年工业废水排放量（县以上工业企业）为 222 亿 m^3，比 2011 年的 231 亿 m^3 减少 9 亿 m^3；2013 年进一步减少到 210 亿 m^3。但废水排放的绝对数量仍然很大，其中 70% 左右工业废水未经处理直接排入江河湖泊等水域中，引起大范围的水体污染，造成水环境恶化（中华人民共和国环境保护部，2015）。地下水超采同样造成严重的生态环境问题，导致地面沉降，海水入侵，生态系统退化，土地沙/石漠化。同时，由于水污染还迫使供水工程不断改变其取水口位置，地下水超采则使原有的井群报废，增大了供水工程新建改造的难度和压力。

(6) 用水浪费和缺水现象并存，节水还有较大潜力。在水资源紧缺的同时存在着用水浪费现象。2014 年各流域片中农业灌溉水有效利用系数过低，全国平均为 0.53 左右，部分地区单位灌溉用水量偏高，水田达到了 1500 m^3/亩以上，大水漫灌现象仍比较普遍；各地区相同行业的工业万元产值用水量之间相差很大，部分地区工业单位用水量指标仍偏高。从整体上看，特别是单方水粮食生产效率和主要工业品耗水率指标，与国际先进水平相比，中国的工农业节水仍有较大潜力。

1.2.4 中国水资源供需趋势预测

1) 关于中国未来用水趋势的判断依据

(1) 用水趋势与用水发展阶段。根据历史资料推断可知，近年来中国的用水增长率已经处于较慢的水平。而且这种趋势外推还可以结合对用水发展阶段的判断来进行。根据发达国家的经验，用水量可能呈现"迅速增长—增速放缓—停止增长甚至下降"的发展过程。中国用水的历史轨迹已表明，中国用水已经进入增速放缓的阶段。

(2) 用水与水价的关系。价格杠杆对用水具有调节作用，水价的上升对用水量有明显的抑制作用。虽然用水的价格弹性系数对于不同区域、不同用水类型的差别较大，但在所有情况下弹性系数均为负值，即水价升高，用水量下降。

提高水价对工业用水的抑制作用非常显著。例如，当美国供水价格为 10^{-3} 美分/加仑时，火力发电耗水指标为 50 加仑/千瓦时；当价格上涨到 $5×10^{-3}$ 美分/加仑时，发电厂普遍选择安装冷却塔来循环用水以节省水费，耗水指标下降为 0.8 加仑/千瓦时，仅为原来的 1/65；当供水价格进一步上升为 $8×10^{-3}$ 美分/加仑的时候，火力发电耗水指标就可能降低为零，因为发电厂将会因为用水成本太高而改变生产工艺——由原来的淡水冷却改为空气冷却或海水冷却，不再使用淡水，使用水量变为零。农业用水对水价的影响也较为显著。水价对生活用水调节作用相对较不明显，但西方国家也有通过公众教育、安装节水设备、提高水价等综合措施使生活用水逐年下降的实例 (秦大河等，2002；Ny et al.，2006；World Bank，2015)。

在市场经济背景下，由价格引导资源配置是必然的选择。按照市场经济的改革要求，中国长期存在的供水价格低于供水成本的状况将会发生改变，供水价格提高的可能性相当大。如果遵循市场经济的原则，把供水价格提高到供水企业收回成本且有盈利的水平，可以预见，用水上升势头会受到强大阻力，甚至会下降。分析表明，由于水价上涨，华北平原的需水量将比先前的预测量减少 20%以上；华北平原的用水量有希望保持在目前的 430 亿 m^3 左右的水平，甚至还可能下降 (秦大河等，2002)。全国其他地区也会出现类似的情况。

关于水价对农业用水的影响以苏北地区为例。南水北调东线工程把长江水引到苏北的徐州、连云港地区。引水到苏北的成本如果按实际的全部成本计算 (即不按对农业优惠的电价计算，而按市场电价计算，也不仅仅只计算运行费用，还要计入各级抽水站的投资回收分摊)，从长江抽水到苏北的成本是 1 元/m^3。考虑苏北用水灌溉的效益：每亩水稻田需水约 600m^3，亩产稻谷 500～600kg，稻谷价格为 0.8 元/kg，则每亩毛收入 400～480 元，反而低于抽水成本 (600 元)。如果把水价提高到成本水平，则意味着这种水稻灌溉方式将被淘汰。水价上升引起的将不仅是用水量的减少问题，而将是用水方式改变的问题。这在沙特、以色列等中东缺水国家已有现实的表现。由于中东地区水价较高，农民必须种植耗水少、产量高、附加值高的作物，否则难以实现收支平衡。

（3）用水与产业结构的关系。主要考虑工业用水的情况，大部分发达国家都在 20 世纪 70～80 年代经历了工业用水量（淡水取用量）减少的阶段（World Bank，2015）。发达国家工业用水减少的原因，既与石油价格上涨有关，又与严格的环境保护标准和产业结构调整有关。

在除火力发电以外的工业用水中，冶金、化工、石油冶炼、造纸和食品加工等少数几个高耗水部门的用水占工业总用水量的 60% 以上。这几个部门都属于劳动密集型行业或资本密集型行业。在 20 世纪 70～80 年代，发达国家进行了一次广泛的、深远的经济结构调整。发达国家的劳动-资本密集型行业，尤其是这些行业的制造部分和污染重的工业，开始大规模地转移到发展中国家，发达国家自身转而从事以开发、服务为主的技术密集型、知识密集型行业，出现了"产业空心化"现象。有研究者用"新经济""知识经济"等术语来概括发达国家这种新的经济类型。由于耗水多的劳动-资本密集型行业向发展中国家转移，钢铁、水泥等重化工产品产量从历史高峰回落，第二产业的 GDP 在发达国家国民经济中的比重和就业比重均明显下降，加上更严格的环境法规和水价上升所推动的用水效率的提高，使工业用水有所下降。值得注意的是，虽然在 20 世纪 50～60 年代发达国家的第二产业比重就已经开始降低，但直到 70～80 年代第二产业比重大幅度降低时，工业用水才开始减少。其原因是在 20 世纪 50～60 年代发达国家的第二产业的发展速度开始落后于第三产业，因而第二产业的 GDP 比重和就业比重开始降低，但是第二产业尤其是作为当时支柱产业的重化工行业的部门绝对规模仍在扩张，所以工业用水仍继续增长。到 70～80 年代，石油危机引起的高耗水的石化、冶金等重化工行业的绝对产量下降时，即重化工行业的绝对规模开始萎缩，其在第二产业中的比重迅速降低时，工业用水才开始减少。

依据产业结构由劳动密集型、资本密集型向技术密集型、知识密集型转移，工业用水会下降这一规律，可以推断中国工业用水达到高峰的时间。中国已经进入经济结构由粗放到精细的调整期。中国纺织能力严重过剩，政府强制推行"压锭限产"措施；中国的年钢产量已达到 11 亿吨，连续几年位居世界第一。中国的钢铁业也面临产能过剩问题。从 1994 年起，中国 95% 以上的商品都出现供过于求的局面，都由卖方市场转为买方市场，从此宣告中国告别了短缺经济时代。中国经济增长的方式也发生了根本性转变。粗放的规模扩张已经过时，经济发展必须依靠技术水平的提高、附加值含量的提高和经济效益的提高。尽管加入世界贸易组织后，纺织、服装、冶金、造船、家用电器等劳动-资本密集型行业在世界市场上所占的份额有所上升，但冶金、造纸和食品加工这几个高耗水行业的产量规模没有大幅度扩大。按照国家的产业结构调整政策，小炼钢厂、小造纸厂、小化肥厂、小炼油厂、小水泥厂等技术水平落后的小企业都属于关停的对象。总之，经济增长方式由"数量扩张"向"以质取胜"转变，说明中国的经济发展已接近重化工阶段规模扩张的顶峰。

从第二产业的比重来看，不论是 GDP 比重还是就业比重，中国的第二产业在国民经济中的比重都已开始下降。根据发达国家的经验，第二产业比重减少，工业用水也将趋于稳定。

总之，根据发达国家工业用水和产业结构升级的经验关系，以及中国第二产业比重已达到顶峰并转为下降、钢铁等重化工产品也接近顶峰的情况，可以推断中国的工业用水已基本达到顶峰。事实上，自2010年以后，中国工业用水基本保持在1400亿m³上下。

（4）用水与环境保护的关系。发达国家20世纪七八十年代用水的减少，与20世纪60年代末兴起的环境保护运动有关。更严格的环境要求、更严格的环境法规和更严格的环境执法抑制了取水量。一方面，环境保护要求限制从自然水体提取的水量，以减少对自然生态的影响；另一方面，环境保护要求限制向自然水体排放的废水排放量，以减少对环境的污染。严格的环境法规是发达国家产业结构升级的最强有力的推动因素之一，产业结构在升级的过程中，对工业用水产生了显著的抑制作用。瑞典的工业用水量和总用水量在1966年开始减少，主要原因就是1964年通过了更严格的环境立法，强制冷却用水的循环利用，以减少废水排放量（Robèrt et al.，2010）。荷兰的情况与之类似，用水也在20世纪60年代末开始减少。美国用水量在1980年开始减少，也与1977年美国通过了更严厉的环境法规有关。

改革开放以来，中国的经济快速发展，中国的经济实力增强了，人民生活水平提高了，中国大众的环境意识逐渐加强，政府也加大了环境执法的力度。不仅中央政府投入巨资进行生态环境保护和建设，地方政府、企业和人民群众也普遍增强了对环境保护的积极性。只管一时一地利益的破坏环境的行为日益减少。可以说，中国正由"停留在纸面上"的弱环保时代走向严格执行的强环保时代。与发达国家的历程相似，严格的环境保护诉求也必将对用水产生强烈的抑制作用。在用水量增长已经放慢的条件下，更严格的环境要求很可能使用水量转为下降。例如首都钢铁集团既是北京的用水大户，又是北京的污染大户。为贯彻实施科学发展观，基于中国钢铁工业整体发展现状，2005年首钢迁出了北京地区，一定程度减轻了北京的水资源压力。类似这样的在优良环境和污染企业之间的选择会越来越多。而选择结果必然是污染企业逐渐被淘汰。

（5）用水量与水资源总量的关系。因为中国水资源总量的限制，未来用水将不会大幅增加。尤其是对于中国北方的黄河、淮河、海河和辽河四大流域。这四大流域河流的水资源开发利用率超过70%，属于开发过度，为了保护水生态环境，必须尽可能退回一部分水给生态环境。部分发达国家在水资源开发利用率低于10%的情况下还实现了用水量的减少，相比之下，中国在可能的情况下也应努力减少淡水取用量。

对农业用水而言，中国南方水多地少，由于城镇、交通等用地的挤占，灌溉面积已呈减少趋势，所以尽管水资源丰富但农业用水因耕地的限制难以增加；中国北方地多水少，虽有大量的旱地可供发展成水浇地，但却因水源不足难以实现，此外一些原有的灌溉面积也存在因为水源被城镇和工业挤占而得不到灌溉的情况，灌溉面积扩大的余地很小，用水也不会增加很多。

2) 中国用水趋势：基本达到高峰

中国实际的用水增长已呈放缓趋势，供水价格逐渐上涨，经济增长方式由粗放型向集约型转变，高耗水行业已经接近发展的顶峰，环境立法和执法日益严格，加上中国水资源量本身的限制，综合考虑，可以推断中国的农业用水量、工业用水量已接近顶峰，总用水量可能继续小幅增长。

中国的农业用水未来将不会有显著的增长。中国北方受水资源量的限制，而且保证生态环境需水的呼声越来越高，加上供水价格的上涨和喷灌、滴灌等农业节水技术的普及，中国北方的农业用水增加的可能性很小；中国南方则主要因为耕地面积的限制，几乎所有可以开发成水田或水浇地的土地包括陡坡上的梯田，都已开发完毕，南方农业用水也不会增长很多。尽管人口增长和生活水平提高必然会增加农产品需求，但可以通过节约用水、挖掘节水潜力来解决。

工业用水与产业结构的关系同样值得关注。根据发达国家和地区的发展经验，在第二产业经济比重和就业比重下降后，工业用水也随即进入减少阶段，同时总用水量会趋于稳定。从中国的产业结构和用水变动情况可以看出，"十五"时期(2001~2005 年)中国的第二产业 GDP 比重和就业比重都已开始减少，同时工业用水几乎停止增加，可以断定中国的工业用水已经接近或达到顶峰。

未来将长期保持增长的是生活用水和生态用水，2014 年生活和生态用水在总用水量中的比重为15%左右，它们的增加将会抵消一部分工农业用水减少对总用水量的影响。

总之，即使生活用水和生态用水继续增长，但由于占总用水量 60%以上的农业用水已接近顶峰，而且占总用水量 20%以上的工业用水也已几乎停止增长，可以预见中国的总用水量已经接近顶峰。考虑到用水可能出现反复的过渡期，中国的用水将最迟在 2020 年进入稳定期甚至减少期。通过高峰期的总用水量，可以匡算其上限。因为越是靠近顶峰，用水增长率越低，考察 2010 年之后的用水量可发现，用水总量基本稳定在 6100 亿~6200 亿 m³ 的区间内。随着未来 GDP 增速的进一步放缓，可以估计未来用水高峰的上限稳定在 6300m³ 以内，这与秦大河等(2002)的预测值一致。

3) 中国水资源安全与保证程度

中国水资源总量多年平均值为 2.7 万亿 m³，可供开发量约 1.4 万亿 m³，但西南地区有 6000 亿 m³ 可供开发量由于地理条件等限制实际上难以开发利用，因此中国水资源真正可以开发利用的最大数量是 8000 亿 m³ 左右。较之上面预测的高峰需水量 6300 亿 m³，中国的水资源是能够满足需要的。但是，一方面由于水资源的时空分布不均，所以总量的平衡并不保证每一时、每一地都能得到水资源正常供给，另一方面供水潜力还只是理论上的，要转化为实际的工程供水能力，还需要建设大量的供水工程，而且需水预测中包含了严格的环境执法、供水价格提高及到供水成本以上等预设条件，所以尽管预测未来供水潜力可以满足需水要求，但绝对不能对水资源紧张的形势掉以轻心，还需要完成一系列艰巨的工作。

1.3 本 章 小 结

根据世界水资源评估计划的预测，在未来实现可持续发展的世界，水资源及其相关的管理与服务，将为人类福祉、生态系统健康和全球经济公平提供支持和保障。这一预测具有变为现实的可能性，但需要多方面的联合努力，以及具体行动的部署和实施。

首先，需要制定适当的法律和制度框架，以保证水资源的管理和利用符合可持续发展的原则。法律和规章需要保障水资源的可持续性和用水需求之间的长效平衡，并防止水污染和过度开采水资源，使其能够为后人服务。

其次，需要加强供水、环境卫生和个人卫生服务的普及，并提升现有的服务质量和水平。2010 年联合国大会的 64/292 号决议，提出了关于供水和卫生的人权的基本原则，要求各国政府制定相应的目标，提高水资源、环境卫生和个人卫生的服务水平，以降低全世界的相关疾病发病率、提高生产力、促进经济增长及减少居民群体之间的不平等现象（WWAP，2015）。

再次，需要加大对水资源开发的投入和财政支持。对水资源的投资加以有效、透明的管理，投资所产生的社会、经济和其他收益，将远超其投入的成本。除了对基础设施发展、运作和维护进行"硬件"投资之外，还需要在加强制度能力建设、保障管理机制等方面进行"软件"投资。另外，还需要加强知识与信息的投入，以加强知识基础与储备，并提供真实和客观的信息，反映水资源的状态、使用和管理情况，使水资源的管理者和决策者了解可行的政策选择及其潜在影响。

最后，需要完善水资源分配机制，协调好各发展部门之间的水资源竞争问题，以确保某一方面创造的效益不会对其他部门造成损害。应当围绕水资源的需求问题建立多部门对话协商机制，包括决策机制、冲突调解机制、国家间部长级会议、多边机构、跨国水资源协定等。关于水资源利用形式的决策，是由水资源管理者、各种社会经济发展目标及经营策略等因素联合制定、共同实现的。实现可持续发展，需要政府、企业和民间团体的行动者，将水资源纳入其决策体系中，并促进跨学科、跨部门和跨国家的合作。

联合国提出的《2015 年后可持续发展目标》，对世界各国来说既是发展的机遇，又是挑战。要在 2030 年实现 2015 年后议程所提出的目标，需要多个领域和部门的共同努力，并且需要认识到水资源是联系各个可持续发展目标的关键纽带之一。某一领域的水资源效率提高，可以缓解其他领域水资源的压力，并有助于实现社会利益的共享。例如，改善供水和卫生服务，会为健康和民生领域带来收益。水资源管理的经验表明，发挥各部门的协同效应，可以有效地减少风险，但要实现这一点需要各方的协调合作。充分考虑水资源对其他各种发展目标所形成的机遇和限制，有助于增强各部门和行为者之间的交叉协同效应，使发展的长效动力延续到 2030 年甚至更久。

减少、消除贫困和不平等现象仍然是联合国关注的核心问题之一，要求各国家和地区政府承担起对其公民负责的义务。为了促进全世界水资源安全、公平和可持续发展，联合国需要继续领导各个成员国家，为全面实现 2015 年后目标而努力。需要重点关注的几个方面包括：水资源、环境卫生和个人卫生服务的普及；水资源的开发与可持续利用；公平、公开、负责的水资源管理模式；加强废水的再利用，减少污染；维护生态系统服务功能；减少与水有关的灾害造成的人身和经济损失。为了达成 2015 年后发展议程，就这些问题制定的可持续发展定量化目标，需要全球各国政府和国际社会采取广泛的行动并跟踪完成进度。这些问题都是可持续发展的基础，并且其他领域的可持续发展目标也离不开水资源的可持续性。解决这些与水资源有关的挑战，是实现全世界可持续发展的必经之路。

2 水资源问题的虚拟水出路

2.1 虚拟水、水足迹和产业用水

2.1.1 背景

人类活动需要使用大量水资源。水资源的合理开发和充分利用，关系到人类发展的切身利益(WWAP，2009，2015)。随着人口增长、快速的城市化进程、高速增长的经济活动，以及随之而来的大量用水和水生态环境破坏，使得水资源紧缺问题日益凸显。水资源短缺正成为制约区域经济社会发展的瓶颈问题。目前世界范围内约有 50 个国家缺水，约有 7 亿人面临缺水问题，按照当前的人口增长趋势和经济发展走向，到 2025 年世界上 60%的人口将直接面临水资源紧缺危机(Qadir et al.，2007；WWAP，2015)。中国是一个缺水国家，人均水资源量约 2200m³/年，约为世界平均值的 1/4(WWAP，2009，2015)。而且中国的水资源时空分布不均，南多北少，与人口、耕地、矿产，以及经济的发展不相匹配：中国的南方水资源总量丰富，水资源量占全国的 82.6%，而南方的耕地面积仅占全国的 37.6%，人口占全国的 50.7%，国内生产总值(GDP)占全国的 51.6%；中国北方水资源不足，北方水资源总量仅占全国水资源量的 17.4%，而北方人口占全国总人口的 49.3%，耕地面积占全国的 62.4%，GDP 占全国的 48.4%；北方的人均水资源占有量为 1130m³/年，仅为南方人均水资源占有量的 1/3(水利部海河水利委员会，2011，2012)。随着中国经济高速增长，城市化进程不断推进，城市的高人口密度和高经济发展水平等也给北京等地区的水资源供给带来更大的挑战(刘云枫和孔伟，2013)。如何对国家和区域水资源的使用进行准确的核算分析，进而对水资源进行有效的管理，是中国必须解决的一个重要现实问题，也是世界各国普遍关注的问题(WWAP，2009，2012)。

水资源的利用与产业用水结构之间存在密切联系。用水在各产业部门中的分配称为产业用水结构(industrial water utilization structure)，产业用水结构被认为是影响国家和区域水资源使用的重要因素，合理的产业用水结构有助于提高资源利用效率，节约水资源，不合理的产业用水结构可能会造成结构性缺水(Shiklomanov，1999；林洪孝和王国新，2003；Sun et al.，2013)。世界总用水量中居民生活用水约占 6%，工业用水约占 21%，农业灌溉用水约占 73%。但是各国家地区用水结构并不相同。某些国家的工业用水比例低于10%(例如，土耳其 9%，墨西哥 7%，加纳 3%)，而部分国家的工业用水比例接近 80%(例如，德国 87%，挪威 77%)(WWAP，2009，2015)。目前中国正处于推进产业结构调整的阶段，通过产业结构优化和升级引导资源的合理配置及提高资源利用效率实现可持续发展，成为当前和未来中国经济发展的重要任务(新华社，2011；王岳平，2011)。实现产业用水结构的合理化也是产业结构调整和深化水权改革的目标之一(李艳梅和杨涛，2012；

刘云枫和孔伟，2013）。因此，产业用水结构具体受哪些因素影响，影响程度如何，怎样调控影响因素，建立科学、高效、综合的产业用水结构，是值得分析的问题，也是通过产业用水结构调控实现水资源合理使用的基础问题。

产业用水结构既包括各产业部门直接用水量的比例，又包括各产业部门之间的间接用水关系（Shiklomanov，1999；林洪孝和王国新，2003）；目前研究者和管理者主要考虑前者，而对后者研究较少（张宏伟等，2011；Statistics Canada，2012；Ren et al.，2013；刘云枫和孔伟，2013；Argent，2014），这不利于建立科学高效的用水结构。发展全面分析产业用水结构的研究方法，同时对产业用水结构的变化机制进行准确的计算、分析，并在此基础上对未来的产业用水进行预测，探索节水型产业用水结构调整的路径，已成为水资源研究的一个重要问题。

"虚拟水"和"水足迹"是目前水资源研究领域中新兴的概念，给产业用水结构分析与管理提供了新的视角。虚拟水（virtual water）是指人类制造实体产品和提供服务等无形产品过程中消耗的水资源，代表了产品的生产周期所消耗的水资源；水足迹（water footprint）的概念与之类似。虚拟水和水足迹的概念将产业部门生产过程中的直接和间接用水都纳入计算（Hoekstra，2003；Aldaya et al.，2008；Cohen and Ramaswami，2014；Li and Chen，2014），其概念和相关研究方法为全面、准确地分析产业用水结构提供了基础。但是，要从虚拟水的角度来研究产业用水结构，目前的研究方法还不能完全满足产业用水结构分析的需求；在将虚拟水（水足迹）概念和计算方法引入产业用水结构分析领域时，需要对该方法加以改进，以适应产业用水结构分析的需求。同时，现有的虚拟水或水足迹研究大多注重单一年份的核算，而对不同年份的产业虚拟水（水足迹）变化和变化驱动机制的研究则较少涉及，因此也需要发展基于虚拟水（水足迹）的产业用水结构变化驱动机制的研究方法。因此，基于虚拟水（水足迹）的概念和方法，发展全面分析产业部门直接用水和间接用水关系的方法，为水资源有针对性的管理提供科学依据，是水资源研究中值得探索的研究方向。

2.1.2 研究意义

由于中国水资源的不平衡和局部地区用水紧缺，国家和很多地区都采取了各种类型的调水和节水措施，其中包括"南水北调""引黄入青""引黄入晋""引汉济渭""引滦入津"等工程（陈晓光等，2005）。然而有研究认为调水工程的供水能力是有限的，不能完全满足北京等受水地区的人类用水需求和生态需求，还需要从节水的角度解决水资源紧缺问题（Yang，2003；Zhang et al.，2012）。由于产业部门生产用水所用水量大、供水集中、节水潜力较大、相对容易采取节水措施，是节水的重点。调整产业用水结构是节水的重要因素。产业用水结构是经济系统中各产业部门用水量之间的组合关系，包括各产业部门用水量、用水比例和各产业部门用水之间的相互关联方式（Shiklomanov，1999；林洪孝和王国新，2003）。合理的产业用水结构是提高水资源利用效率、节约水资源的有效助力之一。因此本研究对产业用水结构的分析有着以下重要意义：

一是理论方法意义。分析产业用水结构，既需要分析各产业部门的直接用水，也需要分析产业之间的间接用水关系。建立合适的研究方法，定量说明各种驱动因素如何驱动产业用水结构变化及其驱动力大小，是根据驱动因素预测并选择未来节水路径的重要前提，存在探索的价值和必要性。水足迹和虚拟水概念和相关研究方法为更全面、准确地分析产业用水结构提供了基础；但是，目前的水足迹和虚拟水研究方法还存在需要改进的地方，直接套用产业用水结构领域是不能完全满足产业用水结构分析的需求的。在将虚拟水（水足迹）概念引入产业用水结构分析领域时，需要对相关研究方法加以改进，以适应产业用水结构分析的需求。同时，现有的虚拟水/水足迹研究大多注重单一年份的核算，而对不同年份的产业虚拟水（水足迹）变化和变化驱动机制的研究则较少涉及。本研究改进了目前的产业部门用水结构分析方法，建立基于水足迹的产业用水结构及变化驱动机制分析方法：既核算国民经济系统中各个产业部门中间产品和最终产品的水足迹，以反映产业用水结构；又对产业用水结构变化的驱动机制进行高精确度的因素分解分析，同时也提供对不同情景下的产业用水路径进行预测、模拟、评价以及比选的方法。所以，本研究对产业用水结构分析和水足迹核算都具有重要的理论方法意义。

二是节水调控的现实意义。分析产业用水结构，揭示产业用水结构变化驱动机制，探索节水型的产业结构调整路径，能为产业结构调整进程中指导水资源调配及区域水资源管理提供科学依据，对各区域和城市规划用水量和科学用水提供指导、缓解区域水资源紧张问题等具有重要价值。产业用水结构受到各产业部门的直接用水量、经济总量增长、技术进步等多方面驱动因素的影响（Leontief，1970），由此，研究产业用水结构及其变化机制，选择节水型的产业用水结构调整路径，为人们在发展经济社会的现代化进程中，明确产业用水责任，有针对性地调整产业用水结构，优化水资源分配利用、科学提高用水效率、综合节水、促进经济社会可持续发展等具有重要的现实指导和借鉴意义。本书以中国经济高速发展和水资源形势严峻的地区为实证案例，开展产业用水结构及变化驱动机制分析，并进行节水路径预测及选择，希望为中国推进产业结构调整和深化水权改革过程中的用水责任分析、水资源合理配置、水资源承载能力评估、水资源高效利用等工作提供更精准、更全面的科学依据。

与水资源相关领域的产业可以大致分为三个大类：①水资源管理，包括水资源综合管理和水生态系统的保护和修复；②水利设施的建设、运行和维护；③与水资源供给有关的服务，包括供水、污水处理和相关卫生服务。这些产业又为农业（包括渔业和水产养殖）、能源和工业等部门的运行提供了基础，并创造了众多的就业机会，甚至可以视为"依托于虚拟水的经济"。这一点在安全饮用水和卫生设施产业方面尤为明显，在这些方面的投资已显示出促进经济增长的良好势头，且投资回报率较高。而对于人力资本这一重要的经济要素而言，在住宅和工作场所配置安全可靠的供水、排水、卫生服务，对维持劳动力的健康、教育和生产效率也是至关重要的。一些第三产业也依赖于水资源与虚拟水，其中包括公共管理、金融投资、房地产、批发和零售业等。

因此，水资源和虚拟水共同为许多组织、机构、行业和系统的运行、活动和创造就业提供了有利的环境和必要的支持。通过核算、预测水资源保护、处理、供水和虚拟水输送等领域的投资潜力，政府可以制定相应的发展、投资和就业政策，以促进和改善整个国民经济系统的发展。

除了种植农业和制造业外，还存在一些其他大量依赖水资源的经济部门，包括林业、淡水渔业和水产养殖业、采矿业，以及大部分能源产业。这一类别还包括保健、旅游和生态系统管理部门的一些工作。据估计，全世界超过 14 亿个工作岗位(约占世界总劳动力的42%)都依赖于水资源或虚拟水(WWAP，2016)。如果这些产业部门未能获得足够和可靠的水供应，则会造成就业机会的缩减或衰退。洪水、干旱和其他与水有关的灾害也可能对经济和就业方面造成影响，并且这种影响可能通过虚拟水传递到直接受灾地区之外的区域。对于部分较少使用水资源的部门而言(包括建筑业、娱乐和运输业等，约占 12 亿个工作岗位，为世界总劳动力的 36%)，虽然这些部门不需要大量的水资源来实现其大部分运行活动(WWAP，2016)，但虚拟水仍然是其价值链的必要组成部分。

2.2　研　究　现　状

2.2.1　虚拟水、水足迹研究现状

虚拟水与水足迹这两个概念密切相关。随着虚拟水研究日益深入，研究领域不断扩大，与虚拟水相关的概念也随之产生，如单位价值产品虚拟水含量、虚拟水进口量和出口量、虚拟水流动等。在虚拟水研究基础上，Hoekstra 和 Hung(2002)类比生态足迹的概念提出了水足迹概念；水足迹反映了一个地区内人们消费的产品和服务中所包含的全部直接和间接的水资源量(即这些产品和服务所蕴含的虚拟水)，是测度人类对水资源影响的重要工具。自 Hoekstra 和 Hung(2002)提出用水足迹定量描述水资源消耗情况的理论与方法以来，由于水足迹概念比较具体、形象，其计算方法简便易行，在多个国家和地区的水资源研究中得到了广泛的应用(Zimmer and Renault，2003；Chapagain et al.，2006；Dietzenbacher and Velázquez，2007；Hoekstra and Chapagain，2007； Ene et al.，2013；Herath et al.，2013；Vanham et al.，2013)。Hoekstra 等(2011)进一步深化了水足迹的概念，将其划分为绿水足迹、蓝水足迹与灰水足迹：绿水足迹是生产过程中(主要指农产品)消耗的土壤中滞留的降水量；蓝水足迹指在产品和服务生产过程中消耗的地表水与地下水量；灰水足迹是指将商品和服务生产过程中所排放的污水稀释、消解到某一水质标准所需要投入的水资源量。据此，有研究者也提出了与之相似的绿色虚拟水、蓝色虚拟水和灰色虚拟水的概念(夏骋翔和李克娟，2012)。

水足迹与虚拟水概念的含义相近，很多情况下"产品水足迹"和"产品蕴含的虚拟水"可以换用，研究者们在研究生产者和消费者消耗的水资源时，常使用水足迹这一概念；而在研究贸易中隐含的水资源时，常采用虚拟水这一概念(Allan，1994；Oki et al.，2003；Hoekstra and Hung，2005；Yang and Zehnder，2007；Lenzen，2009；Mekonnen and Hoekstra，2012a；Zhang et al.，2012；Dalin et al.，2015)。由于虚拟水/水足迹包含各行业直接和间接用水，从虚拟水/水足迹角度能够分析产业之间的间接用水关系。将水足迹和虚拟水研究与产业用水结构研究相结合，进行多产业的拓展研究很有必要，也是虚拟水/水足迹研究的发展趋势之一。

虚拟水是国家和地方经济的重要组成部分，它不仅与经济部门的运行相关，也和创造就业机会存在紧密联系。全球劳动力市场中，约有半数就业岗位来自 8 个与水资源和虚拟

水密切关联的行业：农(含林业、渔业)、能源、制造业、回收与再生产业、建筑业、运输业(WWAP，2016)。开展包括虚拟水在内的可持续水资源管理，建设发展供水设施，提供安全、稳定、经济的供水和卫生服务，有助于改善人民生活水平，提振区域经济，并创造较高质量的就业机会，提升社会包容性；可持续的水资源管理也是绿色发展、生态发展的重要驱动力。反之，忽视水资源和虚拟水问题，可能会对经济、生活和人民健康造成严重的负面影响，进而造成严重的经济和人身损失。现有的一些非可持续的水资源和虚拟水管理模式，可能对经济和社会造成损害，削弱扶贫、就业和其他来之不易的发展成果。因此，通过政策、投资等手段来协调水资源、虚拟水与国民经济之间的关系，对发达国家和发展中国家而言都是实现可持续发展的先决条件之一。

在水资源利用的定义方面，虚拟水和水足迹一般描述的都是产品和服务生产过程中的耗水量，而非用水量。用水量(水资源的使用量)与耗水量的含义不同，前者是指分配给一定区域内用户的水量；后者是指用水量在用水过程中，通过居民和牲畜饮水、土壤吸收、蒸发蒸腾、管网损失、随产品带走等多种途径消耗掉，一般不能返回到地表或地下水体的水量(水利电力部水利水电规划设计院，1989)。在水资源规划、配置和管理工作中，衡量、评价区域水资源供给能力时，经常需要比较用水量与区域可供水量(指各种水源工程可为用水户提供的水量)是否匹配、是否能够实现水资源的可持续利用。Morillo 等(2015)据此指出，从供需角度分析用水量与可供水量，将全部用水量纳入虚拟水计算很有必要，因为用水量的相当一部分难以在供水区域内再次被利用，若只考虑耗水量而不考虑用水量可能低估用水情况，这一研究角度对水资源压力大、供水能力有限的缺水区域尤为关键。Morillo 等(2015)扩展了虚拟水的定义，在其研究中将虚拟水视为在产品或服务生产过程中的用水量而非耗水量。因此，在虚拟水的研究中，可以根据研究、规划的实际需求和不同目的，选择调整虚拟水的含义范围。

目前定量研究中间产品和最终产品(供应给消费者的产品)所含虚拟水的方法主要有两类，分别是以生产树法为代表的"自下而上"的方法，和以投入产出法为代表的"自上而下"的方法(Zhao et al.，2009；Huang et al.，2014)。生产树法主要用于计算某一特定生产部门的产品水足迹，它将最终产品生产链上的各个环节用水进行统计与累加(Yang and Zehnder，2007；陈华鑫等，2013)。例如，对于第三产业来说，其直接耗水与农业相比相对较小，但第三产业服务的提供需要使用大量工、农业中间产品，间接拉动了水资源的使用，因此需要把生产中间产品的耗水也计入最终产品的虚拟水含量(水足迹)中。生产树这类自下而上的方法，需要供应链上详细的产品和服务数据，能够详细地反映某一部门或企业各个生产环节的用水情况。

在有关产业水足迹的研究中，涉及多个互相关联的产业部门的水足迹核算时，由于各种部门之间普遍存在"原料—中间产品—最终产品"的生产链，需要对伴随着生产链在各部门之间流动的中间产品的虚拟水进行划分，以研究各部门对水资源的直接和间接利用情况(Leontief，1970；Hoekstra et al.，2011)。"生产树"的核算方法在计算特定农产品的水足迹的研究中应用较为普遍，而较少用于计算工业产品的水足迹，其原因在于工业产品生产较农产品复杂得多，且其过程千差万别，最终产品的消费牵动着一系列的生产过程，对一种行业的最终产品来说，其生产不但有直接投入的用水，也有制造中间产品而间接投入的用水，"生产树"类方法难以全面考虑间接投入用水这一情况（Zimmer and Renault，2003；王红瑞和王军红，2006；Liu et al.，2007a，2007b；Hoekstra，2013）。例如，对于第三产业来说，其直接耗水相对较小，但第三产业服务的提供需要使用大量的工农业中间产品，间接拉动了水资源的使用（Wiedmann et al.，2006；Cazcarro et al.，2014；Li and Chen，2014），而这些间接投入的用水，"生产树"类的核算方法是难以全面而清晰地计算的。"生产树"类方法容易忽略或混淆产业部门间的某些相互作用关系，因此会产生漏算或重复计算的风险（Lave et al.，1995；Chapagain and Hoekstra，2004）。

在全面核算多个产业部门的最终产品的虚拟水含量（水足迹）时，常用的研究方法是以投入产出法为代表的"自上而下"的方法。投入产出法由 Leontief（1970）提出，利用国民经济投入产出表来分析产业网络中的各部门之间直接和间接的诱发效果，可以计算所有直接和间接包含于产品消费中的资源使用情况。将投入产出方法应用于水足迹和虚拟水核算后，能够计算出各个产业部门直接和间接使用的水资源（Chen，2000；陈锡康等，2005；Zhao et al.，2010；Zhang et al.，2011；Mubako et al.，2013）。以投入产出法为代表的"自上而下"的方法，与"自下而上"的方法相比，虽然不能提供某一部门具体到各个生产环节的用水情况，但能够全面分析互相关联的多个产业部门各自的虚拟水情况，准确划分用水责任，漏算或重复计算的风险低。该类方法依赖于建立全面的部门原料与产品输入与输出网络数据，常需要依托于生产网络建模、投入产出统计等前期工作。有部分研究对投入产出法进行了拓展（Lenzen，2000，2002，2009；Lenzen et al.，2013），提出了利用混合投入产出法计算各部门输入的中间产品水足迹，更加清晰地描述部分中间产品与最终产品的虚拟水关系。陈锡康等（2005）认为，投入产出法只考虑了各部门的投入与产出，而没有考虑占用的部分，据此提出了"投入占用产出法"，此方法将占用品的虚拟水也进行了计算。

投入产出方法也存在一些需要继续改进的地方，它虽然可以计算经济系统中某一部门最终需求引起的直接用水和间接的水足迹或虚拟水总量，却难以具体分析这些直接用水和间接的水足迹或虚拟水总量在生产链各部门的中间产品中的具体含量，而这正是核算各部门的间接用水所需要的，也是产业用水结构调整中各部门生产者所关心的问题；了解间接用水在生产链中的分布情况，就能定量地调整产业之间的关联程度、调节中间产品的使用，以降低水足迹、节约水资源。因此，怎样进一步分析这些间接的（隐含）水足迹或虚拟水在生产链各部门中间产品中的具体含量，是值得思考的问题。有部分研究探索了计算中间产品用水的方法：Lenzen（2000，2002，2009）提出了利用混合投入产出法计算各部门输入的中间产品水足迹，但该方法需要分不同的流动步骤计算各个流动步骤的中间产品流动情况（例如，"钢铁产业为汽车制造业提供钢材"为钢铁产业到汽车制造业的一步流动；而"钢铁产业为金属制品业提供钢材，金属制品业为汽车制造业提供钢制零件"为钢铁产业到汽车制造业的二步流动），只建立了部分中间产品的用水关系而没有建立最终产品与全部中间产品的用水关系，对于需要计算所有不同流动步骤以确定各部门用水责任的情形，运算较烦琐。并且此类方法（Lenzen，2000，2002，2009；Lenzen et al.，2013）在计算各部门的最终产品水足迹时只计算了最终产品引起的直接用水和间接用水（虚拟水）的总和，没有给出将各部门水足迹和直接用水中"用于生产自身最终产品的用水"和"用于生产向其他部门输出的全部中间产品的用水"进行划分的模型；而一种能清晰表达各部门直接用水和水足迹所涉及的直接用水和间接用水输入与输出的模型是构建水足迹流动网络、分析产业用水结构所需要的。因此,还有待发展能够全面表达各部门中间用水输入与输出的计算方法。

在具体的实践应用层面,特定产品虚拟水含量/水足迹的核算,是近年来国际上虚拟水/水足迹研究的重要内容。目前全球农、林、畜产品及其衍生产品的虚拟水核算已经较为完备,部分工业产品和第三产业服务的虚拟水也有研究。Mekonnen 和 Hoekstra(2011,2012b)核算了 1996~2005 年全球 126 种主要农业作物及其衍生产品的虚拟水含量,以及 1996~2005 年全球 8 种主要畜产品的虚拟水含量。也有研究针对性地核算了某一种或几种特定农产品的虚拟水含量及其构成,以及部分农业制品的虚拟水含量。例如,Chapagain 和 Hoekstra(2003)核算了 1995~1999 年美国、加拿大等 11 个国家畜产品的虚拟水含量;Mekonnen 和 Hoekstra(2010)核算了小麦的绿色虚拟水、蓝色虚拟水和灰色虚拟水含量;Chapagain 和 Hoekstra(2011)计算了 2000~2004 年美国、中国等 33 个国家和地区的水稻的水足迹;Gerbens-Leenes 等(2009)计算了全球 80%的以农作物为原料的生物燃料虚拟水含量;Chico 等(2013)核算了纺织业部门生产牛仔裤产品的水足迹。这些研究表明,农产品中绿色虚拟水占虚拟水总量的 70%以上,畜产品则以蓝色虚拟水为主;单位价值的农产品虚拟水含量普遍低于畜产品。上述研究未考虑农业生产中的虚拟水投入,如农机、农药等。Zhang 等(2014)在核算 2007 年中国农产品虚拟水含量时,在投入产出法基础上加入了对农业生产中虚拟水投入的核算,使核算更加全面。Morillo 等(2015)在核算西班牙草莓的虚拟水含量时也把农业生产的虚拟水投入纳入了产品虚拟水的核算范围。

工业和第三产业产品和服务的虚拟水核算方面,Mekonnen 和 Hoekstra(2011)用生产树法核算了 1996~2005 年全球工业虚拟水含量,认为灰色虚拟水的比例远大于蓝色虚拟水。而 Zhao 等(2009)提出了基于投入产出法的水足迹计算方法,并利用 2002 年中国投入产出表计算了当年中国所有产业部门的产品虚拟水含量,发现考虑了中间产品的虚拟水后,工业和第三产业中蓝色虚拟水的含量均明显上升,因为它们接收了农业中间产品中蕴含的大量蓝色虚拟水。工业和第三产业产品和服务的虚拟水核算在多个国家或地区的不同产品和服务中都得到了应用。例如,Zhang 等(2011)核算了中国 2002 年和 2007 年的各产业部门产品的虚拟水含量,发现 2007 年各部门产品虚拟水含量低于 2002 年,说明用水效率总体是提高的;Manzardo 等(2014)用生产树法核算了巴西、智利和美国造纸业产品中的虚拟水含量,认为提高造纸生产过程中化工原材料的使用效率对节约用水意义重大;Li 和 Chen(2014)利用生产树法和投入产出法的混合方法分析了澳门服务业中博彩业的虚拟水含量,得出除了提高直接用水效率外,控制博彩业中虚拟水使用量同样有助于缓解澳门缺水的压力。

产品虚拟水核算常在国家或行政区域尺度上开展,这是因为政府等管理者和统计部门往往是在国家或行政区域尺度上开展管理和统计工作,这些层面与虚拟水核算相关的基础数据(产业部门用水数据、行业生产数据、进出口数据等)易于取得。随着虚拟水研究方法的日益发展,流域水资源管理地位的不断提升,越来越多的虚拟水研究在流域尺度进行(Zhao et al.,2010;Zhi et al.,2014)。流域是水资源的重要存在形式,也影响着产业的布局。从流域尺度进行虚拟水核算,能够定量描述流域内生产和消费活动对水资源的消耗,为判断水资源的利用量是否处于流域供给能力范围内提供了定量依据。流域尺度的虚拟水研究与行政区域尺度的虚拟水研究相比，更符合水资源的自然属性，具有独到的优势（张林祥，2003）。陈锡康等（2005）编制了 1999 年中国九大流域水利投入占用产出表，得出中国大部分水资源用于农业，1999 年中国农业虚拟水占总虚拟水的 70%左右；水资源较为充足的东南诸河流域、珠江流域、长江流域和西南诸河流域的产品虚拟水含量普遍大于水资源较为缺乏的海河流域、内陆河流域和淮河流域。Schendel 等（2007）根据加拿大 Fraser 河流域和 Okanagan 河流域的农业与气候数据研究了两流域的虚拟水情况，并与加拿大全国平均产品虚拟水含量进行了对比，认为流域尺度的虚拟水研究比国家尺度的研究具有更高的精确度，更适用于作为区域或流域水资源管理的参考。Zhao 等（2010）利用区域投入产出表生成（generating regional input-output tables，GRIT）方法，克服了流域尺度缺少投入产出统计数据的限制，将投入产出法应用于流域虚拟水核算，研究了 1992～2002 年海河流域的水足迹状况，得出流域的总虚拟水中，超过 90%为农业虚拟水，各部门产品虚拟水含量均低于全国平均水平，即用水效率高于全国平均水平。Zhi 等（2014）对海河流域 2002～2007 年的虚拟水研究也应用了类似方法。Wu 等（2014）根据政府部门统计和非政府组织统计的数据，利用一般均衡（computable general equilibrium，CGE）模型计算了中国第二大内陆河——黑河流域 2003～2008 年的主要产业部门虚拟水含量，认为除地理条件外，不科学的农业灌溉加剧了该流域水资源压力，建议加强流域综合管理和产业结构升级，以实现水资源的可持续利用。

从水足迹角度对用水变化的驱动机制进行研究时，由于同一种驱动因素可能对多个用水产业部门均有影响，而不同的驱动因素也可能对同一个用水产业部门进行综合影响，因此涉及如何确定变化的驱动因素，并将联合作用的各种驱动因素各自的影响从总的变化中分离出来的问题，有待探索具有良好数理意义和精确度的研究方法。Zhao 等（2010）采用迪氏分解法，将水足迹变化的驱动因素分为消费强度的变化和消费量的变化，其分解结果表现了水足迹变化的趋势，但无法得出水足迹变化的定量驱动机制，类似于定性比较，分解方法的数理意义也有待进一步探讨。Kondo（2005）基于拉氏分解的数学思想（Laspeyres，1864；Kanada，2001），率先采用了结构分解分析（SDA）方法研究日本水足迹变化，该方法将驱动因素分为技术效应、产业结构效应和产量效应，舍弃了各种因素的交叉作用部分，计算结果表明日本的产业用水结构在向节约水资源的方向变化，主要是技术进步和产业结构调整的贡献，而出口商品不利于提高节水效率；Zhang 等（2012）同样基于拉氏分解的思想，采用了两极分解法对北京市水足迹的变化进行了因素分解，该方法计算了各驱动因素在研究起始年和终止年的分解项的平均值，作为各因素对水足迹变化的独立贡献，计算结果表明北京市的第三产业用水比例明显增加，主要是产量上升和产业结构调整的结果；李晓惠等（2014）也通过两极分解法分析了江苏省产业用水变动的影响因素，认为最终产品产量的增加使产业用水量上升，而产业结构调整和用水技术进步抑制了产业用水量的增加。以上分解方法存在两个需要改进之处：首先，分解的数理意义和精确度都还有待进一步改进，数学模型研究中已经证明其计算结果存在较大误差（Dietzenbacher and Los，1998；李景华，2004；Li，2005；刘云枫和孔伟，2013）。其次，驱动因素的选取过于简单。上述分解方法主要基于拉氏分解思想（Laspeyres，1864），选择水足迹计算公式中的元素作为驱动因素（一般为用水效率、产业结构和最终使用三个因素），因素过少导致分解分析过于简单笼统，对于指导产业用水结构调整的实践工作的意义有限；而要添加更具体的驱动因素（如人口、消费结构和人均消费水平等），需要对各因素进行共线性分析，剔除严重共线性、无意义的因素，其计算较复杂、工作量较大，不利于实践应用（York et al.，2002；Guan et al.，2008，2014a，2014b；Zhao and Chen，2014）。对产业用水结构变化中各驱动因素的影响进行准确的分解，是正确分析产业用水结构变化的驱动机制，并制定针对性的调控措施、合理预测未来用水结构、正确选择节水路径的前提。由此，需要发展合适的计算模型，将产业用水结构变化中联合作用的各个驱动因素的影响进行准确分解。

2.2.2 产业用水结构研究现状

产业用水结构由产业结构概念类比提出（Shiklomanov，1999；林洪孝和王国新，2003）。古典政治经济学创始人配第（1978）首次提出产业结构概念，指出产业结构是经济系统中各产业部门之间的组合关系，既包括各产业部门在生产规模上的相互比例关系，又包括各产业部门之间的相互关联方式。随着产业结构理论的发展，众多研究表明，产业的发展依赖于资源的增加，资源的开发和利用也依赖于产业的发展（魁奈，1962；里昂惕夫，1990；凯恩斯，1999；Timmer and Szirmai，2000；孙智君，2010）；自然资源与产业结构的相互作用可以促进资源的合理配置，推动产业结构的优化与升级，这种促进作用的发挥，除了资源约束条件及产业结构演进本身的作用外，还需要合理导向的产业结构调整推动（Leontief，1941；Lave et al.，1995；陈仲常，2005；侯瑜，2011；Wang and Zeng，2013）。在产业用水方面，Leontief（1970）和袁易明（2007）认为水资源在不同产业部门间的配置是通过直接用水需求、产业政策及相应的产业结构安排实现的。Waley（2009）、Huff 和 Angeles（2011）和丁肇（2013）都指出应当根据产业用水结构和水资源承载能力来布局整个产业；在经济系统的产业部门用水量已经超过环境水资源供给能力的情况下，需要对产业用水结构进行调整，使之趋于合理化，使水资源供需相协调；在产业部门用水未超过水资源承载能力的情况下，产业用水结构的调整也应当考虑未来的发展趋势，避免不合理的产业用水结构带来潜在的供用水矛盾问题，以实现水资源的可持续利用。

产业用水结构及其成因分析被认为是实现区域水资源可持续利用的关键（Shiklomanov，1999；Argent，2014）。产业结构既包括各产业部门在生产规模上的相互比例，又包括各产业部门之间的相互关联方式；同理产业用水结构既包括各产业部门直接用水比例，又包括各产业部门之间的水资源的相互关联（Shiklomanov，1999；林洪孝和王国新，2003）。多种研究在核算不同国家和地区各产业部门的水资源使用时发现，产业用水结构对各产业部门的用水总量有影响，有必要对产业用水结构进行分析，通过调节产业用水结构节约水资源；常见的研究方法包括回归建模法、相关分析法、灰色关联分析法、模糊评价法、多变量综合评价法等（WWAP，2009，2012；张宏伟等，2011；Statistics Canada，2012；Ren et al.，2013；刘云枫和孔伟，2013；Argent，2014）。例如，王岩和王红瑞（2007）统计分析了 1990～2002 年北京市产业直接用水，通过结果得出随着第一、第二产业在地区生产总值中的比重的下降，其直接用水量在总用水量中的比重也随之下降，而第三产业的直接用水量显著增加。许凤冉等（2005）也研究了 1990～2002 年北京市的用水结构，分析得出北京市总用水量呈稳中有降的趋势，与其第二产业用水大幅下降关系最为密切，而第三产业在向高级化发展的过程中，用水量虽然有所增长，但仍然值得大力发展；据此建议全面发展第三产业，调整第二产业，并限制第一产业，建立节水型的产业用水结构，但未对各产业之间的间接用水关系作出进一步分析。Statistics Canada（2012）对加拿大产业用水的统计分析也得到了相似的结论。但这些研究主要关注各产业的直接用水量，在关于各产业部门的间接用水关系方面还未深入地了解，例如，A 产业部门在生产过程中以 B 产业部门的产品作为原料，则 B 产业部门生产这些原料（中间产品）所使用的水资源应当被视为 A 产业部门最终产品间接使用的水资源（Leontief，1970；Hoekstra et al.，2011；Cazcarro et al.，2014；Nansai et al.，2014）；如果只关注设法减少直接用水而对间接用水关系不加以重视，可能难以达到总体节水的目的。例如 Zhi 等（2014）发现 2002～2007 年海河流域农业部门直接用水效率进步很大，但由于其他部门对农业产品的需求的增长速度也很快，导致农业部门不得不加大产出，以致最终节水效果十分有限。忽视间接用水关系，不利于全面、合理地认识产业用水情况、划分产业部门用水责任；而水足迹和虚拟水概念则将产业部门生产过程中的直接和间接用水都纳入了计算（Allan，2003；Hoekstra and Hung，2002），因此可以从虚拟水/水足迹的角度对产业用水结构及其成因进行深入研究。

2.2.3 虚拟水、水足迹与产业用水结构变化机制研究现状

在分析已知时间段内产业用水结构的基础上，定量、准确地分析产业用水结构的变化机制，提炼出影响用水变化的主要因素，对指导产业用水结构调整具有重要意义（Dietzenbacher and Los，1998；李晓惠等，2014）。目前对产业用水结构的驱动因素的研究以简单比较、定性的研究较多：例如，段志刚等（2007）对比了北京 13 个工业部门 1997～2002 年的用水量，认为北京用水量的下降与技术进步和产业结构调整有关，但未给出具体的定量关系；Zimmer 和 Renault（2003）在核算 1999 年亚洲部分国家的农业用水时，指出农业用水量与生产技术、产业结构、生产规模、贸易量之间存在联系，但其中的定量关系则有待进一步探讨；Chico 等（2013）比较了几种与纺织业相关的农业产品在生产过程中的用水量在 2005～2009 年的变化，认为粗放的农业生产技术可能会加大农业用水量，但未作定量分析；Neumann 等（2014）调查了越南芹苴市的用水结构，认为用水量与社会经济情况和城市化水平这两个因素有关，但要定量化分析还需要进行深入研究。李丽莉等（2014）对 1998～2010 年甘肃省产业用水结构的变化进行了研究，认为工业部门是甘肃用水效率上升的主要推动部门，而农业用水效率低、比重大，提高农业用水效率，关系到整个产业系统的用水效率，但未对产业用水结构的驱动机制进行更深入的分析。

部分研究采用回归建模法、相关分析法、灰色关联分析法、计量经济学方法等统计分析手段研究产业直接用水的变化，但未对间接用水进行分析。例如，潘雄锋等（2008）对中国 1997～2004 年产业用水结构进行了比较分析，发现农业用水受到工业和第三产业用水的挤压而减少，但所占比重仍然最大。许士国等（2012）利用柯布-道格拉斯生产函数分析了吉林省白城市的产业用水结构，建议提高农业用水和节水效率，适度加大工业和第三产业用水，促进用水结构的合理性。Zhang 等（2013）利用柯布-道格拉斯生产函数分析了珠

海市的产业用水结构,认为需要控制工业和农业用水。这些研究采用统计手段对产业直接用水的变化进行分析,但较少涉及产业间的间接用水关系和产业用水结构变化的具体驱动机制(March et al.,2012),对从根源和机理上调控产业用水结构的帮助有限。所以,要准确分析产业用水情况和促进用水结构调整,还需要从全面考虑直接和间接用水关系的角度进行深入研究。

2.2.4 产业节水路径研究现状

有的研究主要利用各产业直接用水量预测未来用水情况,并据此设计产业节水路径。刘宝勤等(2003)利用北京市1980~2010年的行业用水年均增长率,对2020年的产业用水结构进行预测,提出控制需求的节水路径。潘雄锋等(2008)基于中国1997~2004年产业用水结构,利用成分数据的预测方法结合灰色系统建模方法,对2005~2010年用水结构进行了预测,认为第三产业用水的比重将不断上升,工业用水比重将平稳、缓慢增长,而农业用水的比重将大幅下降,用水结构将更趋于合理,并认为此路径是有助于节水的。郑爱勤等(2011)分析了关中地区产业用水的变化,并采用信息熵的方法分析其用水演变趋势,提出推广农业、工业、第三产业节水新技术的路径。Kang和Xu(2012)利用熵指标评价方法对珠海市富山工业园未来水资源的承载能力进行了预测,发现虽然目前该园区的用水处于水资源承载能力范围内,但按照其发展趋势未来将超出承载能力范围,提出发展节水技术和生态保护措施的路径以维持其水资源承载能力。以上研究主要考虑各产业直接取水量及其比例变化,对产业之间的间接用水关系考虑不够,因此在路径选择上主要集中于发展节水技术、提高用水效率、降低各产业直接用水量(van Leeuwen,2013),难以指导通过调节产业结构、居民消费结构等驱动因素来实现整体高效用水的目标。

有的研究主要从单一产业角度出发探索节水路径,提出了一些区别于发展节水技术之外的路径建议。例如,Fthenakis和Kim(2010)利用生命周期方法分析了美国电力行业的用水情况,得出太阳能发电、风力发电等可再生发电厂的耗水低于传统发电厂,建议选择利用可再生能源替代传统能源的节水路径。Semmens等(2014)计算了美国汽车制造业及汽车生命周期中的用水,认为除了汽车装配过程中的直接用水之外,所消耗的电力也会间接消耗大量水资源,据此建议除了推广节水技术外,还应当减少电力的使用。Li和Chen(2014)分析了澳门服务业中的博彩业的用水结构,认为控制其直接用水和间接用水都有助于缓解澳门缺水的压力。这类研究虽然为某一产业提出了节水路径,但难以给出整个产业系统的各个部门总体规划下的节水路径,也难以将总体经济增长、产业结构、居民消费结构等驱动因素考虑在内提出全面节水规划。

2.2.5 国内外相关研究总结

从整体上看,研究者们对产业用水结构和节水路径选择的研究,对后来学者的进一步研究奠定了较好的基础,对水资源评价和管理提供了重要依据,对缓解缺水、保护水资源及科学合理利用水资源等有着十分重要的指导意义,但也存在值得深入研究之处。水足迹和虚拟水给产业用水结构研究提供了新的视角,但是目前水足迹和虚拟水的相关研究方法还不能完全满足产业用水结构分析的需求,在将水足迹和虚拟水的概念和模型引入产业用水结构分析领域时,需要对计算方法加以改进,以适应产业用水结构分析的需求。

(1)产业用水结构分析方法有待改进,需要发展全面分析直接用水和间接用水的产业用水结构分析方法,并建立具有良好数理意义和精确度变化的产业用水结构驱动机制研究方法。目前多数研究未涉及产业间的间接用水关系,还需要从水足迹角度进行深入研究;现有的水足迹研究在计算各部门中间产品的虚拟水含量、确定产业部门的用水结构、划分用水责任的问题上,还需要进一步探索有效的核算方法。对产业用水结构变化的驱动机制方面,到底是什么因素影响着产业用水变化、其影响力如何,现有的研究以简单比较和定性描述较多,变化因素的选取较为简单笼统,不便于清晰地揭示产业用水结构变化的驱动因素与机制,不便于对产业用水结构进行有效调整以实现节水目的。因此有必要建立具有良好数理意义和精确度的研究方法,深入展开定量化研究。

(2)节水路径研究内容有待拓展,需要从变化驱动因素角度进行全面的未来预测。目前的节水路径主要由各产业直接用水预测或从单一产业角度得出,对产业用水结构及各种因素的驱动机制考虑不够,难以提供全面、深入的节水路径建议。应该在对产业用水结构变化驱动机制进行计算分析的基础上,从各种驱动因素的角度出发,对未来的产业用水结构进行合理预测,并进行节水路径的选择。

2.3　研究方向及关键科学问题

2.3.1　研究方向

本研究针对产业用水结构合理化的需求,建立基于虚拟水(水足迹)的产业用水结构分析及变化驱动因素分解方法,并运用实证分析;在分析研究区域产业用水结构及变化驱动机制的基础上,进行未来节水路径模拟及比选,为水资源合理配置、水资源承载能力评估、水资源高效利用提供参考和支持。具体方向如下:

(1)建立基于水足迹的产业用水结构分析方法,对各产业部门最终产品和中间产品的水足迹结构进行分析。

(2)建立基于水足迹的产业用水结构变化因素分解方法,详细、定量、准确地分析影响产业用水结构变化的各驱动因素的贡献。

(3)以分析产业用水结构及其变化规律为基础,对未来不同情景下的产业用水结构变化进行路径模拟和比选,提出建立节水型的产业用水结构的路径建议;完成方法的实证分析。

2.3.2　关键科学问题

(1)在各产业部门的中间产品中"隐含的"水资源是如何分布的?

虚拟水在生产链各部门中间产品中的具体分布情况,是产业用水结构的重要内容之一,对于调整各部门的用水结构、提高水资源利用效率十分重要。如何分析隐含在生产链各部门中的中间产品的虚拟水的分布情况,是本研究需要解决的关键问题之一。

(2)产业用水结构的驱动因素有何变化规律?

产业水足迹涉及产业结构、生产技术和消费规模等因素。综合作用的各个因素各自对产业水足迹变化有何影响、影响程度如何、有何变化规律,对探索节水型的产业用水结构、开展水资源管理、保护和预测工作具有重要意义,也是本研究需要解决的另一个关键问题。

2.4　研究组成部分

1. 基于虚拟水(水足迹)的产业用水结构量化模型的建立

在对现有的虚拟水和水足迹核算方法和产业用水结构分析方法进行分析的基础上,引入经济学研究中使用的经济投入产出-生命周期评价(Economic Input-Output Life Cycle Assessment,EIO-LCA)方法,建立涵盖中间产品和最终产品的产业用水结构量化模型,并利用区域投入产出表生成(Generating Regional Input-Output Tables,GRIT)方法为模型添加能将其应用于流域尺度的模块;对研究区域各年份的产业用水结构进行分析,包括各产业部门直接用水、间接用水和最终产品水足迹。总结产业用水结构的特征及成因。

2. 基于虚拟水(水足迹)的产业用水结构时间变化机制分析模型的建立

将 EIO-LCA 方法、"人口-经济-技术"(Impact = Population × Affluence × Technology,IPAT)模型和平均分解模型进行耦合,建立水足迹变化驱动因素分解方法。以计算各年份的产业用水结构为基础,应用建立的水足迹变化驱动因素分解方法,定量计算各驱动因素对不同年份的产业用水结构总体变化的独立贡献,分析各种驱动因素对产业用水结构变化的贡献率,总结出产业用水结构时间变化机制。

3. 不同情景下产业用水结构变化路径预测与选择

以产业用水结构及变化驱动机制分析为基础,根据区域未来的经济发展规划、产业结构调整规划、水资源利用规划、人口变化等指标,制定不同的用水结构调整情景。利用数学模型模拟和政策规划相结合的方法,以及"双比例"调整矩阵(RAS)方法,联合推算出不同情景下各种驱动因素的变化趋势,对产业用水结构变化进行模拟预测;利用建立的产业用水结构及变化因素分解方法对各种路径下未来产业用水结构进行计算;对各种路径的最终产业用水结构和经济水平等因素进行比较,显示出不同路径节水机制的特点及优势,提出关于节水路径选择的建议。

4. 实例分析

本研究的案例分析包括编制了投入产出表的区域尺度(行政区域)和尚未编制投入产出表的区域尺度(流域尺度)。本研究选择北京市作为行政区域尺度的研究案例。北京市是现代化的大都市,是中国的政治、文化中心和经济中心之一,也是严重缺水的超大城市,水资源短缺已经成为城市未来发展的瓶颈之一。此外,北京市也是南水北调的重要受水区之一,南水北调中线工程全面投入使用后,北京市未来的供水能力是否能与包括产业用水在内的城市用水需求相匹配,缺水问题能否得到有效缓解,也是政策与规划制定者们关心的问题(张雪，2014)。另外，北京市的投入产出表、水资源公报等统计数据来源齐全、形式规范、不同部门之间统计数据吻合程度好、精确度和可信度较高，便于开展研究。所以，对北京市的产业用水结构及变化机制进行研究，选择合理的节水路径，建立科学可持续的产业用水结构，具有理论和实践指导意义。同时其他地区和城市可以借鉴北京市的节水路径选择方法，制定符合自身情况的产业用水结构调整规划。

本研究选择海河流域作为流域尺度的研究案例。海河流域是中国的政治、经济和文化的中心地区之一，还是中国重要的工业基地、高新技术产业基地，以及粮食生产基地之一。但海河流域也是中国九大流域中最为缺水的流域之一：海河流域人均水资源量约为300m³/年，仅为全国平均水平的 1/7，属于严重缺水地区(水利部海河水利委员会，2011)。近年来人口密度的不断增加和经济的不断发展，给海河流域的水资源供给带来日益严峻的挑战，亟须对该流域的产业用水结构情况做出核算，为流域水资源评价与管理提供依据。

2.5 技 术 路 线

(1)建立基于虚拟水(水足迹)的产业用水结构量化分析及变化驱动因素分解模型。根据 EIO-LCA 模型，建立基于水足迹的产业用水结构分析模型。将 EIO-LCA 模型、IPAT 模型和平均分解模型进行耦合，建立基于水足迹的产业用水结构变化驱动因素分解模型：根据拉氏因素分解的数学思想，计算终止年份和起始年份的区域水足迹差值，以此作为水足迹的变化；用建立的模型对不同年份的水足迹变化进行因素分解分析，得到各因素对水足迹变化的独立贡献量，并计算各个独立贡献量在水足迹的变化中所占的比例，即各因素对水足迹的变化的贡献率。

(2)研究所需数据的搜集与预处理。本研究所需要的投入产出数据和部门用水等基础数据，主要通过文献调研、资料收集、专家咨询、采访有关部门等方法获取。按照模型要求整理成相应格式。

(3)产业用水结构分析及其变化驱动因素分解分析。利用建立的产业用水结构分析模型，使用 Origin 8.0、Matlab 2012、Excel 2003 软件计算研究区域历史各年份各产业部门的用水结构。利用建立的产业用水结构变化驱动因素分解模型，使用 Matlab 2012 和 Excel 2003 软件计算各年份用水结构的变化，并对变化进行因素分解分析。对不同时间段的产业用水结构变化及各驱动因素贡献进行比较，分析其变化规律。

(4)情景预测与路径模拟、比选。参考政策、规划和其他文献资料，根据未来的经济发展规划、产业结构调整规划、水资源利用规划、人民生活等指标可能的变化趋势，预测不同的未来情景。

用建立的水足迹核算模型及变化驱动因素分解模型对各个情景下的未来产业部门水足迹结构进行核算，并模拟各情景下未来产业用水结构路径。对各路径中的水足迹变化进行因素分解分析，对各种路径的最终水足迹、各驱动因素贡献、经济效益等因素进行比较，分析不同路径产业用水结构调整机制的特点及优势，为实现兼顾高效节水和符合实际的节水型产业用水结构的路径提供依据和建议。

技术路线可用图 2-1 概括表示。

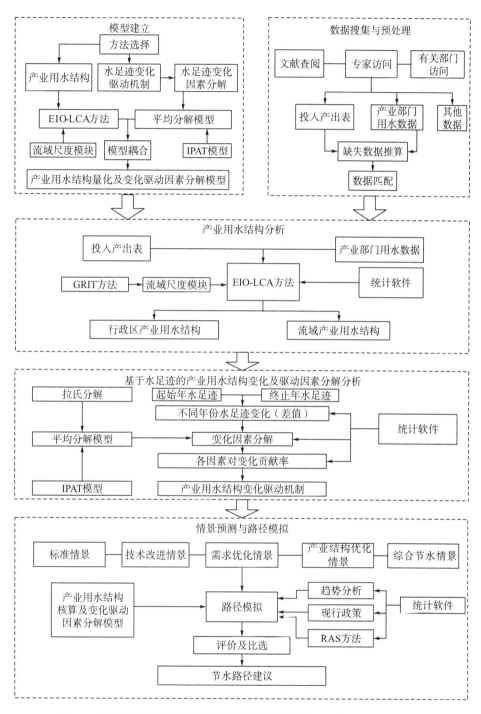

图 2-1　基于虚拟水(水足迹)的产业用水结构分析及节水路径选择技术路线图

2.6 本 章 小 结

本章针对世界水资源态势中的问题，提出了以虚拟水或水足迹的视角探索其内在成因与解决出路。在分析产业部门用水问题时，目前的水足迹和虚拟水的相关研究方法尚不能完全满足需求，需要对计算方法其加以改进，同时分析各产业部门最终产品和中间产品中虚拟水的运行情况及其变化驱动因素，在此基础上预测未来不同情景下的产业用水结构变化，提出建立节水路径的建议。

3 基于虚拟水的行政区域产业用水结构量化模型

研究分析产业用水结构,首先应对单一研究期的产业用水结构进行分析,不但需要了解构成产业系统的各部门的直接用水,还应对随着生产链、生产网络转移的间接用水关系开展量化研究。为此需要建立产业用水结构量化模型,对直接用水和间接用水关系进行定量的计算。现有的虚拟水(水足迹)计算模型为产业用水结构研究提供了一定的基础,但尚不能完全满足分析间接用水关系的要求。因此需对虚拟水计算模型进行改进,建立适用于产业用水结构的量化模型。由于很多情况下与产业部门相关的规划、管理与统计都是以行政区域为单位进行的,行政区域具有良好的规划及数据基础,因此,本章先建立行政区域尺度的产业用水结构量化模型。

3.1 基于虚拟水的产业用水结构理论分析与基础方法选择

从虚拟水(水足迹)角度研究产业用水结构,需要先明确虚拟水(水足迹)、用水量与耗水量的定义。产业用水结构包括各产业部门直接用水量比例和各产业部门之间的间接用水关系(Shiklomanov,1999;林洪孝和王国新,2003;Sun et al.,2013)。而虚拟水(水足迹)的一般定义为"产品的生产过程中所消耗的水资源量"(Hoekstra and Hung,2002;Hoekstra et al.,2011)。用水量(水资源的使用量)与耗水量的含义不同,前者是指分配给一定区域内用户的水量;后者是指用水量在用水过程中,通过居民和牲畜饮水、土壤吸收、蒸发蒸腾、管网损失、随产品带走等多种途径消耗而不能返回到地表或地下水体的那部分水量(中华人民共和国水利部,1999;北京市水务局,2013)。在水资源规划、配置和管理工作中,衡量、评价区域水资源供给能力时,经常需要比较用水量与区域可供水量(指各种水源工程可为用户提供的水量)是否匹配、是否能够实现水资源的可持续利用(水利电力部水利水电规划设计院,1989;中华人民共和国水利部,1999;陈华鑫等,2013)。对于缓解水资源紧缺、保障用水安全而言,从供需角度分析用水量与可供水量,一般比分析耗水量更加直观,有助于指导节水实践工作(Hoekstra et al.,2011;水利电力部水利水电规划设计院,1989)。Morillo 等(2015)在借助水足迹视角研究农业用水时也指出,将全部用水量纳入水足迹计算是很有必要的,因为有相当一部分的用水难以在供水区域内再次被利用,这一研究角度对水资源压力大、供水能力有限的缺水区域尤为关键。由于产业用水结构指的是用水量而非耗水量,因此在借助虚拟水的视角和研究方法来研究各产业部门之间的间接用水关系时,需要调整"虚拟水"和"水足迹"的相关方法和定义,以避免用水量和耗水量的混淆。本研究借助虚拟水的角度研究产业用水结构,参考 Morillo 等(2015)

的研究办法，定义"虚拟水"和"水足迹"为在各产业部门最终产品或服务(被消费者消费的产品或服务)生产过程中的用水量而非耗水量。

目前核算虚拟水/水足迹的主要方法有"生产树"类方法和投入产出方法(Yang et al.，2013)。"生产树"类方法虽然能核算某一产业部门中间产品的虚拟水含量(如图 3-1 所示)，但存在难以核算多个产业、数据难以取得、容易重复计算或漏算等缺点，不适用于产业用水结构的研究。投入产出方法与"生产树"法相比，具有数据需求小、精度高、适用广泛、能计算多个部门水足迹等优点(Yang et al.，2012，2013；Jiang et al.，2015)，因此本研究选择投入产出法作为基础方法。投入产出法计算水足迹的基本公式如下(Zhao et al.，2009，2010，2015；Zhang et al.，2012)

$$T = r \times L \times M \qquad (3\text{-}1)$$

$$r = \left[\frac{w_j}{x_j} \right] \qquad (3\text{-}2)$$

$$L = \left[l_{ij} \right] = [I - A]^{-1} \qquad (3\text{-}3)$$

式中，T 为各部门水足迹列向量($n \times 1$ 阶，n 为阶数，等于部门数量)。L 为研究区域投入产出表的列昂惕夫逆矩阵($n \times n$ 阶)，反映各经济部门生产单位价值最终产品对其他部门总产出的需求关系。M 为投入产出表中各部门最终产品使用(万元)列向量。l_{ij} 为 L 的元素，表示第 j 部门(j 为该部门在投入产出表中所处的列数)每增加一个单位(万元)的最终产品或服务，对第 i 部门(i 为该部门在投入产出表中所处的行数)总产出的产品或服务的数量(万元)的需求。I 为单位矩阵($n \times n$ 阶)。A 为研究区域投入产出表中的直接消耗系数矩阵($n \times n$ 阶)，其元素表示第 j 部门每生产一个单位的总产出所直接使用的第 i 部门中间产品的数量。x_j 为第 j 部门的总产出(万元)。w_j 为第 j 部门的生产用水量(万吨)。r 为各部门直接用水系数对角矩阵($n \times n$ 阶)，其元素 r_{ij} 为第 i 部门每生产一个单位的最终产品或服务所直接使用的水资源量(m^3/万元)。图 3-2 为投入产出法计算部门水足迹的示意图(以三个部门为例)。

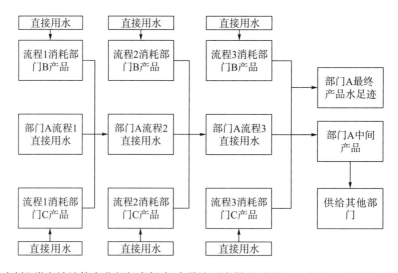

图 3-1 "生产树"类方法计算产业部门虚拟水/水足迹示意图(以部门 A、部门 B、部门 C 三个部门为例)

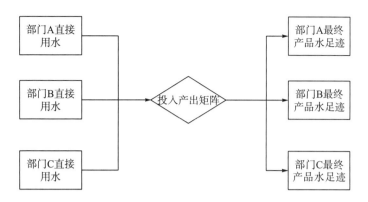

图 3-2 投入产出法计算产业部门虚拟水/水足迹示意图(以部门 A、部门 B、部门 C 三个部门为例)

虽然投入产出方法可以计算国民经济系统中由各个部门最终产品引起的"隐含的"水足迹或虚拟水总量,但无法分析这些隐含的水足迹或虚拟水在各部门中间产品中的分布情况,难以进一步揭示各个产业部门的用水结构,难以为通过"调结构"的方法进行节水提供依据和建议。因此需要考虑对其进行改进,发展能够揭示各个产业部门的直接用水和间接用水关系的方法。

经济投入产出-生命周期评价(EIO-LCA)方法是投入产出法的一种改进方法,它将投入产出法和生命周期评价进行耦合,强化对投入产出矩阵的分析,具备投入产出法的优点,并增加了能够分析中间产品价值量的功能(Lave et al.,1995;Hendrickson et al.,2006;Nansai et al.,2003,2014;计军平等,2011)。EIO-LCA 方法已经应用于污染排放、能源、碳排放等领域,研究结果证明该方法能够清晰、定量地描述各产业部门中间产品的输入和输出情况,为改进生产策略提供科学依据(Lave et al.,1995;Hendrickson and Horvath,1998;Bjorn et al.,2005;Norman et al.,2007;Blackhurst et al.,2010;唐建荣和李烨啸,2013),但在水资源利用及产业用水结构领域的应用较少。本研究将其引入产业用水结构领域,建立用于分析隐含在生产链中的虚拟水在生产链各部门中间产品中的分布情况的计算模型。

3.2 EIO-LCA 框架下的产业用水结构量化模型的建立

本研究用 EIO-LCA 框架对投入产出法的水足迹计算模型进行改进后,建立的计算各产业部门用水结构的基本公式如下

$$\boldsymbol{K} = r\boldsymbol{B}m = \left[r_{ij} \right] \times \left[b_{ij} \right] \times \lambda \times \mathrm{digg}(\boldsymbol{M}) \tag{3-4}$$

$$\lambda = \left[\frac{x_j}{x_j + IM_j} \right] \tag{3-5}$$

$$\boldsymbol{B} = \left[b_{ij} \right] = [\boldsymbol{I} - \lambda \times \boldsymbol{A}]^{-1} \tag{3-6}$$

$$\boldsymbol{k}^{\mathrm{d}} = \left[\sum_{j=1}^{n} k_{ij} \right] \tag{3-7}$$

$$W = \left[\sum_{i=1}^{n} k_{ij} \right] \tag{3-8}$$

式中，K 为各部门水足迹矩阵($n \times n$ 阶)。m 为各部门最终产品使用(万元)对角矩阵($n \times n$ 阶)。B 为消除了进口产品影响的研究区域投入产出表的列昂惕夫逆矩阵($n \times n$ 阶)，反映研究区各经济部门生产单位价值最终产品对本地区其他部门总产出的需求关系。diag(M) 为投入产出表中各部门最终产品使用(万元)对角矩阵(即列向量 M 改造为对角矩阵形式)。b_{ij} 为 B 的元素，表示第 j 部门每增加一个单位(万元)的最终产品或服务，对本地区第 i 部门总产出的产品或服务的数量(万元)的需求。λ 为本地生产比重对角矩阵($n \times n$ 阶)，其作用是消除从研究区域外部调入或进口的产品或服务的干扰，因为这些调入和进口的产品或服务没有使用本地的水资源(Zhao et al.，2009，2010)。IM_j 为第 j 部门从研究区域外部调入或进口的产品或服务的数量(万元)。定义 k_{ij} 为 K 的元素，k_i 为 K 的第 i 行的行向量($1 \times n$ 阶)，k_j 为 K 矩阵第 j 列的列向量($n \times 1$ 阶)，列向量 k^d($n \times 1$ 阶)由 K 各行元素之和组成，行向量 W($1 \times n$ 阶)由 K 各列元素之和组成(表 3-1)。

表 3-1　EIO-LCA 框架下的产业部门水足迹矩阵简化表

	水足迹矩阵	直接用水
产业部门	$K = [k_{ij}]$	k^d
水足迹	W	

通过 k^d 可以从生产视角分析虚拟水在部门间的分布结构，而通过 k_i 可以分析部门 i 在产品生产或服务提供过程中直接使用的水资源与其他部门最终需求的关系。k_i 中的元素 k_{ij} 表示第 i 部门在生产投入到第 j 部门的产品或服务时使用的水资源量。k_i 各元素之和表示第 i 部门在生产中直接使用的水资源总量，即 k^d 的第 i 行元素。通过 W 可以从最终需求视角分析虚拟水在部门间的分布结构，而通过 k_j 可以分析第 j 部门的最终需求同各部门直接用水的关系。k_j 中的元素 k_{ij} 表示为了满足部门 j 的最终需求，第 i 部门在生产投入到第 j 部门的产品或服务时直接使用的水资源量；若 $i \neq j$，则对第 j 部门而言 b_{ij} 为间接用水(即中间产品所含的虚拟水)。k_j 各元素之和表示由第 j 部门的最终需求引起的全部水资源的使用量(第 j 部门的水足迹)，即 W 的第 j 列元素。k_i 与 k_j(即 k_{ij})是传统的投入产出方法难以获取的(Nansai et al.，2003，2014；计军平等，2011)。若将最终产品使用 m 替换为居民消费、资本形成、进出口等数据，则可分析居民消费、资本形成、进出口等项目中蕴含的水足迹。图 3-3 为 EIO-LCA 方法分析产业用水结构的示意图(以三个部门为例)。

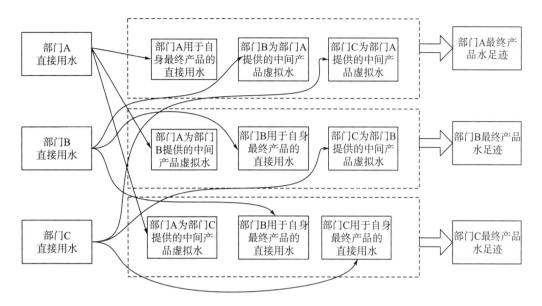

图 3-3 EIO-LCA 方法分析产业用水结构示意图(以三个部门为例)

3.3 实例分析

3.3.1 研究区域概况

本研究选择北京市作为行政区域尺度的研究案例。北京市(图 3-4)是现代化的大都市,是中国的政治、文化中心和经济中心之一,也是严重缺水的超大城市,水资源短缺已经成为城市未来发展的瓶颈之一。近年来,随着北京市的高速发展,第三产业用水与生活用水总量需求大幅增加,而北京连续多年干旱少雨,过境水量不足,地下水的采用也接近极限。自 1999 年以来,北京进入连续枯水期,入境水量衰减约77%,地表水资源量衰减约59%,地下水资源量衰减约37%。同时北京市年均水资源总量仅为 21 亿 m³ 左右,比多年平均水资源总量的 37.4 亿 m³ 少了约38%,而北京年平均用水总量约为 36 亿 m³,超过本地水资源供给能力,需要靠调水等手段填补用水缺口(北京市水务局,2013)。虽然北京市采取了多种节水措施,如改进用水技术、利用行政和经济手段控制产业直接用水量等办法,使产业用水总量从 20 世纪 80 年代的约 39 亿 m³ 下降至 2010 年的约 26 亿 m³,但未能遏制人均水资源量和人均居民生活用水量的下降:北京市人均水资源量已从 20 世纪 80 年代的 470m³/(人·年)下降至 2010 年的 124m³/(人·年),仅为全国平均水平 [2100m³/(人·年)] 的约 6%,并严重低于联合国发布的人均水资源量警戒线 [1700m³/(人·年)];2010 年北京居民人均生活用水仅23m³/(人·年),低于国家划定的最低水平31m³/(人·年)(中华人民共和国建设部,2002;北京市水务局,2011),部分产业发展和居民生活用水受到严重限制,被认为是不可持续的发展模式,需要进一步改善产业用水结构、加强节水工作。北京市也是南水北调的重要受水区之一,南水北调中线工程正式通水后,得到调水补充的北京市未来的供水能力是否能完全满足包括产业用水在内的城市用水需求，缺水问题能否得到有效缓解，也是研究者、管理者与决策者们关心的问题(张雪，2014)。另外，北京市的投入产出表、水资源公报等统计数据来源齐全、形式规范，不同部门之间统计数据吻合程度好、精确度和可信度较高，便于开展研究。所以，对北京市的产业用水结构进行实证研究，在建立科学可持续的产业用水结构、指导水权分配改革方面，具有理论和实践指导意义。

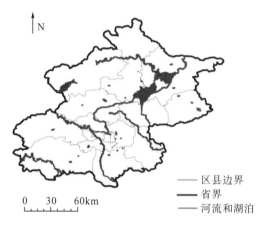

图 3-4　北京市区域及水系示意图

3.3.2　数据来源与预处理

本研究把建立的 EIO-LCA 框架下的产业用水结构分析模型，应用于行政区域的产业用水结构分析。模型需要研究期的投入产出表和相应各部门的直接用水数据。中国多数省、市、自治区统计部门采取每 5 年编制一次投入产出表、逢尾数"2"和"7"年份编表的方式，本研究开展时可得的北京市投入产出表为《2007 年北京市投入产出表》(北京市统计局，2011a)。为了提高研究的时效性，本研究采用了《2010 年北京市投入产出延长表》(北京市统计局，2012)中的 2010 年投入产出数据。虽然投入产出延长表中的直接消耗系数矩阵是根据直接消耗系数和当年总产值推算出来的，而非实际调查获得，但仍被认为具有较高的可信度，比使用较旧的投入产出表的时效性更好，更能反映实际情况(国家统计局国民经济核算司，2012)。各部门用水数据来自《北京市水资源公报(2010年度)》(北京市水务局，2011)《北京统计年鉴 2010》(北京市统计局，2011b)和其他研究数据(Zhang et al.，2012；Wang and Zeng，2013)。2004 年以前北京市再生水利用率在产业生产中份额较低，2004 年后的再生水主要用于环境、景观补水，用于农业灌溉和工业生产的部分相对较少，且统计资料中未给出各产业部门使用再生水的具体数量(北京市水务局，2011；北京市统计局，2011b)；另外，进行节水目标是否达成的判断时，通常将供水能力与用水需求进行比较，而北京市水务局统计的供水量中已经包含了再生水，所以用水量中包含再生水基本不会影响对水资源供需情况的正确评价。因此本研究忽略扣除产业部门使用的再生水。

考虑投入产出数据与部门用水数据的匹配性，并结合以往相关研究和国家标准(杨青等，2006；李丽等，2009；孟彦菊和向蓉美，2010；国家统计局，2011），本研究将北京市 2010 年投入产出表中的 42 个产业部门整合为 17 个（表 3-2）。

表 3-2 投入产出表产业部门分类

部门编号	部门名称
1	农业
2	采矿业
3	食品饮料及烟草业
4	纺织、服装及皮革制品业
5	其他制造业
6	电力、热力及水的生产和供应业
7	炼焦、燃气及石油工业
8	化学工业
9	非金属矿物制品业
10	金属产品制造业
11	机械设备制造业
12	建筑业
13	运输邮政仓储、信息和计算机服务业
14	批发零售贸易、住宿和餐饮业
15	房地产业、租赁及商务服务业
16	金融业
17	其他服务业

3.3.3 结果与讨论

模型计算结果如表 3-3 所示。由表中可以看出，2010 年北京市各产业部门最终产品的总水足迹等于总直接用水量，为 $2.68 \times 10^9 m^3$。这一结果与《北京市水资源公报（2010 年度）》（北京市水务局，2011）和《北京统计年鉴 2010》（北京市统计局，2011b）中北京市第一、二、三产业用水量总和约 26.8 亿 m^3 的数据相符，证明模型误差很小。

通过观察列向量 k^d（直接用水），从生产视角分析直接用水在产业部门间的分布结构，可以发现第一产业（$1.14 \times 10^9 m^3$）、第二产业（$5.10 \times 10^8 m^3$）、第三产业（$1.03 \times 10^9 m^3$）的直接用水分别占 42.5%、19.1% 和 38.4%。具体到各产业部门，农业（$1.14 \times 10^9 m^3$）、其他服务业（$3.06 \times 10^8 m^3$）、批发零售贸易、住宿和餐饮业（$2.69 \times 10^8 m^3$）为直接用水量排名前三的产业部门，分别占总用水量的 42.6%、11.4% 和 10.0%。其中除农业为传统高用水产业部门外，其他服务业和批发零售贸易、住宿和餐饮业的较高用水量反映了随着北京市第三产业的规模增加，用水需求加大，同时由于部分第三产业经营者节水意识薄弱、重复用水率较低、浪费水严重等情况，使服务性的产业部门直接用水量较大（王岩和王红瑞，2007）。

　　通过观察行向量 k_i，即产业用水结构矩阵的各行，可以分析各部门的直接用水的最终去向(矩阵中对角线上的项即为该部门最终用于自身产品的直接用水)。以上述三个直接用水量排名前三的产业部门为例：农业的直接用水($1.14\times10^9\text{m}^3$)中，67.9%($7.73\times10^8\text{m}^3$)用于生产该产业部门最终产品，11.0%($1.26\times10^8\text{m}^3$)用于生产提供给食品、饮料及烟草业的中间产品，6.4%($7.28\times10^7\text{m}^3$)用于生产提供给其他服务业的中间产品，剩余14.7%($1.68\times10^8\text{m}^3$)用于生产提供给其余产业部门的中间产品。其他服务业的直接用水($3.06\times10^8\text{m}^3$)中，81.5%($2.50\times10^8\text{m}^3$)用于生产该部门最终服务，4.8%($1.46\times10^7\text{m}^3$)用于生产提供给房地产业、租赁及商务服务业的中间服务，2.8%($8.61\times10^6\text{m}^3$)用于生产提供给运输邮政仓储、信息和计算机服务业的中间服务，剩余10.9%($3.35\times10^7\text{m}^3$)用于生产提供给其余产业部门的中间服务。批发零售贸易、住宿和餐饮业的直接用水($2.69\times10^8\text{m}^3$)中，仅有40.4%($1.09\times10^7\text{m}^3$)用于生产该部门最终服务，15.9%($4.28\times10^7\text{m}^3$)用于生产提供给其他服务业的中间服务，12.3%($3.32\times10^7\text{m}^3$)用于生产提供给机械设备制造业的中间服务，剩余31.4%($8.41\times10^7\text{m}^3$)用于生产提供给其余产业部门的中间服务。

　　可见，各产业部门的直接用水最终并不完全用于生产该部门自身的最终产品或服务，而会有一部分用于生产提供给其他产业部门的中间产品或服务(即提供给其他部门的虚拟水)。对某些部门来说，其直接用水甚至主要用于提供给其他产业部门的中间产品或服务。因此，接收中间产品或服务的部门也应对直接用水部门的用水负有部分用水责任。由以上分析可知，通过对 k^d 和 k_i 的分析，能够定量地明确各产业部门的直接用水去向，有助于划分产业用水责任，这是传统的投入产出方法较难做到的。

　　通过观察行向量 W(水足迹)，从最终使用视角分析水足迹在产业部门间的分布结构，可以发现第一产业($7.80\times10^8\text{m}^3$)、第二产业($6.54\times10^8\text{m}^3$)、第三产业($1.24\times10^9\text{m}^3$)的水足迹分别占29.2%、24.4%和46.4%。与直接用水相比，可以发现第一产业占的比例变小，而第二、三产业的比例上升，说明虚拟水的总体流动趋势是从第一产业流向第二、三产业。具体到各产业部门，农业($7.80\times10^8\text{m}^3$)、其他服务业($5.01\times10^8\text{m}^3$)、运输邮政仓储、信息和计算机服务业($2.12\times10^8\text{m}^3$)为水足迹排名前三的产业部门，分别占总的水足迹的29.1%、18.7%和7.9%。可以看出农业水足迹小于其直接用水量，其他服务业的水足迹大于其直接用水量，而运输邮政仓储、信息和计算机服务业的水足迹与其直接用水量基本相等；说明农业作为用水量大的原材料生产型的部门，向其他部门提供的虚拟水远多于其从其他部门取得的虚拟水；而其他服务业作为服务提供型的产业部门，从其他产业部门取得的虚拟水多于其向其他产业部门提供的虚拟水；运输邮政仓储、信息和计算机服务业则处于虚拟水输入和输出相对平衡的状态。

表3-3　北京市 2010 年产业用水结构矩阵（$\times 10^4\ \mathrm{m}^3$）

部门名称	农业	采矿业	食品饮料及烟草业	纺织、服装及皮革制品业	其他制造业	电力、热力及水的生产和供应业	炼焦、燃气及石油工业	化学工业	非金属矿物制品业	金属产品制造业	机械设备制造业	建筑业	运输邮政仓储、信息和计算机服务业	批发零售贸易、住宿和餐饮业	房地产业、租赁及商务服务业	金融业	其他服务业	合计（k^d）
农业	77374.03	200.49	12571.88	292.67	164.64	28.24	96.82	1707.75	40.22	43.35	1659.79	2138.01	1029.08	4018.30	4330.67	1023.77	7280.31	114000.00
采矿业	0.37	74.54	0.51	0.07	0.26	0.46	3.47	0.96	0.74	1.29	1.99	7.49	1.71	0.83	1.52	0.78	3.92	100.91
食品饮料及烟草业	19.03	10.65	3852.01	5.17	5.18	1.47	5.79	17.57	2.23	2.83	115.74	71.22	71.39	365.92	103.50	50.61	193.68	4893.99
纺织、服装及皮革制品业	0.28	2.36	1.44	403.46	4.64	0.36	2.29	2.07	0.29	0.32	10.50	10.37	7.73	7.01	9.00	12.31	20.86	495.29
其他制造业	1.50	7.28	12.88	2.95	294.88	0.96	2.83	6.80	2.26	3.01	33.94	70.55	22.58	24.18	67.64	58.78	145.16	758.16
电力、热力及水的生产和供应业	204.78	1003.58	362.38	66.57	155.94	1782.58	211.19	630.61	85.26	85.90	1380.66	1669.93	1468.34	1266.98	2192.17	1214.70	4633.61	18415.19
炼焦、燃气及石油工业	4.01	30.48	4.58	0.83	1.79	6.11	331.80	14.01	1.67	1.36	17.72	42.45	75.64	16.75	37.89	23.74	70.31	681.14
化学工业	28.54	29.92	66.17	14.75	38.37	5.70	13.83	1941.81	12.70	9.56	351.49	236.21	121.39	104.94	198.19	84.58	1051.61	4309.77
非金属矿物制品业	6.93	19.91	64.23	3.05	10.83	3.57	13.41	24.26	1247.04	7.77	269.36	2499.53	96.16	61.84	112.90	53.91	639.42	5134.11

续表

部门名称	农业	采矿业	食品饮料及烟草业	纺织、服装及皮革制品业	其他制造业	电力、热力及水的生产和供应业	炼焦、燃气及石油工业	化学工业	非金属矿物制品业	金属产品制造业	机械设备制造业	建筑业	运输邮政仓储、信息和计算机服务业	批发零售贸易、住宿和餐饮业	房地产业、租赁及商务服务业	金融业	其他服务业	合计 (d^i)
金属产品制造业	18.64	52.75	63.68	5.52	80.12	8.90	20.83	51.99	14.36	1824.74	989.27	2144.72	237.62	97.68	282.63	111.21	952.59	6957.24
机械设备制造业	6.93	28.68	16.76	3.21	4.52	4.87	14.42	15.51	3.32	4.80	2900.34	187.73	401.51	71.35	216.46	78.18	549.22	4507.80
建筑业	2.20	5.03	4.91	1.08	1.38	1.04	3.61	4.33	0.59	0.80	25.18	4097.49	36.19	47.87	84.11	50.49	380.10	4746.42
运输邮政仓储、信息和计算机服务业	68.63	408.05	230.68	51.24	64.69	39.52	294.07	224.35	56.54	57.88	993.35	1033.57	14498.08	884.27	1457.34	990.33	3178.38	24530.99
批发零售贸易、住宿和餐饮业	117.49	276.14	482.36	143.31	142.53	38.11	152.17	271.19	57.54	78.80	3316.71	1973.54	1638.20	10852.69	2042.61	1000.77	4281.56	26865.73
房地产业、租赁及商务服务业	15.72	77.95	111.20	19.90	18.59	9.26	42.74	69.31	8.30	11.89	425.29	334.64	392.78	775.66	7067.33	1008.33	1268.92	11657.82
金融业	8.62	37.15	43.69	9.43	10.17	21.55	33.64	33.28	5.59	14.79	206.96	177.97	248.20	361.31	813.03	6509.65	475.04	9010.07
其他服务业	112.06	117.13	123.11	20.15	24.68	35.41	70.57	92.77	14.00	19.02	567.63	843.68	861.61	694.50	1457.80	611.38	24973.31	30638.83
合计 (W)	77989.78	2382.10	18012.49	1043.36	1023.22	1988.10	1313.50	5108.57	1552.65	2168.11	13265.92	17539.09	21208.22	19652.06	20474.78	12883.51	50097.98	267703.44

通过观察列向量 $\boldsymbol{k}_j$，即用水结构矩阵的各列，可以分析各部门的水足迹的组成和来源 (矩阵中对角线上的项即为该部门水足迹中来源于自身直接用水的部分)。以上述三个水足迹排名前三的产业部门为例：农业的水足迹 $(7.80 \times 10^8 \mathrm{m}^3)$ 中，99.2%$(7.74 \times 10^8 \mathrm{m}^3)$ 来源于该部门自身的直接用水，0.3%$(7.28 \times 10^7 \mathrm{m}^3)$ 来源于电力、热力及水的生产和供应业提供的中间产品 (虚拟水)，0.2%$(1.17 \times 10^6 \mathrm{m}^3)$ 来源于批发零售贸易、住宿和餐饮业提供的中间服务，剩余 0.3%$(2.93 \times 10^6 \mathrm{m}^3)$ 来源于其余产业部门提供的中间产品和服务；其他服务业的水足迹 $(5.01 \times 10^8 \mathrm{m}^3)$ 中，49.8%$(2.50 \times 10^8 \mathrm{m}^3)$ 来源于该产业部门自身的直接用水，14.5%$(7.28 \times 10^7 \mathrm{m}^3)$ 来源于农业提供的中间产品，9.2%$(4.63 \times 10^7 \mathrm{m}^3)$ 来源于电力、热力及水的生产和供应业提供的中间产品，剩余 26.5%$(2.93 \times 10^6 \mathrm{m}^3)$ 来源于其余产业部门提供的中间产品和服务；运输邮政仓储、信息和计算机服务业的水足迹 $(5.01 \times 10^8 \mathrm{m}^3)$ 中，68.4%$(1.45 \times 10^8 \mathrm{m}^3)$ 来源于该部门自身的直接用水，7.7%$(1.64 \times 10^7 \mathrm{m}^3)$ 来源于批发零售贸易、住宿和餐饮业的中间产品和服务，6.9%$(1.47 \times 10^7 \mathrm{m}^3)$ 来源于电力、热力及水的生产和供应业提供的中间产品，剩余 17.0%$(3.60 \times 10^7 \mathrm{m}^3)$ 来源于其余产业部门提供的中间产品和服务。

可见，各产业部门的水足迹并不完全来源于该部门自身的直接用水，而部分依赖于其他产业部门供给的中间产品或服务 (即从其他部门取得的虚拟水)。对某些部门来说，其水足迹中来自其他产业部门的部分甚至大于来自该部门自身直接用水的部分。因此，从经济系统整体节水的角度来说，各部门不仅应当提高用水效率、节约自身直接用水量，也应考虑节约使用来自其他产业部门的原材料 (中间产品)，特别是重点节约水足迹占主要组成部分的产业的原材料，以减小水足迹 (例如，其他服务业可以考虑重点节约对农业中间产品的使用)。接收中间产品或服务的部门也应对直接用水部门的用水负有部分用水责任。以上分析结果也是传统的投入产出方法较难得到的。

3.4 本 章 小 结

本研究把计算虚拟水 (水足迹) 的投入产出模型作为基础方法，引入 EIO-LCA 框架对其进行改进，发展出既能够分析最终产品水足迹、又能够了解虚拟水在生产链各部门中间产品中的分布情况的计算模型。本研究把建立的 EIO-LCA 框架下的产业用水结构量化模型应用于北京市 2010 年的产业用水结构的分析。结果证明该模型具有良好的精度与有效性。具体结论如下：

(1) 农业 $(1.14 \times 10^9 \mathrm{m}^3)$、其他服务业 $(3.06 \times 10^8 \mathrm{m}^3)$、批发零售贸易、住宿和餐饮业 $(2.69 \times 10^8 \mathrm{m}^3)$ 为直接用水量排名前三的产业部门。各产业部门的直接用水并不完全用于生产该部门自身的产品或服务，而会有一部分用于生产提供给其他产业部门的中间产品或服务 (即提供给其他部门的虚拟水)。农业 $(7.80 \times 10^8 \mathrm{m}^3)$、其他服务业 $(5.01 \times 10^8 \mathrm{m}^3)$、运输邮政仓储、信息和计算机服务业 $(2.12 \times 10^8 \mathrm{m}^3)$ 为水足迹排名前三的产业部门，分别占总水足迹的 29.1%、18.7% 和 7.9%。各产业部门的水足迹并不完全来源于该部门自身的直接用水，而部分依赖于其他产业部门供给的中间产品或服务 (即从其他部门取得的虚拟水)。通过研究分析，接收中间产品或服务的部门也对直接用水部门负有部分用水责任。从经济系统整体节水调控的角度来说，各部门不仅要提高用水效率、节约自身直接用水量，也要考虑节约使用来自其他产业部门的原材料(中间产品)，特别是重点节约水足迹占主要组成部分的产业的原材料，以减小虚拟水(水足迹)，实现节水。

(2)与传统的投入产出方法相比，EIO-LCA框架下的产业用水结构分析模型能够更全面地反映用水在产业链中的流动情况，能够定量地明确各产业部门的直接用水去向和虚拟水(水足迹)的来源，有助于定量地划分产业用水责任，为制定用水和节水规划、法规和政策等提供科学依据。

4 基于虚拟水的流域产业用水结构量化模型

在建立了行政区域尺度的流域产业用水结构量化模型的基础上,本研究将其扩展到流域尺度。流域是水资源的重要存在形式,也影响着产业的布局,从流域尺度开展产业用水结构研究具有独到的优势。但由于流域尺度不像行政区一样具备投入产出表,因此需要建立适用于流域层面的产业用水结构量化模型,用以对流域产业用水结构进行核算。

4.1 理论分析与研究区域

4.1.1 流域产业用水结构研究理论分析

流域管理是水资源管理的有效形式,实行水资源的流域管理,是许多国家经过长期的摸索而普遍选择的方式,对水资源保护起到重要作用(吴伯健,1998;张林祥,2003)。对流域水资源管理而言,流域的产业用水结构能够定量地描述流域内生产和消费活动对水资源的消耗,有助于了解人类活动对水资源的使用情况,为判断水资源的利用量是否处于流域的供给能力范围内提供定量的依据(Hoekstra and Chapagain,2007;Hoekstra et al.,2011)。流域尺度的水资源研究与行政区域尺度的水资源研究相比,更符合水资源的自然属性,有助于科学、有效、系统地开发、利用、保护水资源(吴伯健,1998;张林祥,2003)。但由于流域尺度与行政区尺度的特点不同,流域尺度通常不像行政区一样具备投入产出表,在将产业用水结构研究扩展到流域尺度时会遇到关键的投入产出数据难以获取的问题。因此,将本研究建立的基于虚拟水(水足迹)的产业用水结构分析方法扩展到流域尺度,构建适用于流域层面的产业用水结构量化模型,用以对流域内国民经济各部门的用水比例及用水联系进行核算,能够为流域水资源评价和管理提供重要依据。

海河流域是中国的经济、政治和文化的核心地区之一。流域内坐落着首都北京市、直辖市天津市,以及石家庄、保定等 25 座大、中型城市。海河流域还是中国重要的工业和高新科技产业基地,也是重要的粮食生产基地之一。海河流域在中国经济社会发展中占有重要地位,但海河流域也是中国九大流域中最为缺水的流域之一:海河流域人均水资源量约为 $300m^3$/年,仅为全国平均水平的 1/7,属于严重缺水地区(水利部海河水利委员会,2011)。尽管海河流域采取了很多调水和节水措施试图解决水资源短缺问题,但有研究认为包括南水北调工程在内的现行措施的供水能力有限,尚不能完全满足该地区的用水需求(Yang,2003;Zhi et al.,2014)。近年来人口密度的不断增加和经济的不断发展,给海河流域的水资源供给问题带来日益严峻的挑战,亟须对该流域产业用水结构的情况做出核算,为流域水资源评价与管理提供依据。

本章面向流域水资源管理的需求,根据科技、社会、经济发展的新形势,将本研究建立的基于虚拟水(水足迹)的产业用水结构分析方法扩展到流域尺度,构建适用于流域的产业用水结构分析方法,用以对流域内国民经济各部门的用水比例及用水联系进行核算,并应用于 2010 年海河流域产业用水结构的分析中,为反映流域水资源消耗情况、解决当前水资源问题提供科学依据。这对评估流域水资源安全、预测流域水资源变化、合理配置流域水资源及水资源利用等都具有重要的理论和现实意义。

4.1.2　研究区域概况

海河流域(Haihe River Basin)地理位置位于 35°N～43°N,112°E～120°E 之间,东临渤海湾,西靠太行山脉,南接黄河流域,北接内蒙古高原,流域总面积为 31.82 万 km²,占中国陆地总面积的约 3.3%。流域地势为西北高东南低,分为山地、高原和平原三种地貌(图 4-1)。

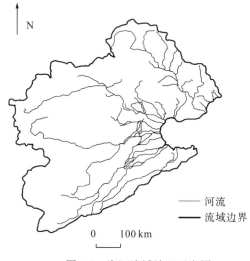

图 4-1　海河流域地理示意图

海河流域包括三大水系(海河、徒骇马颊河、滦河)、七大河系和十条骨干河流。其中,海河(Haihe River)水系是海河流域的主要水系,由北部的潮白河、北运河、蓟运河、永定河和南部的子牙河、大清河、漳卫河组成;徒骇马颊河(Tuhaimajia River)水系包括徒骇河和马颊河,是单独入海的河道;滦河(Luanhe River)水系包含滦河和冀东沿海诸河(水利部海河水利委员会,2011)。

海河流域各水系主要分为两种类型:一类是发源于燕山、太行山的迎风坡河流,支流分散、洪峰高、突发性强、历时较短;另一类发源于燕山、太行山的背风坡河流,由于集水面积较大,水流集中,泥沙含量相对较多;两种类型的河流呈相间分布,清浊分明(水利部海河水利委员会,2011)。海河流域水资源总量多年平均值为 370 亿 m³,其中地表水资源量多年平均值为 216 亿 m³,地下水资源量多年平均值为 235 亿 m³。

气候方面,海河流域地处温带季风气候区,流域多年平均降水量为 539mm,属于半湿润半干旱地区;流域年平均相对湿度为 50%～70%,年平均气温为 1.5～14℃;年平均陆面蒸发量为 470mm，年平均水面蒸发量为 1100mm。春季流域主要受蒙古大陆性气团控制，气温升高快，风速快，蒸发量大，易造成干旱天气；夏季受海洋性气团影响，气温高、空气湿润，降水量较大，且多暴雨，但由于不同年份海洋副热带高压的影响范围、强度、进退时间等条件不同，导致不同年份的降水量差异较大，旱涝时有发生；秋季为夏季和冬季的过渡季节，一般降水较少；冬季则主要受西伯利亚高压影响，寒冷少雪（水利部海河水利委员会，2011）。

海河流域地跨多个省级行政区域，大、中城市众多，人口密集，在中国政治经济文化中都占有重要地位。流域地跨北京、天津、河北、内蒙古、辽宁、山西、山东、河南等七省（市），内有北京、天津，以及安阳、保定、沧州、承德、大同、德州、邯郸、鹤壁、衡水、焦作、廊坊、聊城、濮阳、秦皇岛、石家庄、朔州、唐山、忻州、新乡、邢台、阳泉、张家口、长治等 25 座大中城市。2010 年海河流域总人口约 1.52 亿，占全国总人口的 11%，其中城镇人口 7363 万，城镇化率为 48.6%（水利部海河水利委员会，2011）。

2010 年海河流域 GDP 为 4.96 万亿元，占全国的 12.1%，人均 GDP 3.27 万元，比全国平均水平（3.00 万元）高 9%。海河流域被认为具有发展经济的地理、资源、技术和人才优势（水利部海河水利委员会，2011）。

4.2　流域尺度的产业用水结构量化模型的建立

通过前文的研究可以看出，要将基于虚拟水/水足迹的产业用水结构分析方法扩展到流域尺度，需要两大类数据，一是以投入产出表为载体的流域内各产业部门间的各种投入产出数据，二是各部门的直接用水量数据。对于包括海河在内的很多流域，由于目前投入产出表一般是由行政区域统计部门编制的，尚无流域管理部门编制流域尺度的投入产出表。由于一个母区域所辖的子区域之间的贸易在母区域投入产出表中归总时需要扣减以避免重复计算，因此流域的投入产出表是不能用几个子行政区域的投入产出表直接相加得到的（Jensen et al.，1979；陈锡康和杨翠红，2011）。因此需要采取一定的方法对流域的投入产出数据进行推定和估算。虽然推算的投入产出数据与现实情况难免存在一定差异，但相当于是对现实情况的一种理论上的估计，与实际调查取得的数据同样具有相当程度的现实意义。

本研究引入区域投入产出表生成（Generating Regional Input-Output Tables，GRIT）方法（Jensen et al.，1979；陈锡康和杨翠红，2011），帮助添加流域尺度的产业用水结构分析模块。GRIT 方法依据编制投入产出表的经济学原理，根据国家投入产出表推算研究流域（海河）的总产出、中间投入系数、初始投入和最终使用数据，制作出 2010 年海河流域投入产出表。

主要步骤如下：

（1）通过文献调研、资料收集等方式，掌握全国及海河流域主要省区和直辖市的 2010 年度的投入产出延长表与各部门水资源消耗表。

（2）计算海河流域总产出。根据 2010 年国家总产出及海河流域 2010 年三大产业 GDP 数据（水利部海河水利委员会，2011），推算海河流域 2010 年各部门的总产出。

（3）采用区位商法计算海河流域中间投入系数。区位商反映了研究区域中某一部门在该区域所有部门中的相对重要性和国家尺度下同一部门在国家所有部门中相对重要性的比值。用区位商法求解投入系数的原理为：区位商小于 1 则认为区域中该部门不能自给自足，也就是认为区域中该部门不但需要来自国内的生产支持还需要通过进口来满足其生产需求，则相应的区域投入系数将会减少而进口系数会增大；如果区位商大于或等于 1 则认为研究区域中该部门能够自给自足，不需要通过进口来满足其生产需求，则区域投入系数保持与国家投入系数一致（陈锡康和杨翠红，2011）。

区位商法计算流域投入系数公式如下

$$a_{ij}^R = \begin{cases} a_{ij}^N LQ_{ij}, & LQ_{ij} < 1 \\ a_{ij}^N, & LQ_{ij} \geq 1 \end{cases} \quad (4\text{-}1)$$

$$LQ_{ij} = \frac{\left(\dfrac{\sum_{j=1}^{n} x_j^R}{\sum_{i=1}^{n}\sum_{j=1}^{n} x_{ij}^R} \right)}{\left(\dfrac{\sum_{j=1}^{n} x_j^N}{\sum_{i=1}^{n}\sum_{j=1}^{n} x_{ij}^N} \right)} \quad (4\text{-}2)$$

式中，a_{ij}^R 为研究区域投入产出表中直接消耗系数矩阵 $\boldsymbol{A}$ 中的元素（参见式(3-3)），即各部门的中间投入系数，表示第 j 部门每生产一个单位的总产出所直接使用的第 i 部门中间产品的数量；a_{ij}^N 为国家投入产出表中各部门的中间投入系数；LQ_{ij} 为区位商；$\sum_{j=1}^{n} x_j^R$ 表示研究区域内第 j 部门的总产出；$\sum_{i=1}^{n}\sum_{j=1}^{n} x_{ij}^R$ 表示研究区域内所有部门的总产出；$\sum_{j=1}^{n} x_j^N$ 表示全国第 j 部门的总产出；$\sum_{i=1}^{n}\sum_{j=1}^{n} x_{ij}^N$ 表示全国所有部门的总产出。

（4）用所得的流域内各部门中间投入系数 a_{ij}^R 乘以流域内所对应部门的总产出，得到流域内各部门的中间投入价值量。

（5）用流域内各部门的总产出减去流域内各部门的中间投入价值量总和得到流域内各部门的初始投入。

（6）用总产出减去所得的各行的国内中间投入以及进口中间投入得到最终使用，将最终使用分为居民消费、政府消费和出口调出三类，并按国家投入产出表的比例进行分配，获得海河流域投入产出表。用 RAS 方法将流域的投入产出表调平，使其满足投入产出表"各产业部门的总投入与总产出相等"的要求。

（7）将所得的各项投入产出数据和部门用水数据代入前文建立的产业用水结构量化模型，即可求得流域尺度的产业用水结构。

4.3　海河流域产业用水结构分析

4.3.1　数据来源与预处理

模型需要的研究期的国家 2010 年投入产出延长表来自《中国投入产出延长表 2010》

（国家统计局国民经济核算司，2012），三大产业直接用水数据来自《海河年鉴2010》（水利部海河水利委员会，2011），各部门用水数据根据三大产业用水和《2010年中国水资源公报》（中华人民共和国水利部，2012)中的比例和其他研究数据(王岩和王红瑞，2007；Zhang et al.，2012；Wang et al.，2013)推算得出。推算所得的海河流域17部门GDP、总产出与用水量如表4-1所示。

表4-1　海河流域2010年产业部门GDP、总产出与用水量

部门名称	GDP/亿元	总产出/亿元	用水量/×10^8m^3
农业	3650.50	6243.016	247.60
采矿业	2570.36	5684.93	1.71
食品饮料及烟草业	1661.19	7881.449	2.72
纺织、服装及皮革制品业	1326.89	6635.457	3.36
其他制造业	1546.55	5784.981	6.48
电力、热力及水的生产和供应业	1371.14	5316.796	12.14
炼焦、燃气及石油工业	754.68	3785.695	1.97
化学工业	2110.26	10899.13	8.62
非金属矿物制品业	1027.77	4682.667	1.31
金属产品制造业	2244.03	12456.85	3.74
机械设备制造业	4993.60	27416.85	1.94
建筑业	3116.12	11961.83	7.73
运输邮政仓储、信息和计算机服务业	3890.15	9086.375	6.98
批发零售贸易、住宿和餐饮业	5306.57	8888.535	8.13
房地产业、租赁及商务服务业	4199.69	7129.96	7.00
金融业	2882.58	4435.94	1.92
其他服务业	6899.81	12562.68	11.02

4.3.2　结果与讨论

经计算，海河流域2010年产业用水结构矩阵如表4-2所示。2010年海河流域各产业部门最终产品的总水足迹等于产业部门总直接用水量，为3.34×10^{10}m^3。

观察产业用水结构矩阵的列向量 k^d(直接用水)，从生产视角分析直接用水在产业部门间的分布结构，发现第一产业、第二产业、第三产业的直接用水分别为 2.48×10^{10}m^3、5.17×10^9m^{3}和3.50×10^9m^3，分别占总用水的74.0%、15.5%和10.5%。具体到各产业部门，农业（2.48×10^{10}m^3）、电力、热力及水的生产和供应业（1.21×10^9m^3）、其他服务业（1.10×10^9m^3）为直接用水量排名前三的产业部门，分别占总用水量的74.0%、3.6%和3.3%。通过观察矩阵各行的行向量 k_i 分析各部门直接用水的最终去向，例如上述三个直接用水量排名前三的产业部门中，农业的直接用水的 35.9%(8.89×10^9m^3)用于生产提供给食品饮料及烟草业的中间产品，12.6%(3.12×10^9m^3)用于生产提供给纺织、服装及皮革制品业的中间产品，9.7%(2.39×10^9m^3)用于生产提供给批发零售贸易、住宿和餐饮业的中间产品，剩

余 41.8%($1.04×10^{10}m^3$)用于生产提供给其余产业部门的中间产品。电力、热力及水的生产和供应业的直接用水中,28.0%($3.40×10^8m^3$)用于生产提供给机械设备制造业的中间产品,24.5%($2.97×10^8m^3$)用于生产提供给建筑业的中间产品,12.3%($1.49×10^8m^3$)用于生产提供给其他服务业的中间产品,剩余 35.2%($4.28×10^8m^3$)用于生产提供给其余产业部门的中间产品。其他服务业的直接用水中,85.4%($9.41×10^8m^3$)用于生产该部门的最终服务,4.4%($4.90×10^7m^3$)用于生产提供给机械设备制造业的中间服务,3.8%($4.21×10^7m^3$)用于生产提供给建筑业的中间服务,剩余 6.3%($6.97×10^7m^3$)用于生产提供给其余产业部门的中间服务。

观察行向量 W(水足迹),从最终使用视角分析水足迹在产业部门间的分布结构,发现第一产业、第二产业、第三产业的水足迹分别为 $1.40×10^9m^3$、$2.27×10^{10}m^3$ 和 $9.32×10^9m^3$,分别占总水足迹的 4.2%、68.0% 和 27.8%。具体到部门,食品饮料及烟草业($9.28×10^9m^3$)、建筑业($4.04×10^9m^3$)及其他服务业($3.60×10^9m^3$)为水足迹排名前三的产业部门,分别占总水足迹的 27.7%、12.1% 和 10.8%。通过产业用水结构矩阵的各列列向量 k_j,可以分析各部门水足迹的组成和来源,以上述三个水足迹排名前三的部门为例:食品饮料及烟草业的水足迹中,95.8%($8.89×10^9m^3$)来源于农业提供的中间产品,1.9%($1.73×10^8m^3$)来源于该部门自身的直接用水,0.6%($1.17×10^6m^3$)来源于电力、热力及水的生产和供应业提供的中间产品,剩余 1.7%($2.93×10^6m^3$)来源于其余产业部门提供的中间产品和服务。建筑业的水足迹中,50.6%($2.04×10^9m^3$)来源于农业提供的中间产品,18.7%($7.55×10^8m^3$)来源于该部门自身的直接用水,7.4%($2.97×10^8m^3$)来源于电力、热力及水的生产和供应业提供的中间产品,剩余 23.4%($9.44×10^8m^3$)来源于其余产业部门提供的中间产品和服务;其他服务业的水足迹中,54.5%($1.96×10^9m^3$)来源于农业提供的中间产品,23.3%($9.41×10^8m^3$)来源于该部门自身的直接用水,4.0%($1.61×10^8m^3$)来源于化学工业提供的中间产品,剩余 13.2%($5.34×10^8m^3$)来源于其余产业部门提供的中间产品和服务。从综合考虑直接和间接用水的角度,可以看出,农业和电力、热力及水的生产和供应业不再是用水量最高的部门,而大量使用这两个部门提供的中间产品的部门的水足迹远高于其直接用水量。对农业来说,与北京的情况相比,海河流域的农业提供给其他部门的中间产品与提供给消费者的最终产品的比例更高,也反映了该流域其他地区的农业生产结构与北京市这种超大城市的农业生产结构的不同。与北京相比,海河流域的这些产业部门使用农业和电力、热力及水的生产和供应业的中间产品(虚拟水)的比例更高,在通过节电、提高原材料利用效率来实现产业结构性节水方面具有更大的潜力。

表 4-2 海河流域 2010 年产业用水结构矩阵 （×10⁶ m³）

部门名称	农业	采矿业	食品饮料及烟草业	纺织、服装及皮革制品业	其他制造业	电力、热力及水的生产和供应业	炼焦、燃气及石油工业	化学工业	非金属矿物制品业	金属产品制造业	机械设备制造业	建筑业	运输邮政仓储、信息和计算机服务业	批发零售贸易、住宿和餐饮业	房地产业、租赁及商务服务业	金融业	其他服务业	合计（k^4）
农业	1381.65	9.91	8892.11	3119.62	950.14	13.48	11.94	462.67	8.65	74.24	2084.73	2041.99	608.69	2392.12	625.41	123.25	1959.39	24760.00
采矿业	0.29	3.12	4.90	5.17	3.58	1.18	2.18	5.81	0.38	4.94	48.93	52.09	10.25	3.93	6.14	1.11	16.75	170.74
食品饮料及烟草业	1.61	0.07	173.09	10.43	2.61	0.12	0.10	2.43	0.06	0.54	16.00	13.85	3.42	27.69	4.85	1.04	14.27	272.17
纺织、服装及皮革制品业	0.13	0.09	3.00	243.78	7.34	0.16	0.10	2.33	0.08	0.69	21.47	16.83	3.91	5.70	8.85	1.17	20.80	336.41
其他制造业	0.64	0.39	21.80	18.33	214.02	0.54	0.39	8.35	0.59	5.63	116.02	105.02	13.97	15.23	39.84	7.32	80.22	648.32
电力、热力及水的生产和供应业	2.91	3.35	51.24	54.92	34.15	53.41	3.39	41.11	2.25	22.79	340.19	297.27	49.69	49.41	46.90	12.03	148.80	1213.80
炼焦、燃气及石油工业	0.44	0.32	6.81	6.83	3.80	0.57	7.40	7.64	0.27	2.64	41.47	48.48	26.60	6.50	10.67	2.11	24.38	196.95
化学工业	3.53	0.79	42.79	61.20	29.33	0.86	0.94	145.82	0.84	4.91	199.15	134.62	19.61	21.09	31.05	4.22	161.42	862.17
非金属矿物制品业	0.07	0.07	1.90	1.10	1.02	0.07	0.07	0.87	1.81	0.75	16.52	97.65	1.25	0.98	1.50	0.21	5.18	131.02
金属产品制	0.25	0.39	5.03	4.70	6.50	0.46	0.35	3.51	0.28	25.15	170.04	114.37	8.07	4.13	9.87	1.25	20.10	374.45

续表

部门名称	农业	采矿业	食品饮料及烟草业	纺织、服装及皮革制品业	其他制造业	电力、热力及水的生产和供应业	炼焦、燃气及石油工业	化学工业	非金属矿物制品业	金属产品制造业	机械设备制造业	建筑业	运输邮政仓储、信息和计算机服务业	批发零售贸易、住宿和餐饮业	房地产业、租赁及商务服务业	金融业	其他服务业	合计 (K^d)
机械设备制造业	0.09	0.13	1.66	1.84	1.20	0.25	0.13	1.08	0.06	0.74	148.40	17.57	4.72	2.07	4.40	0.63	9.43	194.41
建筑业	0.02	0.01	0.45	0.38	0.17	0.02	0.02	0.18	0.01	0.07	1.99	754.89	1.21	1.13	3.79	0.34	7.88	772.57
运输邮政仓储、信息和计算机服务业	1.08	0.58	22.29	17.84	9.23	0.79	0.72	8.22	0.44	3.77	93.17	154.85	260.68	29.26	22.74	9.80	62.19	697.67
批发零售贸易、住宿和餐饮业	0.96	0.41	22.43	16.46	8.66	0.64	0.54	7.03	0.36	3.34	105.36	87.61	18.95	431.11	31.20	8.57	69.65	813.28
房地产业、租赁及商务服务业	0.40	0.19	13.31	12.33	4.92	0.39	0.25	4.72	0.17	1.31	54.75	33.82	14.27	28.16	478.01	15.60	37.11	699.70
金融业	0.28	0.15	5.58	5.71	2.74	0.53	0.19	2.52	0.15	1.15	29.35	24.97	9.79	8.78	12.53	69.90	17.35	191.66
其他服务业	0.69	0.30	9.68	7.50	3.72	0.69	0.30	3.86	0.17	1.68	49.00	42.14	11.69	11.57	14.25	3.57	941.45	1102.29
合计 (W)	1395.04	20.29	9278.09	3588.15	1283.14	74.17	29.01	708.14	16.56	154.32	3536.54	4038.02	1066.79	3038.85	1351.99	262.13	3596.37	33437.60

4.4 本 章 小 结

本章扩展了本研究建立的基于虚拟水(水足迹)的产业用水结构分析方法的应用范围，为其增加了适用于流域尺度的模块。在流域尺度开展的水资源研究与行政区域尺度开展的水资源研究相比，更符合水资源的自然属性，对水资源管理有独到的作用。本章引入的GRIT方法解决了流域尺度缺少投入产出数据的问题，使基于虚拟水(水足迹)的产业用水结构的分析及后续研究能够应用于流域尺度。

对海河流域进行实例分析发现，海河流域 2010 年直接用水量排名前三的产业部门为农业($2.48×10^{10}m^3$)、电力、热力及水的生产和供应业($1.21×10^9m^3$)及其他服务业($1.10×10^9m^3$)，分别占总用水量的 74.0%、3.6%和 3.3%。水足迹排名前三的产业部门为食品饮料及烟草业($9.28×10^9m^3$)、建筑业($4.04×10^9m^3$)及其他服务业($3.60×10^9m^3$)，分别占总水足迹的 27.7%、12.1%和 10.8%。从水足迹角度可以看出，直接用水量较大的农业和电力、热力及水的生产供应业不是实质上用水最多的部门，而大量使用这两个部门提供的中间产品的部门的水足迹远高于其直接用水量。

流域尺度的产业用水结构研究与行政区域尺度相比虽然有更符合水资源的自然属性的优点，但也存在一些局限。由于对产业的管理策略与办法大多是基于行政区域制定和实施的，因此基于流域尺度得出的用水管理建议可能在实践执行过程中遇到困难。建议未来的水资源管理向流域和区域多层次合作方向深入发展。

5 基于虚拟水的产业用水结构 空间特征标准化分析

与虚拟水(水足迹)一样,产业用水结构分析可用于国家、省市等行政区域层面的分析和流域层面的分析(Zhao et al.,2010)。本研究已经在城市及流域的不同空间尺度对产业用水结构进行了计算,还需要对产业用水的特征及成因展开分析。下面从水足迹强度、最终使用类型水足迹、人均水足迹等多个指标角度对不同区域产业用水进行标准化、定量化比较,以总结不同区域产业用水的特征及成因。

5.1 数据和方法

由于相比较的区域的面积大小相差很大,比较用水量或水足迹的绝对大小意义不大,因此比较用水效率和人均水足迹更有意义。为了反映各产业部门的用水效率,在利用基于 EIO-LCA 方法的产业用水结构量化模型计算各部门水足迹后,还需要进一步计算其水足迹强度(water footprint intensity),即单位最终使用的水足迹(m³/万元)(Zhao et al.,2009,2010)。水足迹强度越大,说明该部门直接和间接用水综合效率相对较低,反之则说明直接和间接用水综合效率相对较高。计算公式如下

$$\mathrm{WFI}_j = \frac{\sum_{i=1}^{n} k_{ij}}{m_j} \tag{5-1}$$

式中,WFI_j 表示第 j 部门的水足迹强度;m_j 为第 j 部门的最终使用价值量(万元)。

本研究把不同区域的人均本地生产产品的水足迹(包括本地生产本地消费的最终产品和本地生产出口调出的最终产品的水足迹)和人均本地使用的水足迹(包括本地生产本地消费的最终产品和进口调入本地消费的最终产品的水足迹)进行比较,前者反映了本地经济系统生产活动对本地水资源的影响,后者反映了本地居民的消费(包含投资)对本地和外地水资源的总影响。为了计算人均本地生产产品的水足迹和人均本地使用的水足迹,将式(3-8)改造如下

$$\mathrm{WLP} = \frac{\sum_{i=1}^{n}\sum_{j=1}^{n} k_{ij}}{p} \tag{5-2}$$

式中,WLP 为人均本地生产产品的水足迹。若将式(3-4)~式(3-8)中的最终产品使用 ***m*** 替换为居民消费、政府消费、资本形成及进口之和,则式(5-2)所计算的是人均本地使用的水足迹。

5.2 产业部门水足迹强度及万元 GDP 用水特征分析

本研究计算了 2010 年北京市各部门的水足迹强度，即单位最终使用的水足迹，结果如表 5-1 所示。农业(377.72m³/万元)、食品饮料及烟草业(34.88m³/万元)、电力、热力及水的生产和供应业(18.98m³/万元)为水足迹强度排名前三的部门，说明其直接和间接用水综合效率较低，应着手从直接用水和中间产品(虚拟水)两方面共同提高用水效率。采矿业(3.36m³/万元)、炼焦、燃气及石油工业(3.69m³/万元)、机械设备制造业(4.50m³/万元)为水足迹强度排名最低的三个部门，说明其直接和间接用水综合效率相对较高，也反映出这些工业部门在大力推进产业升级和节水改造后的良好成果(北京市发展和改革委员会，2013；刘云枫和孔伟，2013)。比较水足迹强度和万元 GDP 用水可以发现，作为传统用水大户的农业和电力、热力及水的生产和供应业部门，虽然其万元 GDP 用水分别高达916.40m³/万元和 44.23m³/万元，但由于它们生产的中间产品大部分用于为其他部门提供产品或服务，因此其水足迹强度远低于其万元 GDP 用水。可见，除了农业部门和电力、热力部门自身的节水措施之外，其他部门节约使用农业产品和电力、热力，也是从总体上降低整个产业部门用水的途径之一。

表 5-1 北京市 2010 年产业部门水足迹强度和万元 GDP 用水   (单位：m³/万元)

部门名称	水足迹强度	万元 GDP 用水
农业	377.72	916.40
采矿业	3.36	0.47
食品饮料及烟草业	34.88	30.70
纺织、服装及皮革制品业	6.53	8.96
其他制造业	5.96	5.98
电力、热力及水的生产和供应业	18.98	44.23
炼焦、燃气及石油工业	3.69	3.96
化学工业	11.43	14.02
非金属矿物制品业	17.00	61.35
金属产品制造业	14.04	82.54
机械设备制造业	4.50	3.93
建筑业	6.55	7.60
第二产业合计	19.30	15.05
运输邮政仓储、信息和计算机服务业	7.95	12.74
批发零售贸易、住宿和餐饮业	10.99	12.18
房地产业、租赁及商务服务业	7.19	5.95
金融业	5.59	4.83
其他服务业	8.64	11.58
第三产业合计	11.73	9.69

用同样的方法，本研究计算了 2010 年海河流域的水足迹强度，并与当年的北京市水足迹强度进行对比，同时也对万元 GDP 用水进行了比较(图 5-1)。

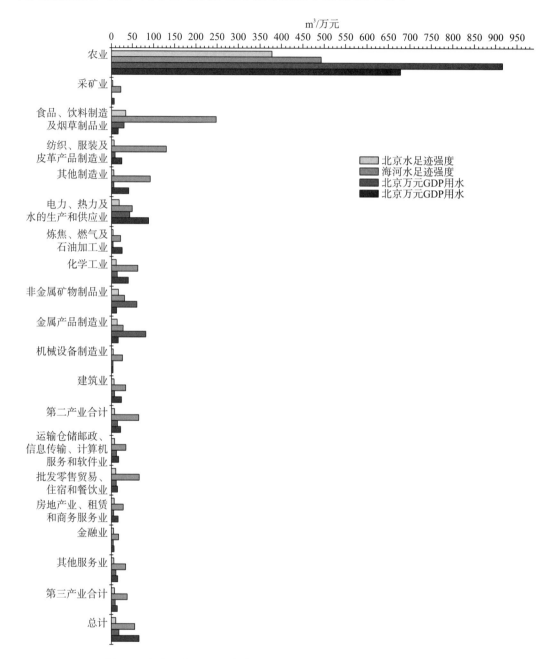

图 5-1   北京和海河 2010 年产业部门水足迹强度和万元 GDP 用水比较

分析海河流域各产业部门水足迹强度，可以看到农业(492.91m³/万元)、食品饮料及烟草业(247.75m³/万元)和纺织、服装及皮革制品业(130.30m³/万元)的水足迹强度较大，因此这三个部门的综合用水效率较低。考察这三个部门可以发现，其水足迹强度较大是因为农业的直接用水量大，而其他两个部门需要大量的农业产品作为原材料投入，使得这两个部门间接用水量也大幅增加。

对比海河水足迹强度和北京水足迹强度，可以发现海河流域的总水足迹强度比北京的总水足迹强度要大。海河流域的水足迹强度代表全流域（包括北京在内）平均的情况，因此可以认为，海河单位平均最终使用的产品和服务中蕴含的直接和间接综合用水量比北京要大。这一方面说明北京市是海河流域内水资源极度缺乏的地区，另一方面也说明由于缺水的压力，使得北京市比海河流域其他地区更加节约用水；这与 Zhao 等（2010）对海河流域用水的研究结论相似，只是本研究计算的因素和结果更为精细。

分产业部门看，海河流域的第一产业水足迹强度（492.91m³/万元）高于北京（377.72m³/万元），第一产业的万元 GDP 用水（678.26m³/万元）却低于北京（916.40m³/万元），说明海河流域第一产业（农业）直接用水效率高于北京，但综合用水效率低于北京。这可能是由于三方面原因：第一，海河流域的其他地区包含有主要农业产区，农业生产规模比北京市要大，规模生产下的农业直接用水效率与北京市这种以消费原料和输出服务为主的超大城市的农业相比，具有规模优势，因此海河流域的直接用水效率高于北京地区。第二，海河流域农业产区种植的主要作物为小麦、玉米和棉花，而北京市的主要农作物还包括水果、蔬菜等耗水相对更高的作物（北京市统计局，2011b；水利部海河水利委员会，2012），导致直接用水量相对更高。第三，海河流域生产的农产品作为中间产品提供给其他产业部门的比例比北京市要低，即更多的产品作为最终产品提供给了消费者，而北京市农业产品作为中间产品提供给其他部门如服务业的比例更高，对于农业这种具有高直接用水量的行业来说相当于降低了水足迹，这也反映了主粮产区与城市周边农业的差异。

从第二、第三产业来看，海河流域的水足迹强度（第二产业 65.99m³/万元、第三产业 57.23m³/万元）均高于北京（第二产业 7.84m³/万元、第三产业 8.07m³/万元）；万元 GDP 用水（第二产业 22.77m³/万元、第三产业 15.12m³/万元）也高于北京（第二产业 15.05m³/万元、第三产业 9.69m³/万元）。具体到各部门，可以看出海河流域所有部门的水足迹强度均比北京市对应部门的水足迹强度大，即综合用水效率比北京低。但万元 GDP 用水方面，除了农业之外，食品饮料及烟草业、非金属矿物制品业、金属产品制造业、机械设备制造业这四个部门在海河流域的万元 GDP 用水低于北京，这可能是由于这些部门在海河流域的布局规模大于北京，具有规模优势和一定的技术优势。同时可以看出，海河的产业部门中，水足迹强度和万元 GDP 用水的差距普遍更大。而北京市有许多部门的水足迹强度和万元 GDP 用水相近或在同一个数量级中。这证明北京市产业部门在通过节约原材料来实现间接节水方面普遍做得更好，也就是产业结构更趋于节水化。

5.3　分类别最终使用虚拟水（水足迹）及其他指标特征分析

将式（3-4）中的最终产品使用 *m* 替换为居民消费、政府消费、资本形成、出口和进口数据后，可分析这些最终使用类别中蕴含的水足迹。表 5-2 列出了 2010 年北京市用于居民消费、政府消费、资本形成、出口和进口的产品或服务的水足迹。因为投入产出表中的

"最终使用"等于居民消费、政府消费、资本形成及出口之和,所以表 5-2 中居民消费、政府消费、资本形成及出口的水足迹之和也等于表 3-3 中各产业部门最终产品的总水足迹,各项的大小由其价值量决定。

总体来看,北京市 2010 年出口调出水足迹大于居民消费水足迹,而居民消费水足迹又大于资本形成水足迹,符合经济增长由投资拉动为主向消费拉动为主转变的特征(北京市发展和改革委员会,2013;刘云枫和孔伟,2013)。但在部分部门如建筑业和房地产业中,资本形成水足迹占主要地位,而在农业、食品加工业等关系到居民生活基本需求的部门中,居民消费水足迹占重要地位。这是由北京的经济特点决定的:多数工业和服务业的出口和调出占主导作用,而与民生相关行业则居民消费比例较大,同时建筑业和房地产业有投资过热的迹象(王岩和王红瑞,2007;王岳平,2011)。值得注意的是,炼焦、燃气及石油工业的资本形成水足迹为负值($-4.54×10^5 m^3$),这是由于该项在投入产出表中的价值量为负值,固定资产超龄服役继续计提折旧,或超价值计提减值准备等,都可能造成投入产出表中的资本形成项出现负值(北京市统计局,2011b)。

表 5-3 是 2010 年海河流域最终使用类型水足迹的对比,与表 5-2 的北京市 2010 年产业部门最终使用类型水足迹进行比较。总体来看,海河出口调出水足迹略小于进口调入水足迹,资本形成水足迹大于出口调出水足迹,而居民消费水足迹又大于资本形成水足迹,与北京市"出口调出大于居民消费,而居民消费水足迹又大于资本形成"的情形有所区别。说明海河流域从外部净进口的虚拟水较少,而北京则是净进口大量的虚拟水;同时也说明海河流域经济增长是以消费为主要拉动力,与北京以出口为主要拉动力不同。

从部门来看,即使是在资本形成水足迹占主要地位的部分部门,如建筑业,其在海河流域资本形成水足迹的比例也小于北京市同一部门资本形成水足迹的比例。说明海河流域的固定资产投资热度总体低于北京市的水平。而在农业、食品加工业、电力、热力及水的生产和供应业等关系到居民生活基本需求的部门中,海河流域居民消费水足迹在总水足迹中的比例高于北京市,因为北京市的这类部门更多依赖于进口,而海河流域则具备更高的自给自足的能力。

表 5-2 北京市 2010 年产业部门不同最终使用类型
(居民消费、政府消费、资本形成、进出口)水足迹($×10^4 m^3$)

部门名称	最终使用水足迹				
	居民消费	政府消费	资本形成	出口调出	进口调入
农业	52018.79	8136.41	8872.06	8962.52	176645.83
采矿业	16.01	0.00	30.28	2335.81	9575.30
食品饮料及烟草业	8062.63	0.00	1475.71	8474.14	24729.32
纺织、服装及皮革制品业	529.10	0.00	98.20	416.06	3535.64
其他制造业	221.78	0.00	33.20	768.24	4316.03
电力、热力及水的生产和供应业	1977.95	0.00	0.00	10.15	2394.88
炼焦、燃气及石油工业	201.56	0.00	-45.38	1157.32	3392.94
化学工业	753.48	0.00	205.07	4150.02	13727.69

部门名称	最终使用水足迹				
	居民消费	政府消费	资本形成	出口调出	进口调入
非金属矿物制品业	48.84	0.00	335.88	1167.93	6636.58
金属产品制造业	142.53	0.00	388.68	1636.91	20471.93
机械设备制造业	1053.32	0.00	2464.32	9748.29	18116.21
建筑业	340.53	0.00	11547.93	5650.63	7500.54
运输邮政仓储、信息和计算机服务业	1480.85	0.00	6573.20	13154.17	13119.51
批发零售贸易、住宿和餐饮业	4516.75	0.00	1477.40	13657.92	17800.32
房地产业、租赁及商务服务业	2660.28	0.00	7603.44	10211.06	5157.28
金融业	3176.79	0.00	0.00	9706.72	404.79
其他服务业	6310.32	24156.60	18.63	19612.44	10474.50
合计	83511.52	32293.01	41078.60	110820.31	337999.28

表 5-3　海河流域 2010 年产业部门不同最终使用类型水足迹（$\times 10^6 \mathrm{m}^3$）

部门名称	最终使用水足迹				
	居民消费	政府消费	资本形成	出口调出	进口调入
农业	984.60	40.27	301.84	68.34	2435.44
采矿业	1.77	0.00	11.60	6.92	547.75
食品饮料及烟草业	8251.58	0.00	372.96	653.55	720.94
纺织、服装及皮革制品业	1301.10	0.00	102.60	2184.44	270.28
其他制造业	356.78	0.00	314.37	611.99	546.44
电力、热力及水的生产和供应业	72.60	0.00	0.00	1.57	1.12
炼焦、燃气及石油工业	21.73	0.00	-0.22	7.51	55.90
化学工业	170.33	0.00	59.08	478.72	902.28
非金属矿物制品业	1.94	0.00	2.71	11.91	20.09
金属产品制造业	8.44	0.00	27.44	118.45	203.14
机械设备制造业	295.79	0.00	1888.88	1351.87	1401.17
建筑业	51.18	0.00	3946.61	40.23	14.45
运输邮政仓储、信息和计算机服务业	475.66	75.47	236.71	278.95	86.65
批发零售贸易、住宿和餐饮业	1873.89	0.00	329.49	835.47	61.46
房地产业、租赁及商务服务业	790.32	33.18	335.64	192.85	88.94
金融业	242.92	10.73	0.00	8.47	3.89
其他服务业	1082.30	2425.82	46.92	41.33	78.94
合计	15982.93	2585.47	7976.64	6892.56	7438.88

表 5-2 和表 5-3 中的进口调入水足迹是基于"各部门进口调入产品的生产条件与研究区本地产品生产条件相同"这一假定计算的，是一种"等效水足迹"（Renault，2003）。它反映的不是这些进口产品在其产地实际上使用了多少水资源，而是"如果研究区域不进口

这些产品而选择由本地自行生产，需要再多使用多少水资源"，即"通过进口这些产品，可以为本地省下多少水资源"。从表 5-2 中可以看出，北京市 2010 年通过进口和调入节省了 $3.38×10^9m^3$ 本地水资源，其中农业（$1.77×10^9m^3$，占 52.3%）、食品饮料及烟草业（$2.47×10^8m^3$，占 7.3%）和金属产品制造业（$2.05×10^8m^3$，占 6.1%）等北京市大量进口和调入的部门居于前列。从表 5-3 可以看出，海河流域 2010 年通过进口和调入节省了 $7.44×10^9m^3$ 本地水资源，其中农业（$2.44×10^9m^3$，占 32.7%）、机械设备制造业（$1.41×10^9m^3$，占 18.8%）及化学工业（$9.02×10^8m^3$，占 12.1%）居于前列。可以看出，农业水足迹虽然仍是最高的，但其在进口调入中的比例与北京市的情况相比较低，因为海河流域自身有粮食产区，对外部农产品的依赖度低于北京。总的来说，海河流域进口产品水足迹与其他最终使用水足迹的比值，不像北京市的进口水足迹的比值那么大，海河流域进口的水足迹在其本地和进口全部水足迹中只占 15%左右，说明海河流域大部分的水资源是靠本地水资源和调水工程调入的实体水资源提供的，而北京的水资源更多地依赖于进口调入产品中蕴含的虚拟水。

比较北京和海河流域 2010 年人均本地生产产品的水足迹和人均本地使用的水足迹（表 5-4），发现海河流域人均本地生产产品的水足迹高于北京，而海河流域人均本地使用的水足迹低于北京。一方面说明北京市的产业部门比海河流域其他大部分地区使用了更少的实体水资源，也说明北京市因为缺水的压力使产业部门自觉地减少其对实体水资源的使用；另一方面，北京居民由于其相对较高的生活水平，比海河流域其他大部分地区使用了更多的虚拟水。同时，北京市的人均本地生产产品的水足迹小于人均本地使用的水足迹，说明该地区的虚拟水流动总体上是净进口（或称为"入超"）的；而海河流域的人均本地生产产品的水足迹与人均本地使用的水足迹基本相等，说明该地区的虚拟水流动总体基本处于进出口平衡状态。以上结论仍然是基于"各部门进口调入产品的生产条件与研究区本地产品生产条件相同"这一假定得出的（Renault，2003）。若为了得到本地居民对外地水资源的真实影响，未来需要对进口调入产品的来源区域开展同样的计算分析。

表 5-4　北京和海河流域 2010 年人均水足迹比较（m^3）

	人均本地生产产品的水足迹	人均本地使用的水足迹
北京市	136.45	252.25
海河流域	220.71	224.32

5.4　本　章　小　结

本章从水足迹强度、最终使用类型水足迹、人均水足迹等角度对北京市和海河流域产业用水进行了定量化比较，并分析了不同区域产业用水的特征及其形成原因。海河流域所有产业部门的水足迹强度均比北京市的水足迹强度要大。一方面说明北京市属于海河流域中水资源极度匮乏的地区，另一方面也说明由于缺水的压力，迫使北京市比海河流域其他地区更加注意节约用水。同时可以看出，海河的产业部门中，水足迹强度和万元 GDP 用水普遍差距更大，而北京市有许多部门的水足迹强度和万元 GDP 用水相近或在同一个数量级。这证明北京市产业部门在通过节约原材料来实现间接节水方面普遍做得更好，也就是产业结构更趋于节水化。

海河进口产品水足迹与其他最终使用水足迹的比值不像北京市的进口产品水足迹的比值那么大，说明海河流域大部分的水资源是靠本地水资源和调水工程调入的实体水资源提供的，而北京更多地使用进口调入产品中蕴含的虚拟水。同时也发现在海河流域，消费是经济增长的主要拉动力；而在北京市，出口是经济增长的主要拉动力。

2010 年海河流域人均本地生产产品的水足迹高于北京，说明北京市的产业部门比海河流域其他大部分地区使用了更少的实体水资源，也说明北京市因为缺水的压力使产业部门自觉地减少其对实体水资源的使用。海河流域人均本地使用的水足迹低于北京，说明北京居民由于其相对较高的生活水平，比海河流域其他大部分地区使用了更多的虚拟水。北京市的人均本地生产产品的水足迹小于人均本地使用的水足迹，反映出该地区的虚拟水流动总体上是处于净进口状态的；而海河流域的人均本地生产产品的水足迹与人均本地使用的水足迹基本相等，说明该地区的虚拟水流动总体基本处于进出口平衡状态。

6 基于虚拟水的产业用水结构时间变化驱动机制研究

本研究在建立了 EIO-LCA 框架下的产业用水结构量化模型并分析了特定时间段内产业用水结构的基础上，对不同时间段的产业用水结构变化进行分析比较，识别影响产业用水结构时间变化的主要因素，定量、准确地分析产业用水结构的时间变化机制，进而针对不同因素的特点制定相应的调控措施与建议。这对指导产业用水结构调整具有重要意义（Dietzenbacher and Los，1998；李晓惠等，2014）。

6.1 产业用水结构时间变化基础分析

用水技术、消费结构、生产规模等因素都会对产业用水结构造成影响（Kanada，2001；Kondo，2005）。为了揭示产业用水结构变化中的各个驱动因素及其驱动机制，需要从虚拟水（水足迹）角度对不同年份的产业用水结构的变化进行分析，识别各种影响因素，并把各因素的变化从总体水足迹的变化中分离出来，定量计算各驱动因素各自对总体变化的贡献大小，根据分析结果，针对不同驱动因素制定相应的节水对策，这种研究思路称为因素分解分析（Laspeyres，1864；Dietzenbacher and Los，1998；Kanada，2001；Kondo，2005）。

从虚拟水（水足迹）角度对产业用水结构进行因素分解分析，需要建立具有较好数理和实践意义的因素分解模型。这一问题可以分为两个部分：①建立具有较好数理意义的因素分解模型；②建立具有较好实践意义的因素识别模型。本研究分别引入平均分解模型和"人口—经济—技术（Impact = Population × Affluence × Technology，IPAT）"模型，对现有方法进行改进，以解决这两个问题。

6.1.1 基于平均分解模型的水足迹变化因素分解模型

目前常用的因素分解分析方法主要可以分为三类：结构分解分析（Structural Decomposition Analysis，SDA）方法、对数平均迪氏分解（Logarithmic Mean Divisia Index，LMDI）方法和基于经济计量的统计分析方法。

SDA 方法是数学和经济学研究中常用的因素分解分析方法之一，SDA 方法主要基于拉氏分解思想（Laspeyres，1864），即因变量的变化可以通过各自变量因素的变化末期和初期的差值来表示。其基本思想是把经济变量按照一定的经济学规律和数学规律进行加法分解，具有因素选择方式简明、因素实践意义较好、分解方式直观、能够处理矩阵中的零值和负值等优点（Dietzenbacher and Los，1998；宋辉和刘新建，2013）。

LMDI 方法是另一种数学和经济学研究中较常用的因素分解分析方法，与 SDA 方法不同的是，该方法是对时间进行微分分解，而不是对自变量因素进行分解，在分析变动数据的绝对大小及连续变化数据的动态化分析时具有一定优势，而 SDA 方法则更适合用于分析比较数据变化的比例及多时间点的数据的跨期半动态分析(Yang et al.，2013；宋辉和刘新建，2013)。由于 LMDI 方法计算较复杂，其选取的因素通常为少数几个具有高度综合性的变量，变量的选取可能过于简化，且在处理矩阵中的零值和负值，或变量中包含多个矩阵时，会进一步增加计算的复杂性和误差(Yang et al.，2013；宋辉和刘新建，2013)。

第三类因素分解分析方法是基于经济计量的回归分析、相关分析、主要成分分析等统计方法，与前两类方法相比，其优点是在数据较充分的情况下，计算分析简单，有较成熟的计算程序可以利用，而缺点是某些解释变量选取过于简化和随意(Li，2005；宋辉和刘新建，2013)。

相比之下，SDA 方法更符合本研究的需求，因此本研究选择 SDA 作为因素分解分析的基础方法。

参考式(3-1)和式(3-4)，SDA 在水足迹变化机制计算中的传统应用形式如式(6-1)～式(6-5)所示(Kanada，2001；Kondo，2005；Zhang et al.，2012)

$$W = tBm \tag{6-1}$$

$$W_0 = t_0 B_0 m_0 \tag{6-2}$$

$$W_1 = t_1 B_1 m_1 \tag{6-3}$$

$$\Delta W = W_1 - W_0 = (t_0 + \Delta t)(B_0 + \Delta B)(m_0 + \Delta m) - t_0 B_0 m_0$$
$$= \Delta t B_0 m_0 + t_0 \Delta B m_0 + t_0 B_0 \Delta m + e \tag{6-4}$$

$$e = \Delta t \Delta B m_0 + \Delta t B_0 \Delta m + t_0 \Delta B \Delta m + \Delta t \Delta B \Delta m \tag{6-5}$$

式中，W 为各产业部门水足迹行向量；t 为各部门直接用水系数行向量(1×n 阶)；B 为列昂惕夫逆矩阵(n×n 阶)；m 为各部门最终产品使用(万元)对角矩阵(n×n 阶)。用脚标 0 和 1 分别表示上述各项在研究初期和研究末期的值，即 W_0、t_0、B_0、m_0 为研究初期的 W、t、B、m，而 W_1、t_1、B_1、m_1 为研究末期的值。用前缀 Δ 表示各项在研究初期和研究末期的变化差值，即 ΔW、Δt、ΔB、Δm 分别为 W_1、t_1、B_1、m_1 与 W_0、t_0、B_0、m_0 的差值。e 表示分解残差。

在式(6-1)～式(6-5)的框架下，当产业部门水足迹由 W_0 变为 W_1 时，其变化量 ΔW 可以分解为 Δt、ΔB、Δm 各自的独立贡献

$$E(\Delta t) = \Delta t B_0 m_0 \tag{6-6}$$

$$E(\Delta B) = t_0 \Delta B m_0 \tag{6-7}$$

$$E(\Delta m) = t_0 B_0 \Delta m \tag{6-8}$$

式中，$E(\Delta t)$、$E(\Delta B)$、$E(\Delta m)$ 分别为 Δt、ΔB、Δm 各自的独立贡献行向量(1×n 阶)。

实践研究发现，式(6-6)～式(6-8)计算的 Δt、ΔB、Δm 各自对水足迹变化量 ΔW 的独立贡献是存在较大误差的(李景华，2004；Kondo，2005；Dietzenbacher and Stage，2006)，这是因为残差项 e 没有被考虑在内，而残差项 e 包含了部分的 Δt、ΔB、Δm 的交叉影响 [式(6-5)]。因此部分研究对 SDA 进行了改进，提出了两极分解法(two polar decomposition)，尝试消除残差项(Zhang et al.，2012)。其基本公式如下，即把式(6-5)分别从初期和末期进行分解(Zhang et al.，2012)

$$\Delta W = \Delta t B_0 m_0 + t_1 \Delta B m_0 + t_1 B_1 \Delta m \tag{6-9}$$

$$\Delta W = \Delta t B_1 m_1 + t_0 \Delta B m_1 + t_0 B_0 \Delta m \tag{6-10}$$

$$E(\Delta t) = \frac{1}{2}\left(\Delta t B_0 m_0 + \Delta t B_1 m_1\right) \tag{6-11}$$

$$E(\Delta B) = \frac{1}{2}\left(t_1 \Delta B m_0 + t_0 \Delta B_1 m_1\right) \tag{6-12}$$

$$E(\Delta m) = \frac{1}{2}\left(t_1 B_1 \Delta m + t_0 B_0 \Delta m\right) \tag{6-13}$$

两极分解法计算的 $E(\Delta t)$、$E(\Delta B)$、$E(\Delta m)$ 消除了残差［式(6-11)～式(6-13)］，精确度有所提高，但其计算结果仍然存在一定的误差(李景华，2004；Li，2005；Dietzenbacher and Stage，2006)。因为式(6-9)和式(6-10)只考虑了两种可能的因式分解类型，而分解类型的总数等于公式中自变量(因素)的个数 g 的阶乘 $g!$。以式(6-1)为例，式中自变量(因素)的个数为 3，则可能的分解方式有 $3!=6$ 种，除式(6-9)和式(6-10)外，其余 4 种列出如下

$$\Delta W = \Delta t B_1 m_0 + t_0 \Delta B m_0 + t_1 B_1 \Delta m \tag{6-14}$$

$$\Delta W = \Delta t B_0 m_1 + t_1 \Delta B m_1 + t_0 B_0 \Delta m \tag{6-15}$$

$$\Delta W = \Delta t B_1 m_1 + t_0 \Delta B m_0 + t_1 B_0 \Delta m \tag{6-16}$$

$$\Delta W = \Delta t B_0 m_0 + t_1 \Delta B m_1 + t_0 B_1 \Delta m \tag{6-17}$$

李景华(2004)提出，两极分解法得到的结果只是一种近似值，而准确值应当把 $g!$ 种可能的分解进行平均求解，并据此提出平均分解模型(Li，2005)。以上述 Δt、ΔB、Δm 这三个自变量为例，对式(6-9)、式(6-10)及式(6-14)～式(6-17)求平均值，可得其各自对水足迹变化量 ΔW 的独立贡献 $E(\Delta t)$、$E(\Delta B)$、$E(\Delta m)$，如下所示

$$E(\Delta t) = \frac{1}{3}\Delta t B_0 m_0 + \frac{1}{6}\Delta t B_1 m_0 + \frac{1}{6}\Delta t B_0 m_1 + \frac{1}{3}\Delta t B_1 m_1 \tag{6-18}$$

$$E(\Delta B) = \frac{1}{3}t_0 \Delta B m_0 + \frac{1}{6}t_1 \Delta B m_0 + \frac{1}{6}t_0 \Delta B m_1 + \frac{1}{3}t_1 \Delta B m_1 \tag{6-19}$$

$$E(\Delta m) = \frac{1}{3}t_0 B_0 \Delta m + \frac{1}{6}t_1 B_0 \Delta m + \frac{1}{6}t_0 B_1 \Delta m + \frac{1}{3}t_1 B_1 \Delta m \tag{6-20}$$

以上就是自变量(因素)个数 $g=3$ 时的水足迹变化因素分解模型。对于 $g>3$ 的情况，将所有可能的分解形式逐一列出并求平均值是非常烦琐的。为了便于计算，本研究根据李景华(2004)及 Dietzenbacher 和 Stage(2006)的研究，整理出平均分解模型的 ΔW 一般形式公式

$$\Delta W = \sum_{b=1}^{g} E(\Delta \varphi_b) \tag{6-21}$$

$$E(\Delta \varphi_b) = \sum_s \left[f(s) \prod_{\substack{a=1 \\ a \neq b}}^{g} \varphi_{ac}(\Delta \varphi_b) \right] \tag{6-22}$$

$$f(s) = \frac{g!(g-s-1)}{g!} \tag{6-23}$$

式中，φ_a 和 $\varphi_b (a=1, 2, 3, \cdots, g; b=1, 2, 3, \cdots, g)$ 是 g 个自变量。$E(\Delta \varphi_b)$ 为第 b 个因素的变化对总变化的贡献量。脚标 $c (c=0$ 或 $c=1)$ 表示各自变量研究初期或研究末期的值。s 是每种可能的分解形式中 $c=1$ 的个数(李景华，2004；Li，2005)。利用式(6-21)～式(6-23)即

可分析任意多个因素的情况。

6.1.2 基于 IPAT 模型的产业用水结构影响因素识别

要建立基于水足迹角度的产业用水结构变化因素分解模型,除了建立具有较好数理意义的因素分解模型,还需要建立合理的因素识别模型。一般的 SDA 水足迹变化因素方法主要基于拉氏分解思想,经常简化地选择水足迹计算公式[式(2-1)]中的 3 个元素(用水强度、完全需求系数、最终使用)作为水足迹驱动因素(Kanada,2001;Kondo,2005),因素选取过于简单,容易导致分析过于简单、笼统、概化,对指导管理和政策制定等实践活动的意义有限。例如,对于节水实践来说,将"生产规模"细分为"人口""人均最终使用""消费结构"等更具体的因素,能更加具体地制定更成熟可操作的针对这些因素的调控方法和手段(Guan et al.,2008,2014a,2014b)。而要添加更具体的驱动因素,需要对各因素进行共线性分析,剔除严重共线性或无意义的因素,工作量较大。部分研究忽略了共线性分析,其结果准确性易受其影响(Wood,2009;Zhang et al.,2012)。

本研究引入 IPAT 模型对平均分解模型进行改进。IPAT 模型由 Commoner 等(1971)、Ehrlich 和 Holdren(1971)提出,后根据 Kaya(1989)提出的恒等式进行了扩展,并已被证明因素之间的共线性较低(何强和吕光明,2008;支燕,2013)。虽然 IPAT 模型并不是因素识别的唯一解,但它是目前研究中为数不多的利用经济学理论与规律来辅助识别驱动因素的模型,比随意选取驱动因素更加严谨(Guan et al.,2008,2014a,2014b;Minx et al.,2011)。IPAT 模型在能源利用、碳排放、PM2.5 排放等领域都得到了应用并证实了有效性(Guan et al.,2008,2014b;Minx et al.,2011;Chen et al.,2013),本研究将其引入产业用水结构研究中,以识别水足迹的变化驱动因素。

将 IPAT 模型与平均分解模型耦合后,可以分析人口、用水效率、产业结构调整、最终使用结构、人均最终使用 5 个驱动因素对产业用水结构的贡献。虽然与已有的 IPAT 研究(Guan et al.,2008,2014b;Minx et al.,2011;Chen et al.,2013)相比,本研究的产业用水结构分析中的 IPAT 模型用"用水效率"替代了前述研究中的"能源强度"或"二氧化碳/PM2.5 排放强度"等因素,但这些因素都属于投入产出模型中的"强度"因素一类(Leontief,1941),因此用于产业用水结构研究的 IPAT 模型因素间的共线性不会受到太大影响,仍然可以认为模型各因素间的共线性是较低的(Guan et al.,2014a)。虽然 IPAT 模型并不是唯一的分解方式,但这类利用经济学模型帮助识别驱动因素的研究方法是现有水资源研究中较少被应用的。

根据 IPAT 模型,环境影响(本研究中为用水)可以分解为人口、经济水平和技术水平,而结合水足迹的计算公式即式(3-4)和式(3-7),经济水平可进一步拆解为人均最终使用和最终使用比例,而技术水平可进一步拆解为用水效率(直接用水系数)和产业结构(列昂惕夫逆矩阵)(Guan et al.,2008,2014b;Minx et al.,2011)。因此耦合了 IPAT 模型后,产业部门水足迹计算公式可以由式(3-4)和式(3-7)改写为如下形式

$$W = ptBqy \tag{6-24}$$

$$q = \frac{m}{y} \tag{6-25}$$

式中，p 为研究区总人口；q 为最终使用比例对角矩阵（$n \times n$ 阶），反映研究区各产业部门最终产品的比例关系。y 为研究区人均最终使用（万元/人），它在一定程度上反映了研究区居民的生活水平（Guan et al.，2008）。

6.2 产业用水结构时间变化因素分解方法

综合以上式(6-21)～式(6-25)，结合了 EIO-LCA、IPAT 和平均分解模型的产业用水结构变化因素分解方法如下

$$\Delta W = W_1 - W_0 = p_1 t_1 B_1 q_1 y_1 - p_0 t_0 B_0 q_0 y_0$$
$$= E(\Delta p) + E(\Delta t) + E(\Delta B) + E(\Delta q) + E(\Delta y) \tag{6-26}$$

$$E(\Delta p) = \frac{1}{5}\Delta p t_0 B_0 q_0 y_0 + \frac{1}{20}\Delta p t_1 B_0 q_0 y_0 + \frac{1}{20}\Delta p t_0 B_1 q_0 y_0$$
$$+ \frac{1}{20}\Delta p t_0 B_0 q_1 y_0 + \frac{1}{20}\Delta p t_0 B_0 q_0 y_1 + \frac{1}{30}\Delta p t_1 B_1 q_0 y_0$$
$$+ \frac{1}{30}\Delta p t_1 B_0 q_1 y_0 + \frac{1}{30}\Delta p t_1 B_0 q_0 y_1 + \frac{1}{30}\Delta p t_0 B_1 q_1 y_0$$
$$+ \frac{1}{30}\Delta p t_0 B_1 q_0 y_1 + \frac{1}{30}\Delta p t_0 B_0 q_1 y_1 + \frac{1}{20}\Delta p t_1 B_1 q_1 y_0$$
$$+ \frac{1}{20}\Delta p t_1 B_1 q_0 y_1 + \frac{1}{20}\Delta p t_1 B_0 q_1 y_1 + \frac{1}{20}\Delta p t_0 B_1 q_1 y_1$$
$$+ \frac{1}{5}\Delta p t_1 B_1 q_1 y_1 \tag{6-27}$$

$$E(\Delta t) = \frac{1}{5} p_0 \Delta t B_0 q_0 y_0 + \frac{1}{20} p_1 \Delta t B_0 q_0 y_0 + \frac{1}{20} p_0 \Delta t B_1 q_0 y_0$$
$$+ \frac{1}{20} p_0 \Delta t B_0 q_1 y_0 + \frac{1}{20} p_0 \Delta t B_0 q_0 y_1 + \frac{1}{30} p_1 \Delta t B_1 q_0 y_0$$
$$+ \frac{1}{30} p_1 \Delta t B_0 q_1 y_0 + \frac{1}{30} p_1 \Delta t B_0 q_0 y_1 + \frac{1}{30} p_0 \Delta t B_1 q_1 y_0$$
$$+ \frac{1}{30} p_0 \Delta t B_1 q_0 y_1 + \frac{1}{30} p_0 \Delta t B_0 q_1 y_1 + \frac{1}{20} p_1 \Delta t B_1 q_1 y_0$$
$$+ \frac{1}{20} p_1 \Delta t B_1 q_0 y_1 + \frac{1}{20} p_1 \Delta t B_0 q_1 y_1 + \frac{1}{20} p_0 \Delta t B_1 q_1 y_1$$
$$+ \frac{1}{5} p_1 \Delta t B_1 q_1 y_1 \tag{6-28}$$

$$E(\Delta B) = \frac{1}{5} p_0 t_0 \Delta B q_0 y_0 + \frac{1}{20} p_1 t_0 \Delta B q_0 y_0 + \frac{1}{20} p_0 t_1 \Delta B q_0 y_0$$
$$+ \frac{1}{20} p_0 t_0 \Delta B q_1 y_0 + \frac{1}{20} p_0 t_0 \Delta B q_0 y_1 + \frac{1}{30} p_1 t_1 \Delta B q_0 y_0$$
$$+ \frac{1}{30} p_1 t_0 \Delta B q_1 y_0 + \frac{1}{30} p_1 t_0 \Delta B q_0 y_1 + \frac{1}{30} p_0 t_1 \Delta B q_1 y_0$$

$$
\begin{aligned}
&+\frac{1}{30}p_0t_1\Delta Bq_0y_1+\frac{1}{30}p_0t_0\Delta Bq_1y_1+\frac{1}{20}p_1t_1\Delta Bq_1y_0 \\
&+\frac{1}{20}p_1t_1\Delta Bq_0y_1+\frac{1}{20}p_1t_0\Delta Bq_1y_1+\frac{1}{20}p_0t_1\Delta Bq_1y_1 \\
&+\frac{1}{5}p_1t_1\Delta Bq_1y_1
\end{aligned}
\tag{6-29}
$$

$$
\begin{aligned}
E(\Delta q)=&\frac{1}{5}p_0t_0B_0\Delta qy_0+\frac{1}{20}p_1t_0B_0\Delta qy_0+\frac{1}{20}p_0t_1B_0\Delta qy_0 \\
&+\frac{1}{20}p_0t_0B_1\Delta qy_0+\frac{1}{20}p_0t_0B_0\Delta qy_1+\frac{1}{30}p_1t_1B_0\Delta qy_0 \\
&+\frac{1}{30}p_1t_0B_0\Delta qy_0+\frac{1}{30}p_1t_0B_0\Delta qy_1+\frac{1}{30}p_0t_1B_1\Delta qy_0 \\
&+\frac{1}{30}p_0t_1B_0\Delta qy_1+\frac{1}{30}p_0t_0B_1\Delta qy_1+\frac{1}{20}p_1t_1B_1\Delta qy_0 \\
&+\frac{1}{20}p_1t_1B_0\Delta qy_1+\frac{1}{20}p_1t_0B_1\Delta qy_1+\frac{1}{20}p_0t_1B_1\Delta qy_1 \\
&+\frac{1}{5}p_1t_1B_1\Delta qy_1
\end{aligned}
\tag{6-30}
$$

$$
\begin{aligned}
E(\Delta y)=&\frac{1}{5}p_0t_0B_0q_0\Delta y+\frac{1}{20}p_1t_0B_0q_0\Delta y+\frac{1}{20}p_0t_1B_0q_0\Delta y \\
&+\frac{1}{20}p_0t_0B_1q_0\Delta y+\frac{1}{20}p_0t_0B_0q_1\Delta y+\frac{1}{30}p_1t_1B_0q_0\Delta y \\
&+\frac{1}{30}p_1t_0B_1q_0\Delta y+\frac{1}{30}p_1t_0B_0q_1\Delta y+\frac{1}{30}p_0t_1B_1q_0\Delta y \\
&+\frac{1}{30}p_0t_1B_0q_1\Delta y+\frac{1}{30}p_0t_0B_1q_1\Delta y+\frac{1}{20}p_1t_1B_1q_0\Delta y \\
&+\frac{1}{20}p_1t_0B_0q_1\Delta y\frac{1}{20}p_1t_0B_1q_1\Delta y+\frac{1}{20}p_0t_1B_1q_1\Delta y \\
&+\frac{1}{5}p_1t_1B_1q_1\Delta y
\end{aligned}
\tag{6-31}
$$

同样用脚标 0 和 1 分别表示各项在研究初期和研究末期的值，即 p_0、q_0、y_0 为研究初期的 p、q、y，而 p_1、q_1、y_1 为研究末期的值。用前缀 Δ 表示各项在研究初期和研究末期之间的变化差值，即 Δp、Δq、Δy 分别为 p_1、q_1、y_1 与 p_0、q_0、y_0 的差值。$E(\Delta p)$、$E(\Delta t)$、$E(\Delta B)$、$E(\Delta q)$ 和 $E(\Delta y)$（均为 $1\times n$ 阶行向量）代表各产业部门的水足迹变化中人口、用水效率、产业结构调整、最终使用结构及人均最终使用这 5 个驱动因素各自的独立贡献量。

6.3 实 例 分 析

6.3.1 数据来源与预处理

本研究把第 3 章建立的基于虚拟水（水足迹）的产业用水结构变化因素分解模型应用

于分析北京市的产业用水结构变化驱动机制.模型需要研究期的投入产出表和相应的各部门直接用水数据,除第 3 章使用的北京市 2010 年投入产出延长表外,本研究能够搜集的北京市投入产出表为 1987、1992、1997、2002、2007 年度的投入产出表(北京市统计局,2011a,2012),因此研究时间范围定为 1987~2010 年,这一时段也是北京市经济快速发展、人口膨胀、用水压力不断增加的时期(刘云枫和孔伟,2013;北京市水务局和北京市统计局,2013),研究该时期的产业用水结构变化及其驱动因素与变化机制,有助于加深对产业用水结构及其驱动因素的理解,有助于掌握产业用水结构的历史变化规律及未来演变趋势,有助于制定针对性的节水调控措施.由于各年投入产出表采用的是当年的价格,在比较产业用水结构变化时,需要将其统一调整为可比价格,以消除价格波动的影响(Zhao et al.,2010;Zhang et al.,2012).例如,假设某部门 1987 年和 2010 年生产 1 单位总产品的直接用水都是 $1m^3$,但该产品单位价格从 1987 年的 1 元上升为 2 元,如果不把 1987 年和 2010 年的价格调整为可比价格,则会得出"该部门直接用水系数从 1987 年的 $1m^3/$元变为 2010 年的 $0.5m^3/$元,该部门节水效率上升"的错误结论.因此本研究利用生产者价格指数(北京市统计局,2011b)将 6 份投入产出表(延长表)的价格统一转换为 1987 年的可比价格(王岩和王红瑞,2007).各部门用水数据来自《北京市水资源公报(2010 年度)》(北京市水务局,2011)《北京统计年鉴 2010》(北京市统计局,2011b)《北京统计年鉴 2010》《北京市第一次水务普查公报》(北京市水务局和北京市统计局,2013)和其他研究数据(王岩和王红瑞,2007;Zhang et al.,2012;Wang et al.,2013).考虑投入产出数据与部门用水数据的匹配性,本研究将北京市 1987 年、1992 年投入产出表中的 33 个产业部门和 1997 年投入产出表中的 40 个产业部门都如表 6-1 所示整合为 17 个.

6.3.2　结果与讨论

利用第 3 章建立的 EIO-LCA 框架下的产业用水结构分析模型可以计算 1987、1992、1997、2002、2007、2010 年度的各部门水足迹,如表 6-1 所示.同期的各部门直接用水如表 6-2 所示.可以看出 1987 年至 1992 年期间,北京市的产业部门用水由 $3.92\times10^9m^3$ 上升到 $4.42\times10^9m^3$;而从 1992 年到 2010 年间产业部门用水逐渐下降,最终达到 $2.68\times10^9m^3$.用水的先上升后下降现象,可能是由经济增长带来的用水上升的驱动力被干旱的气候和不断进步的节水效率逐渐抵消造成的(王岩和王红瑞,2007).1987 年至 2010 年间,水足迹下降最多的三个部门是农业(下降 $4.51\times10^8m^3$)、食品饮料及烟草业(下降 $3.20\times10^8m^3$)和纺织、服装及皮革制品业(下降 $2.93\times10^8m^3$).从总体上看,各年份的第一产业在水足迹中的占比都远小于在直接用水中的占比(表 6-3),而各年份的第二、三产业在水足迹中的占比都远大于在直接用水中的占比,这说明虚拟水的总体流动趋势是从第一产业流向第二、三产业,这与第 3 章得出的结论一致.从 1987 年至 2010 年,第一产业水足迹下降了 $4.51\times10^8m^3$,第二产业水足迹下降了 $1.28\times10^9m^3$,而第三产业水足迹上升了 $4.85\times10^8m^3$,可见北京市的第一、二产业节水取得了一定的成效,而第三产业未来可能成为新的需要重点节水的产业.

表 6-1　1987～2010 年产业部门水足迹($\times 10^7 \text{m}^3$)

部门名称	年份					
	1987	1992	1997	2002	2007	2010
农业	123.08	79.64	107.07	134.55	51.97	77.99
采矿业	0.13	0.48	0.26	0.06	0.09	2.38
食品饮料及烟草业	49.97	76.56	61.11	25.50	35.55	18.01
纺织、服装及皮革制品业	30.35	39.56	13.54	5.22	2.07	1.04
其他制造业	14.73	9.12	6.56	1.41	1.19	1.02
电力、热力及水的生产和供应业	3.51	3.19	16.34	3.83	2.92	1.99
炼焦、燃气及石油工业	6.71	1.72	0.67	1.81	0.95	1.31
化学工业	21.78	12.43	6.51	12.95	6.89	5.11
非金属矿物制品业	4.15	6.22	2.80	0.01	1.74	1.55
金属产品制造业	8.56	20.67	5.69	3.15	2.27	2.17
机械设备制造业	24.48	41.04	17.82	19.19	15.91	13.27
建筑业	28.77	34.37	34.30	21.95	18.18	17.54
运输邮政仓储、信息和计算机服务业	11.68	8.39	11.99	19.02	29.02	21.21
批发零售贸易、住宿和餐饮业	19.78	43.20	22.40	24.96	23.69	19.65
房地产业、租赁及商务服务业	16.34	17.53	13.80	12.58	17.90	20.47
金融业	0.08	0.11	23.37	7.78	13.18	12.88
其他服务业	27.90	47.85	35.09	36.57	60.86	50.10
合计	392.00	442.08	379.31	330.53	284.39	267.70

表 6-2　1987～2010 年产业部门直接用水量($\times 10^7 \text{m}^3$)

部门名称	年份					
	1987	1992	1997	2002	2007	2010
农业	196.80	199.40	181.20	174.00	124.00	114.00
采矿业	0.30	0.58	1.21	0.31	0.10	0.10
食品饮料及烟草业	9.63	7.97	5.97	4.17	5.29	4.89
纺织、服装及皮革制品业	13.76	9.86	3.36	2.18	1.07	0.50
其他制造业	11.58	14.16	7.68	1.52	0.88	0.76
电力、热力及水的生产和供应业	40.69	45.60	37.37	34.92	20.00	18.42
炼焦、燃气及石油工业	10.62	13.68	6.02	1.76	0.52	0.68
化学工业	17.55	19.43	11.98	7.38	5.04	4.31
非金属矿物制品业	6.98	7.60	6.11	3.16	5.46	5.13
金属产品制造业	20.64	22.82	16.00	6.16	7.46	6.96
机械设备制造业	4.91	8.53	6.92	7.52	7.24	4.51
建筑业	3.45	4.86	8.39	5.92	4.95	4.75
运输邮政仓储、信息和计算机服务业	14.32	15.24	17.98	19.65	25.30	24.53
批发零售贸易、住宿和餐饮业	16.74	30.98	22.11	17.75	20.64	26.87
房地产业、租赁及商务服务业	5.63	8.97	13.26	12.87	12.44	11.66
金融业	3.65	5.89	8.94	6.85	10.58	9.01
其他服务业	14.76	26.51	24.81	24.41	33.43	30.64
合计	392.00	442.08	379.31	330.53	284.39	267.70

表 6-3　1987～2010 年三大产业直接用水量和水足迹比例(%)

年份	1987		1992		1997		2002		2007		2010	
	直接用水	水足迹	直接用水	水足迹	直接用水	水足迹	直接用水	水足迹	直接用水	水足迹	直接用水	水足迹
第一产业	50.2	31.4	45.1	18.0	47.8	28.2	52.6	40.7	43.6	18.3	42.6	29.2
第二产业	35.7	49.3	35.1	55.5	29.2	43.7	22.7	28.8	20.4	30.9	19.1	24.4
第三产业	14.1	19.3	19.8	26.5	23.0	28.1	24.7	30.5	36.0	50.8	38.3	46.4

利用本章建立的基于虚拟水(水足迹)的产业用水结构变化因素分解模型,可以计算各产业部门的水足迹变化中人口、用水效率、产业结构调整、最终使用结构、人均最终使用这 5 个驱动因素各自的独立贡献量及比例(图 6-1)。从图 6-1 可以看出,人均最终使用的增长(Δy)造成的水足迹增长量($3.33\times10^{10}\mathrm{m}^3$)相当于 1987 年产业水足迹($3.92\times10^9\mathrm{m}^3$)的 850.3%,即:如果其他 4 个因素都维持 1987 年水平不变,而只有人均最终使用增长的话,到 2010 年产业水足迹将会在 1987 年的水平上增长 850.3%。同理,用水效率的进步(Δt)造成的水足迹减少量($4.25\times10^{10}\mathrm{m}^3$)相当于 1987 年的产业水足迹的 1083.3%;人口增长(Δp)造成的水足迹增长量($9.43\times10^9\mathrm{m}^3$)相当于 1987 年水足迹的 240.6%;产业结构调整(ΔB)使水足迹增加了 $3.37\times10^9\mathrm{m}^3$,相当于 1987 年产业水足迹的 86.1%;最终使用结构的变动(Δq)使水足迹减少了 $4.92\times10^9\mathrm{m}^3$,相当于 1987 年产业水足迹的 125.4%。在以上因素的综合作用下,产业部门的总水足迹从 1987 年的 $3.92\times10^9\mathrm{m}^3$ 下降为 2010 年的 $2.68\times10^9\mathrm{m}^3$,下降了 31.7%。查阅相关资料可以发现,2010～2012 年,产业部门的总用水量(等于水足迹)保持继续下降的趋势:2012 年的总用水量下降至 $2.56\times10^9\mathrm{m}^3$,比 2010 年下降了 4.5%(北京市水务局,2013)。

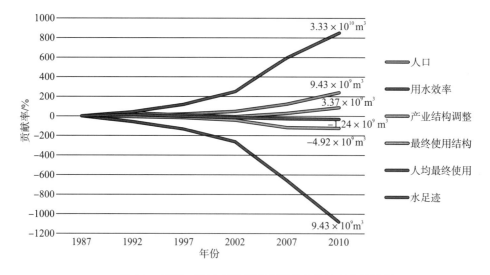

图 6-1　1987～2010 年各驱动因素对水足迹变化的贡献

从上述结果可以看出,用水效率的进步(Δt)是产业用水总量下降的最主要原因,而最终使用结构的变动(Δq)也对产业用水总量的下降起了一定的推动作用,说明在最终产品和服务的使用方面，水足迹相对较低的产品和服务的比例正在上升。另一方面人口(Δp)和人均最终使用的增长(Δy)以及产业结构的调整(ΔB)抵消了部分产业用水总量的下降趋势。未来应当注意合理控制人口增长水平，在产业结构调整时也应把用水结构的合理化纳入考虑范围。

人口、用水效率、产业结构、最终使用结构、人均最终使用这 5 个驱动因素分部门的分析结果如表 6-4 所示。

水足迹下降最多的三个部门中，农业(下降 $4.51\times10^8 \mathrm{m}^3$)的水足迹变化中用水效率的进步($\Delta t$)造成的水足迹减少量($6.02\times10^9 \mathrm{m}^3$)相当于农业水足迹最终总体下降量的 1335.2%；人口增长(Δp)造成的水足迹增长量($2.10\times10^9 \mathrm{m}^3$)相当于农业水足迹最终总体下降量的 464.8%；产业结构调整(ΔB)造成的水足迹增长量($2.96\times10^8 \mathrm{m}^3$)相当于农业最终总体下降量的 65.8%；最终使用结构的变动(Δq)使水足迹减少了 $4.87\times10^9 \mathrm{m}^3$，相当于农业最终总体下降量的 1079.2%；主要是由农业产品在最终使用中的份额逐渐走低造成的。人均最终使用的增长(Δy)抵消的水足迹下降量($8.04\times10^9 \mathrm{m}^3$)相当于农业最终总体下降量的 1783.9%。食品、饮料及烟草业(下降 $3.20\times10^8 \mathrm{m}^3$)的水足迹变化中，用水效率的进步($\Delta t$)造成的水足迹减少量($2.33\times10^9 \mathrm{m}^3$)相当于该部门水足迹最终总体下降量的 730.5%；人口增长(Δp)造成的水足迹增长量($7.49\times10^8 \mathrm{m}^3$)相当于该部门水足迹最终总体下降量的 227.3%；产业结构调整(ΔB)造成的水足迹下降量($7.26\times10^8 \mathrm{m}^3$)相当于该部门最终总体下降量的 303.0%；最终使用结构的变动(Δq)使水足迹减少了 $9.68\times10^8 \mathrm{m}^3$，相当于该部门最终总体下降量的 1079.2%。人均最终使用的增长(Δy)抵消的水足迹下降量($2.96\times10^9 \mathrm{m}^3$)相当于该部门最终总体下降量的 926.4%。纺织、服装及皮革制品业(下降 $2.93\times10^8 \mathrm{m}^3$)的水足迹变化中，用水效率的进步($\Delta t$)造成的水足迹减少量($1.09\times10^9 \mathrm{m}^3$)相当于该部门水足迹最终总体下降量的 373.6%；人口增长(Δp)造成的水足迹增长量($7.49\times10^8 \mathrm{m}^3$)相当于该部门水足迹最终总体下降量的 127.1%；产业结构调整(ΔB)造成的水足迹下降量($2.03\times10^8 \mathrm{m}^3$)相当于该部门最终总体下降量的 69.2%；最终使用结构的变动(Δq)使水足迹减少了 $9.39\times10^8 \mathrm{m}^3$，相当于该部门最终总体下降量的 320.3%。人均最终使用的增长(Δy)抵消的水足迹下降量($1.57\times10^9 \mathrm{m}^3$)相当于该部门最终总体下降量的 535.9%。

水足迹上升最多的三个部门中，其他服务业(总共上升 $2.22\times10^8 \mathrm{m}^3$)的用水效率的进步($\Delta t$)造成的水足迹减少量($8.23\times10^9 \mathrm{m}^3$)相当于该部门水足迹最终总体上升量的 3707.6%；人口增长(Δp)造成的水足迹增长量($1.39\times10^9 \mathrm{m}^3$)相当于该部门水足迹最终总体上升量的 626.7%；产业结构调整(ΔB)造成的水足迹增长量($7.84\times10^8 \mathrm{m}^3$)相当于该部门最终总体上升量的 353.1%；同时，由于该部门的最终产品(服务)在总体最终产品中的比例升高，最终使用结构的变动(Δq)使其水足迹增加了 $1.90\times10^9 \mathrm{m}^3$，相当于其水足迹总体增量的 858.1%。人均最终使用的增长(Δy)带来的水足迹增量($4.37\times10^9 \mathrm{m}^3$)相当于最终总体增量的 1969.7%。金融业(上升 $1.28\times10^8 \mathrm{m}^3$)的水足迹变化中，用水效率的进步($\Delta t$)造成的水足迹减少量($2.02\times10^9 \mathrm{m}^3$)相当于该部门水足迹最终总体增量的 1573.6%；人口增长(Δp)造成的水足迹增长量($2.65\times10^8 \mathrm{m}^3$)相当于该部门水足迹最终总体增量的 207.0%；产业结构调整(ΔB)造成的水足迹增量($3.21\times10^8 \mathrm{m}^3$)相当于该部门最终总体增量的 250.4%；最终使用结构的变动(Δq)使水足迹增长了 $8.39\times10^8 \mathrm{m}^3$，相当于该部门最终总体增量的 654.9%。人均最终使用的增长(Δy)造成的水足迹增量($7.19\times10^8 \text{m}^3$)相当于该部门最终总体上升量的561.3%。运输邮政仓储、信息和计算机服务业(上升$9.53\times10^7 \text{m}^3$)的水足迹变化中,用水效率的进步($\Delta t$)造成的水足迹减少量($3.43\times10^8 \text{m}^3$)相当于该部门水足迹最终总体增量的3600.6%;人口增长(Δp)造成的水足迹增长量($5.78\times10^8 \text{m}^3$)相当于该部门水足迹最终总体增量的607.1%;产业结构调整(ΔB)造成的水足迹增量($3.82\times10^8 \text{m}^3$)相当于该部门最终总体增量的401.1%;最终使用结构的变动(Δq)使水足迹增加了$7.47\times10^8 \text{m}^3$,相当于该部门最终总体增量的783.9%。人均最终使用的增长(Δy)造成的水足迹增量($1.82\times10^9 \text{m}^3$)相当于该部门最终总体增加量的1908.5%。

由以上分析可以看出,所有部门中用水效率因素的变化都是促进节水的,人口和人均最终使用因素都是推动用水量增长的,而产业结构和最终使用结构这两个因素对各部门的推动方向并不相同。

表6-4　1987～2010年分部门各驱动因素对水足迹变化的贡献($\times10^6 \text{m}^3$)

部门	人口	用水效率	产业结构	最终使用结构	人均最终使用	合计
农业	2095.64	−6020.35	296.50	−4866.24	8043.56	−450.89
采矿业	106.14	−829.68	128.07	326.67	291.35	22.55
食品饮料及烟草业	749.17	−2334.59	−726.41	−968.44	2960.66	−319.60
纺织、服装及皮革制品业	372.67	−1094.98	−202.78	−938.71	1570.68	−293.11
其他制造业	232.00	−818.55	68.16	−537.07	918.39	−137.07
电力、热力及水的生产和供应业	212.21	−1414.06	236.08	296.94	653.57	−15.25
炼焦、燃气及石油工业	157.71	−758.03	108.74	−127.88	565.53	−53.94
化学工业	447.41	−1801.97	377.87	−854.71	1664.67	−166.73
非金属矿物制品业	80.50	−302.04	52.41	−159.16	302.28	−26.01
金属产品制造业	141.68	−503.53	32.31	−284.97	550.64	−63.87
机械设备制造业	616.21	−2916.27	368.39	−351.51	2171.06	−112.12
建筑业	728.88	−3346.99	556.50	−620.77	2570.09	−112.29
运输邮政仓储、信息和计算机服务业	578.47	−3430.67	382.15	746.90	1818.44	95.28
批发零售贸易、住宿和餐饮业	598.71	−2987.19	295.45	62.59	2029.16	−1.28
房地产业、租赁及商务服务业	658.35	−3660.41	295.35	617.74	2130.33	41.35
金融业	265.05	−2015.24	320.69	838.69	718.88	128.07
其他服务业	1391.14	−8230.28	783.77	1904.90	4372.46	221.98
合计	9431.93	−42464.84	3373.26	−4915.03	33331.74	−1242.93

水足迹的变化也可以从不同的最终使用类型进行分解分析,利用式(5-7)和 1987～2010 年的居民消费、政府消费、资本形成、出口调出的变化量,可以将水足迹的变化分

解为上述几种最终使用类型变化的贡献，如图 6-2 所示。居民消费的变化总共导致用水量下降了 $5.79×10^8 m^3$，占水足迹总变化（下降 $1.24×10^9 m^3$）的 46.6%；这种变化不仅是消费数量引起的（实际上 1987～2010 年的居民消费总量增加了 1890.0%），而是这些居民消费的

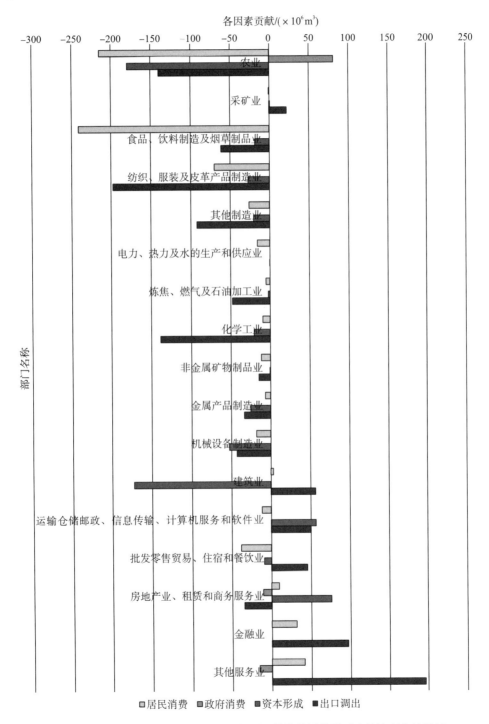

图 6-2 　1987～2010 年各产业部门不同最终使用类型对水足迹变化的贡献

产品和服务数量的变化背后所涉及的人口、人均消费水平、产业部门用水效率、产业结构调整、最终使用结构的变化共同作用的结果。同理，政府消费的变化总共导致用水量上升了 $5.56\times10^7\text{m}^3$，占水足迹总变化的-4.5%（负值表示其变化方向与最终变化方向相反，对最终变化起阻碍作用）；资本形成的变化总共导致用水量下降了 $3.89\times10^8\text{m}^3$，占水足迹总变化的31.3%；出口调出的变化总共导致用水量下降了 $3.30\times10^8\text{m}^3$，占水足迹总变化的26.6%。从以上结果可以看出国民经济"三驾马车"（消费、投资、出口）对产业用水的影响，也反映了北京市的经济从投资主导向消费主导的经济转型（Guan et al.，2008，2014b）。以上结果与其他对北京或中国其他地区的虚拟水（水足迹）研究结果较为相似，可信度较高（Guan et al.，2008；Wang and Wang，2009；Zhao et al.，2009）。

从图 6-2 可看出各种最终使用类型中的各部门的作用大小。居民消费引起的用水下降（$5.79\times10^8\text{m}^3$）中，占主导作用的前三名部门是食品、饮料及烟草业（下降 $2.41\times10^8\text{m}^3$）、农业（下降 $2.14\times10^8\text{m}^3$）、纺织、服装及皮革制品业（下降 $6.94\times10^7\text{m}^3$）。这些部门的水足迹下降，主要反映了农业节水的成果。作为直接用水量最大并具有巨大节水潜力的产业部门（Zhao et al.，2010；Zhang et al.，2012），农业的节水工作长期受到高度重视，管理者和生产者推广、落实了多种节水措施和节水农艺技术，如喷灌/滴管技术、土壤保墒、节水栽培、耐旱品种选育及推广等（Wang and Wang，2009）。随着农业直接用水的下降，大量使用农业提供的中间产品的部门，如"食品、饮料及烟草业"和"纺织、服装及皮革制品业"的水足迹也明显降低。另一方面，其他服务业、金融业、房地产业、租赁及商务服务业的水足迹分别上升了 $4.12\times10^7\text{m}^3$、$3.12\times10^7\text{m}^3$ 和 $9.78\times10^6\text{m}^3$。这几个部门都属于服务型的部门，其水足迹的增加主要是由于快速增长的经济水平与不断提高的居民生活水平，使得对这些服务的需求不断增加，导致其用水量增长超过了用水效率提高带来的节水效应。

资本形成变动引起的用水下降（$3.89\times10^8\text{m}^3$）中，水足迹下降最多的三个部门是农业、建筑业和机械设备制造业，分别下降了 $1.79\times10^8\text{m}^3$、$1.72\times10^8\text{m}^3$ 和 $5.20\times10^7\text{m}^3$。这三个部门的投资增长与其他部门相比相对较低；例如，农业固定资本形成的其中一个指标——农业机械总动力从 1987 年的 $3.88\times10^5\text{kw}$ 下降为 2010 年的 $2.76\times10^5\text{kw}$（北京市统计局，2013）。水足迹有所增长的两个部门是房地产业、租赁及商务服务业（增长 $7.60\times10^7\text{m}^3$）和运输邮政仓储、信息和计算机服务业（增长 $5.68\times10^7\text{m}^3$）。房地产业、租赁及商务服务业的水足迹增长与北京市高速增长的房价和过热的房地产投资有关（北京市统计局，2013）；运输邮政仓储、信息和计算机服务业的水足迹增长，则与政府的关注与加大基础建设投入有关，例如，北京市的高速公路总长从 1987 年的 9103km 增长到 2010 年的 21114km（北京市统计局，2013）。1987～2010 年，以上两个产业部门的固定资本形成总额增长了约 240 倍（北京市统计局，2013）。

出口和调出的变动引起的用水下降（$3.30\times10^8\text{m}^3$）方面，水足迹下降前三名的产业部门是纺织、服装及皮革制品业（$1.97\times10^8\text{m}^3$）、农业（$1.39\times10^8\text{m}^3$）及化学工业（$1.38\times10^8\text{m}^3$）。除节水技术的进步这一原因外，还因为这些部门出口量的增长相对于其他部门处于较低水平，其最终产品主要用于供给快速增长的本地居民消费需求而非出口或调出（北京市统计局，2013）。出口和调出的变动引起水足迹增加的部门从高到低依次是其他服务业（增长 $1.96\times10^8\text{m}^3$）、金融业（增长 $9.67\times10^7\text{m}^3$）和建筑业（增长 $5.65\times10^7\text{m}^3$）。北京作为中国的政治文化中心和重要经济城市，服务业和金融业的服务输出一直处于快速增长的状态，而随着产业结构的转型，建筑业也呈现从本地消费为主转为向外地输出为主的趋势(北京市统计局，2013)。

与其他已有的水足迹的变化驱动机制分析(Kondo，2005；Zhang et al.，2012)相比，本研究建立的计算方法，在驱动因素识别上引入了经济学的 IPAT 模型，因此识别的因素具有更好的科学依据和更成熟的实践管理措施，因素之间的重叠性较低。Zhang 等(2012)对 1997～2007 年北京市水足迹进行因素分解的结果与本研究的结果基本相似；但 Zhang 等(2012)的研究中，未采用经济模型或统计检验对选取的驱动因素进行共线性检验，其选取的"产业结构"因素与"经济系统效率"因素可能存在较高的共线性，这两个因素的部分重叠对其结果的准确性存在影响；Kondo(2005)和 Zhang 等(2012)的研究采用的因素分解模型的数学精度也被证明低于本研究采用的平均分解模型(李景华，2004；Li，2005)。

本研究所建立的产业用水结构变化因素分解模型在流域尺度同样适用。配合流域产业用水结构量化模型，可进行流域尺度的产业用水结构时间变化驱动机制研究，在这一点上，行政区域尺度与流域尺度无显著区别，在此不再赘述。

6.4 本章小结

本研究以第 3 章建立的 EIO-LCA 框架下的产业用水结构分析模型为基础，加入了平均分解模型和 IPAT 模型，发展了基于虚拟水(水足迹)的产业用水结构变化驱动机制分析方法，该方法能够对不同时间段的产业用水结构的变化进行分析比较，识别影响水足迹变化的主要因素，并把各因素的变化从总体水足迹的变化中分离出来，定量计算各驱动因素各自对总体变化的贡献大小。本研究把建立的基于虚拟水(水足迹)的产业用水结构变化因素分析方法应用于北京市 1987～2010 年的产业用水结构分析。具体结论如下：

(1) 1987～2010 年，北京市的产业部门用水由 $3.92 \times 10^9 \mathrm{m}^3$ 下降到 $2.68 \times 10^9 \mathrm{m}^3$。在此期间，水足迹下降最多的三个部门是农业(下降 $4.51 \times 10^8 \mathrm{m}^3$)、食品、饮料及烟草业(下降 $3.20 \times 10^8 \mathrm{m}^3$)和纺织、服装及皮革制品业(下降 $2.93 \times 10^8 \mathrm{m}^3$)。第一产业水足迹下降了 $4.51 \times 10^8 \mathrm{m}^3$，第二产业水足迹下降了 $1.28 \times 10^9 \mathrm{m}^3$，而第三产业水足迹上升了 $4.85 \times 10^8 \mathrm{m}^3$，可见北京市的第一、二产业节水取得了一定的成效，而第三产业未来可能成为新的需要重点节水的产业。

(2) 用水效率的进步是产业用水总量下降的最主要原因，而最终使用结构的变动也对产业用水总量下降起了一定的推动作用；另一方面人口和人均最终使用的增长、产业结构的调整对产业用水总量的作用是促进其增长的，减缓了部分产业用水总量的下降趋势。未来应当注意合理控制人口增长水平，在产业结构调整时也应把用水结构的合理化纳入考虑范围。

(3) 与现有的水足迹的变化驱动机制分析方法相比，本研究建立的基于虚拟水(水足迹)的 EIO-LCA、IPAT 模型和平均分解模型相结合的产业用水结构变化驱动机制分析方法，具有更好的数学精度，因素选取也具有更好的实践意义，该方法对于针对产业用水结构变化的不同驱动因素的特点制定相应的调控措施与建议，进而指导产业用水结构合理调整，实现科学节水具有重要意义。

7 中国产业水足迹时间变化驱动机制分析

对中国的发展而言,处理好产业部门与水资源之间的关系是关系可持续发展的重要问题。本章利用建立完毕的产业用水结构时间变化因素分解方法,分析中国产业部门 2002～2007 年的水足迹变化,以分析用水效率、产业结构和生产规模的变化对水资源使用情况的影响。

7.1 中国产业水足迹基础分析

地球上的淡水资源中,只有约 0.3%可供人类利用,这些淡水资源主要用于工农业生产、生活和生态用途(WWAP,2012)。淡水资源的可利用性,主要是由全球气候模式、板块构造、地表和地下水文情况,以及人为活动(水坝、运河等)决定的(WWAP,2012)。有研究表明,由于人类活动的影响,许多国家的水资源正变得越来越稀缺,中国也在此行列(Liao et al.,2008;WWAP,2015)。据统计,2009 年中国的人均可再生淡水资源为 2112m³/人,远低于世界人均水平的 6266m³/人(World Bank,2011)。可利用水资源对世界大多数国家的生产和服务产业起着重要的作用。在水资源匮乏的国家和经济体中,水资源赤字与人类健康的直接相关性尤为显著(WWAP,2012)。因此,对水资源的使用进行量化和建模,是关系到中国经济、社会可持续发展的重要问题。

2002～2007 年,中国经历了快速的产业转型和经济高速增长。本章利用前文建立的产业用水结构时间变化因素分解方法,分析中国在 2002～2007 年内部消费和外部出口造成的水资源使用(即水足迹)的变化,分析产生这些变化的原因和机制,为经济和水资源管理提供参考。

7.2 研 究 方 法

本研究利用直接用水系数、间接用水系数和水足迹强度评价各部门对水资源和虚拟水的使用强度。其中直接用水系数和水足迹强度的计算方法前文已给出。间接用水系数计算方法如下:

$$\mathbf{IWC} = t \times (A + A^2 + A^3 + \cdots) \times e \tag{7-1}$$

式中,$\mathbf{IWC}$ 为间接用水系数行向量($1 \times n$ 阶)。e 为单位矩阵($n \times n$ 阶)。

国家和区域的水足迹可以分为 3 部分:①本地生产、本地消费的产品或服务的水足迹(W_d);②在外地生产,进口或调入后在本地消费的产品或服务的水足迹(W_{in});③在本地生产,出口或调出后在外地消费的产品或服务的水足迹(W_e)。其中 W_{in} 相当于外地水资源

的流入；而 W_e 则相当于本地水资源的流出。计算公式如下

$$W_d = t \times (I - A)^{-1} \times m_d \tag{7-2}$$

$$W_{in} = t \times (I - A)^{-1} \times m_{in} \tag{7-3}$$

$$W_e = t \times (I - A)^{-1} \times m_e \tag{7-4}$$

式中，W_d、W_{in} 和 W_e 分别是 W_d、W_{in} 和 W_e 的行向量($1 \times n$ 阶)。m_d 是各部门本地生产、本地消费的产品或服务价值量对角矩阵($n \times n$ 阶)；m_{in} 是各部门在外地生产，进口或调入后在本地消费的产品或服务价值量对角矩阵($n \times n$ 阶)；m_e 是各部门在本地生产，出口或调出后在外地消费的产品或服务价值量对角矩阵($n \times n$ 阶)。

本研究把第 6 章建立的基于水足迹的产业用水结构变化因素分解模型应用于分析中国 2002~2007 年的产业水足迹变化驱动机制。

$$\Delta W = W_1 - W_0 \tag{7-5}$$

$$W_0 = t_0 B_0 m_0 \tag{7-6}$$

$$W_1 = t_1 B_1 m_1 \tag{7-7}$$

式中，W_0、t_0、B_0、m_0 为研究初期的产业部门水足迹行向量($1 \times n$ 阶)、各部门直接用水系数行向量($1 \times n$ 阶)、列昂惕夫逆矩阵($n \times n$ 阶)、各部门最终产品国内消费(万元)对角矩阵($n \times n$ 阶)，而 W_1、t_1、B_1、m_1 为研究末期的值。用前缀 Δ 表示各项在研究初期和研究末期之间的变化差值，即 ΔW、Δt、ΔB、Δm 分别为 W_1、t_1、B_1、m_1 与 W_0、t_0、B_0、m_0 的差值。

根据式(6-21)~式(6-23)，用水效率、产业结构和生产规模的变化对水资源使用情况影响的计算式如下

$$E(\Delta t) = \frac{0! \times (3-0-1)!}{3!} \Delta t B_0 m_0 + \frac{1! \times (3-1-1)!}{3!} \Delta t B_1 m_0$$
$$+ \frac{1! \times (3-1-1)!}{3!} \Delta t B_0 m_1 + \frac{2! \times (3-2-1)!}{3!} \Delta t B_1 m_1 \tag{7-8}$$

$$E(\Delta B) = \frac{0! \times (3-0-1)!}{3!} t_0 \Delta B m_0 + \frac{1! \times (3-1-1)!}{3!} t_1 \Delta B m_0$$
$$+ \frac{1! \times (3-1-1)!}{3!} t_0 \Delta B m_1 + \frac{2! \times (3-2-1)!}{3!} t_1 \Delta B m_1 \tag{7-9}$$

$$E(\Delta m) = \frac{0! \times (3-0-1)!}{3!} t_0 B_0 \Delta m + \frac{1! \times (3-1-1)!}{3!} t_1 B_0 \Delta m$$
$$+ \frac{1! \times (3-1-1)!}{3!} t_0 B_1 \Delta m + \frac{2! \times (3-2-1)!}{3!} t_1 B_1 \wedge m \tag{7-10}$$

上述三个公式也可以写作以下形式

$$E(\Delta t) = \frac{1}{3} \Delta t B_0 m_0 + \frac{1}{6} \Delta t B_1 m_0 + \frac{1}{6} \Delta t B_0 m_1 + \frac{1}{3} \Delta t B_1 m_1 \tag{7-11}$$

$$E(\Delta B) = \frac{1}{3} t_0 \Delta B m_0 + \frac{1}{6} t_1 \Delta B m_0 + \frac{1}{6} t_0 \Delta B m_1 + \frac{1}{3} t_1 \Delta B m_1 \tag{7-12}$$

$$E(\Delta m) = \frac{1}{3} t_0 B_0 \Delta m + \frac{1}{6} t_1 B_0 \Delta m + \frac{1}{6} t_0 B_1 \Delta m + \frac{1}{3} t_1 B_1 \Delta m \tag{7-13}$$

为了研究进出口产品的水足迹，可将以上公式中的各部门最终产品国内消费(万元)

对角矩阵 m 替换为各部门最终产品进口量与出口量矩阵进行计算。而计算虚拟水净出口也可采用类似的办法。

$$\Delta N = t_1 B_1 m_{N1} - t_0 B_0 m_{N0} = E(\Delta t) + E(\Delta B) + E(\Delta m_N) \tag{7-14}$$

式中，ΔN 为虚拟水净出口量的变化行向量$(1\times n$ 阶$)$。m_{N0} 和 m_{N1} 分别是研究初期和末期的净出口量对角矩阵$(n\times n$ 阶$)$；Δm_N 是其差值矩阵。$E(\Delta t)$，$E(\Delta B)$ 和 $E(\Delta m_N)$ 则是各部门用水效率、产业结构和生产规模的变化对虚拟水净出口量的贡献。

7.3　实　例　分　析

7.3.1　数据来源与预处理

本研究采用了中国 2002 年度、2007 年度的 17 部门投入产出表(国家统计局国民经济核算司，2006，2009)和 2010 年度的投入产出延长表(国家统计局国民经济核算司，2012)，利用生产者价格指数将价格统一转换为 2002 年可比价格。各部门直接用水数据来自《2002年中国水资源公报》《2007 年中国水资源公报》《2010 年中国水资源公报》(中华人民共和国水利部，2002，2008，2012)和其他研究数据(Zhi et al.，2015)。

7.3.2　结果与讨论

2007 年中国 17 部门直接用水系数和水足迹强度如表 7-1 所示。可以看出，农业、电力、热力及水的生产和供应业和批发零售贸易、住宿和餐饮业这三个部门的水足迹强度最大。涉及原材料制造和能源供应的部门，包括农业、采矿业、电力、热力及水的生产和供应业、金属产品制造业、非金属矿物制品业、化工、其他制造业等部门，其直接用水系数较高。另一方面，纺织、服装及皮革制品业和机械设备制造业等加工型的部门，很大程度上依赖于间接水资源。

以上的用水效率指标定量地表明了水资源在中国产业部门中的重要作用。在确定了虚拟水在各部门内的分布后，可以进一步研究水足迹变化的原因。

表 7-1　2007 年中国 17 部门直接用水系数和水足迹强度

部门名称	直接用水系数 /$(\times 10^{-6} m^3/$元$)$	间接用水系数 /$(\times 10^{-6} m^3/$元$)$	水足迹强度 /$(\times 10 m^3/$元$)$
农业	7366.65	14669.95	22036.60
采矿业	65.14	235.34	300.47
食品饮料及烟草业	63.27	78.31	141.58
纺织、服装及皮革制品业	66.12	90.98	157.09
其他制造业	129.15	228.23	357.38
电力、热力及水的生产和供应业	1083.47	2988.76	4072.23
炼焦、燃气及石油工业	163.30	267.46	430.76
化学工业	106.61	423.39	530.00

续表

部门名称	直接用水系数 /(×10⁻⁶m³/元)	间接用水系数 /(×10⁻⁶m³ 元)	水足迹强度 /(×10m³/元)
非金属矿物制品业	37.29	30.98	68.27
金属产品制造业	64.42	235.40	299.82
机械设备制造业	8.43	38.43	46.86
建筑业	9.62	0.75	10.36
运输邮政仓储、信息和计算机服务业	157.87	273.95	431.82
批发零售贸易、住宿和餐饮业	879.03	1133.10	2012.13
房地产业、租赁及商务服务业	351.42	269.48	620.90
金融业	92.63	90.21	182.84
其他服务业	54.93	44.69	99.62

间接用水量是水足迹的重要组成部分。各部门生产过程中的多种环节需要使用水资源,如冷却和冷凝水、空调用水、锅炉用水、洗涤用水等。在中国,多种部门都具有复杂的生产工艺,特别是化工、机械设备制造等行业。这些使用大量中间产品的部门,其水足迹也会处于较高的水平。

中国产业生产产品的水足迹由 2002 年的 $5.92×10^{11}m^3$,下降为 2007 年的 $5.17×10^{11}m^3$。其中各部门的总直接用水下降了约 25%,而总间接用水仅下降了约 3%,这意味着用水量的减少主要是由于各部门各自减少了直接用水,而不是通过节约使用中间产品来减少水足迹。对于不同行业,直接用水和间接用水的变化是不同的。例如,图 7-1 显示了纺织、服装及皮革制品业和机械设备制造业 2002 年和 2007 年的水足迹变化。

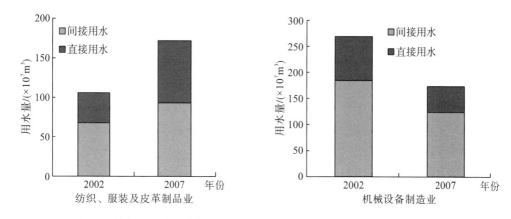

图 7-1 纺织、服装及皮革制品业和机械设备制造业 2002 年和 2007 年的水足迹

在 2002 年和 2007 年期间,8 个部门的水足迹有所增加,而另外 9 个部门有所下降。在水足迹增加的部门中,增长量最大的是其他制造业(包含造纸业,$2.02×10^9m^3$),批发零售贸易、住宿和餐饮业($2.02×10^9m^3$)和纺织、服装及皮革制品业($6.61×10^8m^3$)。在水足迹下降的部门中,下降最多的三个部门分别是电力、热力及水的生产和供应业($3.18×10^{10}m^3$)、化学工业($1.79×10^{10}m^3$)和金属产品制造业($1.64×10^{10}m^3$),而农业的水

足迹下降了 $1.10\times10^{10}\text{m}^3$（图 7-2）。

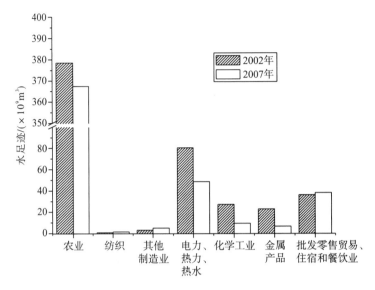

图 7-2　七个部门的 2002 年和 2007 年水足迹

　　产业用水结构变化因素分解模型所计算的各个部门的用水效率、产业结构和生产规模因素对水足迹变化的贡献如表 7-2 所示。由于节水技术的快速发展，用水效率的进步对用水量的贡献为 $-5.48\times10^{11}\text{m}^3$（负值表示节水效应）。然而，产业结构的变化使用水量上升了 $6.45\times10^{10}\text{m}^3$，而生产规模的增加也使用水量上升了 $4.08\times10^{11}\text{m}^3$，抵消了部分用水效率产生的节水成果。

表 7-2　2002～2007 年各因素对产业水足迹的贡献

2002～2007 年	因素			ΔW $/(\times10^7\text{m}^3)$
	用水效率 $/(\times10^7\text{m}^3)$	产业结构 $/(\times10^7\text{m}^3)$	生产规模 $/(\times10^7\text{m}^3)$	
农业	-22493.85	-104.20	21493.49	-1104.56
采矿业	-774.61	223.91	535.68	-15.01
食品饮料及烟草业	-278.50	79.98	229.68	31.16
纺织、服装及皮革制品业	-38.46	22.77	81.74	66.05
其他制造业	-237.12	69.36	370.17	202.41
电力、热力及水的生产和供应业	-16331.66	5502.27	7651.81	-3177.58
炼焦、燃气及石油工业	-1553.06	404.39	819.78	-328.89
化学工业	-4368.33	534.99	2042.41	-1790.93
非金属矿物制品业	-175.53	65.57	96.14	-13.82
金属产品制造业	-4278.70	672.23	1965.13	-1641.33
机械设备制造业	-388.21	35.65	257.21	-95.35
建筑业	-48.89	-2.17	51.33	0.27

2002~2007 年	因素			ΔW /($\times 10^7 m^3$)
	用水效率 /($\times 10^7 m^3$)	产业结构 /($\times 10^7 m^3$)	生产规模 /($\times 10^7 m^3$)	
运输邮政仓储、信息和计算机服务业	-838.89	118.23	758.54	37.89
批发零售贸易、住宿和餐饮业	-2144.03	-845.48	3191.07	201.56
房地产业、租赁及商务服务业	-404.21	-365.78	821.93	51.94
金融业	-216.82	8.93	197.80	-10.09
其他服务业	-225.71	28.40	220.50	23.18
合计	-54796.55	6449.07	40784.41	-7563.08

用水效率的进步是降低水足迹的主要因素。例如，循环用水技术作为一种提升用水效率的技术，在中国的工业部门中的普及率不断上升，而主要工业部门的水资源循环利用率也呈现稳步增长的态势（表 7-3），水资源的循环利用量方面也呈现出类似的趋势（中华人民共和国国家统计局，2015）。此外，其他的技术，如节水灌溉，也帮助一些产业部门减少了用水量。政策方面，例如北京市，已经制定并实施了到 2015 年实现在 2009 年生产用水量基础上进行节水的节约用水办法（北京市人民政府，2012）。

表 7-3　2002~2010 年生产活动水资源循环利用情况

年份	水资源循环利用率/%	水资源循环利用量/($\times 10^7 m^3$)
2002	69.90	4.85
2003	70.70	4.86
2004	68.80	4.52
2005	71.80	5.86
2006	70.90	5.76
2007	73.60	6.38
2008	76.80	7.03
2009	75.96	6.52
2010	77.39	7.40

需要注意的是，虽然技术进步有时能促进用水效率的提高，但有时也会促进用水的增长。例如 IBM 公司（2002）的环境报告指出，虽然公司从 1997 年开始实施了严格的节水措施，但 IBM 制造业的用水量仍然显著增加。这是因为生产中使用了一种新型的清洁技术，而该技术需要使用水资源。

产业结构的变化对不同部门的水足迹产生了不同的影响。对于农业、建筑业、批发零售贸易、住宿和餐饮业、房地产业、租赁及商务服务业，产业结构的变化起到了节水的作用；对于其他部门，产业结构的变化增加了水足迹。这反映了在 2002~2007 年这 5 年中，中国经济系统产业结构调整的总体趋势并不是以节水为主要导向的。表 7-4 给出了经济结构调整的详细实例。在电子设备制造业中，主要部门的占比从 2002 年的 73.8% 下降到 2007 年的 63.16%（中华人民共和国国家统计局，2015）。二级部门规模上升的主要原因是计算

机服务相关部门的扩展。与之类似,金属制品行业的主要部门规模占比从 2002 年的 46.45%
下降到 2007 年的 43.26%;纺织业的主要部门规模占比从 2002 年的 64.69%下降到 2007 年
的 61.95%(中华人民共和国国家统计局, 2015)。未来由政府和企业通过产业结构调整,
建立更加节水的产业用水结构是可以实现的。

表 7-4   2002～2007 年部分产业部门中主要部门与二级部门的规模比例

年份	主要部门	二级部门
2002	电子设备制造业(73.80%)	艺术与办公设备制造(3.49%),一般机械设备制造(2.83%)
	金属制品业(46.45%)	通用设备制造(8.07%),电子设备制造(2.34%)
	纺织业(64.69%)	服装制造(33.51%),化学工业(1.79%)
2007	电子设备制造业(63.16%)	计算机服务与软件业(6.42%),艺术与办公设备制造(3.17%)
	金属制品业(43.26%)	通用设备制造(11.78%),电子设备制造(2.96%)
	纺织业(61.95%)	服装制造(35.65%),化学工业(2.40%)

　　生产规模的增加,是推动水足迹增长的主要因素。在所有 17 个产业部门中,生产规
模的增加都对部门水足迹的增长有积极作用,其中水足迹增长量排名前 3 的部门分别是农
业、电力、热力及水的生产和供应业以及批发零售贸易、住宿和餐饮业。生产规模的增加,
主要是由于经济的发展、人口的增加和居民生活水平的提高。可以预见,未来随着人口的
增长和经济的发展,生产规模的扩张将继续推动水足迹朝着增长的方向发展。为了减少水
足迹,节约水资源,需要倡导节约意识,合理控制消费规模。

　　计算 2002 年和 2007 年的进口和出口产品水足迹,可以发现,中国的出口产品水足迹
一直高于进口产品水足迹(图 7-3),这意味着中国的虚拟水一直呈现净流出的状态。这意
味着,尽管中国面临水资源短缺的压力,但并没有通过虚拟水净流入的方式来将缺水的压
力转移到其他国家和地区。虚拟水净流出的状态,进一步增加了中国水资源的压力。为了
解释虚拟水净流出的原因,本研究也对虚拟水净流出的变化进行了因素分解分析(表 7-5)。

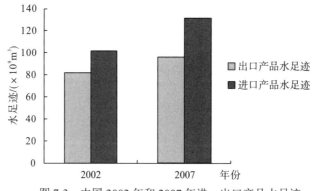

图 7-3   中国 2002 年和 2007 年进、出口产品水足迹

表 7-5 2002～2007 年各因素对虚拟水净流出的贡献

2002～2007 年	因素 1 用水效率 /($\times 10^7 m^3$)	因素 2 产业结构 /($\times 10^7 m^3$)	因素 3 产品规模 /($\times 10^7 m^3$)	ΔN /($\times 10^7 m^3$)
农业	-1111.77	555.00	1240.90	684.13
采矿业	90.00	2.78	-99.80	-7.02
食品饮料及烟草业	-16.71	6.84	11.09	1.22
纺织、服装及皮革制品业	-29.57	12.06	114.93	97.41
其他制造业	-36.24	5.27	81.50	50.54
电力、热力及水的生产和供应业	-595.99	106.26	692.52	202.78
炼焦、燃气及石油工业	-32.62	8.68	53.98	30.04
化学工业	-97.82	26.10	219.61	147.88
非金属矿物制品业	-12.04	0.52	15.21	3.69
金属产品制造业	-278.09	9.40	460.67	191.97
机械设备制造业	-16.06	-0.22	40.82	24.54
建筑业	-0.22	-0.17	0.41	0.02
运输邮政仓储、信息和计算机服务业	-94.71	1.79	114.53	21.62
批发零售贸易、住宿和餐饮业	-306.67	-100.43	444.12	37.02
房地产业、租赁及商务服务业	-23.72	-14.60	84.71	46.39
金融业	-9.55	-1.15	21.95	11.26
其他服务业	-2.55	0.83	-3.99	-5.71
合计	-2574.34	618.95	3493.19	1537.81

2002～2007 年，用水效率的提高对大部分产业部门做出了节水的推动，总计节省了 $2.57 \times 10^{10} m^3$ 虚拟水净流出。然而，产业结构的变化使虚拟水净流出增加了 $6.19 \times 10^9 m^3$；产品规模的增加也使虚拟水净流出增加了 $3.49 \times 10^{10} m^3$。各因素综合作用下，虚拟水净流出总量总体增长了 $1.54 \times 10^{10} m^3$。虚拟水净流出量在大多数行业中都是增加的，而增量排名前 3 的行业是农业、电力、热力及水的生产和供应业、金属产品制造业。这反映了虚拟水净流出的增长主要是由用水强度高、净出口产品量大的部门造成的。

上述水足迹的计算同样是根据 Renault(2003) 的进口替代假设进行的，假设"各部门进口产品的生产条件与中国国内同种产品的生产条件相同"。事实上，如果进口产品的来源国家的生产用水效率高于中国，那么实际上中国的虚拟水进口量要小于计算值，而虚拟水净流出量则要大于计算值。

随着国际贸易的发展和贸易规模的不断扩大，越来越多的中国企业开始使用进口的原材料或中间产品，以节约成本，并开展产品的出口贸易。增长的进、出口产品量很可能对未来中国虚拟水的流入与流出产生影响。表 7-6 反映了 2002～2010 年中国进、出口总值的增加。中国 2007 年的进口和出口量都比 2002 年增加了 3 倍多，而且保持继续增长的态势(中华人民共和国国家统计局，2015)，由于目前的形势是出口大于进口，可能导致未来虚拟水净流出量进一步增长。为了控制虚拟水流出量继续增加的趋势，中国可以考虑向那些受益于中国虚拟水输出的国家寻求节水技术补偿，或者调整贸易税策略。

表 7-6　2002～2010 年中国进、出口总值

年份	进口总值/($\times 10^9$ 美元)	出口总值/($\times 10^9$ 美元)
2002	295.2	325.6
2003	412.8	438.2
2004	561.2	593.3
2005	660.0	762.0
2006	791.5	969.0
2007	956.1	1220.5
2008	1132.5	1430.7
2009	1005.9	1201.6
2010	1396.2	1577.8

表 7-7 描述了中国进口的虚拟水来源。从亚洲其他国家的进口，仍占据中国总进口量的最大部分。欧洲是第二大的进口来源地，并且其份额逐年增加。然而，在欧洲部分国家（希腊、西班牙和其他国家）发生的经济危机，可能会改变未来从欧洲的进口形势。而由于美国发生的经济危机，中国从北美洲的进口份额一直下降（中华人民共和国国家统计局，2015）。在中国，许多产品生产所使用的进口的原材料份额甚至高于国产原材料。例如，进口的大豆、铜矿石和锡矿石等，在某些生产部门中的使用率都高于对应的国产原材料（中华人民共和国国家统计局，2015）。事实上，如果离开了这些进口产品所蕴含的虚拟水，中国许多制造企业可能无法正常运转。

表 7-7　2002～2010 年中国进口虚拟水来源地区

年份	进口总值/($\times 10^9$美元)	来源地区					
		亚洲/%	非洲/%	欧洲/%	北美洲/%	南美洲/%	大洋洲/%
2002	295.2	187.3(63.5)	5.4(1.8)	43.1(14.6)	32.0(10.8)	7.2(2.4)	6.8(2.3)
2003	412.8	264.5(64.1)	8.4(2.0)	59.1(14.3)	40.0(9.7)	13.2(3.2)	8.5(2.1)
2004	561.2	357.7(63.7)	15.6(2.8)	76.2(13.6)	54.2(9.7)	19.5(3.5)	13.3(2.4)
2005	660.0	424.3(64.3)	21.1(3.2)	79.9(12.1)	58.5(8.9)	24.4(3.7)	18.1(2.7)
2006	791.5	500.8(63.3)	28.8(3.6)	97.2(12.3)	69.6(8.8)	31.5(4.0)	21.3(2.7)
2007	956.1	619.9(64.8)	36.4(3.8)	139.6(14.6)	80.4(8.4)	51.1(5.3)	28.4(3.0)
2008	1132.5	702.6(62.0)	55.9(4.9)	168.1(14.8)	94.1(8.3)	71.2(6.3)	40.2(3.5)
2009	1005.9	603.5(60.0)	43.3(4.3)	162.0(16.1)	89.6(8.9)	64.8(6.4)	42.7(4.2)
2010	1396.2	835.0(59.8)	67.1(4.8)	217.9(15.6)	117.1(8.4)	91.8(6.6)	66.0(4.7)

本研究进一步计算了扣除进口产品影响后，2002～2010 年的产业水足迹变化情况。分析结果显示了用水效率、人口增长和经济增长围绕用水量的对抗效应（图7-4）。在2002～

2010 年，中国的总用水量由 $5.58\times10^{11}\mathrm{m}^3$ 上升到 $6.02\times10^{11}\mathrm{m}^3$。随着经济水平的提高和人口的增长，经济系统水资源的使用量从 $5.09\times10^{11}\mathrm{m}^3$ 上升到 $5.40\times10^{11}\mathrm{m}^3$。同一时期，中国居民的生活用水量从 $4.09\times10^{10}\mathrm{m}^3$ 上升到 $5.07\times10^{10}\mathrm{m}^3$，而生态用水则从 $7.95\times10^{9}\mathrm{m}^3$ 上升到 $1.20\times10^{10}\mathrm{m}^3$。

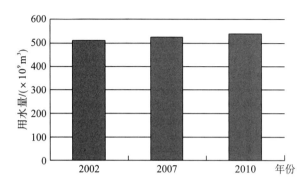

图 7-4　2002～2010 年中国生产用水变化

图 7-5 显示了人口、用水效率、产业结构调整、最终使用结构、人均最终使用这 5 个驱动因素 2002～2010 年对经济系统水足迹变化的贡献。人均最终使用的增加(Δy)造成的用水增量相当于 2002 年用水量的 141.8%。而用水效率的提升(Δt)抵消了 2002 年总用水量的 123.4%。人口的变化(Δp)就贡献了 5.4%的用水量的增加量。在全国尺度上，因为国家实施了计划生育的基本国策，因此人口增长对水足迹的贡献与北京市的情况相比相对较小。产业结构的变化(ΔB)导致用水量增长了 12.5%，而消费结构的改变(Δq)使用水量降低了 30.2%。各因素综合作用下，总水足迹在 2002～2010 年增加了 6.0%。

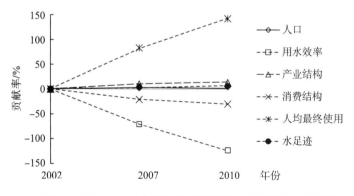

图 7-5　2002～2010 年各驱动因素对中国水足迹变化的贡献

水足迹的增长可以进一步分解为各部门的水足迹贡献，如图 7-6 所示(部门名称见表 7-2)。在经济系统的用水量总共增长了 $3.08\times10^{10}\mathrm{m}^3$，其中作出主要贡献的部门是食品和烟草制造业(编号 3，占总变化的 171.1%)，机械设备制造业(编号 11，占总变化的 116%)和纺织、服装及皮革制品业(编号 4，占总变化的 55.9%)。这些用水的增加，一定程度上反映了我国轻、重工业的快速发展。另一方面，农业(编号 1，相当于抵消了总变化的

294.8%)和建筑业(编号 12,相当于抵消了总变化的 46.2%)的水足迹下降,是抵消总用水量增幅的主要原因;这反映了这些行业的节水工作的成果。尤其是农业,作为用水密集型的部门,一直是中国着力提高用水效率的重点关照领域;以节水为导向的农业节水技术的实施,例如节水灌溉技术、土壤水分保持技术与节水栽培技术,显著减少了水资源的流失、浪费,提高了水资源利用效率。

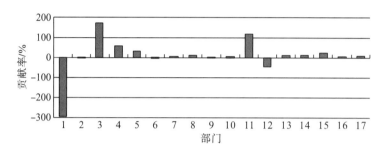

图 7-6 2002~2010 年各驱动因素对中国水足迹变化的贡献

7.4 本 章 小 结

本章分析了 2002~2010 年中国水足迹的变化,以及人口、用水效率、产业结构调整、最终使用结构、人均最终使用这些驱动因素对水足迹变化的定量影响。主要结论如下:

(1)中国的生产水足迹在 2002~2007 年略有下降,消费产品和服务的水足迹在 2002~2010 年略微上升,这主要是用水效率提高的节水效应和产业结构变化、生产规模上升造成的用水增加相抵消的结果。

(2)中国虚拟水净流出量的增长主要是由产业结构的变动和生产规模的扩张造成的。虚拟水净流出量的增长与中国出口的快速增长直接相关。为了控制虚拟水的净流出,缓解国内水资源压力,应考虑进一步发展节水技术,发展以节水为导向的产业结构,并合理调控净出口规模。

8 未来产业用水情景模拟与节水路径选择

对产业用水结构的现状和历史变化进行分析后,为了给未来的节水规划提供进一步的定量的依据,本章在已建立的基于虚拟水(水足迹)的产业用水结构分析方法及其变化机制分析方法的基础上,进一步结合产业用水结构的现状与历史变化规律,对未来产业用水结构进行模拟预测与展望,并寻求能够达到节水目标的有效路径。

8.1 未来产业用水情景模拟

本研究以北京市为案例对未来产业用水结构进行预测。2020 年将是北京市全面完成"十三五"规划(2015~2020 年)的收官之年(北京市发展和改革委员会,2014),在控制人口、保持"稳增长"和"调结构"平衡等多重目标下,未来产业用水结构将会如何变化、如何对其进行调整,都是值得探索的问题。北京市是南水北调工程的重要受水区之一,南水北调中线工程投入运行后,对未来的产业用水结构有何影响,能否实现供水用水相协调、减小用水缺口的目标,也是受到关注的重要问题(张雪,2014;杨学聪,2014)。因此本章对北京市未来至 2020 年的产业用水结构开展预测分析。

由于各种因素的复杂多变,对未来的预测研究存在很多不确定性(Guan et al.,2008;Chen et al.,2013;宋辉和刘新建,2013)。本研究参考中国国家发展和改革委员会能源研究所(2009)、国际能源机构(IEA,2007)和联合国开发计划署(2013)的能源情景预测方法,对 2020 年进行用水结构的情景预测。由于本研究建立的产业用水结构分析模型所需的投入产出数据最新为 2010 年(投入产出延长表),因此各项因素的基准年都定为 2010 年,部分因素具备 2010 年之后的年份数据的,作为检验所推算的因素未来变化的准确性的印证。本研究设置了一个各驱动因素遵循历史变化趋势的基准情景,和若干个对不同驱动因素进行了调整的比较情景。为了衡量各驱动因素对产业用水结构的最大影响潜力,设置了一个"最大潜力经济增长"情景和一个"产业节水综合调整"情景。"最大潜力经济增长"情景描述了北京市经济按照其最大增长潜力增长情况下,未来可能的产业用水结构变化,对用水来说相当于"最坏的可能性";而"产业节水综合调整"描述了北京市除发展节水技术,提高用水效率之外,同时推动产业结构向节水方向发展这一情况下未来可能的产业用水结构变化,相当于"最好的可能性"情景(IEA,2007;Guan et al.,2008;联合国开发计划署,2013)。由于情景设置与未来预测中不可避免地会遇到各种不确定性因素,上述"最大影响潜力"条件下做出的预测在实际情况中可能无法完全实现,但这些预测情况可以为各种因素的调整指出应当努力的方向,仍然对水资源规划与管理有相当程度的参考价值和指导意义(IEA,2007;Guan et al.,2008)。考虑到对节水实践的指导意义,本研究还设置了两个折衷的"用水效率进步"情景和"产业结构调整"情景,以探索只通过用水技术的进步而无需特意调整产业结构,或只通过产业结构调整而无需加大其他额外投入的情况下,实现供水、用水相协调的可能性。

8.2　情　景　设　置

8.2.1　基准情景

在基准情景中,影响产业水足迹的各项驱动因素都被设定为按照其历史变化趋势发展(Guan et al.,2008)。各因素具体变化如下:

1)经济增长情况

本研究建立的产业用水结构分析模型涉及总投入、总产出、最终使用等经济数据,它们都与国民生产总值(gross domestic product,GDP)存在密切联系,而 GDP 是国民经济调查、统计与研究中受关注度、可得性较高的指标之一(Lin,2015;IEA,2007;Guan et al.,2008)。因此本研究通过预测未来至 2020 年的 GDP 增长,进而推算其他经济数据的未来变化情况。根据《北京统计年鉴 2012》(北京市统计局,2013)和《北京统计年鉴 2013》(北京市统计局,2014),1987~2010 年,北京市 GDP 年平均增长率约为 10.8%,而 2011 年、2012 年和 2013 年分别为 8.1%、7.7%和 7.7%(表 8-1)。结合北京市"十二五"规划纲要(北京市发展和改革委员会,2013)指定的 GDP 增长率 7%的目标,本研究设置基准情景的 2010~2020 年的平均增长率为 7%。在此情景下,北京市 2020 年 GDP 将增长到 27763.53 亿元(按 2010 年可比价格)。人均 GDP 将增长到约 12.10 万元/人(按 2010 年可比价格),超额完成《北京市城市总体规划(2004—2020)》制定的"人均 GDP 超过10000 美元"的任务(北京市规划委员会,2006)。

表 8-1　北京市 1987~2013 年 GDP 变化

年份	GDP/亿元	GDP 增长率/%
1987	326.80	9.6
1988	410.20	12.8
1989	456.00	4.4
1990	500.80	5.2
1991	598.90	9.9
1992	709.10	11.3
1993	886.20	12.3
1994	1145.30	13.7
1995	1507.70	12.0
1996	1789.20	9.0
1997	2077.10	10.1
1998	2377.20	9.5
1999	2678.80	10.9

续表

年份	GDP/亿元	GDP 增长率/%
2000	3161.70	11.8
2001	3708.00	11.7
2002	4315.00	11.5
2003	5007.20	11.1
2004	6033.20	14.1
2005	6969.50	12.1
2006	8117.80	13.0
2007	9846.80	14.5
2008	11115.00	9.1
2009	12153.00	10.2
2010	14113.60	10.3
2011	16251.90	8.1
2012	17879.40	7.7
2013	19500.60	7.7

2）人口变化情况

　　由于北京的快速城市化，以及作为中国首都特有的政策、资源优势，北京的人口增长速度在中国的城市和地区中位于前列（王安顺，2015）。如表 8-2 所示，由于计划生育政策的实施，北京市 1987～2010 年的常住人口出生率基本维持在 8.5‰上下；而常住人口死亡率基本维持 5.4‰，常住人口自然增长率由 1987 年的 11.9‰逐年下降至 2003 年的-0.1‰，一度出现常住人口自然增长率为负的现象；2003 年后为了应对老龄化问题，计划生育政策宽松化，常住人口自然增长率逐渐回升（北京市统计局，2013）。从常住人口增长率总体来看，由于计划生育政策和户籍制度的双重限制，2006 年后北京常住人口增长率总体处于不断下降的趋势，2010 年为 5.5%左右，2014 年下降到仅为 1.7%。结合 2015 年北京政府工作报告（王安顺，2015）和北京市"十二五"规划纲要（北京市发展和改革委员会，2013）对人口的控制目标为"2020 年控制在 2300 万以内"，本研究将 2020 年人口设为 2300 万人，即 2010～2020 年的年平均人口增长率约为 1.1%。

表 8-2   北京市 1987～2014 年常住人口变化

年份	常住人口/万人	常住人口增长率/%	常住人口出生率/‰	常住人口死亡率/‰	常住人口自然增长率/‰
1987	1047.0	—	—	—	—
1988	1061.0	1.3	14.4	5.1	9.4
1989	1075.0	1.3	12.8	5.4	7.5
1990	1086.0	1.0	13.0	5.8	7.2
1991	1094.0	0.7	8.0	5.8	2.2
1992	1102.0	0.7	9.2	6.1	3.1
1993	1112.0	0.9	9.4	6.2	3.2
1994	1125.0	1.2	9.0	5.8	3.2
1995	1251.1	11.2	7.9	5.1	2.8

年份	常住人口/万人	常住人口增长率/%	常住人口出生率/‰	常住人口死亡率/‰	常住人口自然增长率/‰
1996	1259.4	0.7	8.0	5.3	2.7
1997	1240.0	-1.5	7.9	6.0	1.9
1998	1245.6	0.5	6.0	5.3	0.7
1999	1257.2	0.9	6.5	5.6	0.9
2000	1363.6	8.5	6.2	5.3	0.9
2001	1385.1	1.6	6.1	5.3	0.8
2002	1423.2	2.8	6.6	5.7	0.9
2003	1456.4	2.3	5.1	5.2	-0.1
2004	1492.7	2.5	6.1	5.4	0.7
2005	1538.0	3.0	6.3	5.2	1.1
2006	1601.0	4.1	6.2	4.9	1.3
2007	1676.0	4.7	8.2	4.8	3.3
2008	1771.0	5.7	7.9	4.6	3.3
2009	1860.0	5.0	7.7	4.3	3.3
2010	1961.9	5.5	7.3	4.3	3.0
2011	2018.6	2.9	8.3	4.3	4.0
2012	2069.3	2.5	9.1	4.3	4.7
2013	2114.8	2.2	8.9	4.5	4.4
2014	2151.6	1.7	—	—	—

("—"表示该项数据未取得)

3) 最终使用变化情况

本研究根据 GDP 的增长和消费弹性系数来推算未来的各产业最终使用变化。由于投入产出的复杂关系,各个产业部门的最终使用通常并不等于其 GDP;消费弹性系数反映了最终使用增长率与 GDP 增长率的比值(Hubacek and Sun,2001;Guan et al.,2008)。适用于 2010～2020 年的消费弹性系数来自 Hubacek 和 Sun(2001,2005)的研究(表 8-3)。

表 8-3　北京市各产业部门 2010～2020 年消费弹性系数

部门名称	消费弹性系数
农业	0.15
采矿业	1.10
食品饮料及烟草业	1.10
纺织、服装及皮革制品业	1.10
其他制造业	1.10
电力、热力及水的生产和供应业	1.10
炼焦、燃气及石油工业	1.10
化学工业	1.10
非金属矿物制品业	1.10
金属产品制造业	1.10

续表

部门名称	消费弹性系数
机械设备制造业	1.10
建筑业	1.10
运输邮政仓储、信息和计算机服务业	1.20
批发零售贸易、住宿和餐饮业	1.20
房地产业、租赁及商务服务业	1.20
金融业	1.20
其他服务业	1.20

基准情景下,到 2020 年北京市的最终使用结构与 2010 年比将发生较明显的变化(表 8-4)。例如,农业最终使用占总最终使用的份额将从 2010 年的 1.5%下降为 2020 年的 0.9%;食品、饮料及烟草业的份额从 2010 年的 3.0%下降为 2020 年的 2.9%;这一变化趋势与经济学中恩格尔定律的描述基本吻合,即社会经济发展水平越高,用于食品类消费部分支出的比重越小(Zhang et al.,2010;Gualerzi,2012)。Zhang 等(2010)在预测北京未来消费结构时也进行了类似的预测。第二产业最终使用占总最终使用的份额将从 2010 年的 45.5%下降到 2020 年的 44.4%;第三产业的份额将会有所上升,从 2010 年的 53.1%上升到 2020 年的 54.7%。在此基准情景下,人均最终使用将从 2010 年的 14.76 万元/人上升到 2020 年的 38.56 万元/人(按 2010 年可比价格),而人均居民消费将从 2010 年的 2.37 万元/人上升到 2020 年的 4.27 万元/人(按 2010 年可比价格)。

4)用水效率变化情况

本研究建立的基于虚拟水(水足迹)的产业用水结构计算模型中,用水效率是用直接用水系数,即直接用水量和总产出的比值来描述的;而很多研究、报告和规划中采用万元 GDP 用水,即直接用水量和 GDP 的比值来描述用水效率(李砚阁,2003;Guan et al.,2008;北京市人民政府,2012;任佳,2014)。为了便于计算,本研究先根据文献资料中的数据推算未来的万元 GDP 用水,最后再换算成对应的直接用水系数。

一些研究进行基准情景的设置时,把未来的用水效率设置为保持现状固定不变(Hubacek and Sun,2005;Chen et al.,2013)。这种设置不完全符合现实情况,并且在设置了基准情景下的其他因素都按照历史发展趋势进行变动的情况下,设置用水效率固定不变也并不合理。因此本研究设置在基准情景下未来的用水效率也保持历史变化趋势。预测产业部门万元 GDP 用水方法较多,本研究选取指数模型预测法,该方法具有精度较高、计算较简便、适用范围广等优点(南京水利科学研究院,2002;朱慧峰和秦福兴,2003)。根据指数模型的经验公式,万元 GDP 用水量 Φ 与年份序号 d 之间存在如下关系

$$\Phi = A \times e^{\frac{B}{d+C}} \tag{8-1}$$

式中,A、B、C 为待定常数。

根据能搜集到的最新并连贯的历史用水数据,对北京市 2002～2012 年的三大产业万元 GDP 用水量(表 8-5)进行拟合,拟合结果如图 8-1、图 8-2、图 8-3 所示。但根据拟合所

得的公式推算 2020 年产业万元 GDP 用水量时发现，其计算结果显示 2020 年北京市第一、第二、第三产业万元 GDP 用水量将分别达到 35.49m³、2.33m³、2.69m³，远低于部分发达国家 21 世纪初期的万元 GDP 用水量(表 8-6，World Bank，2011)，这可能是对用水效率的过高估计；由于北京市目前的节水技术与节水办法已经逐步赶上并达到国际先进水平(Wang and Wang，2009；Wang et al.，2013)，将这样的推算结果直接投入未来情景预测很可能超过实际的技术极限而难以达到。因此本研究采用《北京市节约用水办法》(北京市人民政府，2012)和《节水型社会建设"十二五"规划技术大纲》(中华人民共和国水利部，2010)规定的"到 2015 年万元 GDP 用水量降低 30%"作为万元 GDP 用水量的未来目标，2015 年实现这一目标后，第一、第二、第三产业万元 GDP 用水量将分别达到 641.48m³、10.54m³、6.78m³，接近或达到部分发达国家的水平。在基准情景下，假设未来 2015 年后暂不推行更进一步的节水政策，万元 GDP 用水量保持 2015 年水平。其中农业的用水量与气候，特别是降水量关系较大，降水较多的年份的农业用水量可能相对较少(王岩和王红瑞，2007)；由于从统计资料(北京市统计局，2013)看，北京市降水量基本围绕多年平均值上下波动(图 8-4)，可以认为对农业用水的影响相对较小。因此本研究选择忽略降水量变化对农业用水量及用水效率的影响。

表 8-4　北京市各产业部门 2010 年与 2020 年基准情景 GDP 与最终使用

部门名称	2010				2020			
	GDP /($\times 10^8$ 元)	GDP 份额 /%	最终使用 /($\times 10^8$ 元)	最终使用份额/%	GDP /($\times 10^8$ 元)	GDP 份额 /%	最终使用 /($\times 10^8$ 元)	最终使用份额/%
农业	124.36	0.9	500.84	1.5	244.63	0.9	635.66	0.9
采矿业	213.07	1.5	2550.88	7.5	419.15	1.5	5276.91	7.4
食品饮料及烟草业	159.39	1.1	1015.55	3.0	313.55	1.1	2100.84	2.9
纺织、服装及皮革制品业	55.31	0.4	544.88	1.6	108.79	0.4	1127.17	1.6
其他制造业	126.77	0.9	431.09	1.3	249.37	0.9	891.77	1.2
电力、热力及水的生产和供应业	416.34	2.9	110.75	0.3	819.00	2.9	229.10	0.3
炼焦、燃气及石油工业	172.11	1.2	770.09	2.3	338.56	1.2	1593.06	2.2
化学工业	307.40	2.2	911.23	2.7	604.70	2.2	1885.03	2.6
非金属矿物制品业	83.69	0.6	179.29	0.5	164.62	0.6	370.89	0.5
金属产品制造业	84.29	0.6	490.77	1.4	165.81	0.6	1015.24	1.4
机械设备制造业	1145.63	8.1	4746.14	14.0	2253.63	8.1	9818.16	13.7
建筑业	624.39	4.4	3644.88	10.7	1228.27	4.4	7540.03	10.5
第二产业合计	3388.37	24.0	5288.86	45.4	6665.44	24.0	31848.20	44.4
运输邮政仓储、信息和计算机服务业	1926.07	13.6	3446.43	10.2	3788.87	13.6	7495.51	10.4
批发零售贸易、住宿和餐饮业	2205.85	15.6	2391.84	7.0	4339.24	15.6	5201.92	7.3
房地产业、租赁及商务服务业	1959.76	13.9	3205.90	9.4	3855.14	13.9	6972.40	9.7

续表

部门名称	2010				2020			
	GDP /($\times 10^8$元)	GDP 份额 /%	最终使用 /($\times 10^8$元)	最终使用 份额/%	GDP /($\times 10^8$元)	GDP 份额 /%	最终使用 /($\times 10^8$元)	最终使用 份额/%
金融业	1863.61	13.2	2354.42	6.9	3666.00	13.2	5120.55	7.1
其他服务业	2645.55	18.7	6650.10	19.6	5204.20	18.7	14463.05	20.2
第三产业合计	10600.84	75.1	8272.69	53.1	20853.46	75.1	39253.43	54.7

表 8-5 北京市 2002~2012 年产业万元 GDP 用水

年份	年份序号	万元 GDP 用水/m³		
		第一产业	第二产业	第三产业
2002	1	1881.07	60.00	27.33
2003	2	1640.90	56.48	28.81
2004	3	1544.62	41.54	21.35
2005	4	1488.16	33.56	20.98
2006	5	1441.44	28.29	17.56
2007	6	1224.09	23.11	14.15
2008	7	1063.83	19.80	12.93
2009	8	1014.37	18.32	11.44
2010	9	916.40	15.05	9.69
2011	10	800.12	13.36	8.72
2012	11	619.63	12.04	8.33

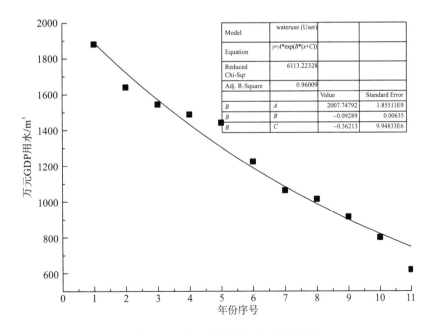

图 8-1 第一产业万元 GDP 用水拟合

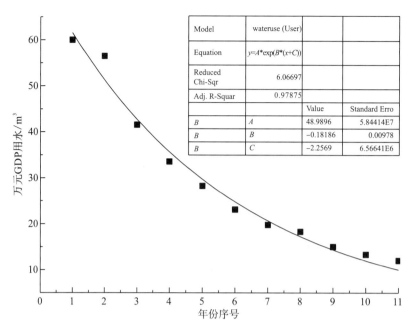

图 8-2   第二产业万元 GDP 用水拟合

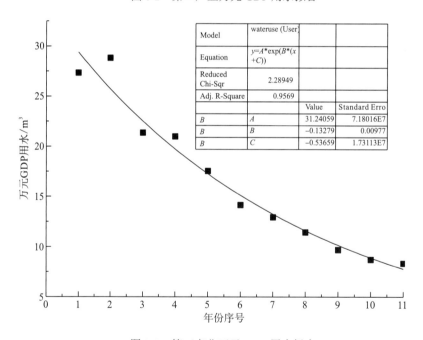

图 8-3   第三产业万元 GDP 用水拟合

表 8-6   部分发达国家 21 世纪初期的三大产业万元 GDP 用水量

国家	万元 GDP 用水量/m³		
	第一产业	第二产业	第三产业
美国	5007.76	260.82	21.55
英国	51.84	50.89	5.43

续表

国家	万元 GDP 用水量/m³		
	第一产业	第二产业	第三产业
日本	1669.25	27.85	13.73
德国	1138.13	157.48	12.01
法国	284.53	266.37	17.32
韩国	1043.28	37.54	59.33

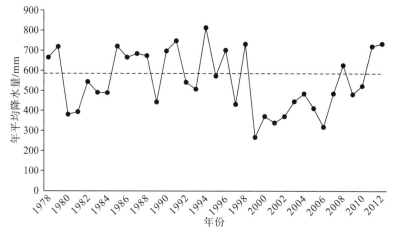

图 8-4　北京市 1978～2012 年降水量

5) 产业结构变化情况

根据第 3 章、第 4 章建立的基于水足迹的产业用水结构分析方法及其变化机制分析方法，需要对未来的产业结构进行预测，即式(3-4)和式(6-1)中的列昂惕夫逆矩阵 **B**。由于列昂惕夫逆矩阵 **B** 来自投入产出表，而投入产出表中包含多种平衡关系，包括各部门总投入等于总产出、各部门总产出等于中间使用与最终使用之和、各部门总投入等于初始投入与中间投入之和等；预测的未来产业结构也必须满足这些平衡关系。本研究采用双比例调整矩阵法对未来产业结构进行推算。双比例调整矩阵法由于其提出者使用字母 R、A、S 代表公式中的矩阵，因此又称为 RAS 方法(Miller and Blair，1985)。RAS 方法能够在已知目标年份的某些控制数据的条件下，如已知 GDP(等于初始投入)、最终使用、总投入和总产出，对已知的初始年的投入产出表中间流量矩阵进行调整，使其符合控制数据，以此推算目标年份中间流量矩阵(陈锡康和杨翠红，2011)。RAS 方法对数据要求较低，操作简易，有唯一解，结果可靠程度较高，本研究用其推算未来的产业结构变化。

本研究利用 RAS 方法推算产业结构的基本步骤如下(图 8-5)(Miller and Blair 1985)：

(1) 通过已经设定和推算的目标年份(2020 年)的 GDP 和最终使用，确定目标年份各产业部门的总投入和总产出。本研究假设 2020 年各产业部门的中间投入与初始投入(GDP)的比值不变，据 2010 年的中间投入与初始投入推算 2020 年的中间投入，则 2020 年各产业部门的总投入和总产出等于中间投入与初始投入之和。

(2) 以目标年各部门中间使用合计列向量作为行控制数向量；中间投入合计行向量作

为列控制数向量。根据投入产出表的平衡关系,最终生成的目标年中间流量表的各行之和
应等于行控制数向量;各列之和应等于列控制数向量。

(3)用初始年的投入产出表的中间投入矩阵作为目标年的中间投入矩阵原始表。

(4)调整目标年中间投入矩阵原始表,使其满足行控制数和列控制数的要求,有

$$A_1 = R \times A_0 \times S \tag{8-2}$$

$$R = \left[\frac{u_{i1}}{u_{i0}}\right] \tag{8-3}$$

$$S = \left[\frac{v_{i1}}{v_{i0}}\right] \tag{8-4}$$

$$A = \frac{A_1}{\sum_{=1} x_j} \tag{8-5}$$

其中,A_1 为调整后的目标年中间投入矩阵,A_0 为原始(调整前)目标年中间流量矩阵。R
为行控制数对角矩阵,其元素为目标年各部门中间使用合计 u_{i1} 与 A_0 中的各部门中间使用
合计 u_{i0} 的比值;S 为列控制数对角矩阵,其元素为目标年各部门中间投入合计 v_{i1} 与 A_0
中的各部门中间使用合计 v_{i0} 的比值。

将式(8-5)求得的目标年份直接消耗系数矩阵 A 代入式(3-6),即可求得目标年份的列
昂惕夫逆矩阵 B。

在基准情景下,2020 年第一、第二、第三产业的 GDP 分别达到 245.63 亿元(0.9%)、
6665.44 亿元(24.0%)和 20853.46 亿元(75.1%),符合《北京市城市总体规划(2004—2020)》
制定的"第三产业占比超过 70%,第二产业比重大约为 29%,第一产业比重为 1%以下"
的规划目标(北京市规划委员会,2006)。

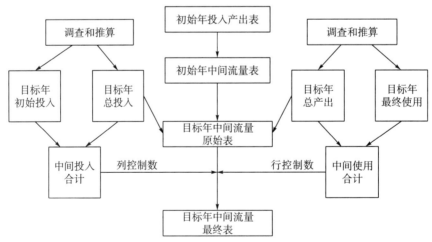

图 8-5　RAS 方法推算未来投入产出表流程示意图

8.2.2　比较情景

比较情景包括"最大潜力经济增长"情景、"用水效率进步"情景、"产业结构调整"
情景和"产业节水综合调整"情景。各情景的未来因素设置或推算情况如表 8-7 所示。

表 8-7　基准情景和各比较情景的因素设置

情景名称	因素设置				
	年均 GDP 增长率/%	2020 年人口/万人	最终使用变化	用水效率变化	产业结构变化
基准情景	7.0	2300	根据 GDP 和消费弹性系数推算	到 2015 年万元 GDP 用水量降低 30%，之后保持	利用 RAS 方法推算
最大潜力经济增长情景	8.0	2300	根据 GDP 和消费弹性系数推算	到 2015 年万元 GDP 用水量降低 30%，之后保持	利用 RAS 方法推算
用水效率进步情景	7.0	2300	根据 GDP 和消费弹性系数推算	到 2015 年万元 GDP 用水量降低 30%，之后再降低 30%	利用 RAS 方法推算
产业结构调整情景	7.0	2300	根据 GDP 和消费弹性系数推算	到 2015 年万元 GDP 用水量降低 30%，之后保持	利用 RAS 方法推算，降低高水足迹强度部门比例
产业节水综合调整情景	7.0	2300	根据 GDP 和消费弹性系数推算	到 2015 年万元 GDP 用水量降低 30%，之后再降低 30%	利用 RAS 方法推算，降低高水足迹强度部门比例

　　"最大潜力经济增长"情景描述了北京市经济按照最大潜力增长情况下未来可能的产业用水结构变化，对用水来说相当于"最坏的可能性"，最大 GDP 增长潜力根据 Lin(2015)预测的增长率 8.0%进行预测，比基准情景的 7.0%增加了一个百分点；其他因素的设置与基准情景相同。

　　"用水效率进步"情景与基准情景相比，设置了更高的用水效率提升目标：在实现了现有规划"到 2015 年万元 GDP 用水量降低 30%"这一目标后，到 2020 年在 2015 年基础上再下降 30%。届时第一、第二、第三产业万元 GDP 用水量将分别达到 449.04m³、7.38m³ 及 4.75m³，与表 8-6 中部分发达国家的水平相比，第一产业万元 GDP 用水量仅次于英国和法国，第二、第三产业万元 GDP 用水量均略低于表 8-6 中所有发达国家水平的最低值，达到国际先进水平。此用水效率进步情景下的 2020 年三大产业万元 GDP 用水量均未低于通过式(8-1)推算的理论值，而接近或略低于国际先进水平，这样的用水效率进步是有希望实现的。此情景下其他因素的设置与基准情景相同。

　　"产业结构调整"情景主要探索只通过产业结构调整而不加大额外节水技术投入时，实现供水用水相协调的可能性。本研究参考"以节能为目标的产业结构调整办法"(宋辉和刘新建，2013)，对 2020 年的三大产业比例进行调整：由于第一产业水足迹强度较高，而第二产业中也包含食品、饮料及烟草业和建筑业这两个水足迹强度较高的部门，即用水效率相对较低，因此考虑适当降低其在国民经济中的比重的方法。三大产业调整后的 2020 年 GDP 及比重如表 8-8 所示，2020 年第一、第二、第三产业的 GDP 分别达到 138.82 亿元(0.5%，下降约 0.4 个百分点)、4358.87 亿元(15.7%，下降约 8 个百分点)及 23265.84 亿元(83.8%，升高约 9 个百分点)。三大产业比重的涨/降幅参考宋辉和刘新建(2013)的定性分析，并在不破坏投入产出表的平衡关系或导致出现负值的前提下压缩第一、第二产业的份额。在此产业结构调整情景下，总 GDP 的增幅保持不变，与基准情景相同。此情景不但调整了三大产业的比重，也调整了各具体部门的 GDP 比重：根据第 2 章的研究结果，除了农业(第一产业)之外，第二产业的食品饮料及烟草业和电力、热力及水的生产和供应业，以及第三产业的批发零售贸易、住宿和餐饮业是水足迹强度较高的几个部门，因此也适当下调食品饮料及烟草业和电力、热力及水的生产和供应业在第二产业中的比重，以及批发零售贸易、住宿和餐饮业在第三产业中的比重。具体部门的 GDP 及比重的调整如表 8-8 所示；与之相对应的投入产出中间流量矩阵根据 RAS 方法计算得出。

表 8-8　产业结构调整情景下三大产业 GDP 的调整

情景名称	第一产业		第二产业		第三产业	
	GDP/亿元	比例/%	GDP/亿元	比例/%	GDP/亿元	比例/%
基准情景	245.63	0.9	6665.44	24.0	20853.46	75.1
产业结构调整情景	138.82	0.5	4358.87	15.7	23265.84	83.8

　　"产业节水综合调整"情景是用水效率进步情景和产业结构调整情景的结合。它既进一步提高用水效率，又调整产业结构，相当于"最好的可能性"情景(IEA，2007；Guan et al.，2008；联合国开发计划署，2013)(表 8-9)。虽然在实践中，由于政治、经济、社会、技术和执行力度等多种条件的限制，对用水效率的提高和对产业结构的调整可能无法完全达成此情景设置的"最优"目标，但这些设置的目标可以为各种因素的调整指出应当努力的方向，仍然能够指导部分完成理论上的节水效果，实现"次优"的结果，因此该情景对水资源规划与管理具有相当程度的参考价值和指导意义(IEA，2007；Guan et al.，2008)。

表 8-9　2020 年产业部门 GDP 及其比例调整

部门名称	基准情景		产业结构调整情景	
	GDP/亿元	在三次产业中的比例/%	GDP/亿元	在三次产业中的比例/%
农业(第一产业)	244.63	100.0	138.82	100.0
采矿业	419.15	6.3	297.19	6.8
食品饮料及烟草业	313.55	4.7	117.69	2.7
纺织、服装及皮革制品业	108.79	1.6	77.14	1.8
其他制造业	249.37	3.7	176.81	4.1
电力、热力及水的生产和供应业	819.00	12.3	318.20	7.3
炼焦、燃气及石油工业	338.56	5.1	240.05	5.5
化学工业	604.70	9.1	428.75	9.8
非金属矿物制品业	164.62	2.5	116.72	2.7
金属产品制造业	165.81	2.5	117.56	2.7
机械设备制造业	2253.63	33.8	1597.89	36.7
建筑业	1228.27	18.4	870.88	20.0
第二产业合计	6665.44	100.0	4358.87	100.0
运输邮政仓储、信息和计算机服务业	3788.87	18.2	4494.51	19.3
批发零售贸易、住宿和餐饮业	4339.24	20.8	3676.00	15.8
房地产业、租赁及商务服务业	3855.14	18.5	4573.13	19.7
金融业	3666.00	17.6	4348.76	18.7
其他服务业	5204.20	25.0	6173.43	26.5
第三产业合计	20853.46	100.0	23265.84	100.0

8.3 不同情景下未来产业用水结构与节水路径选择

8.3.1 不同情景下未来产业用水结构

将不同情景下的各因素代入第 3 章建立的基于虚拟水 (水足迹) 的产业用水结构量化模型，得到未来产业用水结构矩阵结果如表 8-10～表 8-14 所示。

在基准情景下，2020 年北京市产业总水足迹将达到 $3.69 \times 10^9 m^3$。由于剔除了进口调入产品影响的产业总水足迹等于产业用水总量，即 2020 年北京市产业部门用水量将达到 $3.69 \times 10^9 m^3$。如果居民生活用水满足 $31 m^3/$(人·年) 的国家标准 (中华人民共和国建设部，2002)，则 2300 万居民生活总用水量需求将达到 $7.13 \times 10^8 m^3$。北京市的生态环境用水量自 2001 年以来逐年上升，2012 年已经达到 $5.70 \times 10^8 m^3$ (北京市水务局，2013)，由于目前对北京市生态环境用水需求量的研究较少，本研究假定 2020 年生态环境用水需求保持 2012 年的水平，则 2020 年北京市总用水量需求达到 $4.97 \times 10^9 m^3$。而北京市自 2001 年以来每年供水总量均不超过 $3.60 \times 10^9 m^3$ (北京市水务局，2013)，即使南水北调中线工程按照设计每年多供给北京约 $1.00 \times 10^9 m^3$ 水量 (杨学聪，2014；张雪，2014)，供水量与用水量之间仍将存在 $3.70 \times 10^8 m^3$ 左右的用水缺口，需要通过增加再生水利用量、淡化海水及调入虚拟水等途径弥补。

在最大潜力经济增长情景下，2020 年北京市产业总水足迹将达到 $4.05 \times 10^9 m^3$，比基准情景下多大约 $3.69 \times 10^8 m^3$。在此情景下，假设 2020 年居民生活用水和生态环境用水与基准情景相同，则总用水量为 $5.33 \times 10^9 m^3$，供水量与用水量之间将存在 $7.39 \times 10^8 m^3$ 左右的用水缺口。

在用水效率进步情景下，2020 年北京市产业总水足迹将降至 $2.58 \times 10^9 m^3$，比基准情景下少 $1.11 \times 10^9 m^3$，比 2010 年下降 $9.66 \times 10^7 m^3$。在此情景下，总用水量为 $3.86 \times 10^9 m^3$，供水量将比用水量多出 $7.37 \times 10^8 m^3$ 左右的富余量。供水量的富余并不意味着浪费，而是可以在用水规划中具有更多的选择余地，例如用于增加环境与生态用水的补给，或供给其他周边缺水地区。

产业结构调整情景下，2020 年北京市产业总水足迹将达到 $2.84 \times 10^9 m^3$，比基准情景下少 $8.49 \times 10^8 m^3$，总水足迹比 2010 年上升 $1.60 \times 10^8 m^3$。此情景下的总用水量将为 $4.12 \times 10^9 m^3$，供水量将比用水量多出 $4.14 \times 10^8 m^3$ 左右的富余量。可以看出，农业、食品、饮料及烟草业、电力、热力及水的生产和供应业、批发零售贸易、住宿和餐饮业这四个 2010 年水足迹强度较高的产业部门，经过产业结构调整后，其水足迹与基准情景、最大潜力经济增长情景和产业结构调整情景中的水足迹相比都有明显下降。

在产业节水综合调整情景下，2020 年北京市产业总水足迹将下降为 $1.99 \times 10^9 m^3$，比基准情景下少 $1.70 \times 10^9 m^3$，比 2010 年下降 $6.91 \times 10^8 m^3$。在此情景下，北京市 2020 年总用水量将为 $3.27 \times 10^9 m^3$，供水量将比用水量多出 $1.33 \times 10^9 m^3$ 左右的富余量。可见，要实现未来用水与供水相协调的目标，提高用水效率和进行节水导向的产业结构与消费结构调整都是可行的；而结合国情考虑，将提高用水效率和产业结构调整结合，比只依赖一种手段更加容易实现，且节水效果更显著。

表 8-10 基准情景北京市 2020 年产业用水结构矩阵/(×10⁴ m³)

部门名称	农业	采矿业	食品、饮料及烟草业	纺织、服装及皮革制品业	其他制造业	电力、热力及水的生产和供应业	炼焦、燃气及石油工业	化学工业	非金属矿物制品业	金属产品制造业	机械设备制造业	建筑业	运输邮政仓储、信息计算机服务业	批发零售贸易、住宿和餐饮业	房地产业、租赁及商务服务业	金融业	其他服务业	合计 (k⁴)
农业	66273.38	0.29	13.14	0.19	0.88	133.75	2.70	18.83	4.26	12.31	4.15	1.06	39.61	72.52	8.13	3.87	56.41	66645.50
采矿业	395.45	99.15	12.22	3.02	7.99	1135.77	35.64	32.81	22.16	60.67	30.77	4.45	418.08	291.12	73.30	29.33	97.03	2748.97
食品、饮料及烟草业	26721.35	0.69	5172.52	1.79	14.20	408.76	5.31	75.93	74.95	73.97	17.61	4.38	232.84	517.65	104.99	34.78	107.92	33569.64
纺织、服装及皮革制品业	629.02	0.09	6.19	535.95	3.33	74.15	0.92	16.95	3.35	6.13	3.38	0.99	52.39	156.52	19.15	7.68	16.98	1533.17
其他制造业	375.07	0.38	6.66	6.65	394.47	189.78	2.20	48.18	13.75	104.83	5.17	1.38	71.29	167.62	19.13	8.88	22.32	1437.74
电力、热力及水的生产和供应业	62.80	0.74	1.95	0.55	1.18	2523.81	8.63	7.37	4.65	12.13	6.25	1.06	46.93	46.87	9.53	21.41	35.90	2791.76
炼焦、燃气及石油工业	197.26	4.98	6.97	3.15	3.18	247.16	446.90	15.74	15.88	24.58	16.06	3.45	320.06	168.76	41.94	28.78	61.75	1606.60
化学工业	4036.97	1.40	22.76	2.91	8.24	780.80	17.85	2619.89	30.63	66.58	17.96	4.28	250.23	318.29	72.03	29.19	85.55	8365.56
非金属矿物制品业	86.00	1.06	2.77	0.39	2.70	101.33	2.03	15.42	1693.02	17.98	3.75	0.56	61.46	65.38	8.19	4.75	12.27	2079.05
金属产品制造业	86.97	1.76	3.33	0.41	3.41	96.52	1.56	10.86	9.16	2407.73	5.20	0.70	59.39	85.10	11.01	12.21	15.83	2811.14
机械设备制造业	3864.26	2.90	157.24	15.43	42.45	1734.84	22.19	458.49	363.50	1356.43	3944.32	26.00	1146.37	4122.62	464.56	191.56	544.98	18458.14
建筑业	5011.60	11.17	93.92	14.95	89.47	2074.09	54.89	296.96	3448.30	2943.25	233.41	5713.12	1168.63	2387.48	354.09	160.20	810.01	24865.56

续表

部门名称	农业	采矿业	食品、饮料及烟草业	纺织、服装及皮革制品业	其他制造业	电力、热力及水的生产和供应业	炼焦、燃气及石油工业	化学工业	非金属矿物制品业	金属产品制造业	机械设备制造业	建筑业	运输邮政、仓储、信息和计算机服务业	批发零售贸易、住宿和餐饮业	房地产业、租赁及商务服务业	金融业	其他服务业	合计 (K^d)
运输邮政、仓储、信息和计算机服务业	2574.10	2.77	106.68	12.55	30.42	2075.21	113.87	165.25	133.62	343.90	584.75	42.24	21069.20	2240.01	474.94	259.39	942.52	31171.45
批发零售贸易、住宿和餐饮业	11225.09	1.37	589.30	11.93	34.26	1874.28	24.66	151.19	83.55	135.32	98.89	60.85	1196.50	15932.33	1014.27	400.75	790.97	33625.51
房地产业、租赁及商务服务业	12593.61	2.57	165.42	15.13	102.12	3309.18	58.27	291.99	156.97	429.48	323.73	108.52	2004.95	2970.69	10398.53	934.07	1714.24	35579.46
金融业	2799.24	1.31	81.40	22.44	92.94	1864.07	37.36	123.92	74.02	163.61	113.82	67.38	1405.74	1467.64	1387.42	9783.33	716.68	20202.32
其他服务业	20046.50	6.33	296.58	34.57	212.76	6734.31	102.95	1584.78	937.93	1421.28	798.06	495.37	4235.61	5983.69	1591.71	496.69	36158.58	81137.71
合计 (W)	156978.68	138.95	6739.05	682.02	1044.00	25357.82	937.94	5934.56	7069.71	9580.17	6207.27	6535.80	33779.28	36994.30	16052.92	12406.88	42189.93	368629.26

表 8-11　最大潜力经济增长情景北京市 2020 年产业用水结构矩阵/(×10⁴ m³)

部门名称	农业	采矿业	食品、饮料及烟草业	纺织、服装及皮革制品业	其他制造业	电力、热力及水的生产和供应业	炼焦、燃气及石油工业	化学工业	非金属矿物制品业	金属产品制造业	机械设备制造业	建筑业	运输邮政、仓储、信息和计算机服务业	批发零售贸易、住宿和餐饮业	房地产业、租赁及商务服务业	金融业	其他服务业	合计 (K^d)
农业	66622.32	439.98	30375.35	712.00	428.87	71.32	220.64	4647.06	97.12	97.15	4437.05	5754.69	2991.57	13330.51	15046.35	3305.92	23704.32	172282.22
采矿业	0.29	108.12	0.76	0.10	0.41	0.83	5.50	1.55	1.17	1.93	3.20	12.41	3.12	1.56	2.92	1.49	7.14	152.50

续表

部门名称	农业	采矿业	食品、饮料及烟草业	纺织、服装及皮革制品业	其他制造业	电力、热力及水的生产和供应业	炼焦、燃气及石油工业	化学工业	非金属矿物制品业	金属产品制造业	机械设备制造业	建筑业	运输邮政仓储、信息和计算机服务业	批发零售贸易、住宿和餐饮业	房地产业、租赁及商务服务业	金融业	其他服务业	合计（k^4）
食品、饮料及烟草业	12.79	12.91	5652.69	6.61	7.19	2.12	7.43	24.62	2.97	3.54	171.58	101.86	118.38	663.34	185.87	91.58	330.55	7396.02
纺织、服装及皮革制品业	0.18	3.26	1.94	584.27	7.33	0.61	3.44	3.20	0.43	0.44	17.08	16.49	14.15	13.58	17.16	25.84	39.11	748.51
其他制造业	0.83	8.40	15.05	3.52	430.61	1.27	3.35	8.83	2.89	3.60	45.73	96.57	33.19	37.75	113.83	104.49	235.84	1145.77
电力、热力及水的生产和供应业	129.20	1200.31	433.96	78.29	203.51	2780.88	262.62	840.09	108.03	101.91	1870.37	2229.69	2284.48	2082.11	3688.37	2084.08	7452.02	27829.90
炼焦、燃气及石油工业	2.63	37.91	5.65	0.97	2.36	9.50	488.37	19.31	2.17	1.66	23.91	59.46	126.86	27.37	65.19	41.98	114.10	1029.38
化学工业	18.23	34.49	80.95	18.00	51.97	7.97	16.65	2864.18	16.51	11.49	497.82	320.03	180.65	167.14	323.97	137.34	1765.72	6513.11
非金属矿物制品业	4.08	23.39	80.42	3.54	14.89	5.05	16.95	33.13	1852.81	9.77	397.63	3783.27	146.93	91.44	172.59	81.16	1041.87	7758.92
金属产品制造业	11.93	64.37	79.16	6.47	114.00	13.27	26.19	72.15	19.37	2622.08	1487.00	3224.95	380.63	148.60	479.89	181.64	1582.41	10514.12
机械设备制造业	3.94	32.23	18.48	3.53	5.49	6.76	16.93	19.10	3.96	5.45	4317.98	251.27	647.90	108.62	360.63	126.11	884.02	6812.40
建筑业	0.96	4.51	4.46	1.02	1.43	1.10	3.53	4.42	0.57	0.71	27.09	6282.54	44.97	65.89	117.76	73.58	538.42	7172.96
运输邮政仓储、信息和计算机服务业	37.41	433.94	242.68	54.47	75.08	50.00	335.71	264.18	64.48	61.69	1217.11	1235.17	23330.85	1308.04	2197.49	1549.73	4614.31	37072.36

续表

部门名称	农业	采矿业	食品、饮料及烟草业	纺织、服装及皮革制品业	其他制造业	电力、热力及水的生产和供应业	炼焦、燃气及石油工业	化学工业	非金属矿物制品业	金属产品制造业	机械设备制造业	建筑业	运输邮政仓储、信息和计算机服务业	批发零售贸易、住宿和餐饮业	房地产业、租赁商务服务业	金融业	其他服务业	合计(K^d)
批发零售贸易、住宿和餐饮业	69.35	303.78	545.84	164.73	178.66	50.27	177.64	339.19	69.16	89.25	4436.72	2555.23	2451.68	17675.68	3289.75	1627.69	6576.19	40600.80
房地产业、租赁商务服务业	7.52	74.84	108.12	19.67	19.88	9.86	43.12	75.02	8.44	11.22	487.94	369.50	507.78	1101.02	11540.78	1519.55	1713.62	17617.89
金融业	3.46	28.76	34.42	7.60	8.88	21.90	28.64	29.23	4.73	12.08	193.65	161.00	267.92	418.81	982.12	10900.11	513.08	13616.40
其他服务业	51.68	96.32	108.57	16.94	22.54	36.96	61.89	86.68	12.31	15.74	556.32	826.36	984.77	833.06	1815.62	758.56	4018.63	46302.94
合计(W)	66976.81	2907.52	37788.51	1681.72	1573.10	3069.68	1718.60	9331.96	2267.11	3049.71	20188.17	27280.50	34515.83	38074.50	40400.28	2610.85	91131.34	404566.19

表 8-12　水效率进步情景北京市 2020 年产业用水结构矩阵/($\times 10^4 \, m^3$)

部门名称	农业	采矿业	食品、饮料及烟草业	纺织、服装及皮革制品业	其他制造业	电力、热力及水的生产和供应业	炼焦、燃气及石油工业	化学工业	非金属矿物制品业	金属产品制造业	机械设备制造业	建筑业	运输邮政仓储、信息和计算机服务业	批发零售贸易、住宿和餐饮业	房地产业、租赁商务服务业	金融业	其他服务业	合计(K^d)
农业	46391.38	276.81	18704.95	440.31	262.55	43.96	138.08	2825.88	60.20	60.88	2704.98	3508.12	1801.87	7857.56	8815.53	1959.47	14032.55	109885.10
采矿业	0.20	69.41	0.48	0.06	0.26	0.52	3.49	0.98	0.74	1.23	2.03	7.82	1.94	0.96	1.80	0.92	4.43	97.27
食品、饮料及烟草业	9.20	8.55	3620.76	4.33	4.66	1.37	4.88	15.93	1.94	2.33	110.07	65.75	74.68	412.51	115.80	56.98	207.61	4717.33
纺织、服装及皮革制品业	0.13	2.12	1.25	375.16	4.65	0.38	2.20	2.04	0.27	0.28	10.80	10.47	8.79	8.35	10.59	15.71	24.20	477.41
其他制造业	0.62	5.60	9.94	2.33	276.13	0.83	2.22	5.77	1.89	2.39	29.72	62.63	21.30	23.98	71.48	65.06	148.93	730.79

续表

部门名称	农业	采矿业	食品、饮料及烟草业	纺织、服装及皮革制品业	其他制造业	电力、热力及水的生产和供应业	炼焦、燃气及石油加工工业	化学工业	非金属矿物制品业	金属产品制造业	机械设备制造业	建筑业	运输邮政仓储、信息和计算机服务业	批发零售贸易、住宿和餐饮业	房地产业、租赁及商务服务业	金融业	其他服务业	合计(k^d)
电力、热力及水的生产和供应业	93.63	795.04	286.13	51.91	132.85	1766.67	173.01	546.56	70.93	67.57	1214.39	1451.86	1452.65	1312.00	2316.43	1304.85	4714.02	17750.50
炼焦、燃气及石油加工工业	1.89	24.95	3.71	0.64	1.54	6.04	312.83	12.50	1.42	1.09	15.54	38.42	79.71	17.26	40.79	26.15	72.07	656.56
化学工业	13.18	22.97	53.15	11.87	33.73	5.16	11.02	1833.92	10.79	7.60	320.95	207.87	115.68	105.83	204.39	86.75	1109.34	4154.19
非金属矿物制品业	2.98	15.51	52.47	2.35	9.63	3.26	11.12	21.44	1185.11	6.41	254.45	2413.81	93.53	58.48	109.88	51.82	656.55	4948.79
金属产品制造业	8.62	42.47	51.78	4.29	73.38	8.49	17.20	46.61	12.58	1685.41	949.50	2060.27	240.73	94.72	300.63	114.53	994.89	6706.11
机械设备制造业	2.90	21.54	12.33	2.36	3.62	4.37	11.24	12.57	2.62	3.64	2761.02	163.39	409.33	69.23	226.61	79.68	558.64	4345.09
建筑业	0.74	3.12	3.07	0.70	0.96	0.74	2.41	2.99	0.39	0.49	18.20	3999.20	29.57	42.60	75.97	47.16	346.76	4575.07
运输邮政仓储、信息和计算机服务业	27.73	292.66	162.99	36.67	49.90	32.85	224.04	175.16	43.02	41.57	802.46	818.04	14748.46	837.55	1403.46	984.02	2964.93	23645.53
批发零售贸易、住宿和餐饮业	50.77	203.79	362.36	109.57	117.33	32.81	118.13	222.80	45.76	59.57	2885.83	1671.24	1568.00	11152.61	2079.48	1027.34	4188.58	25895.97
房地产业、租赁及商务服务业	5.69	51.31	73.49	13.40	13.39	6.67	29.36	50.42	5.73	7.71	325.19	247.86	332.46	709.99	7278.93	971.19	1114.19	11236.99
金融业	2.71	20.53	24.34	5.38	6.21	14.99	20.15	20.43	3.33	8.55	134.09	112.14	181.57	280.53	653.85	6848.32	347.68	8684.81
其他服务业	39.49	67.92	75.54	11.89	15.62	25.13	43.23	59.89	8.59	11.08	381.49	567.00	659.76	553.68	1199.96	501.67	25310.91	29532.84
合计(W)	46651.86	1924.28	23498.75	1073.22	1006.42	1954.23	1124.62	5855.89	1455.34	1967.80	12920.69	17405.89	21820.03	23537.83	24905.58	14141.61	56796.30	258040.34

表 8-13　产业结构调整情景北京市 2020 年产业用水结构矩阵/($\times 10^4$ m³)

部门名称	农业	采矿业	食品、饮料及烟草业	纺织、服装及皮革制品业	其他制造业	电力、热力的生产和供应业	炼焦、燃气及石油工业	化学工业	非金属矿物制品业	金属产品制造业	机械设备制造业	建筑业	运输邮政储、信息和计算机服务业	批发零售贸易、住宿和餐饮业	房地产业、租赁及商务服务业	金融业	其他服务业	合计(K^d)
农业	4343.65	146.44	1118.71	317.14	169.04	36.26	79.48	2223.21	30.86	27.54	2106.26	1925.70	1510.55	4868.66	7211.98	1574.33	12300.54	89077.32
采矿业	0.15	74.07	0.31	0.05	0.24	0.58	3.17	0.92	0.72	1.09	2.49	5.86	1.93	0.76	1.48	0.71	4.00	98.52
食品、饮料及烟草业	0.08	0.06	2517.31	0.04	0.04	0.01	0.04	0.16	0.02	0.02	1.38	0.44	0.91	4.80	1.24	0.60	2.34	2529.48
纺织、服装及皮革制品业	0.08	1.26	0.68	397.47	3.56	0.33	1.44	1.54	0.18	0.17	11.88	6.03	8.77	6.88	9.25	12.30	21.77	483.57
其他制造业	0.45	3.87	6.24	1.90	307.35	0.89	1.74	4.96	1.43	1.64	36.87	41.22	25.88	23.51	69.94	57.63	154.70	740.22
电力、热力的生产和供应业	32.98	292.49	91.83	22.02	57.42	1723.36	67.16	249.65	28.31	24.16	779.96	500.98	897.35	645.06	1194.09	646.04	2599.21	9852.08
炼焦、燃气及石油工业	1.13	16.10	2.02	0.48	1.07	5.42	352.44	9.87	0.99	0.67	17.41	23.76	88.77	15.31	37.08	22.88	69.62	665.03
化学工业	8.29	14.47	30.06	8.94	25.81	4.84	7.80	2057.05	7.54	4.78	371.36	126.56	120.93	92.94	190.63	79.66	1056.12	4207.78
非金属矿物制品业	2.57	12.59	40.18	2.25	9.56	3.87	9.91	22.05	1376.58	5.34	389.24	1983.02	120.77	61.67	127.74	57.92	787.38	5012.64
金属产品制造业	6.48	31.13	35.54	3.66	69.55	8.88	13.78	43.74	10.61	1807.62	1354.56	1558.24	259.56	95.36	303.22	114.50	1076.20	6792.63
机械设备制造业	1.39	10.04	5.37	1.36	1.99	2.78	6.05	7.40	1.39	1.68	3393.77	69.33	289.83	46.45	140.25	52.73	369.35	4401.14
建筑业	0.86	3.11	2.73	0.74	1.03	1.17	2.60	3.62	0.42	0.49	30.38	3874.77	49.65	52.70	99.20	56.76	453.86	4634.08
运输邮政储、信息和计算机服务业	35.94	384.30	195.15	57.31	76.83	60.55	314.83	285.95	62.85	54.85	1892.22	1024.12	23770.60	1499.50	2643.60	1739.32	5972.46	40070.39

续表

部门名称	农业	采矿业	食品、饮料及烟草业	纺织、服装皮革制品业	其他制造业	电力、热力及水的生产和供应业	炼焦、燃气及石油工业	化学工业	非金属矿物制品业	金属产品制造业	机械设备制造业	建筑业	运输邮政仓储信息和计算机服务业	批发零售贸易、住宿和餐饮业	房地产业、租赁及商务服务业	金融业	其他服务业	合计(k^d)
批发零售贸易、住宿和餐饮业	38.15	156.86	254.05	101.59	108.38	36.06	100.03	213.82	39.07	46.00	4077.01	1224.21	1926.99	14926.35	2218.81	1076.48	4796.00	31339.87
房地产业、租赁及商务服务业	7.97	74.04	94.43	21.32	20.87	15.54	47.09	89.58	8.65	11.01	779.77	332.67	799.28	1338.62	11206.24	1782.69	2412.86	19042.64
金融业	4.24	33.95	39.68	10.98	11.89	38.19	40.07	43.48	6.25	15.58	410.63	185.38	552.90	689.10	1634.06	10045.73	955.45	14717.56
其他服务业	64.89	116.24	112.28	23.40	30.08	60.87	83.83	125.84	16.20	19.13	1157.87	946.27	1920.95	1283.13	2845.71	1184.29	40056.45	50047.43
合计(W)	43636.30	1371.02	14546.57	970.64	894.71	1999.59	1131.46	5382.85	1592.07	2021.75	16813.06	13828.56	32345.62	25650.81	29934.53	18504.55	73088.29	283712.39

表 8-14　产业节水综合调整情景北京市 2020 年产业用水结构矩阵/（×10⁴ m³）

表 8-14　产业节水综合调整情景北京市 2020 年产业用水结构矩阵/($\times 10^4$ m³)

部门名称	农业	采矿业	食品、饮料及烟草业	纺织、服装皮革制品业	其他制造业	电力、热力及水的生产和供应业	炼焦、燃气及石油工业	化学工业	非金属矿物制品业	金属产品制造业	机械设备制造业	建筑业	运输邮政仓储信息和计算机服务业	批发零售贸易、住宿和餐饮业	房地产业、租赁及商务服务业	金融业	其他服务业	合计(k^d)
农业	30401.46	102.50	7783.09	222.00	118.33	25.38	55.64	1556.25	21.60	19.28	1474.38	1347.99	1057.38	3408.06	5048.38	1102.03	8610.38	62354.12
采矿业	0.11	51.85	0.22	0.04	0.17	0.41	2.22	0.65	0.50	0.76	1.75	4.10	1.35	0.53	1.04	0.49	2.80	68.96
食品、饮料及烟草业	0.06	0.04	1762.12	0.03	0.03	0.01	0.03	0.11	0.01	0.01	0.97	0.31	0.64	3.36	0.87	0.42	1.64	1770.64
纺织、服装皮革制品业	0.05	0.88	0.47	278.23	2.49	0.23	1.01	1.08	0.13	0.12	8.32	4.22	6.14	4.82	6.47	8.61	15.24	338.50
其他制造业	0.32	2.71	4.37	1.33	215.14	0.62	1.22	3.47	1.00	1.15	25.81	28.86	18.12	16.46	48.96	40.34	108.29	518.16
电力、热力及水的生产和供应业	23.08	204.74	64.28	15.42	40.19	1206.35	47.01	174.76	19.82	16.91	545.97	350.69	628.15	451.54	835.87	452.23	1819.45	6896.46

续表

部门名称	农业	采矿业	食品、饮料及烟草业	纺织、服装及皮革制品业	其他制造业	电力、热力及水的生产和供应业	炼焦、燃气及石油工业	化学工业	非金属矿物制品业	金属产品制造业	机械设备制造业	建筑业	运输邮政仓储、信息和计算机服务业	批发零售贸易、住宿和餐饮业	房地产业、租赁及商务服务业	金融业	其他服务业	合计(k^d)
炼焦、燃气及石油工业	0.79	11.27	1.41	0.34	0.75	3.80	246.71	6.91	0.69	0.47	12.19	16.63	62.14	10.72	25.96	16.02	48.73	465.52
化学工业	5.80	10.13	21.04	6.26	18.07	3.39	5.46	1439.93	5.28	3.35	259.95	88.59	84.65	65.06	133.44	55.76	739.28	2945.45
非金属矿物制品业	1.80	8.81	28.12	1.57	6.69	2.71	6.94	15.44	963.60	3.74	272.47	1388.12	84.54	43.17	89.42	40.54	551.17	3508.84
金属产品制造业	4.53	21.79	24.88	2.56	48.69	6.22	9.64	30.62	7.42	1265.33	948.19	1090.77	181.69	66.76	212.25	80.15	753.34	4754.84
机械设备制造业	0.97	7.03	3.76	0.95	1.39	1.95	4.23	5.18	0.97	1.17	2375.64	48.53	202.88	32.51	98.17	36.91	258.54	3080.80
建筑业	0.60	2.18	1.91	0.52	0.72	0.82	1.82	2.54	0.29	0.34	21.26	2712.35	34.76	36.89	69.44	39.73	317.70	3243.86
运输邮政仓储、信息和计算机服务业	25.16	269.01	136.61	40.12	53.78	42.38	220.38	200.16	44.00	38.40	1324.56	716.88	16639.45	1049.65	1850.53	1217.52	4180.73	28049.32
批发零售贸易、住宿和餐饮业	26.70	109.80	177.83	71.11	75.87	25.24	70.02	149.68	27.35	32.20	2853.91	856.95	1348.89	10448.43	1553.17	753.53	3357.19	21937.87
房地产业、租赁及商务服务业	5.58	51.83	66.10	14.93	14.61	10.88	32.96	62.71	6.06	7.70	545.83	232.87	559.49	937.03	7844.33	1247.88	1688.99	13329.78
金融业	2.97	23.77	27.77	7.69	8.32	26.73	28.05	30.43	4.37	10.90	287.44	129.77	387.03	482.37	1143.84	7032.00	668.81	10302.28
其他服务业	45.42	81.37	78.60	16.38	21.06	42.61	58.68	88.09	11.34	13.39	810.50	662.38	1344.66	898.18	1991.99	829.00	28039.40	35033.07
合计(W)	30545.41	959.72	10182.60	679.45	626.29	1399.71	792.02	3767.99	1114.45	1415.23	11769.13	9679.99	22641.95	17955.54	20954.12	12953.17	51161.69	198598.47

8.3.2　不同情景下各驱动因素对未来产业用水结构的影响

用第 6 章建立的基于水足迹的产业用水结构变化驱动机制分析模型，计算不同情景下各驱动因素对 2010～2020 年产业水足迹变化的贡献，结果如图 8-6 所示。

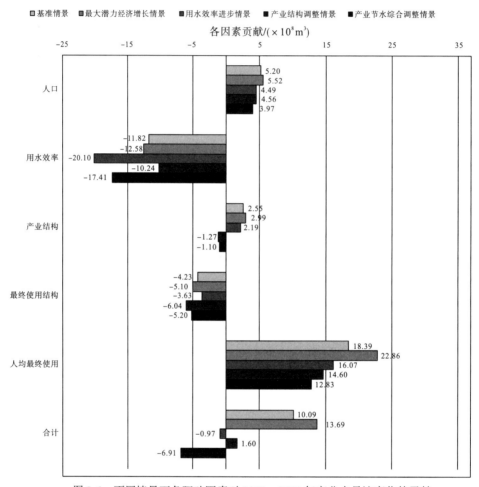

图 8-6　不同情景下各驱动因素对 2010～2020 年产业水足迹变化的贡献

在基准情景下，人口增长(Δp)造成的产业水足迹增长量$(5.20\times10^8\text{m}^3)$相当于 2010 年产业水足迹的 19.4%；用水效率的进步(Δt)造成的水足迹减少量$(1.18\times10^9\text{m}^3)$相当于 2010 年产业水足迹的 44.2%；产业结构的变化(ΔB)使水足迹增加了 $2.55\times10^8\text{m}^3$，相当于 2010 年产业水足迹的 9.5%。由此可见，现有的产业结构的变化趋势是促使产业水足迹增长的。最终使用结构的变动(Δq)使水足迹减少了 $4.23\times10^8\text{m}^3$，相当于 2010 年产业水足迹的 15.8%；人均最终使用的增长(Δy)造成的水足迹增长量$(1.84\times10^9\text{m}^3)$相当于 2010 年产业水足迹的 68.7%。在以上因素的综合作用下，最终产业部门的总水足迹比 2010 年上升了 37.7%。在基准情景中，农业成为唯一一个 2020 年水足迹比 2010 年减少的部门，其水足迹比 2010 年减少了 $1.13\times10^8\text{m}^3$，相当于水足迹总体增长量的-11.2%。而其他服务业（增长

$3.18×10^8 m^3$)、食品、饮料及烟草业(增长 $1.56×10^8 m^3$)、房地产业和租赁及商务服务业(增长 $1.51×10^8 m^3$)是水足迹增长量较大的部门,其水足迹增量分别占产业总水足迹增长量的 30.8%、15.4%和15.0%。

在最大潜力经济增长情景下,人口增长(Δp)造成的产业水足迹增长量($5.51×10^8 m^3$)相当于 2010 年产业水足迹的 20.6%;用水效率的进步(Δt)造成的水足迹减少量($1.26×10^9 m^3$)相当于 2010 年产业水足迹的 47.0%;产业结构的变化(ΔB)使水足迹增加了 $2.99×10^8 m^3$,相当于 2010 年产业水足迹的 11.2%。最终使用结构的变动(Δq)使水足迹减少了 $5.10×10^8 m^3$,相当于 2010 年产业水足迹的 19.0%;由于经济增长对第三产业的推动大于第一、第二产业,而第三产业部门的水足迹与第一、第二产业比相对较小,所以此情景下最终使用结构变动造成的节水效应高于基准情景。人均最终使用增长(Δy)造成的水足迹增长量($2.29×10^9 m^3$)相当于 2010 年产业水足迹的 85.4%,可以看出人均最终使用对水足迹有巨大拉动作用。在以上因素的综合作用下,产业部门的总水足迹比 2010 年上升了 51.1%。与基准情景类似,在最大潜力经济增长情景中,农业是唯一的 2020 年水足迹比 2010 年少的部门,其水足迹比 2010 年减少了 $1.10×10^8 m^3$,相当于水足迹总体增长量的-8.0%。而其他服务业(增长 $4.10×10^8 m^3$)、房地产业、租赁及商务服务业(增长 $1.99×10^8 m^3$)和食品、饮料及烟草业(增长 $1.09×10^8 m^3$)是水足迹增长量较大的部门,其水足迹增量分别占产业总水足迹增长量的 30.0%、14.6%及14.4%。

在用水效率进步情景下,人口增长(Δp)造成的产业水足迹增长量($4.49×10^8 m^3$)相当于 2010 年产业水足迹的 16.8%;用水效率的进步(Δt)造成的水足迹减少量($2.01×10^9 m^3$)相当于 2010 年产业水足迹的 75.1%,比基准情景中再减少了 $8.28×10^8 m^3$。产业结构的变化(ΔB)使水足迹增加了 $2.19×10^8 m^3$,相当于 2010 年产业水足迹的 8.2%。最终使用结构的变动(Δq)使水足迹减少了 $3.63×10^8 m^3$,相当于 2010 年产业水足迹的 13.6%。人均最终使用的增长(Δy)造成的水足迹增长量($1.61×10^9 m^3$)相当于 2010 年产业水足迹的 60.0%。在以上因素的综合作用下,产业部门的总水足迹比 2010 年下降了 3.6%。在用水效率进步情景中,多个产业部门 2020 年的水足迹与 2010 年比有所下降,其中农业(下降 $3.13×10^8 m^3$)、采矿业(下降 $4.58×10^6 m^3$)及机械设备制造业(下降 $3.45×10^6 m^3$)是水足迹下降量较大的部门,其水足迹下降量分别相当于所有产业总水足迹下降量的 324.3%、4.7%及3.6%。而其他服务业(增长 $6.70×10^7 m^3$)、食品、饮料及烟草业(增长 $5.49×10^7 m^3$)和房地产业、租赁及商务服务业(增长 $4.43×10^7 m^3$)是水足迹增长量较大的部门,其水足迹增量分别相当于产业总水足迹下降量的 69.3%、56.8%和45.9%。

在产业结构调整情景下,人口增长(Δp)造成的产业水足迹增长量($4.60×10^8 m^3$)相当于 2010 年产业水足迹的 17.0%;用水效率的进步(Δt)造成的水足迹减少量($1.02×10^9 m^3$)相当于 2010 年产业水足迹的 38.3%;产业结构的变化(ΔB)使水足迹减少了 $1.27×10^8 m^3$,相当于 2010 年产业水足迹的 4.8%。虽然产业结构的变化减少的水足迹与用水效率的进步相比很小,但与基准情景、最大潜力经济增长情景和用水效率进步情景相比,上述三个情景中产业结构的变化趋势是促使产业水足迹增长的,而产业结构调整情景证明了通过适当的产业结构调整,可以使产业结构朝着节水方向发展。产业结构调整情景下,最终使用结构的变动(Δq)使水足迹减少了 $6.04×10^8 m^3$,相当于 2010 年产业水足迹的 23.6%;由于最终使用结构受到产业结构的影响，因此该情景下的最终使用结构造成的节水效应也超过上述三个其他情景。人均最终使用的增长 (Δy) 造成的水足迹增长量 ($1.45\times10^9\text{m}^3$) 相当于 2010 年产业水足迹的 54.5%。在以上因素的综合作用下，产业部门的总水足迹与 2010 年比仅上升了 6.0%。在产业结构调整情景中，农业 (下降 $3.43\times10^8\text{m}^3$)、建筑业 (下降 $3.71\times10^7\text{m}^3$) 和食品、饮料及烟草业 (下降 $3.47\times10^7\text{m}^3$) 是水足迹下降量较大的部门，其水足迹下降量分别相当于产业总水足迹增加量的 214.6%、23.2% 及 21.6%。而其他服务业 (增长 $2.30\times10^8\text{m}^3$)、运输邮政仓储、信息和计算机服务业 (增长 $1.11\times10^8\text{m}^3$) 和房地产业、租赁及商务服务业 (增长 $9.46\times10^7\text{m}^3$) 是水足迹增长量较大的部门，其水足迹增量分别相当于产业总水足迹增量的 143.6%、69.6% 及 59.1%。

在产业节水综合调整情景下，人口增长 (Δp) 造成的产业水足迹增长量 ($3.97\times10^8\text{m}^3$) 相当于 2010 年产业水足迹的 14.8%；虽然以上各情景的人口增幅是一致的，但人口和人均最终使用两个因素是联合作用的，因此各情景中人口增长对产业水足迹的贡献大小有所差别。用水效率的进步 (Δt) 造成的水足迹减少量 ($1.74\times10^9\text{m}^3$) 相当于 2010 年产业水足迹的 65.1%；产业结构的变化 (ΔB) 使水足迹减少了 $1.10\times10^8\text{m}^3$，相当于 2010 年产业水足迹的 4.1%。最终使用结构的变动 (Δq) 使水足迹减少了 $5.20\times10^8\text{m}^3$，相当于 2010 年产业水足迹的 19.4%。人均最终使用的增长 (Δy) 造成的水足迹增长量为 $1.28\times10^9\text{m}^3$，相当于 2010 年产业水足迹的 47.9%。在以上因素的综合作用下，最终产业部门的总水足迹比 2010 年下降了 25.8%。产业节水综合调整情景中，农业 (下降 $4.74\times10^8\text{m}^3$)、建筑业 (下降 $7.86\times10^7\text{m}^3$) 和食品、饮料及烟草业 (下降 $7.82\times10^7\text{m}^3$) 是水足迹下降量较大的部门，其水足迹下降量分别相当于产业总水足迹下降量的 68.7%、11.4% 和 11.3%。而运输邮政仓储、信息和计算机服务业 (增长 $1.43\times10^7\text{m}^3$)、其他服务业 (增长 $1.06\times10^7\text{m}^3$) 及房地产业、租赁及商务服务业 (增长 $4.79\times10^6\text{m}^3$) 是水足迹增长量较大的部门，其水足迹增量分别相当于产业总水足迹下降量的 2.1%、1.5% 和 0.7%。

表 8-15 显示了各情景下用于居民消费、政府消费、资本形成、出口、进口的产品和服务的水足迹。可以看出未来北京作为消费型的大城市，其水足迹仍以净进口为主。与 2010 年的进口调入水足迹 ($3.38\times10^9\text{m}^3$) 相比，基准情景 ($5.57\times10^9\text{m}^3$)、最大潜力经济增长情景 ($6.27\times10^9\text{m}^3$) 和产业结构调整情景 ($5.07\times10^9\text{m}^3$) 都会明显加大对外地水资源的依赖。这是由于表 8-15 中的进口调入水足迹也是基于 "各部门进口调入产品的生产条件与研究区本地产品生产条件相同" 这一假定计算的，与第 5 章的表 5-2 和表 5-3 类似。因此用水效率进步情景和产业节水综合调整情景，这两个用水效率进步相对更多的情景进口的 "等效本地水足迹" 明显少于其他三个情景。实际上各情景下北京对其他地区的真实虚拟水依赖量的差别要小于表中使用 "等效本地水足迹" 计算的值。

表 8-15 2020 年各情景下不同最终使用类型水足迹 ($\times10^8\text{m}^3$)

情景名称	水足迹				
	居民消费	政府消费	固定资本形成	出口调出	进口调入
基准情景	5.05	4.32	6.90	20.58	55.69
最大潜力经济增长情景	5.54	4.74	7.57	22.59	62.73

情景名称	水足迹				
	居民消费	政府消费	固定资本形成	出口调出	进口调入
用水效率进步情景	3.54	3.02	4.83	14.41	38.98
产业结构调整情景	3.89	3.32	5.31	15.84	50.69
产业节水综合调整情景	2.72	2.33	3.72	11.09	35.49

8.3.3 未来节水路径选择建议

从以上未来情景预测可以看出，要实现未来用水与供水相协调的目标，提高用水效率和进行节水导向的产业结构调整都是可行的；随着节水技术发展趋于极限，未来节水规划应当更多地考虑其他驱动因素(包括人口、产业结构、最终使用结构等)的作用。最终使用结构在产业水足迹的变化中具有重要作用：虽然通过行政命令来规定居民消费、政府消费、资本形成和出口这些最终使用项目达到理想值不但可操作性较低、甚至是不太现实的，但通过行政命令与市场调控、税收与补贴、教学宣传等手段相结合，使最终使用结构趋于更加节水的模式是可行的。

产业结构也是影响产业水足迹的驱动因素。不同情景下预测的北京市未来产业结构，总体上依然是第三产业占主导地位。《北京市节约用水办法》(北京市人民政府，2012)提出了各用水密集型产业部门(如建筑业、电力热力和水的生产和供应业)应当减少用水量的建议；但据 Richter(2014)指出这是不够的，各部门还应当通过提高原材料的使用率，即节省虚拟水的方法，以及选用虚拟水含量较低的替代性原材料来实现全面节水。节省虚拟水的思路，是开拓区域或地区节水的一个很重要的途径。因此本研究设计的产业结构调整情景中，也有意识地降低高水足迹部门在国民经济中的比重，并相应提高低水足迹部门比重；计算结果证明这种节水导向的产业结构调整能够有效抑制用水量的增加。而在其他没有节水导向的产业结构调整的情景中，产业结构的变化方向是增加用水的。这证明产业结构调整对产业用水的重要作用。未来的产业结构调整将节水目的纳入考虑，将是有效的节水手段之一。

流域尺度的未来产业用水结构预测与行政区域的未来产业用水结构预测类似，只需要计算相应的流域尺度数据并结合第4章建立的流域产业用水结构量化模型即可，本章不再赘述。

8.4 本 章 小 结

在产业用水结构及变化驱动机制分析的基础上，为帮助北京选择未来产业节水路径，本章设计了不同情景以预测 2020 年北京的产业用水结构。基准情景的参数依照历史趋势和北京总体规划的预测进行推导。另外加入四个与各驱动因素调整相关的情景：最大潜力经济增长情景、用水效率进步情景、产业结构调整情景和产业节水综合调整情景，以预测各驱动因素的变更对北京未来用水结构的可能的影响。

　　计算结果表明，基准情景下，按照目前的北京市发展趋势，未来产业用水量将会重新上升，出现用水缺口；最大潜力经济增长情景下用水缺口会更大。本研究给出的用水效率进步情景、产业结构调整情景、产业节水综合调整情景都给出了调整用水量，弥补用水缺口的办法；要实现未来用水与供水相协调的目标，提高用水效率和进行以节水为导向的产业结构调整都是可行的；而结合现实情况考虑，将提高用水效率和产业结构调整相结合，比只依赖一方面的手段更加易于实现调控的目的，节水效果也更显著。本研究还计算出在各情景之下，2020 年北京的各种最终使用类型的水足迹数据，并发现进口和出口对北京水足迹仍然有很大影响。

9 基于博弈原理的区域间虚拟水战略研究

本章节以不同区域之间经济发展过程中"是否采纳虚拟水战略"的问题入手,探索虚拟水战略实践过程中的博弈原理。区域可以通过制定符合虚拟水战略的产业发展政策,促进虚拟水的科学调度;如果过度追求区域经济发展而忽视水资源问题,乃至放弃虚拟水战略,或缺乏科学的虚拟水战略指导,则无法实现调节水资源均衡的目标。目前对于这种区域是否采纳虚拟水战略的博弈问题的研究尚不多见。为此,本章引入博弈论中的完全信息博弈模型对此虚拟水战略问题进行分析,涵盖了单期博弈与重复博弈的情景,并根据博弈均衡条件为虚拟水战略和相应的区域发展模式提出相关建议。

9.1 问 题 背 景

区域间产品的贸易与调度造成虚拟水在区域之间的流动,因此可以借助贸易手段,实现"虚拟水"从丰水地区向缺水地区的调引,相当于帮助缺水地区节约了本地水资源,缓解其用水压力;这种间接的水资源调度手段被称为"虚拟水战略",与实体水资源的调度具有类似的效果。通过前文水资源态势分析可知,面对当前全世界范围内水资源分布的禀赋不均、部分区域水资源匮乏的问题,仅靠工程调水、海水脱盐、改进节水技术等"实体水"方面的措施来解决区域缺水的效果是有限的,尚不能完全解决问题,需要实施虚拟水战略配合,才能实现区域间水资源的科学配置。因此,对虚拟水战略展开研究,建立和发展相关的原则和方法,以指导虚拟水的合理调度,对水资源的科学精准配置具有重要意义。

目前已有研究对虚拟水战略的理论与实践进行了探索。例如 Allan(1993)、Zimmer 和 Renault(2003)、Hoekstra 等(2011)对多个国家和地区间的虚拟水调度进行了研究,做出了对国家和区域间虚拟水流动的定量化评价,但对于如何改进虚拟水的流动状况,如何让虚拟水流向缺水地区以落实虚拟水战略等问题,尚未给出具体的指导意见。虚拟水战略的具体实践方面,以色列等中东缺水国家和地区已经采取虚拟水战略,通过进口农产品等生产过程耗水较多、虚拟水含量较高的产品,有效节约其自身的水资源(Yang and Zehndet, 2007)。但在全世界的角度,有研究分析了世界虚拟水调度情势后指出,目前多数国家尚未实行有效的虚拟水战略,水资源丰富的国家大多充分利用其水资源优势出口虚拟水,而有的缺水国家则过度利用自身水资源生产出口产品,违背虚拟水战略思想,加剧其水资源短缺的问题;此外,部分国家的虚拟水贸易虽然客观上实现了虚拟水调度的效果,但主观上并没有虚拟水战略的意识;因此为了进一步切实解决全球水资源问题,应当制定相应的虚拟水战略准则、规则,规范虚拟水调度,而不能完全依赖现有的市场贸易秩序。

虽然近年来国内外的学者已经在核算和评价虚拟水的生产和调度方面取得了若干成果,但是对于虚拟水战略的实践研究,尤其是虚拟水战略与区域的发展及贸易策略之间的关系的研究并不多见。在实践中，多数国家与区域仍然是以经济为导向，而非以虚拟水科学调度为导向进行产品贸易，导致虚拟水战略改善水资源分配的潜力难以有效发挥。与用水相关的产业是一个庞大而复杂的系统，虚拟水战略不仅受到用水技术、生产规模、调度规模等内部条件制约，还受到政府政策、经济效益等外部发展条件的影响。如果缺乏相关理论的指导，虚拟水战略的效果可能会过多地受到经济效益、政策法规等因素的限制，甚至决策者放弃采纳虚拟水战略，导致虚拟水理论拟定的调度策略缺乏现实可操作性，虚拟水的实际流动方向不能流向缺水地区，造成"缺水地区调出虚拟水，丰水地区反而调入虚拟水"的局面，影响其水资源的配置效果，威胁水资源安全。而博弈论作为研究决策行为，以及决策的均衡问题的学科，能够揭示虚拟水调度中的规律与机制，为虚拟水战略的实践提供理论指导与依据(支援等，2017)。因此，用博弈理论完善在"资源-市场-政府"条件下的虚拟水战略，对进一步丰富和完善虚拟水调度的现实手段、落实水资源的优化配置，以及产业的可持续发展规划都具有重要的指导意义。

9.2　问题分析及方法建立

9.2.1　问题分析

在虚拟水战略的实践博弈问题中，博弈的主要参与者为各个区域的发展决策者(包括部分参与虚拟水调度的企业)。如果各区域(包括丰水区域和缺水区域)都在贸易中采用虚拟水战略，就能使虚拟水从丰水地区向缺水地区转移；但是各区域从自身利益出发，采取经济发展与贸易模式的策略并不一定符合虚拟水战略期望的结果(即虚拟水从丰水地区向缺水地区转移)，而这对整个社会总体而言是不利的。

因此，要保证虚拟水战略的落实，需要设法通过某种方式对虚拟水从丰水地区向缺水地区的调度提供正向的激励，弥补某些区域在虚拟水的运输过程(即产品和服务的跨区域输送过程)中可能产生的经济损失，降低发展虚拟水战略的风险。虚拟水战略的激励越大，风险越低，从事虚拟水调度的相关产业进行效率改进、开发跨区域市场的可能性就越大，从而使选择虚拟水战略的区域获得的收益上升；若能使虚拟水战略的发展模式与只考虑经济收益的发展与贸易策略相比，更有期望达到利润最大化，各区域将会自发地选择虚拟水战略的发展与贸易模式，最终促进虚拟水调度的成熟与完善。而各区域的这种行动策略，又会对其他区域未来的策略产生影响，有利于兼顾经济的发展和建立完善水资源调控体系，最终实现整个社会的福利最优与公平。

同时，由于在实施虚拟水战略博弈的过程中，各区域的策略选择对各方都可见，且是互相影响的，各区域在决策过程中对其他区域策略的预期判断，也会影响其策略选择，因此研究此博弈问题时，需要建立一种完全信息的博弈模型来分析各方的策略和收益。

9.2.2　方法建立

虚拟水战略实施过程中的博弈涉及各区域的政府、虚拟水生产及调度企业等参与者，属于一种非合作的博弈。本研究依照部分先例(钟太勇和杜荣, 2015; 陈娜芃等, 2015), 对模型进行一些基本的简化假设, 具体如下:

(1)为便于分析, 在此博弈模型中, 将虚拟水生产与调度企业与其所在的区域政府、管理决策部门进行合并, 合为"区域"。设有甲、乙两个非包含关系的区域, 每个区域都面临在经济模式中实施虚拟水战略(V)和只考虑经济效益、忽略对虚拟水的影响(N)这两种潜在的可选策略。

(2)在此博弈模型中, 重点考虑区域之间围绕贸易与虚拟水输送的博弈, 忽略各区域内部政府与企业之间, 以及各企业之间的博弈关系。设定博弈参与方(甲、乙两个区域)都理性地寻求自身收益(效用)的最大化。如果仅有某一区域采取虚拟水战略, 投资发展以虚拟水为主导条件的贸易模式, 而其他区域未采取虚拟水战略予以配合, 那么采取虚拟水战略的区域会面临三种情况: ①该区域是丰水地区, 根据虚拟水战略出口产品到缺水地区, 但后者未采取虚拟水战略, 无法完全接纳来自前者的产品, 导致前者产品滞销, 造成经济损失和水资源浪费; ②该区域是缺水地区, 根据虚拟水战略减少本地高耗水产品的生产, 改从丰水地区进口, 但后者未采取虚拟水战略, 未生产足够多的产品出口到前者, 导致前者的需求无法完全得到满足, 造成经济损失和社会福利损失; ③该区域是水资源基本自给、既不丰水也不缺水的地区, 根据虚拟水战略, 应该维持进口产品和出口产品所含的虚拟水含量大致相等, 但由于与其贸易的其他区域未采取虚拟水战略, 可能使采取了虚拟水战略的地区出现出口过剩(类似情况①)、进口不足(类似情况②), 或进口过剩、出口不足等现象, 造成经济损失和资源浪费。综合以上三种情况, 本模型可以认为: 如果一个区域采取虚拟水战略的发展与贸易模式, 而其他区域未采取虚拟水战略予以配合, 会对该区域造成利益损失。

(3)区域在追求自身收益最大化的过程中, 可能会采取某些不正当手段, 如地区冲突、权力寻租、投机等, 为了维持博弈的正当性与可持续性, 本研究忽略此类不正当行为可能产生的机会成本。

本研究设定的完全信息背景下的区域间博弈中, 有以下三种可能的情况: ①如果两个区域均采取虚拟水战略(策略 V), 则二者的收益各为 P_1 和 P_2。②如果甲区域根据虚拟水战略发展经济, 而乙区域采用传统的非虚拟水战略的经济模式(策略 N), 则前者的收益为 P_1-a, 后者的收益为 P_2+b, 且 $a>b$; 反之同理, 如果甲区域采取策略 N, 而乙区域采取策略 V, 则前者的收益为 P_1+b, 后者的收益为 P_2-a。这是因为采取虚拟水战略的区域从非虚拟水战略向虚拟水战略进行经济转型时, 需要付出一定的成本, 例如发展虚拟水战略所需要的资金以及发展虚拟水战略所导致的短期贸易损失等; 而采取非虚拟水战略的另一区域与其相比具有贸易优势, 竞争力相对提高, 能够获得额外的收益; 又由于此情况下两区域无法构成高效的虚拟水输送体系, 因此两区域的总体福利之和低于情况①, 故 $a>b$。③若甲、乙两区域都选择传统的非虚拟水战略的经济模式(策略 N), 那么两者的收益分别为 Q_1 和 Q_2, 由于此情况下水资源的配置不当, 对整个社会的发展是不利的, 认为 $Q_1<P_1-a$、$Q_2<P_2-a$。

甲、乙两个地区进行完全信息静态博弈, 博弈的策略-收益矩阵如表 9-1 所示。

表 9-1 两区域完全信息静态博弈的策略及收益

		区域乙	
		策略 V	策略 N
区域甲	策略 V	(P_1, P_2)	(P_1-a, P_2+b)
	策略 N	(P_1+b, P_2-a)	(Q_1, Q_2)

9.3 博弈的均衡及分析

9.3.1 基准条件下的均衡

分析表 9-1 的收益矩阵，在完全信息的背景下，如果博弈双方的两个地区都从利己的目的出发，采取不顾资源代价的 N 策略，是无法形成稳定的均衡状态的。对区域甲而言，若其知晓区域乙将采取虚拟水战略(V 策略)，区域甲的策略 V 和 N 为其带来的收益分别为 P_1+b 和 P_1，由于 $P_1+b > P_1$，区域甲为了使自身收益最大化，会选择非虚拟水战略的发展模式(策略 N)。若知晓区域乙将采取 N 策略，此时区域甲的策略 V 和 N 为其带来的收益分别为 P_1-a 和 Q_1，由于 $P_1-a > Q_1$，区域甲此时应该选择 V 策略。由上述可知，区域甲没有严格优势策略，其优势策略依区域乙的策略改变而变化。

同理，对区域乙而言，若其知晓区域甲将采取 V 策略，乙的策略 V 和 N 的收益分别为 P_2+b 和 P_2，由于 $P_2+b > P_2$，区域乙会选择收益较高的策略 N。若知晓区域甲将采取 N 策略，则区域乙的策略 V 和 N 的收益分别为 P_2-a 和 Q_2，由于 $P_2-a > Q_2$，区域乙此时应该选择 V 策略。故区域乙同样没有严格优势策略。

通过上述分析可知，此同时博弈存在两个纯策略纳什均衡解(V，N)和(N,V)，但若两区域未经过事先谈判，则难以默契地达成其中之一；且在此情形下无法实现双边合作的虚拟水战略(V，V)。甲、乙区域为了实现收益最大化，会选择混合策略，即以一定的概率选择 V 策略或者 N 策略，双方混合策略的均衡为此博弈的最优解。设甲区域采取 V 策略的概率为 p，采取 N 策略的概率为 $1-p$；乙区域采取 V 策略的概率为 q，采取 N 策略的概率为 $1-q$。则两区域在此条件下的纯策略期望收益为

$$U_1(V) = P_1q + (P_1-a)(1-q) \tag{9-1}$$
$$U_1(N) = (P_1+b)q + Q_1(1-q) \tag{9-2}$$
$$U_2(V) = P_2p + (P_2-a)(1-p) \tag{9-3}$$
$$U_2(N) = (P_2+b)p + Q_2(1-p) \tag{9-4}$$

其中，$U_1(V)$、$U_2(V)$ 分别为甲、乙区域选择纯策略 V 时的期望收益；$U_1(N)$、$U_2(N)$ 分别为甲、乙区域选择纯策略 N 时的期望收益。

分别联立式(9-1)、式(9-2)和式(9-3)、式(9-4)，求解此混合策略下的纳什均衡解，用 p^*、q^* 表示区域甲、乙的混合策略，得

$$p = \frac{P_1-a-Q_1}{P_1-a+b-Q_1} \tag{9-5}$$

$$p = \frac{P_2 - a - Q_2}{P_2 - a + b - Q_2} \tag{9-6}$$

$$p^* = (p, 1-p) \tag{9-7}$$

$$q^* = (q, 1-q) \tag{9-8}$$

因此该博弈的纳什均衡为 (p^*, q^*)。由混合策略纳什均衡的特征可知(张维迎,2004),如果甲区域以 p 的概率选择符合虚拟水战略的发展模式,其策略 p^* 与乙区域的收益有关。同理,如果乙区域以 q 的概率选择符合虚拟水战略的发展模式,其策略 q^* 与甲区域的收益有关。

在实际博弈中,对甲区域而言,如果乙区域选择虚拟水战略 V 的概率小于 q,甲区域的优势策略是选择非虚拟水战略的纯策略 N;如果乙区域选择虚拟水战略 V 的概率大于 q,甲区域的优势策略是选择虚拟水战略的纯策略 V;如果乙区域选择虚拟水战略 V 的概率等于 q,则甲区域可以任意选择纯策略 V 或 N。对于乙区域同理,若甲区域选择 V 的概率小于 p,则优势策略为纯策略 N;若甲区域选择 V 的概率大于 p,则优势策略为纯策略 V;若甲区域选择 V 的概率等于 q,则乙区域可以任意选择纯策略 V 或 N。在此均衡中,甲区域和乙区域都发展符合虚拟水战略的经济模式的概率仅为 $p \times q$,如果没有外部力量的干预,要靠这种博弈来建立虚拟水调度体系,实现虚拟水从丰水地区向缺水地区的输送,其效率是较低的。这也与现实中的国家和区域采纳虚拟水战略的概率并不高这一情况相符合。

9.3.2 改进条件下的均衡

为提高甲乙两地区选择虚拟水战略的意愿,可以通过政策扶持等措施,给予两区域采取虚拟水战略正向的激励,以及通过命令惩罚手段,给予非虚拟水战略的发展模式负向的惩罚,由于正向激励和负向惩罚可以视为等价,这些手段和措施可以统一表示为收益矩阵中的一个参数 R,称为水资源收益。加入水资源收益 R 后的博弈收益矩阵如表 9-2 所示。

表 9-2 加入水资源收益后两区域博弈的策略及收益

		区域乙	
		策略 V	策略 N
区域甲	策略 V	$(P_1+R,\ P_2+R)$	$(P_1-a+R,\ P_2+b)$
	策略 N	$(P_1+b,\ P_2-a+R)$	$(Q_1,\ Q_2)$

此博弈的求解与基准条件下的博弈同理。设甲区域采取 V 策略的概率为 p',采取 N 策略的概率为 $1-p'$;乙区域采取 V 策略的概率为 q',采取 N 策略的概率为 $1-q'$。则两区域在此条件下的纯策略期望收益为

$$U_1'(V) = (P_1 + R)q' + (P_1 - a + R)(1-q') \tag{9-9}$$

$$U_1'(N) = (P_1 + b)q' + Q_1(1-q') \tag{9-10}$$

$$U_2'(V) = (P_2 + R)p' + (P_2 - a + R)(1-p') \tag{9-11}$$

$$U_2'(\text{N}) = (P_2 + b)p' + Q_2(1 - p') \tag{9-12}$$

其中，$U_1'(\text{V})$、$U_2'(\text{V})$ 分别为甲、乙区域选择纯策略 V 时的期望收益；$U_1'(\text{N})$、$U_2'(\text{N})$ 分别为甲、乙区域选择纯策略 N 时的期望收益。

求解此混合策略下的纳什均衡解，用 p^*、q^* 表示区域甲、乙的混合策略，得

$$p' = \frac{P_1 + R - a - Q_1}{P_1 - a + b - Q_1} \tag{9-13}$$

$$p' = \frac{P_2 + R - a - Q_2}{P_2 - a + b - Q_2} \tag{9-14}$$

$$p^* = (p', 1 - p') \tag{9-15}$$

$$q^* = (q', 1 - q') \tag{9-16}$$

该博弈的纳什均衡为（p^*，q^*）。

分析该均衡可知，水资源收益 R 的大小与两区域采取虚拟水战略的概率成正相关。当 $R = b$ 时，$p' = q' = 100\%$，即两区域在自身收益最大化的前提下，必然会选择符合虚拟水战略的经济发展模式（V 策略）。并且，从 $R = b$ 可以看出，R 的最优选择（即外界的最佳干预力度）与 b（采取非虚拟水战略的额外收益）的大小相关。该分析能够解释现实中的情况，当一个区域发展非虚拟水战略的经济模式所获得的收益越大，就越难通过提高外部干预的力度来使其选择虚拟水战略。例如，哈萨克斯坦作为中亚缺水国家，反而大量种植棉花并出口，这种出口经济模式是不符合虚拟水战略的，但由于棉花出口是该国的重要出口创汇产业，因此这一情况在该国难以改变。

9.3.3　重复博弈条件下的均衡

前述分析是基于两个区域只进行一次博弈的情况，而在现实中，两个区域更有可能存在次数较多的贸易往来，即进行多轮的重复博弈。如果两区域的每一轮重复博弈发生的概率为 $\delta(0 \leqslant \delta \leqslant 1)$，根据重复博弈的原理可知，欲使两区域长期采取 V 策略，必须满足其长期采取 V 策略的收益与长期采取 N 策略的收益差值高于某一轮次采取 N 策略与采取 V 策略的收益差值（支援等，2017）。两区域长期选择 V 策略进行虚拟水战略合作的条件如下：

$$P_1 + b + \frac{(P_1 - a)(\delta - \delta^n)}{1 - \delta} \leqslant \frac{(P_1 + R')(1 - \delta^n)}{1 - \delta} \tag{9-17}$$

$$P_2 + b + \frac{(P_2 - a)(\delta - \delta^n)}{1 - \delta} \leqslant \frac{(P_2 + R')(1 - \delta^n)}{1 - \delta} \tag{9-18}$$

其中，R' 表示此情况下的外部干预力度。

对式（9-17）和式（9-18）进行变换，得

$$\begin{cases} R' \geqslant b - \delta(a + b) \\ \delta \geqslant \dfrac{b - R'}{a + b - R'} \end{cases} \tag{9-19}$$

观察式（9-19），由于 $0 \leqslant \delta \leqslant 1$，可知 $R' \leqslant b$，且 R' 与 δ 的大小呈反相关。因此，在重

复博弈的情况下，即两个区域存在长期的经济往来，则维持两区域都选择虚拟水战略所需的外部干预力度将会下降；两区域的这种经济关系越持久，维持其虚拟水战略合作所需的外部干预力度越小。

9.4　管理启示与讨论

通过构建的区域间完全信息的博弈模型分析显示，基准条件下各区域采取虚拟水战略的概率并不高，要提高虚拟水战略的采用率，需要施加一定的外部干预，所需外部干预的力度与两区域的经济关系稳固程度大致呈正相关，只有使区域采取虚拟水战略的期望收益高于非虚拟水发展模式的收益，才能落实虚拟水战略，实现水资源的优化配置。

根据上述分析，对虚拟水战略的实施提出以下建议：

(1)外部干预能有效提高区域采取虚拟水战略的概率，因此要加大对实行虚拟水战略的扶持干预力度，建立虚拟水调度的法制保障机制。外部干预措施通常需要上级政府和管理部门建立发展低碳经济的法制保障机制，形成具有法律效力的虚拟水战略体制，为其贯彻、实施提供条件和保障。同时还可以通过补贴、减免税、低息、无息贷款等经济措施，以及宣传教育等劝导型措施，给予各区域采取虚拟水战略正向的激励。由于目前虚拟水战略的实践还不普及，产业尚未成熟，实行虚拟水战略的期望收益有一定的风险，只有通过多元化、多方位的外部干预，才能有效促进供给侧的虚拟水相关投资和需求侧的虚拟水消费观念的形成，为虚拟水战略的实现提供保障。

(2)当发展非虚拟水战略的经济模式的期望收益过高时，使其转变为符合虚拟水战略模式所需的外部干预力度会过高。非虚拟水战略的发展模式不仅无法改善区域水资源分布不均的不公平局面，也是对水资源的浪费，还可能加剧大尺度的水资源危机。因此，必须限制非虚拟水战略经济模式的发展力度，提高其发展成本。可以对违背虚拟水战略的区域和产业进行处罚，或对缺水区域的高耗水产品输出征收水资源税等措施，给予其负向的激励。

(3)通过科技创新等，提高发展虚拟水战略的收益。由博弈分析可知，甲、乙区域选择虚拟水战略的概率均与对方区域的收益有关。如果提高发展虚拟水战略的收益$(P_1、P_2)$，能够切实提高各区域发展虚拟水战略的概率。即通过提升实施虚拟水战略区域的效益，带动、吸引尚未采取该战略的区域跟进。提高虚拟水战略收益的方法除了补贴和帮扶之外，还包括提高虚拟水相关产业的技术效率水平。目前，中国乃至世界范围内，各区域的水资源利用的技术水平、研发能力参差不齐，部分区域用水、节水技术较弱。因此，需要加强对用水技术及虚拟水研究的长期投资，加强技术资源整合，协调开展基础性和应用性技术的研发，深化产研的交流与合作。通过技术水平的提高，可以降低实施虚拟水战略的成本，提升单位水资源生产效率，从而提高各个区域发展虚拟水战略的期望收益。

(4)重复博弈能够提高各区域选择虚拟水战略的概率，也能为各区域带来更优的帕累托改进，提高其收益。因此，政府可以促进各区域建立长期的贸易合作关系，推进虚拟水调度市场的规范化，既有利于落实虚拟水战略，又节约了干预的成本。

　　本章所建立的博弈模型主要基于完全信息条件，即各区域的预期收益是公开透明的。在此前提下，要使虚拟水战略保持良好的效率，需要通过调研、普查、公示等手段，使信息的公开程度长效、持久地保持在较高水平。而对于信息缺失或有区域故意隐瞒信息情况下的博弈，是值得未来后续研究进一步探索的问题。

9.5　本　章　小　结

　　虚拟水战略为改善区域水资源差异困境、保障区域水资源安全提供了新的理念和方法。本章将各区域制定发展与贸易策略中涉及虚拟水战略的行为选择抽象化后，建立了完全信息博弈模型，并进行了博弈的均衡分析。各区域选择符合虚拟水战略的发展模式，是博弈的总体最优结果。要实现这一均衡，在政策与管理措施方面，需要加大对实行虚拟水战略的扶持干预力度，设置合理的惩罚措施，提高用水效率，并促进各区域建立长期的贸易合作关系。同时也需要认识到，落实虚拟水战略不仅是区域决策层面的问题，也与区域中的企业、消费者等经济个体的利益有关，因此不能认为只靠管理层面的控制就能实现高效率的虚拟水调度，还需要加强企业等个体自身对虚拟水战略的认识，提高其积极性。

10 基于博弈原理的虚拟水调度补贴策略研究

本章以政府与企业、产业之间围绕虚拟水调度的补贴问题入手，探索虚拟水调度工作中的博弈原理。财政补贴是资源管理中常见的激励型政策工具之一，政府可以颁布和调整补贴政策法规，激励虚拟水的科学调度，企业可以调整生产经营策略，进行虚拟水调度后，要求政府给予补贴。另外，补贴也会影响处于虚拟水产业中的商品价格和市场需求等因素，随着企业获得补贴的增加，企业利润也可能随之上升，因此补贴手段是调控虚拟水调度的重要方法之一。但是，如果缺乏科学的虚拟水调度补贴策略，会减弱补贴的激励效应，削弱企业调度虚拟水的积极性，影响以虚拟水手段调节水资源均衡的效果，而目前对于虚拟水调度的补贴博弈问题的研究尚不多见。为此，本章引入博弈论中的非合作信号传递博弈原理模型对虚拟水调度问题进行分析，并根据博弈的均衡及其形成条件，为虚拟水调度提供管理与调控建议。

10.1 问题分析及方法建立

10.1.1 问题分析

在政府与虚拟水调度企业围绕补贴手段的博弈中，主要参与者是政府和虚拟水的调度企业(包括部分虚拟水的生产企业)。政府采取给予企业补贴的手段，为虚拟水从丰水地区向缺水地区的调度提供正向的激励，弥补企业在这种虚拟水运输过程(表现为产品和服务的跨区域输送过程)中可能发生的损失，降低企业的风险，最终促进虚拟水调度的成熟与发展。政府和企业双方的根本目标通常都是追求自身利益、价值的最大化。从事虚拟水调度的企业、产业通过虚拟水产品的生产、运输和销售获得收益，同时得到来自政府的补贴，若政府给予的补贴额度上升，虚拟水企业获得的补贴收益也随之上升，相当于将虚拟水企业的一部分内部成本外部化，政府帮其承担了一部分技术改进、产品运输、市场开发等方面的风险。因此补贴力度越大，虚拟水调度产业进行用水效率技术改进、在缺水地区开发市场的可能性就越大，从而使企业从虚拟水调度中获得的收益上升，有期望达到其利润最大化，而企业进行虚拟水调度的规模越大，越有利于解决缺水问题，也有助于实现政府的社会效益。政府和虚拟水企业的行动策略，又会给对方未来的策略产生影响。在现实中，一些虚拟水调度的相关企业和政府之间存在关于虚拟水调度情势的信息不对称问题，可能会产生逆向选择，即虚拟水的生产和调度企业了解自身的用水水平和虚拟水调度区域的市场情况，而政府可能对这些情况缺乏了解，若政府无法区别不同企业、不同市场的虚拟水生产与调度水平，政府与企业的博弈会出现这样的均衡：政府以无差别的补贴幅度来给予企业补贴，不区分其虚拟水调度规模的大小和市场的缺水程度，此时难以有效激励高技术水平、高用水效率的企业将虚拟水大规模调往缺水程度较高的地区，进而不利于虚拟水的科学调度，也不利于建立与完善平衡水资源禀赋的调控体系。

另外，由于在政府和虚拟水生产调度企业的博弈中，政企双方的决策机制存在反馈作用，如果其中某方调整了策略的选择，对方的策略也发生变化，因此研究此博弈问题时，需要建立一个动态的非合作信号传递模型(支援等，2017)。

10.1.2 方法建立

虚拟水调度过程中的博弈涉及政府、虚拟水生产及调度企业、消费者等主体，属于一种多参与者的非合作动态博弈。本研究根据部分先例(张维迎，2004)，对此模型进行了一些基本的简化假设，具体如下：

(1)为了分析方便，在此博弈模型中，将虚拟水生产企业及虚拟水调度企业进行合并，合为虚拟水企业。

(2)在此博弈模型中，重点考虑政府与虚拟水企业之间的博弈，忽略各级政府之间的差异，以及不同虚拟水企业之间的差异。设定博弈的各参与方(政府和企业)均为理性的，都根据博弈原理理性地谋取自身收益(效用)的最大化。

(3)政府与虚拟水企业的博弈是一个多阶段的博弈。政府给予补贴的前提是虚拟水企业已经生产虚拟水产品，并将其输送到缺水地区销售，且政府所给予的补贴存在差异。

(4)由于当前世界各国家和地区总体上通过虚拟水调度缓解缺水问题的规模还比较小、成熟程度还比较低(WWAP，2015)，因此本研究设定政府制定补贴额度是根据虚拟水调度的进展程度决定的。在虚拟水调度的初期，待调入地区的缺水问题较严重，政府根据虚拟水企业的虚拟水调度规模大小决定其获得补贴的额度。当虚拟水调入目标地区达到一定的规模，该地区的缺水程度减轻到合适水平时，政府可以削减补贴力度，企业的虚拟水调入规模越大，该地区水资源丰沛程度越高，虚拟水调度需求越小，企业获得的补贴就会越少。本研究主要分析虚拟水调度水平较低、缺水程度较严重、虚拟水调度需求迫切时期的博弈。

(5)为了维持博弈的正当性与可持续性，本研究忽略投机等不正当行为可能产生的机会成本。

在本研究设定的补贴政策下的政府-企业信号博弈的基本概念下：

用 1 表示信号发出方(即虚拟水企业)，2 表示信号接收方(即政府)。在虚拟水企业与政府之间的博弈中，虚拟水企业的策略集合 S_1 为

$$S_1 = \{ (H, h_1), (H, l_1), (L, h_1), (L, l_1) \} \tag{10-1}$$

其中，假设企业进行虚拟水调度的规模分为虚拟水调度规模大(H)和调度规模小(L)两种情况。当企业的虚拟水调度规模大时，可以申请高补贴(用 h_1 表示企业的申请行为)，且申请补贴这一行为的成本为 0；如果企业的虚拟水调度规模小而欺骗性地申请高补贴，则需要付出伪装成本 c(沉没成本)。企业的虚拟水调度规模小时也可以申请低补贴(l_1 表示企业的申请行为)，且申请补贴这一行为的成本为 0。

政府在给予企业补贴之前，会先对其虚拟水调度规模的大小做核查，核查中检查出企

业欺骗行为的概率为 δ（风险概率）；若核查中发现了企业的欺骗行为，则企业会产生损失 s（风险成本），但如果政府未经审查即拒绝给予补贴时，不会产生此风险成本，相当于若政府决定不发放补贴时，跳过核查这一步骤。

政府的策略集合 S_2 为

$$S_2 = \{(Y, h_2), (Y, l_2), (N, h_2), (N, l_2)\} \tag{10-2}$$

其中，Y 表示决定发放补贴，N 表示拒绝发放补贴；h_2 为发放高额补贴，l_2 为发放低额补贴。发放高补贴支付的额度为 L_H，发放低补贴支付的额度为 L_L，拒绝发放补贴支付的额度为 0。

本研究用 $E_{11} \sim E_{92}$ 表示各种情况下企业和政府的收益，以虚拟水企业获得的补贴来表征其收益，以虚拟水调度获得的资金、资源、社会、生态等方面的效益来表征政府的收益。虚拟水调度规模大带来的资金、资源、社会生态等效益为 W_H，调度规模小时的效益为 W_L，且满足

$$W_H > L_H > W_L > L_L > 0 \tag{10-3}$$

为了对分析做一定简化，本模型假设"大规模调水并给予高补贴"的政府的最终收益大于"小规模调水并给予低补贴"，即

$$W_H - L_H > W_L - L_L > 0 \tag{10-4}$$

由于政府的目标通常是保障社会公平、实现社会总福利的优化，因此与市场中的其他主体有所区别，并考虑到目前水资源禀赋不均的形势，本模型认为政府会保护企业进行虚拟水调度的积极性。假设企业已进行了虚拟水调度（规模大/小均包含在内）而政府拒绝给予补贴时，政府会产生额外损失 J；如果企业已进行了大规模虚拟水调度而政府给予低补贴时，政府会产生额外损失 k，且

$$J > L_H \tag{10-5}$$

$$k > L_H - L_L \tag{10-6}$$

根据上述设定的模型条件，可以建立如图 10-1 的信号传递博弈树。

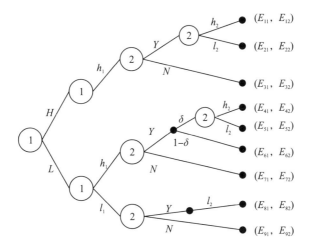

图 10-1 虚拟水企业(1)与政府(2)的信号传递博弈树

该模型中虚拟水企业与政府博弈双方的收益见表 10-1。

表 10-1　虚拟水企业与政府不同博弈结果下的收益

博弈结果	收益	
	虚拟水企业	政府
(E_{11}, E_{12})	L_{H}	$W_{\mathrm{H}} - L_{\mathrm{H}}$
(E_{21}, E_{22})	L_{L}	$W_{\mathrm{H}} - L_{\mathrm{L}} - k$
(E_{31}, E_{32})	0	$W_{\mathrm{H}} - J$
(E_{41}, E_{42})	$L_{\mathrm{H}} - c - \delta s$	$W_{\mathrm{L}} - L_{\mathrm{H}}$
(E_{51}, E_{52})	$L_{\mathrm{L}} - c - \delta s$	$W_{\mathrm{L}} - I_{\mathrm{L}}$
(E_{61}, E_{62})	$-c - s$	W_{L}
(E_{71}, E_{72})	$-c$	$W_{\mathrm{L}} - J$
(E_{81}, E_{82})	L_{L}	$W_{\mathrm{L}} - L_{\mathrm{L}}$
(E_{91}, E_{92})	0	$W_{\mathrm{L}} - J$

设政府为风险中性的博弈方，虚拟水企业调度虚拟水规模大的概率为 P_{H}、调度虚拟水规模小的概率为 P_{L}，且满足

$$P_{\mathrm{H}} = 1 - P_{\mathrm{L}} \tag{10-7}$$

根据上述模型设定，政府若选择给予虚拟水企业高补贴，则有

$$E_1 = P(H \mid h)(W_{\mathrm{H}} - L_{\mathrm{H}}) + P(L \mid h)(W_{\mathrm{L}} - L_{\mathrm{H}}) \tag{10-8}$$

$$P(H \mid h) + P(L \mid h) = 1 \tag{10-9}$$

其中，E_1 为政府选择给予虚拟水企业高补贴的期望收益。$P(H \mid h)$ 为企业申请高补贴时虚拟水调度规模大的条件概率，$P(L \mid h)$ 为企业申请高补贴时虚拟水调度规模小的条件概率。

政府若选择给予虚拟水企业低补贴，其期望收益为

$$E_2 = P(H \mid h)(W_{\mathrm{H}} - L_{\mathrm{L}} - k) + P(L \mid h)(W_{\mathrm{L}} - L_{\mathrm{L}}) + P(L \mid l)(W_{\mathrm{L}} - L_{\mathrm{L}}) \tag{10-10}$$

其中，E_2 为政府选择给予虚拟水企业低补贴的期望收益。$P(L \mid l)$ 为企业申请低补贴时虚拟水调度规模小的条件概率。

政府若选择拒绝给予虚拟水企业补贴，其期望收益为

$$E_3 = P(H \mid h)(W_{\mathrm{H}} - J) + P(L \mid h)(W_{\mathrm{L}} - J) + P(L \mid l)(W_{\mathrm{L}} - J) \tag{10-11}$$

其中，E_3 为政府选择拒绝给予虚拟水企业补贴的期望收益。

10.2　博弈的均衡及分析

本研究建立的博弈模型中，虚拟水企业和政府围绕补贴的博弈均衡，主要取决于以下因素之间的关系：不同虚拟水企业的虚拟水调度规模大小、要求补贴的高低、企业伪装欺

骗所需成本、欺骗被查出的概率、风险成本、政府收益及额外损失。在不同条件下各因素的差异，造成虚拟水企业和政府的博弈会形成以下几种不同类型的均衡，达到的效率也有区别。

10.2.1　市场完全成功的分离均衡

若 $L_H - c - \delta s < L_L$ ，此模型将会达成分离均衡，虚拟水企业和政府双方的策略组合及政府方相应的判断为：

(1) 虚拟水企业的虚拟水调度规模大时，会申请高额补贴；虚拟水调度规模小时，会申请低额补贴；

(2) 政府按照申请给予补贴：要求高补贴的企业给予高额补贴，要求低补贴的企业给予低额补贴；

(3) 政府的判断是：$P(H|h) \to 1$ ；$P(L|h) \to 0$ ；$P(L|l) \to 1$ 。

即在此情况下，虚拟水调度规模小的企业要求高额补贴(欺骗)的期望收益比该企业只申请低补贴(诚信)的收益要低，因此企业申请补贴额度的高低能完全反映其虚拟水调度规模的大小，调度规模大的企业要求高额补贴，调度规模小的企业诚信地只要求低额补贴，且政府主观判断也与这一情况相一致，政府会按照企业申请的补贴高/低给予其相应的补贴。

此情形下的贝叶斯均衡可以用逆向归纳法推导证明(张维迎，2004)。从政府的角度看，若虚拟水企业要求高额补贴，而政府只发给其低额补贴，此时政府方的收益为 $W_H - L_L - k$ ；若虚拟水企业要求高额补贴，且政府发放高额补贴，政府的收益为 $W_H - L_H$ ；若虚拟水企业要求低额补贴，且政府发放低额补贴，政府收益为 $W_L - L_L$ 。政府选择拒绝给予虚拟水企业补贴的收益为 $E_3 = W_H + W_L - 2J$ 。根据式(10-3)~式(10-6)，政府同意发放补贴的期望收益大于拒绝发放补贴的收益，是优势策略。从企业的角度看，如果虚拟水调度规模大，会申请高补贴，收益为 L_H ；如果虚拟水调度规模较小，由于 $L_H - c - \delta s < L_L$ ，要求高补贴的期望收益比要求低补贴的收益要低，因而要求低补贴为优势策略。即虚拟水企业方唯一的序列理性(即使自身期望收益最大)的策略是：虚拟水调度规模大时选择申请高补贴，调度规模小时申请低补贴。此时政企双方在均衡路径的上述信息集处的判断，都符合贝叶斯法则和各自的均衡策略。由此证明此情形符合完美贝叶斯均衡(张维迎，2004)。

根据市场和均衡类型判断，该均衡属于市场完全成功类型的分离均衡，效率最高。虚拟水企业申请补贴的行为能够真实地代表企业在虚拟水调度规模上的大小区别，政府不需要核查企业是否伪装就能给予企业适当的虚拟水调度补贴，避免了增加相应的监管支出，从而达到一种良性循环。

10.2.2　市场部分成功的合并均衡

当 $L_H - c - \delta s > L_L$ ，且 $P(H|h)$ 足够大、$P(L|h)$ 足够小时，企业虚拟水调度规模较小时，其申请高额补贴的期望收益要大于申请低额补贴，并且政府认为多数虚拟水企业的调度规模是大的，此时形成一个如下的市场部分成功的完美贝叶斯均衡：

（1）虚拟水企业无论其虚拟水调度规模大或小，都会要求高额补贴；

（2）政府按照企业的要求给予补贴：给予要求高补贴的企业高补贴，给予要求低补贴的企业低补贴；

（3）政府的判断是：$P(H|h) >> P(L|h)$。

在此情形下，虚拟水调度规模小的企业申请高补贴的期望收益比其诚信申请低补贴的收益要高，因此企业无论实际调度虚拟水规模如何都会向政府要求高补贴，即事实上 $P(L|l) = 0$，而政府的判断是申请高补贴的企业中虚拟水调度规模大的企业所占比例较高，所以政府会按照企业申请的补贴高/低给予其相应的补贴。

此情形的完美贝叶斯均衡证明与前一情形同理。根据市场和均衡类型判断，该均衡属于市场部分成功的合并均衡(张维迎，2004)，总体上效率较高，但企业的补贴申请高低不能反映其虚拟水调度规模的大小。在这样的市场中，虽然有少数企业会存在骗取高额补贴的现象，但大多数情况下虚拟水调度的效果较好，企业和政府双方都能获得较高的收益。

10.2.3　市场完全失败的合并均衡

当 $L_H - c - \delta s > L_L$，且 $P(H|h)$ 足够小、$P(L|h)$ 足够大时，所有虚拟水企业都会选择申请高补贴，此时企业所要求的补贴额度高低，将完全不能传递其调度虚拟水规模的信息。此情况下，形成一个如下的市场完全失败的完美贝叶斯均衡：

（1）虚拟水企业无论其虚拟水调度规模大或小，都会申请高补贴；

（2）政府给予所有虚拟水企业低补贴；

（3）政府的判断是：$P(H|h) << P(L|h)$。

在此情形下，从政府的角度看，如果企业申请高补贴，政府给予其高补贴的期望收益为 $E_1 = P(H|h)(W_H - L_H) + P(L|h)(W_L - L_H)$；给予低补贴的期望收益为 $E_2 = P(H|h)(W_H - L_L - k) + P(L|h)(W_L - L_L)$；拒绝给予补贴的收益为 $E_3 = P(H|h)(W_H - J) + P(L|h)(W_L - J)$。由于此时 $P(L|h)$ 足够大，可认为 $E_2 > E_1$ 且 $E_2 > E_3$，政府将给予所有虚拟水企业低补贴。此时补贴机制近似于失去意义，市场效率较低，是近似于完全失败的。

10.3　管理启示与讨论

通过构建的企业和政府的信号博弈模型分析显示,市场完全成功的分离均衡是博弈的最优结果。而实现该均衡的关键是：企业欺骗所产生的伪装成本和风险成本的大小，与博弈实现的市场均衡的效率大致呈正相关，可以认为伪装成本和风险成本对此政企博弈的均衡有显著的影响，因此只有控制伪装成本和风险成本，将其提高到使企业欺骗的期望收益低于诚实申请补贴的收益时，补贴机制才能实现资源的最优配置。

根据上述分析，对虚拟水调度补贴政策的制定提出以下建议：

（1）虚拟水企业伪装成本的大小，可以认为与企业伪装欺骗的难度高低相关，而伪装欺骗的难度通常又与信息公开的程度相关：信息公开度高，伪装难度一般较高，伪装成本高；信息公开度低，伪装难度一般较低，伪装成本相对较低。因此要求企业在进行虚拟水调度、申请补贴的流程中，提供明确、详细、公开透明的调度方案和进程报告，政府需要制定公开透明、强度合理的补贴和惩罚政策、规范，减少模糊空间；同时，可以聘请具有行业相关知识，即具有企业较完整信息的专业第三方，参与政府制定标准以及对企业检查的过程，以解决政府方对企业不够了解、信息不完全的问题。此外，还可以利用不同的虚拟水企业之间信息相对完全，且企业之间存在市场的竞争性的性质(张维迎，2014)，促进企业之间自发地互相监督。

(2)政府应当合理调整对虚拟水产业的补贴，中国目前的虚拟水调度实践还比较少，距离产业成熟还有相当的距离，企业进行虚拟水调度面临的困难较多，政府对其在政策管理和资金方面予以扶持(例如补贴)。但是要实现长期的可持续发展，虚拟水调度应当最终能够实现收支平衡甚至盈利。因此随着未来虚拟水调度产业的完善成熟，政府可以逐步下调资金的投入力度，加强对虚拟水调度的技术支持，依靠市场和比较优势来实现虚拟水调度的发展。

(3)政府可以实行扶持手段的多元化，合理使用多种手段刺激虚拟水从丰水地区向缺水地区调度。建议政府对进行虚拟水调度的企业的建立和发展的初期进行强化激励和帮扶。另外，对于虚拟水调度规模小的弱势企业，可以采取合理的补助措施，以减小弱势企业采取投机和欺骗策略的动机，有助于达成使用补贴手段优化产业环境的初衷。

从长期角度看，政府与虚拟水企业的动态博弈是一个重复博弈，每轮博弈的结果会对下一轮博弈中政府和企业方所采取的策略产生影响。所以根据重复博弈的原理，需要建立长效机制(参照前一章节)，保持良好的效率，使企业的积极性长效、持久地保持在较高水平。

10.4　本　章　小　结

虚拟水是水资源领域蓬勃发展并日益受到关注的新兴概念，虚拟水调度为平衡区域水资源禀赋差异，保障地区、国家和世界水资源安全提供了新的视角和手段。本章把信号传递博弈理论引入虚拟水调度领域，将虚拟水企业与政府在虚拟水调度补贴申请中的行为选择进行提取，建立了非合作信号传递博弈模型，并进行了博弈的均衡分析：市场完全成功的分离均衡是博弈的最优结果；而实现该均衡的关键是提高企业骗取高补贴的伪装成本和期望风险成本至合理水平。为此，要实现这一均衡，在政策与管理措施方面，需要将目标、政策、标准进一步具体化，提高检查精度，改进惩罚力度的有效性，并合理调整对虚拟水产业的补贴，实行扶持手段的多元化。同时也需要认识到，推进虚拟水的调度不仅仅与政府的利益有关，也与企业的利益有关，因此仅依靠行政命令的控制也不能完全实现高效率的虚拟水调度，而需要调动虚拟水企业自身的积极性。

11 总结与展望

11.1 结论与讨论

11.1.1 主要结论

本研究以产业用水结构为水资源规划与管理研究的出发点,针对目前研究主要关注产业部门直接用水量,而较少研究产业部门之间的间接用水关系的问题,从虚拟水(水足迹)的角度对产业用水结构进行深入研究,揭示产业部门之间直接用水和间接用水关系,为科学规划、管理水资源的利用提供了理论参考依据。以"现状核算–变化分析–路径选择"为总体研究思路,改进和发展了虚拟水(水足迹)研究方法,建立了基于虚拟水(水足迹)的适用于行政区域尺度和流域尺度的产业用水结构量化模型。在此基础上基于虚拟水(水足迹)相关指标进行了不同区域产业用水结构空间特征的标准化分析。在计算了不同年份产业用水结构的基础上,建立了产业用水结构时间变化因素分解分析模型,以探索其变化驱动机制。以供水与用水相协调为目标,利用情景预测法进行了未来产业用水结构情景模拟与节水路径研究。以北京市和海河流域为主要案例,分析其 2010 年产业用水结构特征,对1987~2010 年的北京市产业用水结构时间变化进行了驱动因素识别与因素分解分析,并对未来到 2020 年的用水提出了多方面的节水路径选择的建议。综合全文,所得的主要结论如下:

(1)产业用水研究不但要考虑各部门直接用水的比例,也要考虑各部门之间通过产业链联系的间接用水关系。与传统的研究方法相比,本研究建立的基于虚拟水(水足迹)的产业用水结构量化模型,适用于具备投入产出数据的行政区域尺度或不具备投入产出数据的流域尺度,既分析了直接用水和虚拟水(水足迹),又能够全面地反映用水在产业链中的流动情况,明确各产业部门的直接用水去向和虚拟水(水足迹)的来源,有助于定量地划分产业部门用水责任,为制定用水和节水规划、法规和政策等提供科学依据。北京市直接用水量排名前三的产业部门为农业($1.14×10^9m^3$)、其他服务业($3.06×10^8m^3$)及批发零售贸易、住宿和餐饮业($2.69×10^8m^3$)。水足迹排名前三的产业部门为农业($7.80×10^8m^3$)、其他服务业($5.01×10^8m^3$)及运输邮政仓储、信息和计算机服务业($2.12×10^8m^3$),分别占总水足迹的29.1%、18.7%和 7.9%。海河流域直接用水量排名前三的产业部门为农业($2.48×10^{10}m^3$)、电力、热力及水的生产和供应业($1.21×10^9m^3$)及其他服务业($1.10×10^9m^3$),分别占总用水量的 74.0%、3.6%和 3.3%;而水足迹排名前三的产业部门为食品、饮料及烟草业($9.28×10^9m^3$)、建筑业($4.04×10^9m^3$)及其他服务业($3.60×10^9m^3$),分别占总水足迹的27.7%、12.1%和 10.8%。各产业部门的直接用水最终并不完全用于生产该部门自身的最终产品或服务,而会有一部分用于生产提供给其他产业部门的中间产品或服务(即提供给其他部门的虚拟水）；各产业部门的水足迹并不完全来源于该部门自身的直接用水，而部分依赖于其他产业部门供给的中间产品或服务（即从其他部门取得的虚拟水）。因此，接收中间产品或服务的部门也应对直接用水部门的用水负有部分用水责任。从经济系统整体节水的角度来说，各部门不仅应当提高用水效率，节约自身直接用水量，也应考虑节约使用来自其他产业部门的原材料（中间产品），特别是重点节约水足迹主要组成部分的产业的原材料，以实现整体节水。

(2) 对北京和海河流域的产业用水结构空间特征的标准化分析发现，海河流域所有产业部门的水足迹强度均比北京市的水足迹强度要大。这一方面说明北京市属于海河流域中水资源极度匮乏的地区，另一方面也说明由于缺水的压力，使得北京市比海河流域其他地区更加注意节约用水。海河流域大部分的水资源是靠本地水资源和调水工程调入的实体水资源提供的，而北京更多地依赖进口调入产品中蕴含的虚拟水。同时，北京市的人均本地生产产品的水足迹小于人均本地使用的水足迹，说明该地区的虚拟水流动总体上是净进口的；而海河流域的人均本地生产产品的水足迹与人均本地使用的水足迹基本相等，说明该地区的虚拟水流动总体基本处于进出口平衡状态。

(3) 本研究发展的基于虚拟水（水足迹）的产业用水结构时间变化驱动机制分析方法，与以往方法相比，具有更好的数学精度，因素选取也具有更好的实践意义。1987~2010年，北京市的产业部门用水由 $3.92\times10^9 m^3$ 下降到 $2.68\times10^9 m^3$。这段时间，水足迹下降最多的三个部门是农业（下降 $4.51\times10^8 m^3$）、食品、饮料及烟草业（下降 $3.20\times10^8 m^3$）和纺织、服装及皮革制品业（下降 $2.93\times10^8 m^3$）。第一产业水足迹下降了 $4.51\times10^8 m^3$，第二产业水足迹下降了 $1.28\times10^9 m^3$，而第三产业水足迹上升了 $4.85\times10^8 m^3$。用水效率的进步是产业用水总量下降的最主要原因，而最终使用结构的变动也对产业用水总量下降起了一定的推动作用；另一方面人口和人均最终使用的增长、产业结构的调整对产业用水总量的作用是促进其增长的，抵消了部分产业用水总量的下降趋势。产业结构的调整既可以向节水方向变化，也可以向增加用水的方向变化，因此在产业结构调整时也应把用水结构的合理化纳入考虑范围。

(4) 对未来产业用水结构的情景预测中，设置了一个基准情景和多个比较情景进行推算。基准情景中，虽然近年的北京市产业用水量逐年下降，但按照目前的北京市的发展趋势，未来产业用水量将会重新上升到 $3.69\times10^9 m^3$，出现约 $3.70\times10^8 m^3$ 用水缺口。本研究给出的用水效率进步情景、产业结构调整情景、产业节水综合调整情景都给出了调整用水量、减小用水缺口的办法，分别取得 $7.37\times10^8 m^3$、$4.14\times10^8 m^3$ 及 $1.33\times10^9 m^3$ 的供水富余量。要实现未来用水与供水相协调的目标，提高用水效率和进行节水导向的产业结构调整都是可行的；而结合现实情况考虑，将提高用水效率和产业结构调整相结合，比只依赖一方面的手段更加易于实现对水资源的合理调控，节水效果也更显著。

11.1.2 特色与创新

1) 产业用水结构分析从分析直接用水发展到综合分析直接用水和间接用水

以往的产业用水结构分析着重于分析产业部门直接用水，对产业之间的间接用水分析较少，难以指导通过调节产业间接用水来节约水资源的方法。本研究将水足迹引入产业用水结构研究领域，既分析产业直接用水及比例，又分析产业之间的间接用水关系。这为定量划分产业用水责任、制定用水和节水规划、法规和政策等提供了科学依据。

2）基于虚拟水（水足迹）的产业用水结构分析从集中于行政区域尺度扩展到流域尺度

流域尺度的产业用水结构研究与行政区域尺度相比，具有更符合水资源的自然属性的优点，但存在难以取得关键的投入产出数据的问题；本研究引入区域投入产出表生成方法，建立流域尺度的产业用水结构分析模型，将产业用水结构研究扩展到流域尺度。这对于反映流域水资源消耗情况、评估流域水资源安全、预测流域水资源变化、合理配置流域水资源利用情况、推动流域水权改革深化等都具有重要的理论和现实意义。

3）基于虚拟水（水足迹）的产业用水结构变化机制分析方法从精确度较低、因素选取简单发展为精确度较高、因素选取较严谨

从虚拟水（水足迹）角度分析产业用水的变化驱动机制时，以往的虚拟水（水足迹）变化机制研究方法较为简单、精确度较低、选取驱动因素具有随意性，不利于深入分析产业用水结构的变化机制。本研究将 IPAT 模型和平均分解模型耦合，构建适用于分析产业用水结构变化驱动因素的模型，与以往的虚拟水（水足迹）变化机制研究方法相比，考虑因素更加严谨细致，因素具有更好的数理和实践意义；有助于更深入地分析产业用水结构的变化机制。

11.2　展　　望

本研究围绕产业用水结构及其变化驱动机制、未来用水情景模拟与节水路径选择开展工作，取得了一定的成果。产业用水结构研究应该是一项长期的课题，产业用水结构相关的理论方法还需要不断完善，需要进一步进行大量的研究。同时，与产业用水结构相关的产业经济投入产出等问题是非常复杂的，且空间尺度的差异等问题常使产业用水的基础分析出现困难。因此，论文中涉及的一些问题未来仍然需要开展大量的工作。

（1）产业用水结构分析模型的局限性。本研究基于虚拟水（水足迹）的产业用水结构分析模型是以经济投入产出-生命周期评价（EIO-LCA）为基础，该模型又是由投入产出模型发展而来，因此投入产出模型本身的一些局限性仍然会在研究中有所体现。投入产出模型的一个基本假设为"同质性假设"，即每个产业部门只生产一种产品，并且同一个部门内部的生产者们都采用相同的生产过程和技术（Leontief，1941，1970）。因此，对部门进行合并可能造成某一领域内全部不同产品之间相互影响而使信息缺失。如果资料更加齐全、部门划分更为详细，那么计算得到的结果会更准确。

投入产出模型的另一个基本假设为"规模收益不变假设"，即假定每个部门的产出量与投入量是成正比例关系的（Leontief，1941，1970）。这些假定使计算得到了一定简化，但也掩盖了规模效应、边际效应等经济规律的影响。在未来研究中，将计量经济学模型与投入产出模型相结合，可能是解决此问题的一个发展方向。

此外，投入产出模型在数据上严重依赖投入产出表的发布，一定程度上限制了研究的时效性与地域性。尤其是对于未编制投入产出表的区域，目前大多是根据其他区域的投入产出表进行类比推算，影响计算准确度(Zhao et al., 2010；Feng et al., 2014)。随着统计研究与统计实践工作的不断进步，以及部分研究者也开始着手自行编制投入产出表(Wu et al., 2014)，这一限制的影响未来有望逐渐减弱。

(2)价格杠杆对产业用水结构的影响。在市场经济活动中，生产者和消费者对于节水的态度，受到经济利益的严重影响。产业结构及节水技术的发展进步离不开市场机制的推动。价格机制是市场机制的核心之一(宋辉和刘新建，2013)，市场可以通过价值规律影响产业部门用水，政府也可以通过行政手段对水价进行调控，实现节水管理的宏观目标。水价对于用水效率、产业结构的调节效应具体如何、影响是否显著，还需要进一步研究。通过实物型投入产出模型和价值型投入产出模型的结合，对水价和产业部门用水的联系进行定量化研究，将是未来产业用水结构研究的重要方向。

(3)加强进出口结构调控，实现产业用水结构的快速转型。投入产出经济学认为，消费结构和进出口结构的调整对产业结构的调整具有重要影响(Leontief，1941，1970)；由于消费结构的变化是渐进式的，调节进出口结构是较快地调节产业结构的办法。但由于经济和技术条件的限制，进出口结构的调控也常遇到各种限制和困难。探索有效的进出口结构调控办法，实现产业用水结构的合理化，是需要研究的问题之一。

以进口产品替代本地生产的用水需求的策略，即虚拟水战略(Allan，1998)，未来仍然将是缓解北京等地区水资源压力的手段之一。从节水的角度来说，北京等缺水地区应当更多地选择进口和调入富含虚拟水(水足迹强度高)的产品，避免在本地自行生产(Hoekstra et al.，2011)，而水资源充裕的地区应当加大出口和调出的力度。但这种虚拟水战略还必须与经济、社会发展的规划相协调，例如北京等地区不太可能完全依赖于进口和调入，必须自行生产部分产品和服务。此外，向外输出产品和服务的地区，也应当做好产业用水结构分析，以避免打破水资源的平衡而产生新的水资源问题。

(4)建立水量与水质的联合评价体系。目前的产业用水结构研究主要关注用水量与供水量，对于耗水量(通过蒸发等作用损失而无法回到水体中的用水部分，等于扣除了排放量的用水量)和水质等问题较少涉及。部分水足迹研究中，将取自水体的耗水量称为"蓝水足迹"，而将农业部门通过蒸腾蒸发消耗的土壤水称为"绿水足迹"，将排污引起的用于稀释污水浓度达到环境标准的水资源称为"灰水足迹"(Hoekstra et al.，2011；Chico et al.，2013；Shao and Chen，2013；Hess et al.，2015)；并将三者相加作为产业部门的总水足迹。但"灰水足迹"实际上是对水质而非水量的消耗(Ny et al.，2006)，被污染的水资源经过稀释、降解等作用，短时间内又能够被重新利用，而蒸腾蒸发等水量的消耗则很难在短时间内回到水体中被再次利用。因此，总水足迹将"灰水足迹"与"蓝水足迹""绿水足迹"直接相加是不够严谨的。如何建立适当的评价模型，将对水量和水质的消耗进行科学、准确地联合评价，以实现水资源"质"和"量"的全面可持续利用也是产业用水和水足迹研究中面临的核心问题之一。

附录　书中的缩略词说明

缩写	含义
2030 WRG	2030 水资源小组
AU	非洲联盟
EIO-LCA	经济投入产出—生命周期评价
FAO	联合国粮食与农业组织
GDP	国内生产总值
GRIT	区域投入产出表生成方法
HLPE	世界粮食安全委员会粮食安全和营养问题高级专家组
IEA	国际能源机构
IJC	加拿大与美国国际联合委员会
ILO	国际劳工组织
IO	投入产出
IWMI	国际水资源管理研究所
IWRM	水资源综合管理
IPAT	人口-经济-技术模型
IPCC	政府间气候变化专门委员会
OECD	世界经济合作与发展组织
PES	生态系统服务补偿
REDD	减少源于森林砍伐和退化的排放
SDA	结构分解分析
UN	联合国
UNDESEA	联合国经济和社会事务部
UNDP	联合国开发计划署
UNECA	联合国非洲经济委员会
UNECE	联合国欧洲经济委员会
UNECLAC	联合国拉丁美洲和加勒比经济委员会
UNEP	联合国环境规划署
UNESCAP	联合国亚洲及太平洋经济社会委员会
UNESCWA	联合国西亚经济社会委员会
UNGA	联合国大会
UNICEF	联合国儿童基金会
UNIDO	联合国工业发展组织
UNISDR	联合国减灾办公室
WEF	世界经济论坛
WGF	联合国开发计划署水资源管理机构
WHO	世界卫生组织
WWAP	世界水资源评估计划

参 考 文 献

北京市发展和改革委员会. 2013. 北京市国民经济和社会发展第十二个五年规划纲要[M]. 北京: 中国人口出版社.

北京市发展和改革委员会. 2014. 北京市"十三五"规划编制工作方案[EB/OL]. http://www.bjpc.gov.cn/zt/shisanwu/135dtxx/135tztg/201411/t8486335.htm.

北京市规划委员会. 2006. 北京市城市总体规划(2004-2020)[EB/OL]. http://www.bjghw.gov.cn/web/static/articles/catalog_349/article_6198/6198.html.

北京市人民政府. 2012. 北京市节约用水办法[EB/OL]. http://zhengwu.beijing.gov.cn/fggz/zfgz/t1228433.htm.

北京市水务局, 北京市统计局. 2013. 北京市第一次水务普查公报[M]. 北京: 中国水利水电出版社.

北京市水务局. 2011. 北京市水资源公报(2010年度)[EB/OL]. http://www.bjwater.gov.cn/pub/bjwater/zfgk/tjxx/.

北京市水务局. 2013. 北京市水资源公报(2012年度)[EB/OL]. http://www.bjwater.gov.cn/pub/bjwater/zfgk/tjxx/.

北京市统计局. 2011. 2007北京市投入产出表[M]. 北京: 中国统计出版社.

北京市统计局. 2011. 北京统计年鉴2010[M]. 北京: 中国统计出版社.

北京市统计局. 2012. 2010年北京市投入产出延长表[EB/OL]. http://www.bjstats.gov.cn/2012trcc/lssj/.

北京市统计局. 2013. 北京统计年鉴2012[M]. 北京: 中国统计出版社.

北京市统计局. 2014. 北京统计年鉴2013[M]. 北京: 中国统计出版社.

陈华鑫, 许新宜, 汪党献, 等. 2013. 中国2001年-2010年水资源量变化及其影响分析[J]. 南水北调与水利科技, 11(6): 1-4.

陈娜芃, 沈波, 许婉婷. 2015. 公共建筑节能约束政策的博弈分析[J]. 城市环境与城市生态, 28(6): 29-33.

陈锡康, 刘秀丽, 张红霞, 等. 2005. 中国9大流域水利投入占用产出表的编制及在流域经济研究中的应用[J]. 水利经济, 23(2): 3-6.

陈锡康, 杨翠红. 2011. 投入产出技术[M]. 北京: 科学出版社.

陈晓光, 徐晋涛, 季永杰. 2005. 城市居民用水需求影响因素研究[J]. 水利经济, 23(6): 23-71.

陈仲常. 2005. 产业经济理论与实证分析[M]. 重庆: 重庆大学出版社.

程国栋. 2003. 虚拟水——中国水资源安全战略的新思路[J]. 中国科学院院刊, 18(4): 260-265.

丁肇. 2013. 对以产业结构调整促进河南水资源高效利用问题的思考[J]. 市场研究, 11: 60-61.

段志刚, 侯宇鹏, 王其文. 2007. 北京市工业部门用水分析[J]. 工业技术经济, 26(4): 46-49.

国家发展和改革委员会能源研究所. 2009. 中国2050年低碳发展之路: 能源需求暨碳排放情景分析[M]. 北京: 科学出版社.

国家统计局. 2011. 2011国民经济行业分类注释[M]. 北京: 中国统计出版社.

国家统计局国民经济核算司. 2006. 2002年中国投入产出表[M]. 北京: 中国统计出版社.

国家统计局国民经济核算司. 2009. 2007年中国投入产出表[M]. 北京: 中国统计出版社.

国家统计局国民经济核算司. 2012. 中国投入产出延长表2010[M]. 北京: 中国统计出版社.

何强, 吕光明. 2008. 基于IPAT模型的生态环境影响分析: 以北京市为例[J]. 中央财经大学学报, 12: 83-88.

侯瑜. 2011. 中国发展低碳经济的路径选择[J]. 环境科学与管理, 36(8): 30-35.

计军平, 刘磊, 马晓明. 2011. 基于EIO-LCA模型的中国部门温室气体排放结构研究[J]. 北京大学学报(自然科学版), 47(4): 741-749.

魁奈. 1962. 魁奈经济著作选集[M]. 吴斐丹, 张草纫, 译. 北京: 商务印书馆.

雷玉桃, 魏昌平, 邹雨洋, 等. 2010. 我国粮食的虚拟水贸易探究[J]. 生态经济, 228(8): 133-136.

李景华. 2004. SDA 模型的加权平均分解法及在中国第三产业经济发展分析中的应用[J]. 系统工程, 22(9): 69-73.

李丽, 陈迅, 汪德辉. 2009. 我国产业结构变动趋势预测:基于动态 CGE 模型的实证研究[J]. 经济科学, 1: 5-16.

李丽莉, 肖洪浪, 邹松兵, 等. 2014. 甘肃省产业部门用水结构及其效率分析[J]. 兰州大学学报(自然科学版), 50(4): 501-507.

李培林, 陈光金, 张翼. 2013. 社会蓝皮书: 2014 年中国社会形势分析与预测[M]. 北京: 社会科学文献出版社.

李晓惠, 张玲玲, 王宗志, 等. 2014. 江苏省用水演变驱动因素研究[J]. 水资源研究, 3(1): 50-56.

李砚阁. 2003. 北方乡镇工业用水研究[M]. 北京: 中国环境科学出版社.

李艳梅, 杨涛. 2012. 区域产业结构演进的节能效应比较[J]. 环境保护与循环经济, 10: 34-38.

里昂惕夫. 1990. 投入产出经济学[M]. 崔书香, 译. 北京: 中国统计出版社.

联合国开发计划署. 2013. 中国人类发展报告 2013: 可持续与宜居城市[M]. 北京: 中国对外翻译出版有限公司.

林洪孝, 王国新. 2003. 用水管理理论与实践[M]. 北京: 中国水利水电出版社.

刘宝勤, 姚治君, 高迎春. 2003. 北京市用水结构变化趋势及驱动力分析[J]. 资源科学, 25(2): 38-43.

刘昌明, 陈志恺. 2001. 中国水资源现状评价和供需发展趋势分析[M]. 北京: 中国水利水电出版社.

刘云枫, 孔伟. 2013. 基于因素分解模型的北京市工业用水变化分析[J]. 水电能源科学, 31(4): 26-29.

孟彦菊, 向蓉美. 2010. 产业结构与产业关联:基于投入产出表的面板数据分析[J]. 统计与决策, 14: 13-17.

南京水利科学研究院. 2002. 上海市万元 GDP 用水量指标体系研究[EB/OL]. http://www.wsa.gov.cn/1125/infor-fz.asp.

潘雄锋, 刘凤朝, 郭蓉蓉. 2008. 我国用水结构的分析与预测[J]. 干旱区资源与环境, 22(10): 11-14.

秦大河, 张坤民, 牛文元. 2002. 中国人口资源环境与可持续发展[M]. 北京:新华出版社.

任佳. 2014. 通州缺水冠京城-为度水荒不再批建商品房[N]. 法制晚报, 2014-01-10(12).

水利部海河水利委员会. 2011. 海河年鉴 2010[M]. 北京: 方志出版社.

水利部海河水利委员会. 2012. 海河年鉴 2011[M]. 北京: 方志出版社.

水利电力部水利水电规划设计院. 1989. 中国水资源利用[M]. 北京: 水利电力出版社.

宋辉, 刘新建. 2013. 中国能源利用投入产出分析[M]. 北京: 中国市场出版社.

孙智君. 2010. 产业经济学[M]. 武汉: 武汉大学出版社.

唐建荣, 李烨啸. 2013. 基于EIO-LCA的隐性碳排放估算及地区差异化研究——江浙沪地区隐含碳排放构成与差异[J]. 工业技术经济, 4: 125-135.

王安顺. 2015. 2015 年政府工作报告—2015 年 1 月 23 日在北京市第十四届人民代表大会第三次会议上[EB/OL]. http://zhengwu.beijing.gov.cn/jhhzx/szfgzbg/t1380205.htm.

王红瑞, 王军红. 2006. 中国畜产品的虚拟水含量[J]. 环境科学, 27(4): 609-615.

王岩, 王红瑞. 2007. 北京市的水资源与产业结构优化[M]. 北京:中国环境科学出版社.

王岳平. 2011. 十二五时期中国产业结构调整研究[M]. 北京:中国计划出版社.

威廉·配第. 1978. 政治算术[M]. 马妍, 译. 北京: 商务印书馆.

吴伯健. 1998. 关于流域管理概念的思考[J]. 海河水利, 6: 31.

夏骋翔, 李克娟. 2012.虚拟水研究综述与展望[J]. 水利经济, 30(2): 11-16.

新华社. 2011. 中华人民共和国国民经济和社会发展第十二个五年规划纲要[EB/OL]. http://news.xinhuanet.com/politics/2011-03/16/c_121193916_2.htm.

许凤冉, 陈林涛, 张春玲, 等. 2005. 北京市产业结构调整与用水量关系的研究[J]. 中国水利水电科学研究院学报, 3(4):

258-263.

许士国, 吕素冰, 刘建卫, 等. 2012. 白城地区用水结构演变与用水效益分析[J]. 水电能源科学, 30(4): 106-214.

杨青, 刘晓明, 张茜, 等. 2006. 从 17 部门投入产出表看我国 1995 年以来的各产业波及效果[J]. 工业技术经济, 25(6): 67-71.

杨学聪. 2014. "南水"预计 27 日进京[N]. 经济日报, 2014-12-26.

袁易明. 2007. 资源约束与产业结构演进[M]. 北京: 中国经济出版社.

约翰·梅纳德·凯恩斯. 1999. 就业、利息和货币通论[M]. 高鸿业, 译. 北京: 商务印书馆.

张宏伟, 和夏冰, 王媛. 2011. 基于投入产出法的中国行业水资源消耗分析[J]. 资源科学, 33(7): 1218-1224.

张林祥. 2003. 推进流域管理与行政区域管理相结合的水资源管理体制建设[J]. 中国水利, 5: 30-31.

张维迎. 2004. 博弈论与信息经济学[M]. 上海: 上海人民出版社.

张雪. 2014. "北调"之水都给了谁[N]. 经济日报, 2014-12-26.

郑爱勤, 王文科, 段磊. 2011. 关中盆地用水结构变化及其驱动因子分析[J]. 干旱区资源与环境, 25(9): 75-79.

支燕. 2013. 碳管制效率、政府能力与碳排放[J]. 统计研究, 30(2): 64-72.

支援, 梁龙跃, 尹心安, 等. 2017. 基于信号传递博弈原理的虚拟水调度补贴策略研究[J]. 生态经济, 33(7): 134-139.

中华人民共和国国家统计局. 2015. 中国统计年鉴—2014[M]. 北京: 中国统计出版社.

中华人民共和国环境保护部. 2015. 2014 年中国环境状况公报[M]. [EB/OL]. http://www.zhb.gov.cn/gkml/hbb/qt/201506/
    t20150604_302942.htm.

中华人民共和国建设部. 2002. 城市居民生活用水量标准[S]. 北京: 中国建筑工业出版社.

中华人民共和国水利部. 1999. 水文基本术语和符号标准[S]. 北京: 建设部标准定额研究所.

中华人民共和国水利部. 2002. 2002 年中国水资源公报[EB/OL]. http://www.mwr.gov.cn/zwzc/hygb/szygb/qgszygb/
    200212/t20021231_29451.html.

中华人民共和国水利部. 2008. 2007 年中国水资源公报[EB/OL]. http://www.mwr.gov.cn/zwzc/hygb/szygb/qgszygb/200810/
    t20081013_29456.html.

中华人民共和国水利部. 2010. 节水型社会建设"十二五"规划技术大纲[EB/OL]. http://www.mwr.gov.cn/slzx/slyw/201007/
    t20100729_231264.html.

中华人民共和国水利部. 2012. 2010 年中国水资源公报[EB/OL]. http://www.mwr.gov.cn/zwzc/hygb/szygb/qgszygb/201204/
    t20120426_319624.html.

中华人民共和国水利部. 2015. 2014 年中国水资源公报[EB/OL]. http://www.mwr.gov.cn/zwzc/hygb/szygb/qgszygb/201508/
    t20150828_719423.html.

钟太勇, 杜荣. 2015. 基于博弈论的新能源汽车补贴策略研究[J]. 中国管理科学, 23: 817-822.

朱慧峰, 秦福兴. 2003. 上海市万元 GDP 用水量指标体系分析[J]. 水利经济, 21(6): 31-33.

Africa Progress Panel. 2014. Africa Progress Report 2014: Grain, Fish, Money-Financing Africa's Green and Blue Revolutions.
    Geneva, Switzerland: Africa Progress Panel.

AU (African Union). 2014. Agenda 2063: The Africa We Want. Addis Ababa: AU.

Aldaya M M, Hoekstra A Y, Allan J A. 2008. Strategic importance of green water in international crop trade. Value of
    Water Research Report Series 25. Netherlands: UNESCO-IHE.

Allan J A. 1993. Fortunately there are substitutes for water otherwise our hydro-political futures would be
    impossible. In: Priorities for Water Resources Allocation and Management. London: Overseas Development
    Administration.

Allan J A. 1994. Overall Perspectives on Countries and Regions[M]. In: Water in the Arab World: Perspectives and Prognoses. Massachusetts: Harvard University Press.

Allan J A. 1998. Virtual water: A strategic resource. Global solutions to regional deficits[J]. Ground Water, 36(4): 545-546.

Allan J A. 2003. Virtual water: The water, food and trade nexus useful concept or misleading metaphor[J]. Water International, 28(1): 106-113.

Argent R M. 2014. Information modeling in water resources: An Australian perspective[J]. Stochastic Environmental Research and Risk Assessment, 28(1): 137-145.

AU.2014. Decision on the Report on the Implementation of Sharm El-Sheikh Commitments on Accelerating Water and Sanitation Goals in Africa. Assembly of the African Union. Addis Ababa: AU.

Aviso K B, Tan R R, Culaba A B, et al. 2011. Fuzzy input-output model for optimizing eco-industrial supply chains under water footprint constraints[J]. Journal of Cleaner Production, 19: 187-196.

Bain R, Cronk R, Hossain R, et al. 2014. Global assessment of exposure to faecal contamination through drinking water based on a systematic review[J]. Tropical Medicine and International Health, 19(8): 917-927.

Bjorn A, Declercq-Lopez L, Spatari S, et al. 2005. Decision support for Sustainable development using a Canadian economic input-output life cycle assessment model[J]. Canadian Journal of Civil Engineering, 32(1): 16-29.

Blackhurst B M, Hendrickson C T, Vidal J S I. 2010. Direct and indirect water withdrawals for U. S. industrial sectors[J]. Environmental Science & Technology, 44(6): 2126-2130.

Carr J, D'Odorico P, Laio F, et al. 2013. Recent history and geography of virtual water trade[J]. Plos One, 8(2): e55825.

Cazcarro I, Hoekstra A Y, Choliz J S. 2014. The water footprint of tourism in Spain[J]. Tourism Management, 40: 90-101.

Chapagain A K, Hoekstra A Y, Savenije H H G, et al. 2006. The water footprint of cotton consumption: An assessment of the impact of worldwide consumption of cotton products on the water resources in the cotton producing countries[J]. Ecological Economics, 60: 186-203.

Chapagain A K, Hoekstra A Y. 2003. Virtual water flows between nations in relation to trade in livestock and livestock products. Value of water research report series No.13. Delft, the Netherlands: UNESCO-IHE.

Chapagain A K, Hoekstra A Y. 2004. Water footprints of nations. Value of water research report series No.16. Delft, the Netherlands: UNESCO-IHE.

Chapagain A K, Hoekstra A Y. 2011. The blue, green and grey water footprint of rice from production and consumption perspectives[J]. Ecological Economics, 70(4): 749-758.

Chen L, Yang Z F, Chen B. 2013. Scenario analysis and path selection of low-carbon transformation in China based on a modified IPAT model[J]. PLOS ONE, 8(10): 1-9.

Chen X K. 2000. Shanxi water resource input-occupancy-output table and its application in Shanxi Province of China[J]. In: Paper for the 13th International Conference on Input-output Techniques, 8: 2-11.

Chico D, Aldaya M M, Garrido A. 2013. A water footprint assessment of a pair of jeans: The influence of agricultural policies on the sustainability of consumer products[J]. Journal of Cleaner Production, 57: 238-248.

Cohen E, Ramaswami A. 2014. The water withdrawal footprint of energy supply to cities[J]. Journal of Industrial Ecology, 18(1):

26-39.

Commoner B, Corr M, Stamler P. 1971. The Closing Circle: Nature, Man, and Technology[M]. New York: Knopf.

Convention on Biological Diversity. 2014. Ecosystem Approach. http://www.cbd.int/ecosystem/.

Costanza R, de Groot R, Sutton P, et al. 2014. Changes in the global value of ecosystem services[J]. Global Environmental Change, 26: 152-158.

Dalin C, Qiu H, Hanasaki N, et al. 2015. Balancing water resource conservation and food security in China[J]. Proceedings of the National Academy of the Sciences of the United States of America, 112(15): 4588-4593.

Dietzenbacher E, Los B. 1998. Structural decomposition technique: Sense and sensitivity[J]. Economic Systems Research, 10(4): 307-323.

Dietzenbacher E, Stage J. 2006. Mixing oil and water? Using hybrid input-output tables in a Structural decomposition analysis[J]. Econ Syst Res., 18(1): 85-95.

Dietzenbacher E, Velázquez E. 2007. Analyzing Andalusian virtual water trade in an input-output framework[J]. Regional Studies, 41(2): 251-262.

Ehrlich P, Holdren J. 1971. Impact of population growth[J]. Science, 171: 1212-1217.

Ene S A, Carmen T, Robu B, et al. 2013. Water footprint assessment in the winemaking industry: A case study for a Romanian medium size production plant[J]. Journal of Cleaner Production, 43: 122-135.

Environmental Protection Agency. 2014. Natural Infrastructure. http://www.epa.gov/region03/green/infrastructure.html.

FAO. 2015. Handbook for monitoring and evaluation of child labour in agriculture: Measuring the impacts of agricultural and food. Rome, Italy: FAO.

Feng K, Hubacek K, Pfister S, et al. 2014. Virtual scarce water in China[J]. Environmental Science & Technology, 48: 7704-7713.

FAO(Food and Agriculture Organization of the United Nations). 2014. Building a common vision for sustainable food and agriculture: Principles and Approaches. Rome, Italy: FAO.

Freeman M C, Stocks M E, Cumming O, et al. 2014. Hygiene and health: Systematic review of handwashing practices worldwide and update of health effects[J]. Tropical Medicine and International Health, 19(8): 906-916.

Fthenakis V, Kim H C. 2010. Life-cycle uses of water in US electricity generation[J]. Renewable & Sustainable Energy Reviews, 14(7): 2039-2048.

Fuentes-Nieva R, Galasso N. 2014. Working for the Few: Political Capture and Economic Inequality[M]. Oxford, UK: Oxfam International.

Gerbens-Leenes W, Hoekstra A Y, van der Meer T H. 2009. The water footprint of bioenergy[J]. Proceedings of the National Academy of Sciences of the United States of America, 106(25): 10219-10223.

Global Water Partnership. 2012. Groundwater Resources and Irrigated Agriculture: Making a Beneficial Relation More Sustainable. Stockholm: Global Water Partnership.

Gualerzi D. 2012. Towards a theory of the consumption-growth relationship[J]. Review of Political Economy, 1: 33-50.

Guan D B, Hubacek K, Tillotson M, et al. 2014. Lifting China's water spell[J]. Environmental Science & Technology, 48(19): 11048-11056.

Guan D B, Hubacek K, Weber C L, et al. 2008. The drivers of Chinese CO_2 emissions from 1980 to 2030[J]. Global Environmental Change, 18: 626-634.

Guan D B, Su X, Zhang Q, et al. 2014. The socioeconomic drivers of China's primary PM2.5 emissions[J]. Environmental Research

Letters, 9: 024010.

Hendrickson C T, Horvath A. 1998. Economic input-output models for environmental life-cycle assessment[J]. Environmental Science & Technology, 32 (7): 184A-191A.

Hendrickson C T, Lave L B, Matthews H S. 2006. Environmental Life Cycle Assessment of Goods and Services: An Input-output Approach[M]. Washington, D. C.: Resources for the Future Press.

Herath I, Green S, Singh R, et al. 2013. Water footprinting of agricultural products: A hydrological assessment for the water footprint of New Zealand's wines[J]. Journal of Cleaner Production, 41: 232-243.

Hess T M, Lennard A T, Daccache A. 2015. Comparing local and global water scarcity information in determining the water scarcity footprint of potato cultivation in Great Britain[J]. Journal of Cleaner Production, 87: 666-674.

High Level Panel of Experts on Food security and Nutrition (HLPE). 2013. Biofuels and Food Security: A Report by The High Level Panel of Experts on Food Security and Nutrition. HLPE Report 5[M]. Rome, Italy: HLPE.

Hoekstra A Y, Chapagain A K, Aldaya M M, et al. 2011. The Water Footprint Assessment Manual: Setting the Global Standard[M]. London: Earthscan.

Hoekstra A Y, Chapagain A K. 2007. Water footprints of nations: Water use by people as a function of their consumption pattern[J]. Water Resources Management, 21 (1): 35-48.

Hoekstra A Y, Hung P Q. 2002. Vitrual Water Trade: a Quantification of Virtual Water Flows Between Nations in Relation to International Crop Trade. Value of water research report series No.11[M]. Delft, the Netherlands: UNESCO-IHE.

Hoekstra A Y, Hung P Q. 2005. Globalisation of water resources: International virtual water flows in relation to crop trade[J]. Global Environmental Change, 15: 45-56.

Hoekstra A Y. 2003. Value water: An introduction[C]. In: Hoekstra A. Y., Virtual water trade: Proceedings of the International Expert Meeting on Virtual Water Trade. Value of water research report series No.12. Delft, the Netherlands: UNESCO-IHE.

Hoekstra A Y. 2013. The Water Footprint of Modern Consumer Society[M]. London: Routledge.

Huang J, Ridoutt B G, Zhang H, et al. 2014. Water footprint of cereals and vegetables for the Beijing market[J]. Journal of Industrial Ecology, 18 (1): 40-48.

Hubacek K, Sun L. 2001. A scenario analysis of China's land use and land cover change: incorporating biophysical information into input-output modeling[J]. Structural Change and Economic Dynamics, 12 (4): 367-397.

Hubacek K, Sun L. 2005. Economic and societal changes in China and their effects on water use: a scenario analysis[J]. Journal of Industrial Ecology, 9 (1-2): 187-200.

Huff G, Angeles L. 2011. Globalization, industrialization and urbanization in pre-World War II Southeast Asia[J]. Explorations in Economic History, 48 (1): 20-36.

IBM. 2002. Environment well-being progress report: water resources[EB/OL]. http://www-6.ibm.com/jp/ company/environment/2002/ shigen.html.

IEA. 2007. World Energy Outlook 2007[M]. Paris: OECD/IEA.

IEA. 2012. World Energy Outlook 2012[M]. Paris: OECD/IEA.

IEA. 2013. World Energy Outlook 2013[M]. Paris: OECD/IEA.

IEA. 2016. World Energy Outlook 2016[M]. Paris: OECD/IEA.

IPCC (Intergovernmental Panel on Climate Change). 2014. Climate Change 2014: Impacts, Adaptation, and Vulnerability[M]. Cambridge/New York: Cambridge University Press.

IJC (International Joint Commission: Canada and United States). 2013. International Joint Commission 2013 Activities Report[M]. Washington/Ottawa, DC/Ontario: IJC.

ILO (International Labour Organization). 2015. Word Employment and Social Outlook: Tends 2015[M]. Geneva, Switzerland: ILO .

IWMI (International Water Management Institute). 2014. Analysis of Impacts of Large Scale Investments in Agriculture on Water Resources, Ecosystems and Livelihoods; and Development of Policy Options for Decision-Makers[R]. Dakar: IWMI.

Jensen R C, Mandeville T D, Karunarate N D. 1979. Regional Economic Planning: Generation of Regional Input-output Analysis[M]. London: Groom Helm.

Jiang Y, Cai W, Du P, et al. 2015. Virtual water in interprovincial trade with implications for China's water policy[J]. Journal of Cleaner Production, 87: 655-665.

Kanada N. 2001. Land resources and international trade[J]. Tokyo: Taga Shuppan, 45-49.

Kang P, Xu L Y. 2012. Water environmental carrying capacity assessment of an industrial park[J]. Procedia Environmental Sciences, 13: 879-890.

Kaya Y. 1989. Impact of Carbon Dioxide Emission on GNP Growth: Interpretation of Proposed Scenarios[M]. Paris: Presentation to the Energy and Industry Subgroup, Response Strategies Working Group, IPCC.

Kondo K. 2005. Economic analysis of water resources in Japan: Using factor decomposition analysis based on input-output tables[J]. Environmental Economics and Policy Studies, 7: 109-129.

Laspeyres E. 1864. Commodity price in Hamburg 1850-1863 and the Californian-Australian gold discovery from 1848: A contribution to the teaching of inflation[J]. Yearbook for National Economy and Statistics, 3: 81-118, 209-236.

Lave L B, Cobas-Flores E, Hendrickson C T, et al. 1995. Using input-output analysis to estimate economy wide discharges[J]. Environmental Science & Technology, 29(9): 420A-426A.

Lenzen M, Moran D, Bhaduri A, et al. 2013. International trade of scarce water[J]. Ecological Economics, 94: 78-85.

Lenzen M. 2000. Errors in conventional and input-output-based life-cycle inventories[J]. Journal of Industrial Ecology, 4(4): 127-148.

Lenzen M. 2002. A guide for compiling inventories in hybrid life-cycle assessments: some Australian results[J]. Journal of Cleaner Production, 10: 545-572.

Lenzen M. 2009. Understanding virtual water flows: A multi-region IO case study of Victoria[J]. Water Resources Research, 45(9): w09416.

Leontief W. 1941. The Structure of American Economy: 1919—1929[M]. New York: Oxford University Press.

Leontief W. 1970. Environmental repercussions and the economic structure: An input-output approach[J]. The Review of Economics and Statistics, 52(3): 262-271.

Li J H. 2005. A decomposition method of structural decomposition analysis[J]. Journal of Systems Science and Complexity, 18(5): 210-218.

Li J S, Chen G Q. 2014. Water footprint assessment for service sector: A case study of gaming industry in water scarce Macao[J]. Ecological Indicators, 47: 164-170.

Liao Y S, Fraiture C, Giordano M. 2008. Global trade and water: Lessons from China and the WTO[J]. Global Governance, 14(4): 503-521.

Lin J Y. 2015. China Can Deliver 7% Growth Goal[EB/OL]. http://usa.chinadaily.com.cn/business/2015-03/06/content_19741743.htm.

Liu J G, Williams J R, Zehnder A J B, et al. 2007. GEPIC-modelling wheat yield and crop water productivity with high resolution on a global scale[J]. Agricultural Systems, 94: 478-493.

Liu J G, Zehnder A J B, Yang H. 2007. Historical trends in China's virtual water trade[J]. Water International, 32(1): 78-90.

Manzardo A, Ren J, Piantella A,et al. 2014. Integration of water footprint accounting and costs for optimal chemical pulp supply mix in paper industry [J]. Journal of Cleaner Production, 72: 167-173.

March H, Therond O, Leenhardt D. 2012. Water futures: Reviewing water-scenario analyses through an original interpretative framework[J]. Ecological Economics, 82: 126-137.

Mekonnen M M, Hoekstra A Y. 2010. A global and high-resolution assessment of the green, blue and grey water footprint of wheat[J]. Hydrology and Earth System Sciences, 14(7): 1259-1276.

Mekonnen M M, Hoekstra A Y. 2011. National Water Footprint Accounts: the Green, Blue and Grey Water Footprint of Production and Consumption. Value of Water Research Report Series No. 50[M]. Delft: UNESCO-IHE.

Mekonnen M M, Hoekstra A Y. 2012. A global assessment of the water footprint of farm animal products[J]. Ecosystems, 15(3): 401-415.

Mekonnen M M, Hoekstra A Y. 2012. The blue water footprint of electricity from hydropower[J]. Hydrology and Earth System Sciences, 16: 179-187.

Millennium Ecosystem Assessment. 2005. Ecosystems and Human Well-Being: Wetlands and Water Synthesis[M]. Washington, DC: World Resources Institute.

Miller R E, Blair P D. 1985. Input-output analysis: Foundations and Extensions[M]. Englewood Cliffs, NJ: Prentice-Hall.

Minx J C, Baiocchi G, Peters G P, et al. 2011. A carbonizing dragon: China's fast growing CO_2 emissions revisited[J]. Environmental Science & Technology, 45: 9144-9153.

Morillo J G, Díaz J A R, Camacho E, et al. 2015. Linking water footprint accounting with irrigation management in high value crops[J]. Journal of Cleaner Production, 87: 594-602.

Mubako S, Lahiri S, Lant C. 2013. Input-output analysis of virtual water transfers: Case study of California and Illinois[J]. Ecological Economics, 93: 230-238.

Nansai K, Kondo Y, Kagawa S, et al. 2014. Estimates of embodied global energy and air-emission intensities of Japanese products for building a Japanese input-output life cycle assessment database with a global system boundary[J]. Environmental Science & Technology, 46(16): 9146-9154.

Nansai K, Moriguchi Y, Tohno S. 2003. Compilation and application of Japanese inventories for energy consumption and air pollutant emissions using input-output tables[J]. Environmental Science & Technology, 37(9): 2005-2015.

Neumann L E, Moglia M, Cook S, et al. 2014. Water use, sanitation and health in a fragmented urban water system: Case study and household survey[J]. Urban Water Journal, 11(3): 198-210.

Norman J, Charpentier A D, Maclean H L. 2007. Economic input-output life-cycle assessment of trade between Canada and the United States[J]. Environmental Science & Technology, 41(5): 1523-1532.

Ny H, MacDonald J, Broman G, et al. 2006. Sustainability constraints as system boundaries: an approach to making life-cycle management strategic[J]. Journal of Industrial Ecology, 10(1-2): 61-77.

Oki T, Sato M, Kawamura A, et al. 2003. Virtual water trade to Japan and in the world[C]. In: Hoekstra A. Y., Virtual water trade: Proceedings of the International Expert Meeting on Virtual Water Trade. Value of water research report series No.12. Netherlands: UNESCO-IHE.

OECD(Organisation for Economic Co-operation and Development). 2012. Environmental Outlook to 2050: The Consequences of

Inaction[R]. Paris: OECD.

Qadir M, Sharma B R, Bruggeman A, et al. 2007. Non-conventional water resources and opportunities for water augmentation to achieve food security in water scarce countries[J]. Agricultural Water Management, 87: 2-22.

Quick T, Winpenny J. 2014. Topic Guide: Water Security and Economic Development[EB/OL]. UK, Evidence on Demand. http://www.evidenceondemand.info/topic-guide-water-security-and-economic-development.

Ren C F, Guo P, Li M, et al. 2013. Optimization of industrial structure considering the uncertainty of water resources[J]. Water Resources Management, 27(11): 3885-3898.

Renault D. 2003. Value of Virtual Water in Food: Principles and Virtues[C]. In: Hoekstra A. Y., Virtual water trade: Proceedings of the International Expert Meeting on Virtual Water Trade. Value of water research report series No.12. Netherlands: UNESCO-IHE.

Richter B. 2014. Four Water Resolutions for a Sustainable Planet[EB/OL]. http://newswatch.nationalgeographic.com/2014/01/02/four-water-resolutions-for-a-sustainable-planet/.

Robèrt K H, Broman G, Waldron D, et al. 2010. Strategic Leadership towards Sustainability[M]. Karolinska: Blekinge Institute of Technology.

Schendel E K, Macdonald J R, Schreier H, et al. 2007. Virtual water: A framework for comparative regional resource assessment[J]. Journal of Environmental Assessment Policy and Management, 9(3): 341-355.

Semmens J, Bras B, Guldberg T. 2014. Vehicle manufacturing water use and consumption: An analysis based on data in automotive manufacturers' sustainability reports[J]. The International Journal of Life Cycle Assessment, 19(1): 246-256.

Shao L, Chen G Q. 2013. Water footprint assessment for wastewater treatment: Method, indicator, and application[J]. Environment Science & Technology, 47: 7787-7794.

Shiklomanov I A. 1999. World water resources and Their Use a Joint SHI/UNESCO Product[EB/OL]. http://webworld.unesco.org/water/ihp/db/shiklomanov/.

Statistics Canada. 2012. Industrial Water Use 2009[M]. Ottawa: Minister Responsible for Statistics Canada.

Sun H, Wang S, Hao X, et al. 2013. Analysis and trend prediction of water utilization structure in Haihe River Basin[C]. In: Geo-Informatics in Resource Management and Sustainable Ecosystem[M]. Berlin: Springer Berlin Heidelberg.

Timmer M P, Szirmai A. 2000. Productivity growth in Asian manufacturing: The structural bonus hypothesis examined[J]. Structural Change and Economic Dynamics, 11(4): 371-392.

UNECLAC. 2014. Compacts for Equality: Towards a Sustainable Future[R]. Santiago, Chile: UN.

UNESCAP. 2014.Statistical Yearbook for Asia and the Pacific 2014[M]. Bangkok: UN.

UNESCWA. 2015. Water Supply and Sanitation in the Arab Region: Looking beyond 2015[M]. Beirut: UN.

UN-Habitat. 2011. World Water Day 2011: Water and Urbanization. Water for Cities: Responding to the Urban Challenge. Final Report[M]. Nairobi: UN-Habitat.

UN-Habitat. 2013. State of the World's Cities 2012/2013: Prosperity of Cities[M]. Nairobi: UN-Habitat.

UNIDO. 2014. UNIDO-Industry Partnerships. Preparing for World Water Day 2014: Partnerships for improving water and energy access, efficiency and sustainability[R]. Vienna: UNIDO.

UNISDR. 2015. Sendai Framework for Disaster Risk Reduction 2015—2030[M]. Geneva, Switzerland: UNISDR.

UN(United Nations). 2013. TST Issues Brief: Water and Sanitation[R]. New York: UN.

UNDESA(United Nations Department of Economic and Social Affairs). 2013. World Population Prospects: The 2012 Revision[R].

New York: Population Division, United Nations.

UNDP (United Nations Development Programme). 2013. The Rise of the South: Human Progress in a Diverse World[M]. New York: UNDP.

UNESCAP (United Nations Economic and Social Commission for Asia and the Pacific). 2013. Statistical Yearbook for Asia and the Pacific 2013[M]. Bangkok: UNESCAP.

UNESCWA (United Nations Economic and Social Commission for Western Asia). 2013. Water Development Report 5: Issues in Sustainable Water Resources Management and Water Services[M]. New York: UN.

UNECA (United Nations Economic Commission for Africa). 2000. The Africa Water Vision for 2025: Equitable and Sustainable Use of Water for Socioeconomic Development[R]. Addis Ababa: UNECA.

UNECE/OECD (United Nations Economic Commission for Europe/OECD). 2014. Integrated Water Resources Management in Eastern Europe, the Caucasus and Central Asia: European Union Water Initiative National Policy Dialogues Progress Report[R]. New York/Geneva: United Nations/OECD.

UNECLAC (United Nations Economic Commission for Latin America and the Caribbean). 2013. Social Panorama of Latin America 2013[R]. Santiago, Chile: UNECLAC.

UNEP (United Nations Environment Programme). 2012. Measuring Water Use in a Green Economy: A Report of the Working Group on Water Efficiency to the International Resource Panel[M]. Nairobi: UNEP.

UNGA (United Nations General Assembly). 2001. Road Map towards the Implementation of the United Nations Millennium Declaration[R]. New York: UN.

UNIDO (United Nations Industrial Development Organization). 2013. The Lima Declaration. 15th Session of UNIDO General Conference[R]. Vienna: UNIDO.

UNISDR (United Nations International Strategy for Disaster Reduction). 2012. Infographic on Impacts of Disasters since the 1992 Rio de Janeiro Earth Summit[EB/OL]. http://www.unisdr.org/files/27162_infographic.pdf.

UN-Water. 2014. A Post-2015 Global Goal for Water: Synthesis of key findings and recommendations from UN-Water[R]. New York: UN-Water.

UN-Women. 2012. The Future Women Want: A Vision of Sustainable Development for All[M]. New York: UN.

van Leeuwen C J. 2013. City blueprints: Baseline assessments of sustainable water management in 11 cities of the future. Water Resources Management, 27: 5191-5206.

Vanham D, Mekonnen M M, Hoekstra A Y. 2013[J]. The water footprint of the EU for different diets[J]. Ecological Indicators, 32: 1-8.

2030WRG (Water Resources Group). 2009. Charting Our Water Future: Economic Frameworks to Inform Decision-Making[R]. Washington, DC: 2030 WRG.

2030WRG. 2013. Managing Water Use in Scarce Environments: A Catalogue of Case Studies[R]. Washington, DC: 2030 WRG.

Waley P. 2009. Distinctive patterns of industrial urbanization in modern Tokyo, c. 1880—1930[J]. Journal of Historical Geography, 35 (3): 405-427.

Wang H R, Wang Y. 2009. An IO analysis of virtual water uses of the three economic sectors in Beijing[J]. Water International, 34: 451-467.

Wang W Y, Zeng W H. 2013. Optimizing the regional industrial structure based on the environmental carrying capacity: An inexact fuzzy multi-objective programming model[J]. Sustainability, 5 (12): 5391-5415.

Wang Z Y, Huang K, Yang S S, et al. 2013. An input-output approach to evaluate the water footprint and virtual water trade of Beijing, China[J]. Journal of Cleaner Production, 42: 172-179.

Water and Sanitation Program. 2013. Review of Community-Managed Decentralized Wastewater Treatment Systems in Indonesia[R]. Washington, DC: The World Bank.

WGF (Water Governance Facility). 2014. Mainstreaming Gender in Water Governance Programmes: From Design to Results[M]. Stockholm: Stockholm International Water Institute.

Wiedmann T, Minx J, Barrett J, et al. 2006. Allocating ecological footprints to final consumption categories with input-output analysis[J]. Ecological Economics, 56: 28-48.

Wood R. 2009. Structural decomposition analysis of Australia's greenhouse gas Emissions[J]. Energy Policy, 37 (11): 4943-4948.

World Bank. 2010. Economics of Adaptation to Climate Change: Synthesis Report[R]. Washington, DC: The World Bank.

World Bank. 2011. World development indicators[EB/OL]. http://databank.worldbank.org/data/views/reports/tableview.aspx.

World Bank. 2015. World development indicators[EB/OL]. http://databank.worldbank.org/data/views/reports/tableview.aspx.

WEF (World Economic Forum). 2014. Global Risks 2014: Ninth edition[M]. Geneva, Switzerland: WEF.

World Economics. 2014. World Economics: Global Growth Tracker[EB/OL]. http://www.worldeconomics.com/papers/Global%20 Growth%20Monitor_7c66ffca-ff86-4e4c-979d-7c5d7a22ef21.paper.

WHO and UNICEF (World Health Organization and United Nations Children's Fund). 2014. Progress on Drinking Water and Sanitation: 2014 Update[M]. New York: WHO/UNICEF Joint Monitoring Programme for Water Supply and Sanitation.

WWAP (World Water Assessment Programme). 2009. The United Nations World Water Development Report 3: Water in A Changing World[M]. London: UNESCO Publishing.

WWF (World Wide Fund For Nature). 2012. Living Planet Report 2012: Biodiversity, Biocapacity and Better Choices[M]. Gland, Switzerland: WWF international.

Wu F, Zhan J Y, Zhang Q, et al. 2014. Evaluating impacts of industrial transformation on water consumption in the Heihe River Basin of Northwest China[J]. Sustainability, 6 (11): 8283-8296.

WWAP. 2012. Managing water under uncertainty and risk[M]. Paris: UNESCO.

WWAP. 2014. The United Nations World Water Development Report 2014: Water and Energy[M]. Paris: UNESCO.

WWAP. 2015. Water for a Sustainable World[M]. Paris: UNESCO.

WWAP. 2016. The United Nations World Water Development Report 2016: Water and Jobs[M]. Paris: UNESCO.

Yang H, Pfister S, Bhaduri A. 2013. Accounting for a scarce resource: Virtual water and water footprint in the global water system[J]. Current Opinion in Environmental Sustainability, 5: 599-606.

Yang H, Zehnder A. 2007. "Virtual water": An unfolding concept in integrated water resources management[J]. Water Resources Research, 43 (12): W12301.

Yang H. 2003. Water, environment and food security: A case study of the Haihe River basin in China[C]. In: Brebbia C. A., River Basin Management II. UK: WIT Press.

Yang Z F, Mao X F, Zhao X, et al. 2012. Ecological network analysis on global virtual water trade[J]. Environmental Science & Technology, 46 (3): 1796-1803.

York R, Rosa E, Dietz T. 2002. Bridging environmental science with environmental policy: Plasticity of population, affluence, and technology[J]. Social Science Quarterly, 83 (1): 18-34.

Zhang L J, Yin X A, Zhi Y, et al. 2014. Determination of virtual water content of rice and spatial characteristics analysis in China[J]. Hydrology and Earth System Sciences, 18: 2103-2111.

Zhang Q H, Diao Y F, Dong J. 2013. Regional water demand prediction and analysis based on Cobb-Douglas Model[J]. Water Resources Management, 27(8): 3103-3113.

Zhang Z G, Shao Y S, Xu Z X. 2010. Prediction of urban water demand on the basis of Engel's coefficient and Hoffmann index: case studies in Beijing and Jinan, China[J]. Water Science and Technology, 62(2): 410-418.

Zhang Z Y, Shi M J, Yang H, et al. 2011. An IO analysis of the trend in virtual water trade and the impact on water resources and uses in China[J]. Economic Systems Research, 23(4): 431-446.

Zhang Z Y, Shi M J, Yang H. 2012. Understanding Beijing's water challenge: A decomposition analysis of changes in Beijing's water footprint between 1997 and 2007[J]. Environmental Science & Technology, 46: 12373-12380.

Zhao C, Chen B. 2014. Driving force analysis of the agricultural water footprint in China based on the LMDI method[J]. Environmental Science & Technology, 48: 12723-12731.

Zhao X, Chen B, Yang Z F. 2009. National water footprint in an IO framework-a case study of China 2002[J]. Ecological Modeling, 220: 245-253.

Zhao X, Yang Z F, Chen B, et al. 2010. Applying the input-output method to account for water footprint and virtual water trade in the Haihe River Basin in China[J]. Environmental Science & Technology, 44(23): 9150-9156.

Zhao X, Liu J G, Liu Q Y, et al. 2015. Physical and virtual water transfers for regional water stress alleviation in China[J]. Proceedings of the National Academy of the Sciences of the United States of America, 112(4): 1031-1035.

Zhi Y, Hamilton P B, Zhi C Y. 2015. Analysis of virtual water consumption in China: using factor decomposition analysis based on a weighted average decomposition model[J]. Water and Environment Journal, 29(1): 61-70.

Zhi Y, Yin X A, Yang Z F. 2014. Decomposition analysis of water footprint changes in a water-limited river basin: A case study of the Haihe River Basin, China[J]. Hydrology and Earth System Sciences, 10: 1549-1559.

Zimmer D, Renault D. 2003. Virtual water in food production and global trade: Review of methodological issues and preliminary results[C]. In: Hoekstra A Y, Virtual water trade: Proceedings of the International Expert Meeting on Virtual Water Trade. Value of water research report series No.12. Delft, Netherlands: UNESCO-IHE.

后　　记

　　本书是作者长期从事水资源、水生态及环境经济研究工作后，对虚拟水与水足迹理论研究与实践探索的总结。本书在评述世界主要地区水资源利用情势的基础上，根据我国新时期推进水利改革发展、开展国家节水行动、加强资源节约和生态文明建设等工作的背景，面向水资源管理和水生态保护的需求，一方面，建立了基于虚拟水的产业用水分析方法。此分析方法既具备水足迹指标反映人类耗水对水资源的直接和间接影响机制、划分各用水类型责任的功能，又具备评价各用水限制因素下的水资源压力的综合视野，为管理及配置水资源提供新的科学依据和方法。另一方面，将建立的分析方法应用于一些案例区域，进行水资源利用与产业虚拟水流通的实证分析，揭示其规律，以便更好地服务于科学调配和管理水资源的需要。希望通过本书，能够为读者开辟虚拟水与水足迹应用于水资源管理的新视野，并加强"资源环境保护的主体是人"的意识，将虚拟水这一方法工具切实投入到水资源管理与保护的实践应用中。

　　本书在撰写过程中，参考和引用了许多国内外文献，在此对撰写这些文献的同行作者、组织机构表示感谢。

　　限于作者的理论水平和研究深度，书中在理论方法和学术观点上难免存在不足之处，恳请广大读者批评指正。

　　在本书付梓之际，谨向为本书研究、出版提供帮助的朋友们表示衷心的感谢！